工业固废循环利用

韩凤兰　吴澜尔 等　著

科学出版社
北京

内 容 简 介

本书介绍了北方民族大学自2009年以来在工业固废循环利用方面的研究成果与应用，涉及的工业废弃物有金属镁冶炼还原渣、电解锰渣、铅锌冶炼污酸渣、钢渣、电石渣、粉煤灰等。书中用大量的实验数据和实例向读者呈现了相关工业废弃物的治理和利用成果。

本书可作为环境科学与技术领域的研究人员、工程技术人员，以及高等院校相关专业师生的参考用书。

图书在版编目(CIP)数据

工业固废循环利用/韩凤兰等著. —北京：科学出版社，2017. 11
ISBN 978-7-03-055126-9

Ⅰ. ①工… Ⅱ. ①韩… Ⅲ. ①工业固体废物-固体废物利用-循环使用
Ⅳ. ①X705

中国版本图书馆CIP数据核字(2017)第269102号

责任编辑：陈 婕 纪四稳 / 责任校对：桂伟利
责任印制：吴兆东 / 封面设计：蓝正设计

科学出版社 出版
北京东黄城根北街16号
邮政编码：100717
http://www.sciencep.com
北京中石油彩色印刷有限责任公司 印刷
科学出版社发行 各地新华书店经销
*
2017年11月第 一 版 开本：720×1000 B5
2022年 6 月第四次印刷 印张：19 3/4
字数：400 000

定价：138.00元

(如有印装质量问题，我社负责调换)

序

依托西部大开发战略的实施，我国西部地区聚集了大量能源、冶金、化工等行业的龙头企业，实现了地区经济的腾飞（整个西部地区 2003～2013 年生产总值由 22955 亿元增加到 126003 亿元）。西部地区的能耗占全国能耗的 60％以上，生产的冶金化工产品占全国的 30％以上，工业副产物排放占全国的 50％以上，积累的粉煤灰、重金属危固等工业固废达 40 亿吨。

北方民族大学材料研发团队针对当地大宗工业固废的无害化循环利用，与当地企业和钢铁研究总院、北京科技大学、中南大学等高等院校、科研院所组成“产学研用”研发平台，与瑞典、澳洲专家合作，引进欧盟环保与冶炼工业废弃物回收利用新技术，展开了一系列研发；承担并完成了有关金属镁、锰、钢、铅、锌冶炼废渣以及粉煤灰等工业副产物循环利用的多项国家级及省部级科研项目研究。该书以团队部分研究成果为主要素材，汇集了国内外相同领域研究成果，介绍了相关工业固体废弃物的物性特征、形成过程、污染特性和无害化利用技术研发现状，以及部分理论研究成果，可为固废循环利用领域研究技术人员提供宝贵的参考依据，对相关领域高层次人才培养也将产生有益作用。

何季麟

2017 年 6 月

前 言

随着我国西部地区经济建设的飞速发展，大量工业固体废弃物的消纳处理及利用的需求越来越迫切。据统计，西部地区的工业固废年产生量占全国总量的50%左右，其资源化、无害化、高值化循环利用研究已成为影响当地经济可持续发展的瓶颈。北方民族大学结合当地经济发展需求，针对镁渣、锰渣、粉煤灰等大宗工业固废开展了“产学研”合作研究。本书主要介绍北方民族大学自 2009 年以来在工业固废循环利用方面的研究成果与应用，其中的主要实验数据和实例来自作者承担的国家科技支撑计划、国家重点基础研究发展计划(973 计划)、国际科技合作项目等课题的研究内容，详细介绍数个国家级课题的研究思路、技术路线、实验细节和工业化实验的真实案例，并引用国内外有价值的相关资料。本书涉及的工业废弃物有金属镁冶炼还原渣、电解锰渣、铅锌冶炼污酸渣、粉煤灰、钢渣、电石渣等。

全书共 7 章，按照工业固体废物种类划分安排章节内容。第 1 章主要介绍工业固体废物的分类、特征、危害以及通常的处置方法，由海万秀撰写。第 2 章结合 973 计划前期研究与国际科技合作两项国家级课题的内容，重点介绍皮江法炼镁过程中镁渣的形成、物理化学性质、氟污染和粉尘污染，以及镁渣污染治理和利用的研究成果，由吴澜尔、张虎撰写。第 3 章结合作者团队与世界规模最大的电解锰企业——宁夏天元锰业(集团)有限公司的合作研究成果，介绍锰渣的综合利用与治理，由刘贵群、李茂辉撰写。第 4 章根据作者与株洲冶炼集团股份有限公司合作的“十二五”科技支撑计划课题的研究内容，介绍铅锌冶炼污酸渣的处置治理，由韩凤兰、张虎撰写。第 5 章根据中欧合作课题研究成果，介绍粉煤灰循环利用，由李茂辉撰写。第 6 章介绍钢渣的综合利用，由陈宇红撰写。第 7 章介绍电石渣的综合利用，由梁博撰写。全书由韩凤兰汇总编辑，吴澜尔审核修定。书稿在撰写过程中，郭生伟、杜春、陆有军等老师参与了校核修改，赵世珍同学对部分章节的图表进行了制作。瑞典律勒欧科技大学杨奇星博士参与了镁渣、锰渣、钢渣等项目的研究，为课题的技术路线和实验方案给予了指导。

感谢所有为本书撰写、整理付出辛勤劳动的人，同时感谢国家科学技术部、宁夏科技厅给予的研究资金支持，以及北方民族大学“工业废弃物循环利用及先进材料”国际科技合作基地的支持。

由于著者水平所限，书中难免存在不妥之处，敬请同行专家及广大读者赐教与指正。

目　　录

第1章　绪　　论

1.1　固体废物与工业固体废物

1.1.1　固体废物

人类在维持其生存和发展的活动中会产生和排出大量无法继续利用的物质，这些排出物质中有各种形态的物质，其中产生量最大的是废水和废气。人类对环境污染的最初认识是从废水和废气开始的。随着人类物质文明的发展，固体废物的污染问题成为环境保护的重点问题之一。

固体废物，在不同的国家有着不同的定义。《中华人民共和国固体废物污染环境防治法》中对固体废物的定义为：固体废物是指在生产、生活和其他活动中产生的丧失原有利用价值或者虽未丧失利用价值但被抛弃或者放弃的固态、半固态和置于容器中的气态的物品、物质以及法律、行政法规规定纳入固体废物管理的物品、物质。美国《资源保护与再生法》(RCRA)中对固体废物的定义为[1]：固体废物是指任何垃圾，废料，废物处理厂、给水处理厂、空气污染控制设施产生的污泥，以及其他废弃材料，包括产生于工业、商业、采矿业和农业生产以及社会活动的固体、液体、半固体或装在容器内的气体材料，但是不包括市政污水或灌溉水和满足排放要求的电源工业排放废水中的固态或溶解态材料，以及根据原子能法定义的核材料和副产品。日本《废弃物处理与清扫法》中对废弃物(固体废物)的叙述[1]为：废弃物是指垃圾、粗大垃圾、燃烧灰、污泥、粪便、废油、废酸、废碱、动物尸体以及其他污物和废料，包括固态物质和液态物质(不包括放射性物质和被放射性物质污染的物质)。1975年欧洲共同体理事会颁布的《关于废物的指令》(75/442/EEC)中对废物(固体废物)的说明[1]为："废物"是指被所有者丢弃、准备丢弃或者被要求丢弃的材料或物品。

从上述定义可以看出，固体废物包括两层含义：一是"废"，即这些物质已经失去了原有的使用价值，如废汽车、废塑料和绝大部分生活垃圾，或者在其产生的过程中没有明确的生产目的和使用功能，是某种产品在生产过程中产生的副产物，如粉煤灰、水处理污泥等大部分工业废物；二是"弃"，即这些物质被其持有人丢弃，也就是说，其持有人已经不能或者不愿意利用其原有的使用价值。

由此可以看出，固体废物的"废物"属性是主观属性，不是自然属性。在某些人眼中是“废物”的物质，在另一些人眼中可能是资源；在这里是“废物”的物质在另外地方就可能具有很大的利用价值；在今天是废物，在明天也许就是资源。所以，“废物”具有很强的空间属性和时间属性，也就是说“废物是放错位置的资源”。但是由于经济、技术的原因，人们今天还不能将所有的固体废物都加以利用。这就涉及固体废物的另一个属性，即“资源属性”。废物的资源属性是废物的自然属性，任何废物都有可能作为资源加以利用，但是必须考虑其经济性和可行性。如果为了利用某种废物而消耗更多的能源和资源或产生更大的污染，那么，这种利用就丧失了其应有的价值。

由于固体废物具有这样两种属性，所以废物的鉴别就存在难点。首先，必须将“废”和“旧”区分开来。有些物品在某些人手里丧失了使用价值，但是其使用功能还存在，换到另外一些人手里还能继续使用；有些物品的某些功能丧失了，但是经过修整还可以继续发挥其全部或者部分功能。这就是人们提倡的“修旧利废”，也是固体废物管理中经常提到的“3R”中的 Reuse[2]。这个时候这些物质还不是真正的废物，实际是“旧货”。继续利用报废品的原有价值或者残余价值，既可以减少废物的产生，降低固体废物对环境的污染，又可以减少资源的消耗，增加社会的财富，这是固体废物管理的主要原则之一[1]。因此，“废物”和“旧货”之间没有明确的界限，需要根据具体情况来区分。其次，需要将“废物”与“原料”区分开来。当废物彻底丧失原有的使用价值后，往往还可以作为某种材料或产品的生产原料。最常见的如废钢回炉炼钢、废塑料重新造粒或者用于炼油、废纸用于制浆造纸，以及用钒铁矿炼铁渣提炼钒、用粉煤灰作为水泥生产原料等。利用废物作为生产原料有两种形式。一种是将废物返回同种材料的生产线中，替代初级原料进行这种材料的生产，如废钢炼钢、废纸造纸。这种将废物直接作为原料进行生产与替代的初级原料相比，具有节约能源、资源，减少环境污染的优越性。例如，与用铝土矿炼铝相比，用 1t 废铝炼铝可以节省铝土矿 4.2t、纯碱 800kg、电能 20000kW · h，同时减少空气污染 95%、水污染 97%；用 1t 废纸造纸，可以节省木材 $3m^3$（相当于 17 棵树）、水 100kg、化工原料 300kg、煤 1.2t、电能 600kW · h，同时减少 75%的污染物排放[1]。因此，在此方面，这些废物已经基本不具有废物的属性，而成为优质的生产原料。另一种是利用废物生产另外的产品，如用废塑料炼油、用污泥制砖等。废物的这种利用形式比较复杂，需要具体情况具体分析。这种利用形式既有可能节约资源、减少污染，也有可能造成资源、能源的浪费，产生新的污染，所以需要采取必要的措施进行控制。这种情况下的废物鉴别原则可以采用“污染比较原则”，即与所替代的原料相比，这种废物是否含有新的污染物质；或者与所替代的原料相比，用废物作为原料的生产工艺是否产生新的污染或者造成更大的污染。

固体废物的形态不仅是固态，即固体废物不仅是“固态废物”。根据《中华人民共和国固体废物污染环境防治法》可知：固体废物包括固态、半固态和置于容器中的气态的物品、物质；液态废物的污染防治，适用本法；但是，排入水体的废水的污染防治适用有关法律，不适用本法。国际上，一般将废水之外的液态废物也包括在固体废物中。因此，固体废物实际上包括固态、半固态废物，除排入水体的废水之外的液态废物和置于容器中的气态废物。

1.1.2 工业固体废物

《中华人民共和国固体废物污染环境防治法》中定义[1]：工业固体废物是指在工业生产活动中产生的固体废物。这个定义概括出工业固体废物的来源非常广泛，所有与工业生产直接相关的活动都可能是工业废物的产生源，主要行业有冶金、化工、煤炭、矿山、石油、电力、交通、轻工、机械制造、制药、汽车、通信和电子、建材、木材、玻璃等。工业生产产生的固体废物种类非常多，不同工业产生不同类别的废物，主要包括生产过程中产生的废弃副产物或中间产物、报废原材料和设施设备、报废和不合格产品、下脚料和边角料，污染控制设施产生的工业垃圾、残余物、污泥、回收物。根据来源，工业固体废物主要分为两大类：一类是产品生产过程中产生的副产品，如冶炼渣、污水处理污泥、化工生产残液等；另一类是失效的原料、产品等，如边角余料、废酸废碱、不合格和报废产品、报废设施设备等。但是在工业企业中生活和办公活动中产生的废物、交通运输产生的废物等一般不能算作工业固体废物。

1.1.3 工业固体废物与其他固体废物的区别

工业固体废物，顾名思义是来自工业生产过程中的固体废物。工业固体废物与生活垃圾、社会源固体废物相比，主要具有以下三个特点：

1）产生源相对集中

因为工业固体废物产生于工业过程中，所以工业固体废物也就产生于企业中，这相对家庭就比较集中。例如，我国有众多行业，但是煤炭采选业，黑色金属矿采选业，电力、水蒸气、热水的生产和供应业，黑色金属冶炼及压延加工业，有色金属矿采选业，化学原料及化学制品制造业，这六个行业所产生的固体废物占全部工业固体废物产生量的80%以上[3]。

2）成分单一，性质稳定

由于工业生产的相对稳定性，其产生的工业固体废物性质也是相对稳定的。工业固体废物的这一性质对其综合利用是非常有利的。因此，我国工业固体废物的综合利用率可以达到40%[3]。

3）产生量、成分、性质与工业结构、生产工艺、原料等因素有关

某一地区的工业固体废物种类与该地区的工业结构有着密切关系。例如，山西省是我国重点产煤区，其产生的工业固体废物中煤矸石、尾矿、粉煤灰、高炉渣和锅炉煤渣占工业固体废物总量的80%以上[3]；黑龙江省也是我国重要产煤地区和重点产粮地区，其产生的工业固体废物中煤矸石、尾矿、粉煤灰、锅炉煤渣、粮食及食品加工废物占工业固体废物总量的90%；云南省是我国重要的矿藏基地，其产生的工业固体废物中尾矿约占工业固体废物总量的40%[3]。

1.2　工业固体废物的来源与分类

1.2.1　工业固体废物的来源

工业固体废物不但来源于各类工业行业或部门，而且同一行业由于生产工艺千差万别、产品种类众多、原材料各不相同，所产生固体废物的数量、种类、成分、性质非常复杂。因此，工业固体废物来源非常复杂。根据工业产生过程，工业固体废物来源于三方面：一是不具有原有使用价值或使用价值已经被消耗的原料或产品，其原有形态没有改变，包括过期或受污染的原料、报废或不合格的产品；二是生产过程中产生的、不能作为产品和原料使用的副产物，如各类工艺危险废渣和废液、原材料提炼有用物之后的废弃物、反应产生的各种衍生废物，这一过程的特点是工业生产（或产业）要符合物料平衡法则，除产生废水、废气和产品外，剩下的即固体废物；三是工业生产中产生的污染物和报废设施设备，如污染的物品、严重污染的土壤、拆解产生的废物等。

1.2.2　工业固体废物的分类

工业固体废物的分类方法有很多，按照危害程度可以分为一般工业固体废物、危险工业固体废物和放射性工业废物；按照产生行业可分为冶金工业固体废物、石油工业固体废物、化工工业固体废物、建筑工业固体废物、电子工业固体废物、机械制造工业固体废物、印刷工业固体废物、造纸工业固体废物、橡胶和塑料工业固体废物、矿山工业固体废物、制药工业固体废物、金属表面处理工业固体废物、汽车工业固体废物、木材加工工业固体废物等；按照含有的化学成分可分为含黑色金属固体废弃物、含重金属固体废物、含碱土金属固体废物、含稀有金属固体废物、含卤化物固体废物、含有机溶剂固体废物、含磷固体废物、含硫固体废物、含氰化物固体废物、含氟化物固体废物等；按照化学类别可分为无机固体废物和有机固体废物等。

表1.1为我国环境保护部发布的固体废物分类和类别代码。现行的《国家危险废物名录》中的47类废物与表1.1中的前47类废物基本对应。其中,医院废物不属于工业固体废物。

表1.1　固体废物分类和类别代码

编号	废物类别	废物来源	常见危害组分或废物名称
1	医院临床废物	从医院、医疗中心和诊所的医疗服务中产生的临床废物、医疗废物、医院垃圾等,例如: · 手术包扎残余物; · 生物培养、动物试验废物; · 化验检查残余物; · 传染性废物; · 废水处理污泥	废医用塑料制品、玻璃针管、玻璃器皿、针管、有毒棉球、废敷料、手术残物、传染性废物、动物试验废物、化学废物等
2	医药废物	从药品生产和制作过程中产生的废物,包括兽药产品(不含中药类废物),例如: · 蒸馏及反应残余物; · 各种高浓度母液及反应基或培养基废物; · 脱色过滤(包括载体)物; · 用过废弃的吸附剂、催化剂、溶剂; · 生产中产生的各种报废药品及过期原料	废抗菌药、抗组织胺类药、镇痛药、心血管药、神经系统药、基因类废药、杂药等,如甲苯残渣、丁酯残渣、苯乙胺残渣、废铜触媒、菌丝体、硼泥、废甲苯母液、氯化残渣等
3	废药品、废药物	过期、报废的、无标签的及多种混杂的药物和药品(不包括HW01、HW02类中的废药品),例如: · 生产中产生的报废药品(包括药品废原料和中间体反应物); · 使用单位(科研、监测、学校、医疗单位、化验室等)积压或报废药品(物); · 经营部门过期的报废药品(物)	废化学试剂、废药品、废药物,如道诺霉素、磺胺等
4	农药废物	来自杀虫、灭菌、除草、灭鼠和植物生长调节剂的生产、经销、配置和使用过程中产生的废物,例如: · 蒸馏及反应残余物; · 生产过程母液及(反应罐及容器)清洗液; · 吸附过滤物(包括载体、吸附剂、催化剂); · 废水处理污泥; · 生产、配制过程中的过期原料; · 生产、销售、使用过程中的过期和淘汰产品; · 沾有农药及除草剂的包装物及容器	废有机磷杀虫剂、有机氯杀虫剂、有机氮杀虫剂、氨基甲酸酯类杀虫剂、拟除虫菊酯类杀虫剂、杀螨剂、有机磷杀菌剂、有机氯杀菌剂、有机硫杀菌剂、有机锡杀菌剂、有机氮杀菌剂、醌类杀菌剂、无机杀菌剂、有机砷杀菌剂、氨基甲酸酯类除草剂、醚类除草剂、酰胺类除草剂、取代脲类除草剂、苯氧羧酸类除草剂、均三氮苯类除草剂、无机除草剂等

续表

编号	废物类别	废物来源	常见危害组分或废物名称
5	木材防腐剂废物	从木材防腐化学品的生产、配制和使用过程中产生的废物(不包括与 HW04 类重复的废物),例如: · 生产单位生产中产生的废水处理污泥、工艺反应残余物、吸附过滤物及载体; · 使用单位积压、报废或配制过剩的木材防腐化学品; · 销售经营部门报废木材防腐化学品	含五氯酚、苯酚、2-氯酚、甲酚、对氯间甲酚、三氯酚、屈萘、四氯酚、木馏油(杂酚油)、萤蒽、苯并a芘、2,4-二甲酚、2,4-二硝基酚、苯并(a)蒽、二苯并(a)蒽、苯并(b)萤蒽的废物等
6	有机溶剂废物	从有机溶剂的生产、配制和使用过程中产生的废物(不包括 HW42 类的废有机溶剂),例如: · 有机溶剂的合成、裂解、分离、脱色、催化、沉淀、精馏等过程中产生的反应残余物、吸附过滤物及载体; · 配制和使用过程中产生的含有机溶剂的清洗杂物	废催化剂、清洗剥离物、反应残渣及滤渣、吸附物与载体废物,如废矾触媒、甲乙铜残留物、甲基溶纤剂残物、铝催化剂等
7	热处理含氰废物	从含有氰化物的热处理和退火作业中产生的废物,例如: · 金属含氰热处理; · 含氰热处理回火池冷却; · 含氰热处理炉维修; · 热处理渗碳炉	含氰热处理钡渣、含氰污泥及冷却液、含氰热处理沪内衬、热处理渗碳氰渣等
8	废矿物油	不适合原来用途的废矿物油,例如: · 来自石油开采和炼制产生的油泥和油脚; · 矿物油类仓储过程中产生的沉积物; · 机械、动力、运输等设备的更换油及清洗油(泥); · 金属轧制、机械加工过程中产生的废油(渣); · 含油废水处理过程中产生的废油及油泥; · 油加工和油再生过程中产生的油渣及过滤介质	废润滑油(脂)、废机油、原油、液压油、真空泵油、柴油、汽油、重油、煤油、热处理油、樟脑油、冷却油等
9	废乳化液	从机械加工、设备清洗等过程中产生的废乳化液、废油水混合物,例如: · 生产、配制和使用过程中产生的过剩乳化液; · 机械加工、金属切削和冷拔过程产生的废乳化剂; · 清洗油罐、油件过程中产生的油水、烃水混合物; · 来自(乳化液)水压机定期更换的乳化废液	废皂液、废切削剂、烃/水混合物、乳化液(膏)、乳化油/水、冷却剂、润滑剂、拔丝剂等

续表

编号	废物类别	废物来源	常见危害组分或废物名称
10	含多氯联苯废物	含有或沾染多氯联苯(PCBs)、多氯三联苯(PCTs)、多溴联苯(PBBs)的废物质和废物品,例如: · 过剩的、废弃的、封存的、待替换的含有PCBs、PCTs、PPBs 的电力设备(电容器、变压器); · 从含有 PCBs、PCTs、PPBs 的电力设备中倾倒出的介质油、绝缘油、冷却油及传热油; · 来自含有 PCBs、PCTs、PPBs 或被这些物质污染的电力设备的拆装过程中的清洗液; · 被 PCBs、PCTs 和 PPBs 污染的土壤及包装物	含多氯联苯(PCBs)、多氯三联苯(PCTs)、多溴联苯(PBBs)的废物,如废 PCBs 变压器油、废 PCB 电容器油、PCBs 污染土壤、PCBs 污染残渣、含 PCBs 废溶剂含 PCBs 废染料等
11	精(蒸)馏残渣	从精炼、蒸馏和任何热解处理中产生的废焦油状残留物,例如: · 煤气生产过程中产生的焦油渣; · 原油蒸馏过程中产生的焦油残余物; · 原油精制过程中产生的沥青状焦油及酸焦油; · 化学品生产过程中产生的蒸馏残渣和蒸馏釜底物; · 化学品原料生产的热解过程中产生的焦油状残余物; · 被工业生产过程中产生的焦油或蒸馏残余物所污染的土壤; · 盛装过焦油状残余物的包装和容器	如沥青渣、焦油渣、废焦油、酚渣、蒸馏釜残渣、双乙烯酮废渣、甲苯渣、液化石油气残液(含屈萘、萤蒽、苯并(a)芘、多环芳烃类废物)等
12	染料、涂料废物	从油墨、染料、颜料、油漆、罩光漆的生产、配制和使用过程中产生的废物,例如: · 生产过程中产生的废弃的颜料、染料、涂料和不合格产品; · 染料、颜料生产硝化、氧化、还原、碘化、重氮化、卤化等化学反应中产生的废母液、残渣、中间体废物; · 油墨、油漆生产、配制和使用过程中产生的含颜料、油墨的有机溶剂废物; · 使用酸、碱或有机溶剂清洗容器设备产生的污泥状剥离物; · 含有油墨、染料、颜料、油漆残余物的废弃包装物; · 废水处理污泥	废酸性染料、碱性染料、媒染染料、偶氮染料、直接染料、冰染染料、还原染料、硫化染料、活性染料、醇酸树脂涂料、丙烯酸树脂涂料、聚氨酯树脂涂料、聚乙烯树脂涂料、环氧树脂涂料、双组分涂料、油墨、重金属颜料等

续表

编号	废物类别	废物来源	常见危害组分或废物名称
13	有机树脂类废物	从树脂、胶乳、增塑料、胶水/胶合剂的生产、配制和使用过程中产生的废物，例如： · 生产、配制和使用过程中产生的不合格产品、废副产物； · 在合成、酯化、缩合等反应中产生的废催化剂、高浓度废液； · 精馏、分离、精制过程中产生的釜废残液、过滤介质和残渣； · 使用溶剂，酸、碱或有机溶剂清洁容器设备剥离下的树脂状、黏稠杂物； · 废水处理污泥	含邻苯二甲酸酯类、脂肪酸二元酸酯类、磷酸酯类、环氧化合物类、偏苯三甲酸酯类、聚酯类、氯化石蜡、二元醇和多元醇酯类、磺酸衍生物的废物，如不饱和树脂渣、二乙醇残渣、聚合树脂、古泥酸废液、含酚废液、聚酯低沸物、废胶渣、环氧树脂废物等
14	新化学品废物	从研究、开发或教学活动中产生的尚未鉴定的和(或)新的并对人类及环境的影响未明的化学废物	新化学品研制中产生的废物等
15	爆炸性废物	在生产、销售、使用爆炸物品过程中产生的次品、废品及具有爆炸性质的废物，例如： · 不稳定，在无爆震时容易发生剧烈变化的废物； · 能和水形成爆炸性的混合物； · 经过发热、吸湿、自发的化学变化具有着火倾向的废物； · 在有引发源或加热时能爆震或爆炸的废物	含叠氢乙酰、硝酸乙酰酯、叠氮铵、氯酸铵、六硝基高钴酸铵、硝酸铵、氮化铵、过碘酸铵、高锰酸铵、苦味酸铵、四过氧铬酸铵、叠氮羰基胍、叠氮钡、氯化重氮苯、苯并三唑、亚硝基胍、硝酸甘油、四硝基戊四醇、三硝基氮苯、聚乙烯硝酸酯、硝酸钾、叠氮化银、氮化银、三硝基苯间二酚、四氮烯银、无烟火药、叠氮化钠、苦味酸钠、四硝基甲烷、四氮化四硒、四氮化四硫、四氮烯、氮化铊、二氮化三铅、二氮化三汞、三硝基苯、氯酸钾、雷汞、雷银、三硝基甲苯、三硝基间苯二酚等的废物
16	感光材料废物	从摄影化学品、感光材料的生产、配制、使用过程中产生的废物，例如： · 生产过程中产生的不合格产品和过期产品； · 生产过程中产生的残渣及废水污泥； · 出版社、报社、印刷厂、电影厂在使用和经营活动中产生的废显(定)影液、胶片及废相纸； · 社会照相部、冲洗部在使用和经营活动中产生的废显(定)影液、胶片及废相纸； · 医疗院所的 X 光和 CT 检查中产生的废显(定)影液及胶片	废显影液、定影液、正负胶片、像纸、感光原料及药品等

续表

编号	废物类别	废物来源	常见危害组分或废物名称
17	表面处理废物	从金属和塑料表面处理过程中产生的废物，例如： · 电镀行业的电镀槽渣、槽液及水处理污泥； · 金属和塑料表面酸（碱）洗、除油、除锈、洗涤工艺产生的腐蚀液、洗涤液和污泥； · 金属和塑料表面磷化、出光、化抛过程中产生的残渣（液）及污泥； · 镀层剥除过程中产生的废液及残渣	废电镀溶液、镀槽淤渣、电镀水处理污泥、表面处理酸碱渣、氧化槽渣、磷化渣、亚硝酸盐废渣等
18	焚烧处置残渣	从工业废物处置作业中产生的残余物	焚烧处置残渣及灰尘
19	含金属羰基化合物废物	在金属羰基化合物制造以及使用过程中产生的含有羰基化合物成分的废物，例如： · 精细化工产品生产； · 金属有机化合物的合成	金属羰基化合物（五羰基铁、八羰基二钴、羰基镍、三羰基钴、氢氧化四羰基钴）废物等
20	含铍废物	含铍及其化合物的废物，例如： · 稀有金属冶炼； · 铍化合物生产	含铍、硼氢化铍、溴化铍、氢氧化铍、碘化铍、碳酸铍、硝酸铍、氧化铍、硫酸铍、氟化铍、氯化铵、硫化铍的废物
21	含铬废物	含有六价铬化合物的废物，例如： · 化工（铬化合物）生产； · 皮革加工（鞣革）业； · 金属、塑料电镀； · 酸性媒介染料染色； · 颜料生产与使用； · 金属铬冶炼（铁合金）	含铬酸酐、（重）铬酸钾、（重）铬酸钠、铬酸、重铬酸、铬酸、铬酸锌、铬酸钾、铬酸钙、铬酸银、铬酸铅、铬酸钡等的废物
22	含铜废物	含有铜化合物的废物，例如： · 有色金属采选和冶炼； · 金属、塑料电镀； · 铜化合物生产	含溴化（亚）铜、氢氧化铜、硫酸（亚）铜、碘化（亚）铜、碳酸铜、硝酸铜、硫化铜、氟化铜、硫化（亚）铜、氯化（亚）铜、醋酸铜、氰化铜钾、磷酸铜、二水合氯化铜铵等的废物
23	含锌废物	含锌化合物的废物，例如： · 有色金属采选及冶炼； · 金属、塑料电镀； · 颜料、油漆、橡胶加工； · 锌化合物生产； · 含锌电池制造业	含溴化锌、碘化锌、硝酸锌、硫酸锌、氟化锌、硫化锌、过氧化锌、高锰酸锌、醋酸锌、草酸锌、铬酸锌、溴酸锌、磷酸锌、焦磷酸锌、磷化锌等的废物

续表

编号	废物类别	废物来源	常见危害组分或废物名称
24	含砷废物	含砷及砷化合物的废物，例如： · 有色金属采选及冶炼； · 砷及其化合物的生产； · 石油化工； · 农药生产； · 染料和制革业	含砷、三氧化二砷、亚砷酐、五氧化砷、五硫化二砷、硫化亚砷、砷化锌、乙酰基砷铜、砷化钙、砷化铁、砷化铜、砷化铅、砷化银、乙基二氯化砷、(亚)砷酸、三氟化砷、砷酸锌、砷酸铵、砷酸钙、砷酸铁、砷酸钠、砷酸汞、砷酸铅、砷酸镁、三氯化砷、二硫化砷、砷酸钾、砷化(三)氢等的废物
25	含硒废物	含硒及硒化合物的废物，例如： · 有色金属冶炼及电解； · 硒化合物生产； · 颜料、橡胶、玻璃生产	含硒、二氧化硒、三氧化硒、四氟化硒、六氟化硒、二氯化二硒、四氯化硒、亚硒酸、硒化氢、硒化钠、(亚)硒酸钠、二硫化硒、硒化亚铁、亚硒酸钡、硒酸、二甲基硒等的废物
26	含镉废物	含镉及其化合物的废物，例如： · 有色金属采选及冶炼； · 镉化合物生产； · 电池制造业； · 电镀行业	含镉、溴化镉、碘化镉、氢氧化镉、碳酸镉、硝酸镉、硫酸镉、硫化镉、氯化镉、氟化镉、醋酸镉、氧化镉、二甲基镉等的废物
27	含锑废物	含锑及其化合物的废物，例如： · 有色金属冶炼； · 锑化合物生产和使用	含锑、二氧化二锑、亚锑酐、五氧化二锑、硫化亚锑、硫化锑、氟化亚锑、氟化锑、氯化(亚)锑、三氢化锑、锑酸钠、锑酸铅、乳酸锑、亚锑酸钠等的废物
28	含碲废物	含碲及其化合物的废物，例如： · 有色金属冶炼及电解； · 碲化合物生产和使用	含碲、四溴化碲、四碘化碲、三氧化碲、六氟化碲、四氯化碲、亚碲酸、碲化氢、碲酸、二乙基碲、二甲基碲等的废物
29	含汞废物	含汞及其化合物的废物，例如： · 化学工业含汞催化剂制造与使用； · 含汞电池制造业； · 汞冶炼及汞回收工业； · 有机汞和无机汞化合物生产； · 农药及制药业； · 荧光屏及汞灯制造及使用； · 含法烧碱生产产生的含汞盐泥	含汞、溴化(亚)汞、碘化(亚)汞、硝酸(亚)汞、氧化汞、硫酸(亚)汞、氯化(亚)汞、硫化汞、氯化乙基汞、氯化汞铵、氯化甲基汞、醋酸(亚)汞、二甲基汞、二乙基汞、氯化汞等的废物

续表

编号	废物类别	废物来源	常见危害组分或废物名称
30	含铊废物	含铊及其化合物的废物，例如： · 有色金属冶炼及农药生产； · 铊化合物生产及使用	含铊、溴化亚铊、氢氧化（亚）铊、碘化亚铊、硝酸亚铊、碳酸亚铊、硫酸亚铊、氧化亚铊、硫化亚铊、三氧化二铊、氰化亚铊、氯化（亚）铊、铬酸铊、氯酸铊、醋酸铊等的废物
31	含铅废物	含铅及其化合物的废物，例如： · 铅冶炼及电解过程中的残渣及铅尘； · 铅（酸）蓄电池生产中产生的废铅渣及铅酸（污泥）； · 报废的铅蓄电池； · 铅铸造业及制品业的废铅渣及水处理污泥； · 铅化合物的制造和使用过程中产生的废物	含铅、乙酸铅、溴化铅、氢氧化铅、碘化铅、碳酸铅、硝酸铅、氧化铅、硫酸铅、铬酸铅、氯化铅、氟化铅、硫化铅、高氯酸铅、碱性硅酸铅、四烷基铅、四氧化铅、二氧化铅等的废物
32	无机氟化物废物	含无机氟化物的废物（不包括氟化钙、氟化镁）	含氟化铯、氟硼酸、氟硅酸锌、氢氟酸、氟硅酸、六氟化硫、氟化钠、五氟化硫、二氟磷酸、氟硫酸、氟硼酸铵、氟硅酸铵、氟化铵、氟化钾、氟化铬、五氟化碘、氟氢化钾、氟氢化钠、氟硅酸钠等的废物
33	无机氰化物废物	从无机氰化物生产、使用过程中产生的含无机氰化物的废物（不包括HW07类热处理含氰废物），例如： · 金属制品业的电解除油、表面硬化化学工艺中产生的含氰废物； · 电镀业和电子零件制造业中电镀工艺、镀层剥除工艺中产生的含氰废物； · 金矿开采与筛选过程中产生的含氰废物； · 首饰加工的化学抛光工艺产生的含氰废物； · 其他生产、试验、化验分析过程中产生的含氰废物及包装物	含氢氰酸、氰化钠、氰化钾、氰化锂、氰化汞、氰化铅、氰化铜、氰化锌、氰化钡、氰化钙、氰化亚铜、氰化银、氰溶体、汞氰化钾、氰化镍、铜氰化钠、铜氰化钾、溴化氰、氰化钴等的废物
34	废酸	从工业生产、配制、使用过程中产生的废酸液、固态酸及酸渣（pH≤2的液态酸），例如： · 工业化学品制造； · 化学分析及测试； · 金属及其他制品的酸蚀、出光、除锈（油）及清洗； · 废水处理； · 纺织印染前处理	废硫酸、硝酸、盐酸、磷酸、（次）氯酸、溴酸、氢氟酸、氢溴酸、硼酸、砷酸、氰酸、氯磺酸、碘酸、王水等

续表

编号	废物类别	废物来源	常见危害组分或废物名称
35	废碱	从工业生产、配制、使用过程中产生的废碱液、固态碱及碱渣(pH≥12.5的液态碱),例如: · 工业化学品制造; · 化学分析及测试; · 金属及其他制品的碱蚀、出光、除锈(油)及清洗; · 废水处理; · 纺织印染前处理; · 造纸废液	废氢氧化钠、氢氧化钾、氢氧化钙、氢氧化锂、碳酸(氢)钠、碳酸(氢)钾、硼砂、(次)氯酸钠、(次)氯酸钾、(次)氯酸钙、磷酸钠等
36	石棉废物	从生产和使用过程中产生的石棉废物,例如: · 石棉矿开采及其石棉产品加工; · 石棉建筑材料生产; · 含石棉设施的保养(石棉隔膜、热绝缘体等); · 车辆制动器衬片的生产与更换	石棉尘、石棉废纤维、石棉隔热废料、石棉尾矿渣、废石棉绒等
37	有机磷化合物废物	从除农药以外其他有机磷化合物生产、配制和使用过程中产生的含有机磷废物,例如: · 生产过程中产生的反应残余物; · 生产过程中过滤物、催化剂(包括含氢载体)及废弃的吸附剂; · 废水处理污泥; · 配制、使用过程中的过剩物、残渣及其包装物	含氯硫磷、硫磷嗪、磷酰胺、丙基磷酸四乙酯、四磷酸六乙酯、硝基硫磷酯、苯腈磷、磷酸酯类化合物、苯硫磷、异丙膦、三氯氧磷、磷酸三丁酯等的废物
38	有机氰化物废物	从生产、配制和使用过程中产生的含有机氰化物的废物,例如: · 在合成、缩合等反应中产生的高浓度废液及反应残余物; · 在催化、精馏、过滤过程中产生的废催化剂、釜残及过滤介质物; · 生产、配制过程中产生的不合格产品; · 废水处理污泥	含乙腈、丙烯腈、已二腈、氨丙腈、氯丙烯腈、氰基乙酸、氰基氯戊烷、乙醇腈、丙腈、四甲基琥珀腈、溴苯甲腈、苯腈、乳酸腈、丙酮腈、丁基腈、苯基异丙酸酯、氰酸酯类等的废物
39	含酚废物	酚、酚化合物的废物(包括氰酚类和硝基酚类),例如: · 生产过程中产生的高浓度废液及反应残余物; · 生产过程中产生的吸附过滤物、废催化剂、精馏釜残液(包括石油、化工、煤气生产中产生的含酚类化合物废物)	含氨基苯酚、溴酚、氯甲苯酚、煤焦油、二氯酚、二硝基苯酚、对苯二酚、三羟基苯、五氯酚(钠)、硝基苯酚、三氯酚、氯酚、甲酚、硝基苯甲酚、苦味酸、二硝基苯酚钠、苯酚胺等的废物

续表

编号	废物类别	废物来源	常见危害组分或废物名称
40	含醚废物	从生产、配制和使用过程中产生的含醚废物，例如： · 生产、配制过程中产生的醚类残液、反应残余物、水处理污泥及过滤渣； · 配制、使用过程中产生的含醚类有机混合溶剂	含苯甲醚、乙二醇单丁醚、甲乙醚、丙烯醚、二氯乙醚、苯乙基醚、二苯醚、二氧基乙醇乙醚、乙二醇甲基醚、乙二醇醚、异丙醚、二氯二甲醚、甲基氯甲醚、丙醚、四氯丙醚、三硝基苯甲醚、乙二醇二乙醚、亚乙基二醇丁基醚、二甲醚、丙烯基苯基醚、甲基丙基醚、乙二醇异丙基醚、乙二醇苯醚、乙二醇戊基醚、氯甲基乙醚、丁醚、乙醚、二甘醇二乙基醚、乙二醇二甲基醚、乙二醇单乙醚等的废物
41	废卤化有机溶剂	从卤化有机溶剂生产、配制、使用过程中产生的废溶剂，例如： · 生产、配制过程中产生的高浓度残液、吸附过滤物、反应残渣、水处理污泥及废载体； · 生产、配制过程中产生的报废产品； · 生产、配制、使用过程中产生的废卤化有机溶剂，包括化学分析、塑料橡胶制品制造、电子零件清洗、化工产品制造、印染涂料调配、商业干洗、家庭装饰使用的废溶剂	含二氯甲烷、氯仿、四氯化碳、二氯乙烷、二氯乙烯、氯苯、二氯二氟甲烷、溴仿、二氯丁烷、三氯苯、二氯丙烷、二溴乙烷、四氯乙烷、三氯乙烷、三氯乙烯、三氯氟烷、四氯乙烯、五氯乙烷、溴乙烷、溴苯、三氯氟甲烷等的废物
42	废有机溶剂	从有机溶剂的生产、配制和使用过程中产生的其他废有机溶剂(不包括 HW41 类的卤化有机溶剂)，例如： · 生产、配制和使用过程中产生的废溶剂和残余物，包括化学分析，塑料橡胶制品制造、电子零件清洗、化工产品制造、印染染料调配、商业干洗和家庭装饰使用过的废溶剂	含糠醛、环己烷、石脑油、苯、甲苯、二甲苯、四氢呋喃、乙酸丁酯、乙酸甲酯、硝基苯、甲基异丁基酮、环己酮、二乙基酮、乙酸异丁酯、丙烯醛二聚物、异丁醇、乙二醇、甲醇、苯乙酮、异戊烷、环戊酮、环戊醇、丙醛、二丙基酮、苯甲酸乙酯、丁酸、丁酸丁酯、丁酸乙酯、丁酸甲酯、异丙醇、N,N-二甲基乙酰胺、甲醛、二乙基酮、丙烯醛、乙醛、乙酸乙酯、丙酮、甲基乙基酮、甲基乙烯酮、甲基丁酮、甲基丁醇、苯甲醇等的废物

续表

编号	废物类别	废物来源	常见危害组分或废物名称
43	含多氯苯并呋喃类废物	含任何多氯苯并呋喃类同系物的废物	多氯苯并呋喃同系物废物
44	含多氯苯并二噁英类废物	含任何多氯苯并二噁英同系物的废物	多氯苯并二噁英同系物废物
45	含有机卤化物废物	从其他有机卤化物的生产、配制、使用过程中产生的废物(不包括上述HW39、HW41、HW42、HW43、HW44类别的废物),例如: · 生产、配制过程中产生的高浓度残液、吸附过滤物、反应残渣、水处理污泥及废催化剂、废产品,例如: · 生产、配制过程中产生的报废产品; · 化学分析、塑料橡胶制品制造、电子零件清洗,化工产品制造、印染染料调配,商业、家庭使用产生的卤化有机废物	含苄基氯、苯甲酰氯、三氮乙醛、1-氯辛烷、氯代二硝基苯、氯乙酸、氯硝基苯、2-氯丙酸、3-氯丙烯酸、氯甲苯胺、乙酰溴、乙酰氯、二溴甲烷、苄基溴、1-溴-2-氯乙烷、二氯乙酰甲酯、氟乙酰胺、二氯萘醌、二氯醋酸、二溴氯烷、溴萘酚、碘代甲烷、2,4,5-三氯苯酚、三氯酚、1,4-二氯丁烷、2,4,6-三溴苯酚、二氯丁胺、1-氨基-4溴蒽醌-2-磺酸等的废物
46	含镍废物	含有镍化合物的废物,例如: · 镍化合物生产过程中产生的反应残余物及废品; · 使用报废的镍催化剂; · 电镀工艺中产生的镍残渣及槽液; · 分析、化验、测试中产生的含镍废物	含溴化镍、硝酸镍、硫酸镍、氯化镍、一硫化镍、一氧化镍、氧化镍、氢氧化镍、氢氧化高镍等的废物
47	含钡废物	含钡化合物的废物(不包括硫酸钡),例如: · 钡化物生产过程中产生的反应残余物及其废品; · 热处理工艺中的盐浴渣; · 分析、化验、测试过程中产生的含钡废物	含溴酸钡、氢氧化钡、硝酸钡、碳酸钡、氯化钡、氟化钡、硫化钡、氧化钡、氟硅酸钡、氯酸钡、醋酸钡、过氧化钡、碘酸钡、叠氮钡、多硫化钡等的废物
48	含氮有机废物	在有机和专用化学产品制造业、印染业、化肥制造业中产生的含氮有机废物	胺类、氨类、胍类、硝基化合物、含氮杂环化合物等
49	含硫有机废物	在基本有机合成中产生的含硫有机废物	硫醇、硫醚、硫酚、二硫化合物、磺化物等
51	含钙废物	包括电石渣、废石、造纸白泥、氧化钙等废物	
52	硼泥		

续表

编号	废物类别	废物来源	常见危害组分或废物名称
53	赤泥		
54	盐泥	从炼铝中产生的废物	
55	金属氧化物废物	铁、镁、铝等金属氧化物废物(包括铁泥)	
56	无机废水污泥	含无机污染物质废水经处理后产生的污泥,但不包括本表中已提到的污泥	
57	有机废水污泥	含有机污染物废水经处理后产生的污泥(包括城市污水处理厂的生化活性污泥)	
58	动物残渣	动物(如鱼肉等)加工后的剩余残物	
59	粮食及食品加工废物	粮食和食品加工中产生的废物(如造酒业中的酒、豆渣、食品罐头制造业的皮叶、茎等残物等)	
60	皮革废物	包括皮革鞣制、皮革加工及其制品的废物	
61	废塑料	从塑料生产、加工和使用中产生的废物	
62	废橡胶	从橡胶生产、加工和使用中产生的废物,包括废橡胶轮胎及其碎片	
63	中药残渣	从中药生产中生产的残渣类废物	
71	粉煤灰		
72	锅炉渣	煤渣	
73	高炉渣	包括炼铁和化铁冲天炉产生的废渣	
74	钢渣		
75	煤矸石		
76	尾矿	具体注明何种尾矿	
81	冶炼废物	金属冶炼(干法和湿法)过程中产生的废物,不包括已提到的钢渣、高炉渣和含有色金属化合物的废物	
82	有色金属废物	各种有色金属,如铜、铝、锌、锡等金属在机构加工时产生的屑、灰和边角等废料	
83	矿物型废物	包括铸造型砂、金刚砂等矿物型废物	
84	工业粉尘	各种除尘设施收集的工业粉尘,但要注明何种粉尘	
85	黑色金属废物		
86	工业垃圾		
99	其他废物	不能与上述各类对应的其他废物,但在填表时应注明何种废物及其主要组成成分	

1.3　工业固体废物的特性与特征

1.3.1　工业固体废物的形态与特性

《中华人民共和国固体废物污染环境防治法》规定：固体废物的范围明确包括固态、半固态和置于容器中的气态的物品、物质，法律、行政法规规定纳入固体废物管理的物品、物质，以及除排入水体的废水之外的液态废物。因此，从法律和管理的角度，固体废物包括固态、半固态、气态和液态四种基本形态[1]。

（1）固态废物，是指在常温环境下有一定的形状的废物，是工业生产产生的废物中最为常见的形态，其种类比较多，如尾矿渣、高炉渣、钢渣、煤矸石、煤渣、粉煤灰、废钢铁、铬渣、硫铁矿渣、锰渣、钡渣、废有色金属、废纺织品、电子废物、电器废物、石棉废物、污泥饼、除尘灰、纺织边角碎料、硬化的环氧树脂废物、废塑料、废橡胶、焊料废物、油抹布、电石渣等。

（2）半固态废物，是指呈黏稠状、泥状或者含水分比较高的废物，也是工业生产中比较常见的废物。尤其是在石油和化工生产中，绝大部分半固态废物含有大量的有机组分，如精（蒸）馏残渣、罐底油泥、沥青油渣、活性污泥、印刷废油墨、浮油渣、酸焦油渣、酚焦油渣、废油漆、高炉瓦斯泥、阳极泥、磷泥、废黏合剂和其他废物等。

（3）气态废物，是指置于容器中的气体废物，如钢瓶中剩余的气体，容器中的残余液化石油气、煤气、其他有机气体等。这些容器中的气态物质如果不进行妥善管理和处理，泄漏到环境中将产生危害和造成环境污染。当然，工业生产中排放到空气中的废气如烟气、车间无组织排放的废气等不能归入固体废物的范畴。

（4）液态废物，是指常温下可以自然流动、没有固定形状的废溶液。工业生产中产生大量的液态废物，尤其是在工业危险废物中的液态废物占有很高的比例。我国每年的工业危险废物统计中有一半以上的属于液态废物，包括废酸液、废碱液、废溶剂、废油、废药剂、废化学试剂、含有害物质的废液等。法律规定排入水体的废水不能按照固体废物来管理。实际上工业生产中大量进入污水处理厂处理的废水也不能按照工业固体废物进行管理。

工业固体废物的特征与其产生源是密切相关的，它作为固体废物的一大类。我国工业固体废物具有以下共性特征[4]：

1）性质稳定

无论是固态废物还是液态、气态废物，只要是产生废物的生产工艺和生产原料不发生变化，其成分、性状等性质都不会随时间而发生大的变化，也不会随生产地点变化而变化；同时，废物的成分等也具有较高的均匀性，即相对的杂质含量较低。

工业固体废物的这一特征为其利用带来一定的便利，特别是产生量大的工业固体废物，例如，产生量最大的几种非采掘工业固体废物粉煤灰、锅炉煤渣、高炉渣、钢渣的目前利用率分别是 34.1%、68.2%、77.7%、68.2%，均大大高于生活垃圾的利用率。而工业固体废物的总利用率已经达到 55%以上[3]。

2）危险废物产生量大

在所统计的危险废物中，有 90%以上来自工业生产过程，而存在于生活垃圾中和来自社会源的危险废物不到 10%。这决定了危险废物管理的重点是工业危险废物。实际上，在很多国家中由家庭产生的危险废物得到豁免管理，即不按照危险废物进行管理。我国环境保护部联合国家发展和改革委员会、公安部最新颁发的《国家危险废物名录》(2016 版，2016 年 8 月 1 日起实施)也提出类似的管理思路，建议家庭日常生活中产生的废药品及其包装物、废杀虫剂和消毒剂及其包装物、废油漆和溶剂及其包装物、废矿物油及其包装物、废胶片及废相纸、废荧光灯管、废医疗器械(废温度计、血压计)、废镍镉电池及氧化汞电池等不按照危险废物进行管理。这样做的目的是集中力量加强对工业固体废物的管理。

3）以矿产废物、煤炭废物和冶金废物为主

我国近年来产生的超过 30 亿 t 工业固体废物中，有约 40%是采掘尾矿和煤矸石，约 20%是钢渣、高炉渣、赤泥等钢铁和有色金属冶炼废渣，约 25%是粉煤灰和锅炉矿渣，这三类废物占我国工业固体废物总产生量的近 90%[3]。这与我国工业结构、能源结构和工业发展水平是相符的。图 1.1 给出了我国工业固体废物构成。

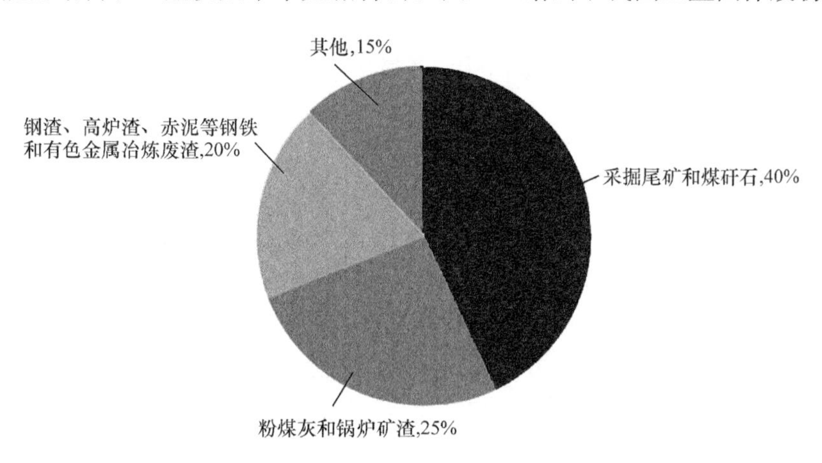

图 1.1　我国工业固体废物构成

1.3.2　工业固体废物的特征

工业固体废物的理化特征主要有以下几个方面。

1）固态、半固态、液态或者气态

因为工业固体废物不仅是固态废物，还包括半固态废物、置于容器中的气态废物，以及废水之外的液态废物，所以工业固体废物的形态为固态、半固态、液态或者气态。

2）物理特征

工业固体废物的物理特征包括相对密度、粒度及粒径分布、孔隙率、比表面积、筛余量、渗透速率、可燃成分（挥发分）、烧失量、水分（含水率）、灰分、热值等。

3）化学特征

工业固体废物的化学特征主要为化学组成，包括主成分含量（如 Al_2O_3、CaO、Fe_2O_3、FeO、K_2O、MgO、MnO、Na_2O、SiO_2、TiO_2、P_2O_5 等以及 C、H、O、N、S、Cl、P 等元素）、微量元素含量（如 Al、As、Ba、Sn、Be、Ca、Cd、Co、Cr、Cu、Hg、Fe、Mg、Mn、Mo、Ni、Nd、Pr、Pb、V、Se、Zn、B、F、Br 等）、污染或有害成分含量（如重金属、卤代挥发性有机物、非卤代挥发性有机物、芳香族挥发性有机物、半挥发性有机物、1，2-二溴乙烷、1，2-二溴-3-氯丙烷、丙烯醛/丙烯腈、酚类、酞酸酯类、亚硝胺类、有机氯农药及 PCBs、硝基芳烃类和环酮类、多环芳烃类、卤代醚、有机磷化合物、二噁英类等）。

4）生物特征

工业固体废物的生物特征包括毒性、生态毒性、可生物降解（转化）性能、微生物含量及病原微生物含量等。

1.4 工业固体废物的污染与控制

1.4.1 工业固体废物的污染特性

工业固体废物的污染特性是伴随着产生特性而来的[4]。工业固体废物产生量大，说明环境污染的可能性就大；工业固体废物产生种类多，说明导致污染的有害成分会更加复杂；工业固体废物产生广泛分布，说明产生污染的范围会更大；工业固体废物产生去向要控制，一方面要依据污染成分来制订方案；另一方面要防止产生环境污染。工业固体废物产生特性表现是多方面的，因此污染特性是复杂的。

1. 污染成分复杂

工业固体废物污染成分复杂与生产工艺、原材料的使用、堆存方式有很大的关系。不同的工业产品在生产过程中产生的固体废物类别和主要污染物种类因所使用的原辅材料不同而不同；相同工业产品的生产，因其生产工艺和原辅材料的产地不同，其主要污染物含量也存在差异。即使是同一工业产品、相同生产工艺和原辅材料，但因生产工况条件和员工实际操作的变化，所产生的固体废物中污染物的含量也不是恒定的。

2. 污染成分转移到浸出液中具有分布规律

污染成分在浸出液中的分布与其在固体废物中的分布密切相关。固体废物中相对含量大的污染成分在浸出液中的相对含量也大，固体废物中相对含量小的污染成分在浸出液中的相对含量也小。

3. 产生污染形式多种多样

工业固体废物产生的环境污染和危害形式是多种多样的。从时间上看，有长期的、潜在的和即时的危害。例如，工业固体废物排入水体，导致鱼虾死亡就是即时的危害；石棉废物产生的石棉粉尘对人体健康的危害，可潜伏几十年才能表现出来，这是长期的危害。从危害程度上可分为一般危害和严重危害。例如，一般工业固体废物的污染相对于危险废物的危害性就小一些，1t含砷的固体废物比1t高炉渣的危害要大得多。从导致污染的途径上可通过各种环境介质和人体接触产生直接的危害。从污染对象上可导致大气污染、水体污染、生态破坏、健康损害、物品受污染、占用土地、破坏农业甚至毁坏财物等。从污染的方式上有直接产生污染和间接产生污染。直接产生污染是工业固体废物对环境和人体健康产生的直接危害，如固体废物乱堆乱放产生的扬尘污染、受水的浸泡产生的有害物质污染水体、直接接触导致皮肤过敏和损伤等；间接产生污染是固体废物在加工利用和减少或消除污染等过程中可产生的新的固体废物、废水、废气导致的污染。

4. 污染特性与废物成分和结构密切相关

由于工业固体废物产生来源和成分比较复杂，所以造成的环境污染与工业固体废物成分和结构有很大的关系。例如：①含铜的电镀污泥和金属铜废物的污染特性完全不同，是因为铜元素的结构形态不同，前者属于危险废物，电镀污泥中的铜以铜离子状态存在，后者属于一般固体废物，金属铜废物中的铜是金属铜；②含三价铬和六价铬的工业固体废物的污染特性也是不同的，前者的毒性比后者的毒性小很多倍；③我国规定固体废物的浸出液中一旦检出有机汞化合物，那么该废物就属于危险废物，如果浸出液中汞及其化合物的浓度小于0.05mg/L，那么该废物属于一般工业固体废物(其他污染物都不超标)；④火法冶炼含铬铁合金和含铬不锈钢产生的冶炼渣，废渣中铬的含量比较低而且比较稳定，通过试验分析，铬浸出率和浸出浓度都非常低，正常情况下属于一般工业固体废物，但是铬盐生产或铬化工生产或湿法冶炼产生的铬浸出渣，由于含有毒性较高的六价铬和三价铬，浸出渣属于危险废物。

5. 工业固体废物污染环境的特点

没有相同形态的环境受纳体，自然界对固体废物的自净能力很差，所以对于固体废物的环境容量很小。产生的各种环境污染具有隐蔽性、滞后性和持续性，固体废物造成的污染治理困难，生态恢复成本高昂，不恰当的处置容易造成景观污染和心理影响，从而引起社会的关注。固体废物污染控制的特点是固体废物妥善处理、处置，是废水、废气处理的延续和最终手段，也是水污染控制和大气污染控制的重要方面。

1.4.2 工业固体废物对环境的影响

1. 对居民心理影响（视觉污染）

这种污染实际是对居住人群心理的伤害[2]。即使没有实质性的污染发生，也没有人希望生活在随时可以看到的各种污染威胁之下。而固体废物的迁移性差和生态环境对固体废物的包容性差等特性，依靠自然改变这一情况非常困难，即固体废物对人群的视觉污染时间非常长。例如，“白色污染”就是废塑料的无序处理造成的景观污染（视觉污染）；而在城乡各地出现的垃圾围城、垃圾围村等也对周围居民的心理和感官造成了极大的影响，进而影响到其生活甚至心理健康。所以，与水污染、大气污染相比，固体废物的污染形式具有特殊性，其主要的表现形式之一就是视觉污染。

2. 占用土地资源

固体废物的堆放或者填埋处置都要占用一定土地，而且其累积的存放量越多，所需的面积也就越大。据估算，每堆积 10^4 t 废渣需占土地 1 亩（1/15hm^2）。据统计，20 世纪 90 年代前一些国家固体废物侵占土地为：美国 $200\times10^4 hm^2$，苏联 $10\times10^4 hm^2$，英国 $60\times10^4 hm^2$，波兰 $50\times10^4 hm^2$[2]。

到 1995 年，我国固体废物堆积量占地 $5.6\times10^4 hm^2$，其中耕地为 $0.4\times10^4 hm^2$[2]。2003 年，我国工业固体废物的产生量已经超过了 10 亿 t，大量的工业固体废物没有利用。历年累计堆存量是非常惊人的，对环境的直接影响就是占用大量的土地资源。例如，北京某区黄金开采产生的十几个金矿尾矿砂堆存了几十年，占地超过 10hm^2，共堆存尾矿超过 100 万 t，由于尾矿中含有有害物质，对当地环境产生了影响，近年政府出巨资进行治理。又如，西北某冶炼厂产生的工业固体废物，几十年来累积堆存超过 3000 万 t，渣场和尾矿库建在戈壁滩上，占地达几平方公里。类似情况全国各地非常多。随着工业固体废物产生量的不断增长，废物占地的矛盾日益突出。

3. 对空气环境的影响

工业固体废物中有很多呈细微颗粒状，如选矿尾矿砂、高炉渣、除尘灰、石棉粉尘、产品的切磨废料等。堆放的工业固体废物中的细微颗粒、粉尘等可随风飞扬，从而对空气环境造成污染。例如，金属镁还原渣粉尘粒径小于0.02mm，堆放过程中极易造成二次污染。而且，由于堆积的废物中某些物质的分解和化学反应，可以不同程度地产生毒气或恶臭，造成局部性空气污染。又如，煤矸石自燃会散发大量的二氧化硫，在辽宁、山东、江苏三省的112座矸石堆中，自燃起火的有42座。工业固体废物在运输和处理过程中，也能产生有害气体和粉尘，污染空气。固体废物在焚烧过程中会产生焚烧烟气，特别是会产生受社会广泛关注的污染物质——二噁英。如果固体废物露天焚烧，将会产生更严重的空气污染。

4. 对水环境的影响

固体废物弃置于水体中，会直接污染水质，严重危害水生生物的生长条件，并影响水资源的充分利用。此外，堆积的固体废物经过雨水的浸渍和废物本身的分解，其渗滤液和有害化学物质的转化和迁移，将对附近地区的河流及地下水系和资源造成污染。即使是一般工业固体废物倾倒入河流、湖泊等水体环境，也会造成河床淤泥、水面减小、水体污染，甚至导致水利工程设施的效益减少，使其排洪和灌溉能力有所降低。我国沿河流、湖泊、海岸建设了许多企业，每年向附近水域倾倒大量的灰渣，仅燃煤电厂每年向长江、黄河等水系倾倒的灰渣就达500多万t以上。有的电厂的排污口外的灰滩已经延伸到航道中心，在河道中大量淤积。据我国有关单位的估计资料，由于向江、湖中倾倒固体废物，20世纪80年代的水面较50年代减少100多万hm^2[2]。

工业固体废物倾倒产生的水环境污染在我国比较多见，所产生的后果非常严重。随意倾倒固体废物到自然环境中是我国法律不允许的，产生工业固体废物的单位应按照《中华人民共和国固体废物污染环境防治法》和相关标准及规范的要求妥善处理工业固体废物。但是即使建设完备的固体废物填埋场，如果产生的渗滤液没有得到妥善的处理也会排放到环境中，造成水体的污染。另外，固体废物的处理过程中产生的污水也可能对水体造成污染。

5. 对土壤环境的影响

固体废物及其淋洗和渗滤液中所含的有害物质会改变土壤的性质和土壤结构，并对土壤中微生物的活动产生影响。这些有害成分的存在，不仅有碍植物根系的发育和生长，而且会在植物有机体内积蓄，通过食物链危及人体健康。土壤是许多细菌、真菌等微生物聚居的场所，这些微生物形成了一个生态系统，在大自然的物质循环中，担负着碳循环和氮循环的一部分重任。工业固体废物特别是危险废物，经过风化、雨雪淋溶、地表径流的侵蚀，产生高温和毒水或其他反应，能杀灭土壤中的微生物，使土壤丧失分解能力，导致草木不生。

6. 对生态环境的影响

工业固体废物对生态环境的影响是综合作用的结果，有直接的破坏，也有通过固体废物导致土壤污染、水体污染、大气污染而产生的生态影响。长期以来，环境中囤积的危险废物数量已达到较高程度，大量有毒有害物质渗透到自然环境中，已经或正在对生态环境造成极大的破坏。

生物群落特别是一些水生动物的休克死亡，可以认为是工业固体废物处置场释出污染物质的前兆。例如，在雨季，由于填埋场处理不当，地表径流或渗沥液中的化学毒素进入江河湖泊引起的大量鱼群死亡。这类危害效应可从个体发展到种群，直到生物链，并导致受影响地区营养物循环的改变或产量降低。

1.4.3 工业固体废物对人体健康的影响

工业固体废物堆存、倾倒、处理、处置和利用的过程中，一些有害成分会通过水体、大气、食物等多种途径被人类吸收，从而危害人体健康。例如，当某些不相容物混合时，可能发生热反应（燃烧或爆炸），产生有毒气体（砷化氢、氰化氢、氯气等）和可燃性气体（氢气、乙炔等）[2]，从而危害人体健康；皮肤直接与废强酸或废强碱接触，将发生烧灼性腐蚀作用；工矿企业危险废物所含化学成分可污染饮用水，对人体形成化学污染；若贮存危险物品的空容器未经适当处理或管理不善，则会引起严重中毒事件。

国内外不乏因工业废渣处置不当，发生废渣中毒性物质在环境中扩散而殃及居民的公害事件，如含镉废渣排入土壤引起日本富山县“痛痛病”事件、美国纽约拉夫运河谷土壤污染事件。这些公害事件已给人类带来严重后果。我国工业固体污染对人体健康的危害事件也时有发生，例如，发生在锦州铬渣露天堆积污染井水事件，以及发生在某地尾矿堆放场所附近污染区域人群头发中砷含量超标事件；2016年湖南省暴雨引起冷水江锑矿区渣场溃堤，废渣有害成分逸出，污染周边环境，震惊全国。因此，对固体废物污染的控制，关键在于解决好工业固体废物，特别是危险废物的处理、处置和利用问题。唯一可行的办法是采用可持续发展战略，走工业固体废物减量化、资源化和无害化的道路。

1.4.4 工业固体废物的污染控制

固体废物的污染控制需要从两个方面考虑：一方面为防治固体废物污染；另一方面为综合利用废物资源[5]。固体废物污染控制措施主要包含如下：

1）改革生产工艺

（1）清洁生产工艺。落后的工艺是产生固体废物的主要原因，因此应当首先结合技术改造，从改革工艺着手，采用无废或少废的清洁生产技术，从发生源头消除或减少污染物的产生。例如，传统的苯胺生产工艺采用铁粉还原法，该方法会产生大量硝基苯、苯胺的铁泥和废水，造成环境污染和巨大的资源浪费。南京市某厂开发的流化床气相加氢制苯胺工艺不产生铁泥废渣，且其固体废物产生量由原来每吨产品 2500kg 减小到 5kg，还大大降低了能耗。

（2）采用精料。原料品位低、质量差，也是造成固体废物大量产生的主要原因。例如，一些选矿技术落后、缺乏烧结能力的中小型炼铁厂渣铁比相当高，如果在选矿过程中提高矿石品位，便可少加造渣熔剂和焦炭，大大降低高炉渣的产生量。一些工业先进国家采用精料炼铁，高炉渣产生量可减少一半以上。因此，应当进行原料精选，采用精料，以减少固体废物的产生量。

（3）提高产品质量和使用寿命，延长产品的使用年限，以使其不过快地报废，变成废弃物。

2）发展物质循环利用工艺

发展物质循环利用工艺，使第一种产品的废物成为第二种产品的原料，使第二种产品的废物又成为第三种产品的原料等，最后只剩下少量废物进入环境，以取得经济、环境和社会的综合效益。

3）进行综合利用

有些固体废物中含有可以回收的成分，例如，高炉渣中（含有 CaO、MgO、SiO_2、Al_2O_3 等）的成分可用来制砖和水泥。又如，硫铁矿烧渣、废胶片、废催化剂中含有 Au、Ag、Pt 等贵金属，只要采用合适的提取方法，就可以将其中有价值的物质回收利用。

4）进行无害化处理与处置

用焚烧、热解、固化等方式可改变危险固体废物中有害物质的性质，使其转化为无害物质或使有害物质含量达到国家规定的排放标准。

1.5 工业固体废物处理与处置方法

1.5.1 工业固体废物处理与处置的原则

目前，对于固体废物的处理与处置，遵循的原则主要是减量化、资源化和无害化[5,6]。

减量化是指减少固体废弃物的产生量和排放量，就是通过从源头做起，控制固体废弃物的产生和排放，直接减少或减轻对环境和人体健康的危害，最大限度地合理开发利用资源。减量化的要求不只是减少固体废弃物的数量和体积，还包括减少其种类、降低危险废弃物的危险性等。对于固体废弃物的减量化，西方发达国家已进行了多年努力，按照“谁污染谁治理”的原则，制定了一系列法律法规，要求生产企业从产品与工艺设计开始就应当充分考虑尽可能不产生或者少产生固体废弃物，即使产生也能循环利用，不至于使这些废物退出经济领域而成为环境负担。我国近年来也大力提倡和推行清洁生产，逐渐改变粗放经营的发展模式。

资源化是指采取管理和工艺措施从固体废弃物中回收物质和能源，加速物质和能量的循环，创造广泛经济价值的技术方法。固体废弃物资源化途径包括以下三个：①物质回收，即处理废弃物并从中回收指定的二次物质，如纸张、玻璃、金属等物质；②物质转换，即利用废弃物制取新形态的物质，如利用废玻璃和废橡胶生产铺路材料，利用高炉矿渣、粉煤灰等生产水泥和其他建筑材料，利用有机垃圾和污泥生产堆肥等；③能量转换，即从废物处理过程中回收能量，包括热能和电能，如通过有机废物的燃烧处理回收热量，还能进一步发电；利用垃圾污泥厌氧消化产生沼气，作为能源向企业和居民供热和发电；利用废塑料热解制取燃料油和燃料气等。

无害化是指对已经产生又无法或暂时不能综合利用的固体废弃物，经过物理、化学或生物方法，进行对环境无害化或降低危害的安全处理、处置，达到废物的消毒、解毒或稳定化，以防止并减少固体废弃物的污染危害。

1.5.2　工业固体废物处理方法

固体废物处理是指将固体废物转变成适于运输、储存、资源化利用以及最终处置的一种过程。处理方法有物理处理、化学处理、生物处理、热处理和固化处理[7,8]。

1）物理处理

物理处理是指通过浓缩或相变改变固体废物的结构，使之成为便于运输、贮存、利用或处置的形态，具体方法包括压实、破碎、分选、增稠、脱水等。物理处理也往往作为回收固体废物中有价物质的主要手段。

2）化学处理

化学处理是指采用化学方法破坏固体废物中的有害化学成分，从而达到无害化或将其转变为适于进一步处理、处置的形态，包括氧化、还原、中和、化学沉淀和化学溶出等。有些危险废物经过化学处理后，还可能产生富含毒性成分的残渣，还必须对残渣进行解毒处理或安全处理。

3）生物处理

生物处理是指利用微生物分解固体废物中可降解的有机物，从而使固体废物达到无害化或综合利用。固体废物经过生物处理后，在容积、形态和组成等方面均发生重大变化,因此便于运输、储存、利用或处置。生物处理方法包括好氧处理、厌氧处理和兼性厌氧处理。

4) 热处理

热处理是指通过高温破坏和改变固体废弃物的组成和内部结构,同时达到减容、无害化或综合利用的目的。热处理方法包括焚烧、热解、湿式氧化以及焙烧、烧结等[9]。

5) 固化处理

固化处理是指采用固化基材将废物固定或包覆起来以降低其对环境的危害,它是能较安全地运输和处置的一种处理过程。固化处理的对象主要是危险废物和放射性废物,由于处理过程需加入较多的固化基材,所以固化体积比原废物的体积大。

1.5.3 工业固体废物处置方法

固体废物处置是指最终处置或安全处置,是固体废物污染控制的末端环节,是解决固体废物的归宿问题。一些固体废物经过处理和利用后仍有部分残渣存在,而且很难再将其加以利用,这些残渣往往富集了大量有害成分;还有些固体废物目前尚无法利用,它们都长期地保留在环境中,是一种潜在的污染源。为了控制固体废物对环境的污染,必须对其进行处置,使之最大限度地与生物圈隔离。

固体废物处置方法包括海洋处置和陆地处置两大类。海洋处置有海洋倾倒和远洋焚烧;陆地处置有土地耕作、永久贮存(贮留地贮存)和土地填埋,其中应用最多的是土地填埋处置技术[7]。

1.6 工业固体废物利用现状

工业固体废物的综合利用已经成为建设资源节约型和环境友好型社会的重要措施。根据国家统计局的相关数据,我国工业固体废物年产生量逐年上升,近五年更是以平均每年近10%的速率增长,其中电力、热力的生产和供应业,黑色金属冶炼和压延加工业,有色金属矿采选业,煤炭开采和洗选业,黑色金属矿采选业等五大行业的固体废物产生量占总量的近80%[10]。

我国已堆积的以及每年新产生的大量工业固体废物不仅侵占了宝贵的土地资源,而且给土壤、水体和大气带来了不同程度的污染。大量的工业固体废物对环境构成巨大威胁,对这种“放错了地方的资源”进行简单处理也是一种资源浪费。因此,工业和信息化部(简称工信部)将尾矿、煤矸石、粉煤灰、冶炼渣、副产石膏、赤泥等来自上述五大行业的固体废物列为大宗工业固体废物,作为《“十二五”大宗工业固体废物综合利用专项规划》中的主要处理对象。

根据国家统计局的统计，近十年我国工业固体废物总产生量高速增长，但平均利用率处于60%以下，平均每年贮存和处置总量超过了5亿t，总堆积量超过了100亿t。对比欧美发达国家的工业固体废物高效利用水平，我国工业固体废物资源化利用还有很大的提升空间。表1.2为我国2005～2009年工业固体废物产生量及五大行业中固体废物的产生情况[10]。

表1.2　我国2005～2009年工业固体废物产生量及五大行业中固体废物的产生情况

（单位：万t）

年份	2005	2006	2007	2008	2009
工业固体废物总产生量	124324	142053	164239	177721	190673
电力、热力的生产和供应业	25638(20.6%)	29149(20.5%)	37586(22.9%)	41726(23.5%)	45131(23.7%)
黑色金属冶炼和压延加工业	23506(18.9%)	29135(20.5%)	29797(18.1%)	31459(17.7%)	33894(17.8%)
有色金属矿采选业	16313(13.1%)	18339(12.9%)	21571(13.1%)	23589(13.3%)	25848(13.6%)
煤炭开采和洗选业	18248(14.7%)	19352(13.6%)	18751(11.4%)	19571(11.0%)	23868(12.5%)
黑色金属矿采选业	12728(10.2%)	13680(9.6%)	21044(12.8%)	22424(12.6%)	23442(12.3%)

注：括号里的数据表示该行业中固体废物占工业固体废物总产量的百分比。

下面介绍几种典型的大宗工业固体废物的综合利用现状。

（1）粉煤灰，是煤炭在高温燃烧过程中的灰分经分解、烧结、熔融及冷却等过程形成的固体颗粒，主要由SiO_2、Al_2O_3、FeO、Fe_2O_3等氧化物组成，此外还含有钼、银、铬等稀有金属。粉煤灰表面呈球形，具有粒细、质轻、比表面积大、吸水性强等优点。我国是全球第一粉煤灰排放大国，但迄今为止粉煤灰的利用率仅为40%左右，粉煤灰（特别是电站粉煤灰）的综合利用工作已迫在眉睫。目前我国粉煤灰主要应用于建筑、建材、交通和土壤改良等方面，在建筑、建材、交通方面的应用占80%，在农业方面的应用占15%。应用在建筑、交通等行业，虽然能在短时间内快速提高利用率，但均为低附加值产品，并未充分发挥其潜在的价值。而充分利用粉煤灰的特性，开发和选择创新性的技术工艺，在制备高性能混凝土等建筑、建材方面的应用可以有更高的技术附加值[6]。在农业方面的应用主要是作为pH调节剂和无机肥，但其用于农业生产过程中存在的重金属迁移等风险近年来引起了各界的重视。大力开发粉煤灰的高附加值产品是今后粉煤灰资源化利用技术研究的主要方向。我国现在只有少部分粉煤灰用于工业、环保等高值利用领域，如制备白炭黑、沸石及稀有金属回收等，其比重还不到总量的5%。此外，利用粉煤灰制造玻璃材料、废水废油固定剂、尾气吸附材料、固氮微生物和磷细菌的载体等高值利用技术的研究逐渐深入，特别是利用粉煤灰作为吸附剂去除有毒离子的报道日益增多。在研究粉煤灰高值化利用技术的同时,应注意将技术成熟、投资少、工艺简单、经济效益高的成果及时应用到工业化生产中。

(2) 尾矿,是在当前的技术经济条件下,有用目标组分含量低,选矿中分选作业已不宜再进一步分选的产物[11,12]。随着生产科学技术的发展,有用目标组分还可能有进一步回收利用的经济价值。因受选矿技术水平、生产设备的制约,我国矿业生产的尾矿产生量巨大,并逐年增加。尾矿不仅占用大量土地,而且也给生态环境带来了严重污染和危害。目前,国际上包括我国的尾矿综合利用手段主要有尾矿再选,将其经过处理后掺入或用来生产水泥以及烧砖等建筑材料,用作土壤改良剂和微量元素肥料,以及回填和复垦植被等。虽然我国开展了利用尾矿制取微晶玻璃、玻化砖、墙地砖、无机染料等研究,但多未能产业化。除了尾矿再选比较充分地利用了其价值外,其他多数手段只停留在减量化和无害化的处理处置水平,不能真正将其资源化。

(3) 冶炼渣,是钢铁、铁合金及有色重金属冶炼和精炼等过程的重要产物之一,主要成分是 CaO、FeO、MgO、SiO_2、P_2O_5、Fe_2O_3 及 Al_2O_3 等氧化物,此外,经常含有硫化物和少量金属。以电炉钢渣为例,如今我国电炉渣的利用主要有内部循环、建筑和农业生产三个方面。在钢铁企业内部的循环利用包括电炉渣返回高炉、用作炼钢返回渣、用于铁水预处理等。电炉渣用作建筑材料,主要用于生产钢渣水泥、钢渣白水泥,作筑路材料、地基回填材料及其他建筑材料(钢渣砖、小型空心砌块等)。根据其化学组成特点,电炉渣在农业生产方面主要用于生产钢渣磷肥、硅肥以及作为土壤改良剂等。在高值利用方面,近年来用炉渣制备的水处理材料、烟气脱硫剂、微晶玻璃、陶瓷、矿渣棉和岩棉、筑路用保水材料、多彩铺路料等高附加值产品逐渐投入市场,但尚未形成规模。从各国电炉渣利用情况来看,许多先进国家的电炉渣基本可以达到排用平衡,即全部利用,除了利用电炉渣生产水泥等建材外,还能生产陶粒、陶片、硅胶等材料,以及作为水处理材料。相比之下,我国对电炉渣的治理和综合利用在深度和广度上还不够,主要体现在对电炉渣余热及有价金属没有高效利用和所生产的炉渣产品附加值较低两方面,因此电炉渣综合利用的任务还很艰巨。

(4) 工业副产石膏,是指工业生产中因化学反应生成的以硫酸钙为主要成分的副产品或废渣,也称为化学石膏或工业废石膏。主要包括脱硫石膏、磷石膏、柠檬酸石膏、氟石膏、盐石膏、味精石膏、铜石膏、钛石膏等,其中脱硫石膏和磷石膏的产生量约占全部工业副产石膏总量的85%。根据《工业和信息化部关于工业副产石膏综合利用的指导意见》中的数据,目前工业副产石膏累积堆存量已超过3亿t,其中脱硫石膏5000万t以上,磷石膏2亿t以上。工业副产石膏经过适当处理,完全可以替代天然石膏。当前,工业副产石膏的综合利用主要有两种途径:①用作水泥缓凝剂,约占工业副产石膏综合利用量的70%;②生产石膏建筑材料制品,包括纸面石膏板、石膏砌块、石膏砖、石膏空心条板、干混砂浆等。现在我国超高强α石膏粉、石膏晶须、高档模具石膏粉等高附加值产品的生产技术及装备都在开发过程中,低能耗磷石膏制硫酸联产水泥、制硫酸钾副产氯化铵、磷石膏转化法生产硫酸钾、环保型磷石膏净化、利用低质磷石膏生产低成本高性能的矿井充填专用胶凝材料、利用工业副产石膏改良土壤等关键技术也都在研发阶段。

(5) 赤泥,是以铝土矿为原料生产氧化铝过程中产生的极细颗粒强碱性固体废物,每生产1t氧化铝,产生赤泥0.8~1.5t。我国是氧化铝生产大国,根据2010年工信部和科技部联合印发的《赤泥综合利用指导意见》,2009年我国生产氧化铝2378万t,约占世界总产量的30%,产生的赤泥近3000万t。目前,我国赤泥综合利用率仅为4%,赤泥累计堆存量达到3.5亿t。赤泥的综合利用仍属世界性难题,国际上对赤泥主要采用堆存覆土的处置方式。我国赤泥综合利用工作近年来得到各方面的高度重视,开展了跨学科、多领域的综合利用技术研究工作,如赤泥提取铁等有价金属、配料生产水泥、建筑用砖、矿山胶结充填胶凝材料、路基固结材料和高性能混凝土掺合料、化学结合陶瓷复合材料、保温耐火材料、环保材料等,但这些研究尚处于实验室阶段,还未实现产业化。

我国今后大宗工业固体废物综合利用应按两种思路发展:①遵循减量化原则,推广用量大、成本低、经济效益好的综合利用技术;②遵循资源化原则,开发针对性更强、技术要求更高、附加值更高的高值利用技术[10]。第一种思路针对我国大宗工业固体废物堆积量、年产生量大的现状,有利于提高大宗工业固体废物的利用率,减少其对土地资源的占用及其他不良影响,同时在一定程度上实现工业固体废物的资源价值。目前采用较为广泛的掺入建材制造、铺设路基以及回填矿井采空区等方式,仍将是今后一段时间内解决大量工业固体废物的主要方式。第二种思路针对具有特殊性能的工业固体废物或使用特殊的技术与工艺生产以工业固体废物为原料的高值产品,如活性粉末混凝土、氮氧化物耐火材料、保温矿棉、功能陶瓷材料等技术含量高、经济附加值大、社会效益好的产品。通过这种途径,一方面提高资源化比例,真正将废弃物作为新的资源加以利用;另一方面增加产品附加值和利润,使其更符合市场规律,从而使工业固体废物资源化利用产品在市场机制下良性运作。只有符合减量化与资源化原则的技术才能获得企业的青睐,得到市场的认可,才能实现工业固体废物综合利用技术的产业化,更好地解决我国在工业固体废物处理方面的严峻问题。

参考文献

[1] 王琪. 工业固体废物处理及回收利用[M]. 北京:中国环境科学出版社,2006.
[2] 崔兆杰,谢锋. 固体废物的循环经济——管理与规划的方法和实践[M]. 北京:科学出版

社,2005.
[3] 国家统计局. 中国统计年鉴[M]. 北京:中国统计出版社,2016.
[4] 谢志峰. 固体废物处理及利用[M]. 北京:中央广播电视大学出版社,2014.
[5] 庄伟强. 固体废物处理与利用[M]. 2版. 北京:化学工业出版社,2008.
[6] 牛晓庆,郑萤,王汉林. 固体废物处理与处置[M]. 北京:中国建筑工业出版社,2014.
[7] 徐惠忠. 固体废物资源化技术[M]. 北京:化学工业出版社,2004.
[8] 丁忠浩,翁达. 固体与气体废弃物再生与利用[M]. 北京:国防工业出版社,2006.
[9] 柴晓利,赵爱华,赵由才. 固体废物焚烧技术[M]. 北京:化学工业出版社,2006.
[10] 孙坚,耿春雷,张作泰,等. 工业固体废弃物资源综合利用技术现状[J]. 材料导报A:综述篇,2012,26(6):105-109.
[11] 竹涛,舒新前,贾建丽. 矿山固体废物综合利用技术[M]. 北京:化学工业出版社,2012.
[12] 蒋家超,招国栋,赵由才. 矿山固体废物处理与资源化[M]. 北京:冶金工业出版社,2007.

第2章　镁渣无害化处理与循环利用

2.1　概　　述

镁是元素周期表中第12号、ⅡA族元素。作为一种轻质的金属，镁的密度为1.74g/cm^3，仅为铝的2/3、钛的2/5、钢的1/4；基于镁制造的镁合金比铝合金轻36%，比锌合金轻73%，比钢轻77%。镁及镁合金还具有比强度和比刚度高、导热和导电性能优良、阻尼减振和电磁屏蔽性能好、废料容易回收等优点。镁及镁合金的这些优良的物理化学性能和力学性能使它们在电子电器、汽车制造、光学仪器、航空航天及国防军工等领域具有重要的实际应用价值和广阔的发展前景，因此它们被誉为21世纪最有前途的工程材料之一[1]。

2.1.1　金属镁冶炼

通常镁的冶炼有三大类方法：化学法、熔盐电解法和热还原法[2]。镁的化学生产方法始于1808年英国化学家从氧化镁中分离提纯出镁金属。虽然后来法国、英国和美国相继对此种方法进行了改进，得到了产量更多的镁金属，但此种方法经过了几十年的发展，始终没有形成工业化的生产规模。1830年英国科学家法拉第首先在实验室中用电解熔融氯化镁的方法得到了纯镁，并于1886年开始在德国进行工业化生产。20世纪初，作为结构材料的"电子"镁基合金的发明和使用进一步促进了这种电解法的工业化应用。电解法冶炼镁是一种具有先进水平的工艺方法，在2000年以前仍是金属镁的主要生产方法，其产量占80%以上。第二次世界大战前后，由于军事工业的发展，镁及其合金的需求越来越大，电解法生产的镁金属已不能满足日益增长的需求，在化学法的基础上开发的热还原法炼镁越来越受到各国的重视。热还原法中最重要的进展是皮江法的发现。皮江法炼镁由加拿大多伦多大学皮江教授(L. M. Pidgeon)于1941年研制成功，并在渥太华建立了实验工厂。皮江法主要采用外热式真空蒸馏罐内用硅铁还原白云石制镁的工艺。截至目前，皮江法经过70多年的发展，取得了巨大的进步，取代了电解法成为世界镁冶炼行业中最主要的方法。

与皮江法相比，电解法炼镁具有节能、产品均匀性好、易于大规模工业化生产、生产过程连续、生产成本低等优点，属于能源密集型产业。但是，电解法也有以下不足之处：无水氯化镁制备的生产工艺较难控制；水氯镁石脱水需要较高温度和酸性气氛，使得能耗大，设备腐蚀严重；生产过程中排放的废水、废气和废渣对环境造成污染，处理费用大。皮江法的生产工艺流程和设备较简单，建厂投资少，生产规模灵活，成品镁的纯度高，其炉体小，建造容易，技术难度小，并且可以直接利用资源丰富的白云石作为原料。皮江法的主要缺点为：热利用率低，还原罐寿命短，还原炉所占的成本较大，属于劳动密集型产业，生产过程不连续。我国有丰富的白云石资源和廉价的劳动力，因此皮江法炼镁方式比较适合我国国情，在有煤和白云石资源的地区迅猛发展，使得金属镁产量迅速提高。

我国在 2006 年以前仅有青海民和镁厂采用电解法生产镁，其镁产量占总镁产量比例不到 10%。改革开放以来，特别是 21 世纪初，热还原法炼镁企业大量涌现，其生产的原镁有很强的价格竞争力，这使民和镁厂的产品逐渐丧失市场，民和镁厂于 2006 年宣布破产。目前我国的原镁基本采用硅热法制备，并且镁产量占世界总产量的 80%以上。而国外因镁矿石资源贫乏以及较高的环保要求，绝大部分的金属镁是通过电解法生产的。近十几年来，随着我国皮江法金属镁生产规模不断扩大，产量及出口量快速增长，对全世界金属镁供应链造成了巨大冲击和严重影响，使西方国家的电解法原镁冶炼厂纷纷关闭，如世界主要的电解法炼镁企业挪威海德鲁公司也于 2006 年关闭了在挪威和加拿大的冶炼厂。

尽管硅热法具有难以比拟的优势，但其生产具有不连续、高能耗和高排放的特点。而电解法可实现在高度自动化下连续生产，从长期发展并结合资源特征的角度看，电解法仍然受到普遍关注。目前，发达国家 80%以上的金属镁是通过电解法生产的。近年来，我国青海盐湖工业集团股份有限公司引进了国外先进的电解炼镁技术，并在此基础上进行了消化、吸收、再创新，规划和实施了规模宏大的以金属镁为核心的一体化项目，其中电解镁的产量总体规划为 40 万 t/a[3]。

随着全球镁工业的迅猛发展，新的镁冶炼工艺技术也在不断研究开发。替代硅热还原的碳热还原法研究方兴未艾[4-6]，但目前还均处于研究试验阶段。据最新报道，澳大利亚科学家开发出了一种新的金属镁冶炼技术，它通过碳对镁矿的热还原反应以及被称为“超音速喷嘴”的设备生产高质量的金属镁，可节省能源，减少一氧化碳排放，有望为金属镁制造业带来革命性的变化[7]。

总而言之，目前工业上炼镁主要采用电解法和热还原法，其中后者又占据着绝对的主导地位。下面主要对这两种方法予以介绍[2,8,9]。

1. 电解法炼镁

电解法是从尖晶石、卤水或海水中将含有氯化镁的溶液经脱水或焙融氯化镁熔体，再进行电解，使之生成金属镁和氯气。氯化熔盐电解法包括无水氯化镁的生产及电解镁两大过程。无水氯化镁的来源可以是矿石或者以海水为原料制取。以海水为原料制取无水氯化镁最大的问题是如何去除 $MgCl_2$ 中的结晶水。水的分解电势为1.8V，$MgCl_2$ 的分解电势为2.6～2.8V，因此当电解的 $MgCl_2$ 中的结晶水未完全除尽时，在 $MgCl_2$ 分解之前水就会分解，这造成了能源损失和对电解槽的损害。通常情况下，采用普通的加热法可以去除部分结晶水，但在空气中继续加热时很容易发生水解反应，生成不利于电解过程的杂质，如 $Mg(OH)_2$。因此，通常需要在HCl气氛中除去 $MgCl_2$ 中的结晶水，防止脱水过程中发生水解反应生成 $Mg(OH)_2$。

电解法炼镁虽基本原理相同但工艺过程有很多，其中最有代表性的有DOW工艺、I. G. Farben工艺、Magnola工艺等。

1) DOW工艺

此工艺的流程特点是以海水为主要原料，经过煅烧的贝壳处理，制成泥浆，再与盐酸反应中和，生成氯化镁溶液，将其浓缩并干燥处理后生成 $MgCl_2 \cdot 3/2H_2O$，然后直接加入电解槽内进行电解，使之生成镁和氯气。DOW工艺炼镁流程如图2.1所示。

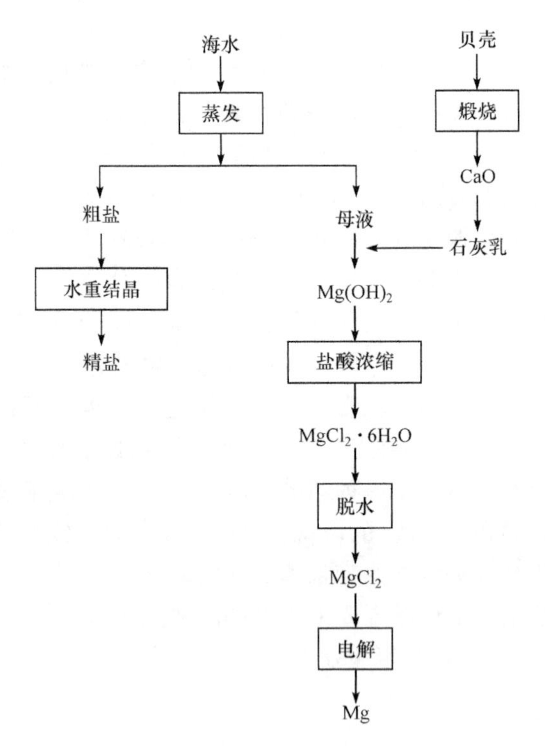

图2.1 DOW工艺炼镁流程图

DOW工艺炼镁过程中发生的整个主要化学反应过程如下：

$$MgCO_3 \cdot CaCO_3 \longrightarrow CaO \cdot MgO + 2CO_2(g) \tag{2-1}$$

$$CaO \cdot MgO + 2H_2O(\text{海水}) \longrightarrow Ca(OH)_2 + Mg(OH)_2 \tag{2-2}$$

将 $Mg(OH)_2$ 过滤并去除杂质：

$$Mg(OH)_2 + 2HCl \longrightarrow MgCl_2 + 2H_2O \tag{2-3}$$

$$MgCl_2 \xrightarrow{电解} Mg + Cl_2(g) \tag{2-4}$$

1916 年，陶氏化学公司的 DOW 工艺在美国密歇根州的 Midland 首次得到应用，随后，对此方法进行了部分改进，并于 1941 年在塔克赛斯自由港建立工厂。根据不同制备无水氯化镁方法衍生了许多类似于 DOW 工艺的方法，且被许多生产厂家应用。例如，欧洲挪威诺斯克-希德罗(Norsk-Hydro)公司主要在干燥的氯化氢气氛中加热 $Mg(OH)_2$ 来制备无水氯化镁。澳大利亚金属镁公司在氯化镁溶液中加入一种称为 Gylcol 的物质，蒸馏脱水，然后喷雾氨生成六氨合氯化镁，接着焙烧使 $MgCl_2 \cdot 6H_2O$ 完全脱水。

2) I. G. Farben 工艺

此工艺主要是将氢氧化镁与焦炭均匀混合在一起后放在竖炉内煅烧，再进行氯化处理，生成电解用原料无水氯化镁，电解得到镁，电解副产物 Cl_2 被回收利用。此工艺制备无水氯化镁的反应过程如下：

$$2MgO + C + 2Cl_2 \longrightarrow 2MgCl_2 + CO_2(g) \tag{2-5}$$

该工艺在 20 世纪初期首先由德国 I. G. Farben 工业公司开发使用，随后欧洲其他公司也采用过这种工艺。

3) Magnola 工艺

此工艺中氯化镁的原料主要来源于蛇纹石。采用浓盐酸浸泡生成 $MgCl_2$、H_2O 和 CO_2，通过调节 pH 和离子交换技术生产浓缩的超高纯度 $MgCl_2$ 溶液，然后采用流化床干燥技术进行脱水和多极电解工艺技术电解。也有相关公司利用石棉矿尾渣中的硅酸镁来制备氯化镁。

2. 硅热还原法炼镁

硅热还原法主要是以白云石为原料，在高温下用还原剂将镁从其化合物中还原出来生产金属镁。根据还原剂不同，硅热还原法炼镁可分为硅热法、碳化法、铝热法、碳化物法等，其中硅热法是工业上普遍采用的方法，后几种方法则应用较少。硅热法即采用硅铁为还原剂还原氧化镁，主要的生产工艺有皮江(Pidgeon) 工艺和马格内姆(Magnetherm) 工艺。

1) 皮江工艺

该工艺生产金属镁的过程是将白云石(主要成分为 $MgCO_3 \cdot CaCO_3$)在回转窑中煅烧(煅烧温度为 1150～1250℃)，得到氧化镁、氧化钙；然后经研磨成粉后与还原剂硅铁粉(含硅 75%①)和催化剂萤石粉(含氟化钙 95%)按比例混合，在

① 本书中涉及的含量，若未特别说明，均指质量分数。

1200℃温度下高温熔融，使氧化镁中的镁离子被还原成金属镁，高温下的金属镁蒸气经冷却生成固态粗镁，再经过熔剂精炼、铸锭、表面处理，即得到金属镁锭。皮江法炼镁流程如图 2.2 所示。

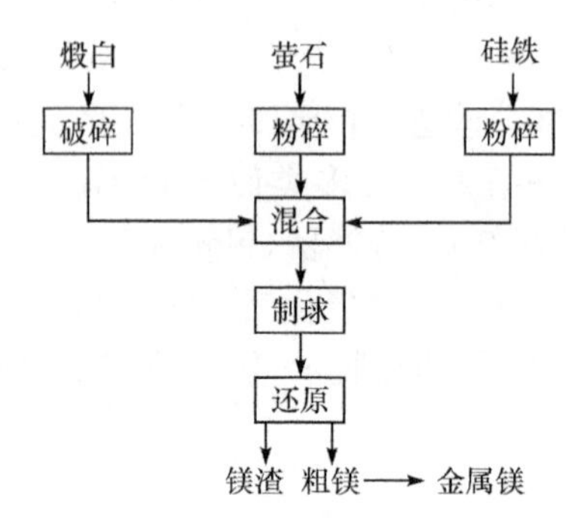

图 2.2 皮江法炼镁流程图

皮江法炼镁过程中发生的主要化学反应为

$$MgCO_3 \cdot CaCO_3 \longrightarrow MgO + CaO + 2CO_2(g) \tag{2-6}$$

$$2MgO + CaO + Si(Fe) \longrightarrow CaO \cdot SiO_2 + 2Mg \tag{2-7}$$

2）马格内姆工艺

该工艺是 20 世纪 50 年代在法国发展起来的一种炼镁工艺，其冶炼设备的主要部件为一个保温材料及以碳素为内衬的内胆、以钢为外壳的密封还原炉。与皮江法在还原罐外部加热的方式不同，马格内姆工艺采用电热元件内部加热。为降低熔渣的熔点及有效利用熔渣通电产生的热量来加热炉料以保持炉内温度，该工艺的炉料除白云石和硅铁外，还加入了铝土矿。因该工艺炉内温度比皮江法高，生成的炉渣通常为液态。用此工艺炼镁生产时可连续加料、间断排渣和出镁，在此过程中发生的基本反应为

$$MgCO_3 \cdot CaCO_3 \longrightarrow MgO + CaO + 2CO_2(g) \tag{2-8}$$

$$2MgO + 2CaO + Si(Fe) + 0.3Al_2O_3 \longrightarrow 2CaO \cdot SiO_2 \cdot 0.3Al_2O_3 + 2Mg + Fe(Si) \tag{2-9}$$

马格内姆工艺具有生产半连续化、生产能力大和环境污染相对较小等优点。运用此方法炼镁的工厂先后于 20 世纪 70～80 年代出现在欧美等各国，但仅持续了 20～30 年就因为各种原因相继停产。

2.1.2 镁渣的生成

电解镁的过程中会产生废气、废水和废渣[10]，其中废渣主要有槽渣、废电解质、工业废盐、熔渣和氧化炉渣。这些渣料中主要为含量不等的 $MgCl_2$、$CaCl_2$、MgO、KCl、NaCl 等物质，且这些废渣排放量巨大。例如，用光卤石电解生产镁时，

每生产 1t 镁，就要排出 4t 左右的废电解质，大量的废渣对环境污染十分严重。而从皮江法反应方程式可以看出，真空下 Si 在置换还原镁的过程中，被氧化成 SiO_2，SiO_2 进一步与 CaO 作用生成硅酸二钙（$2CaO \cdot SiO_2$，又写作 C_2S）存在于渣中，作为镁渣的主要矿物成分。由于还原反应难以充分，渣中尚有一定量的 MgO 和 CaO，可见皮江法炼镁中镁渣的主要化学成分为 CaO、SiO_2、MgO 和 $2CaO \cdot SiO_2$ 等[11]。

2.1.3 镁渣的物理化学性质

由于目前皮江法在我国炼镁行业中占据着主要地位，所以本章以下部分只讨论皮江法炼镁产生的镁渣，包括镁渣的物理化学性质、危害及处理方式等。

皮江法炼镁中镁渣的外观一般呈灰白色，粉末状，含有部分块状小颗粒，也有部分块状废渣。镁渣中的主要成分为 CaO 和 SiO_2，CaO 与 SiO_2 含量比为 1.5～2.5，此比例是决定镁渣中硅酸盐矿物相组成的重要因素。正常生产镁渣中的 MgO 含量一般在 5%左右，有的镁厂排出的镁渣中 MgO 含量高达 6.89%[12]。

皮江法炼镁中镁渣的主要组成为 γ-C_2S、β-C_2S、MgO 和游离 CaO。β-C_2S 可在低于 1200℃（炼镁温度）时形成，并在 400～500℃发生变相，转变成 γ-C_2S，造成约 12%的体积膨胀，镁渣出炉后自然降温过程中的粉末化就是由此引起的。另外，γ-C_2S 有明显水化惰性，掺入水泥后会影响试件强度。北方民族大学针对皮江法炼镁的镁渣中正硅酸二钙相变的研究进行了大量试验，采用物理和化学的方法使 β-C_2S 转变为 γ-C_2S 的转化率大大降低，从而阻止了镁渣的粉化，同时提高了镁渣的水化活性。

2.1.4 镁渣中的主要污染物

皮江法生产金属镁，以氟化钙作为矿化剂，添加量一般在原料总量的 2.5%～3%。试验证实皮江法炼镁时萤石中所含氟化物绝大部分转移到镁渣中[13]，这些含氟镁渣如果直接填埋，氟化物可能溶出，会对地下水资源造成氟污染。另据报道，镁渣也可以用作制备水泥的熟料，在此过程中需要对镁渣进行高温处理，镁渣中的氟化物在高温条件下可能会挥发成蒸气而造成空气污染。

冶炼结束，镁还原渣由还原罐中取出时为块状，在自然冷却过程中粉化为粉末状。粉末镁渣粒径较小，中位径 D_{50} 在 0.02mm 左右，无论是在存储过程中还是在运输过程中，都极易造成扬尘污染。由于缺乏对镁渣的合理利用，目前对镁渣的处理主要还是堆积或者掩埋，因此每个镁厂都有大块的土地用作渣场，占用了大量宝贵的土地资源。另外，镁渣呈碱性，吸潮后碱性更强，容易使堆放过镁渣的土地发生板结和盐碱化，危害农作物的生长，影响土地以后的正常使用。镁渣大量无序、随意的堆积还会随着雨水的冲淋和渗透进入江河和地下水系，改变水体的 pH，严重影响水资源的生态安全。

2.1.5 镁渣的处理与处置现状

我国是世界上镁资源最富有的国家之一。自20世纪90年代以来,我国原镁产量迅速增加,镁成为继铝、铜、锌等之后的第五大有色金属。皮江法是我国生产原镁的重要方法,随着企业生产规模的不断扩大,一个现实而急迫的问题就是如何解决镁渣的后续处理及再利用问题。《宁夏科技创新"十三五"发展规划》中就重点研发平台建设项目提出:重点围绕铝镁合金轻金属材料、建筑节能材料等新材料的研发,提高科技对新材料产业贡献率。要想推动经济社会和谐持续发展,在大力发展镁金属材料产业的同时,保护环境不造成较大的污染,保障人民健康安全的居住生活,镁渣的污染防治迫在眉睫。

金属镁工艺及操作的差异,致使镁渣中的氧化镁含量波动较大,使其应用受到了一定的限制。随着技术的进步,镁渣应用技术将会进一步被开发,目前的应用主要包含以下几个方面[14-18]:

1) 利用镁渣研制新型墙体材料

将磨细的镁渣与一定比例的磨细的矿渣混合,在复合激发剂的作用下,配制胶结材料生产各种新型墙体材料。其处理的工艺流程为:金属镁渣陈化及活化处理—原料配比计算—轮碾搅拌—振实成型—养护—检验。

该工艺过程生产的墙体材料密度小、强度高、耐久性好,其各项指标能够达到有关技术标准,并且生产工艺简单,成本低廉,产品性能优良,有较为广阔的市场前景。但由于渣中残余氧化镁的存在,易出现体积膨胀、裂缝和剥落等问题。如果解决不好,那么含镁渣建材的使用就存在隐患,因此不容忽视。

2) 镁渣在煅烧水泥熟料中的应用

镁渣经过1200℃的煅烧,形成了大量的硅酸盐矿物 C_2S,并含有少量 CaF_2。所以,镁渣在水泥物料的煅烧过程中能起到晶种的作用,降低晶体的成核势能,加速 C_3S 的形成,促进水泥熟料的烧成。镁渣中含有的 CaO、SiO_2 可以减少生料配料中石灰石和黏土的用量,不仅可以减少水泥生产的开山取材、挖土取材对自然生态的破坏,而且可以减少熟料煅烧过程中黏土脱水、$CaCO_3$ 分解等过程的热耗。同时,CaF_2 具有矿化剂的作用,也能促进硅酸盐矿物的形成,从而改善生料的易烧性和提高水泥的强度。

3) 镁渣用作水泥混合材的研究

2009年,镁渣作为混合材被纳入国家标准,用于水泥的生产。镁渣是一种活性水泥混合材料,其活性高于矿渣,易磨性比矿渣和熟料好,可用作混合材,提高水泥的质量,降低水泥生产过程中的电能消耗。

4) 镁渣作路用材料

镁渣具有较高的活性,与石灰、水泥结合,可以作为道路路基的混合料。

5）镁渣作燃煤固硫剂

金属镁渣中 MgO 与 CaO 含量的总和在 60%左右，这两种氧化物都是常用的燃煤固硫剂。目前，我国有关学者已经在镁渣作为燃煤固硫剂方面开展了广泛的研究。

6）国外镁渣应用的研究情况

由于炼镁工业是一个资源消耗大、高污染、高能耗的行业，而西方发达国家生产镁量较少，且呈逐年递减趋势，所以他们在镁渣的利用方面的研究比较少。法国 Courtial 等最早于 20 世纪 90 年代开始对镁渣用作建筑材料进行了可行性研究，得到了积极的结果，为镁渣在这方面的循环利用奠定了基础[19,20]。巴西Oliveira等对镁渣制备建材进行了研究，发现镁渣掺入砂浆后与硅酸盐水泥相比，试样中的碱性氧化物（K_2O 和 Na_2O）极低，可以提高砂浆的耐久性[21]。日本大阪大学的 Tokumoto 等使用皮江法炼镁过程中产生的高炉矿渣和冶炼渣作为铜精矿的熔炼剂进行研究，研究结果表明，当熔炼温度为 1300℃、熔炼时间超过 10min 以上时，可使铜的回收率达到 99.4%[22]。

2.2 皮江法炼镁过程中镁渣的粉化与防治

皮江法炼镁过程中会产生大量镁渣，镁渣的随意堆放既占土地影响生产，又污染环境，这成为亟待解决的问题。如何充分利用镁渣成为制约我国镁产业发展的一大难题。镁渣的综合利用不仅是能源、资源、环境保护三方面的迫切需要，也是我国工业可持续发展的战略目标之一。目前对镁渣再利用的研究主要集中于将其用作建筑材料，如作为煅烧水泥熟料。利用镁渣煅烧水泥熟料从其作用来看，一方面是可以取代部分石灰石和黏土为水泥熟料提供 CaO 和 SiO_2 来发挥其应有的效果；另一方面是镁渣作为矿化剂在煅烧水泥熟料时加入。该研究在镁渣的再利用方面起到了一定促进作用，已经有许多研究者对这一问题的研究进行过报道。但镁渣是一种具有潜在活性的工业废渣，掺入生料中煅烧水泥熟料并不能高效地对其进行利用，二次煅烧实属能源浪费；而且由于镁渣具有显著的体积膨胀性，实践表明这种膨胀具有明显的滞后性，时间可长达数年，用作建筑材料，可使构件产生胀裂，危害很大。有文献报道，镁渣膨胀的原因有以下几方面[7]：①镁渣中 CaO 和 MgO 含量高，尤其是粒状渣 CaO 含量达 7.60%，MgO 的含量达 14.26%，这些物质水化后具有显著的体积膨胀性，从而会导致镁渣的膨胀。②粒状渣与水接触面积小，水渗入其内部较难；粒状渣中 MgO 冷却慢，晶粒大，水化慢；CaO 含量高，处于颗粒表层的 CaO 首先熟化结晶，β-C_2S 也在表面发生水化反应，生成硅酸凝胶，这些生成物阻止水向颗粒内部渗透，所以膨胀滞后，发生缓慢，造成构件的后期失效。可见颗粒粗是产生膨胀滞后性的一个重要原因。③粉状渣颗粒细，吸水性大。镁渣与水作用生成氨气，产生膨胀压力，引起体积膨胀（镁渣中含 Mg_3N_2，其与

H_2O 反应生成 NH_3）。除此之外，镁渣中硅酸二钙的相变也是镁渣膨胀的重要原因之一。

镁渣的膨胀粉化造成的粉尘对动植物和环境的污染可以概括为如下方面：①粉尘颗粒在大气中形成气溶胶，影响太阳光和红外线波段的辐射传输，减弱太阳光的辐射强度，影响气候；它的非均相成核作用是云形成的主要机理，同时也会形成大气污染烟、雾；在高相对湿度条件下，金属氧化物、硫酸盐及氯化物粉尘对二氧化硫的催化氧化效果较为明显，从而引起酸雨的出现；经过光化学烟雾污染期，能够产生大量的二次气溶胶粒子，是大气能见度明显降低的主要原因。②粉尘颗粒在植物上形成一个黏附层，阻碍植物呼吸和光合作用，妨碍植物新陈代谢和水分平衡。③粉尘颗粒进入人体内可引起不同的病变，如呼吸道炎症，一些有机粉尘可引起变态反应性疾病，带有病原菌可引起肺真菌或炭疽等。放射性粉尘颗粒能致癌。呼吸道吸入是中毒的主要途径，对全身组织和系统均有毒性作用，其中以神经系统、造血系统（血红素的合成）、肾脏等方面的改变最为显著。④镁渣中的含氟成分造成环境有害成分超标，直接污染大气和水源。

因此，在大力发展镁金属材料产业的同时保护环境，不造成较大的污染，保障人民健康安全的居住生活，镁渣的污染防治迫在眉睫。本节主要针对皮江法炼镁时镁渣的生成、导致镁渣粉化的重要因素（硅酸二钙的物相变化）以及如何使用稳定剂来防治镁渣粉化进行讨论，为减轻或消除其粉化后带来的危害提供理论基础及可行性方案。

2.2.1 镁渣的粉化——镁渣中硅酸二钙的物相分析

1. 镁渣生成时硅酸二钙的含量变化模拟

从镁渣的生成过程可知镁渣生成后的主要成分，但是其形成过程中各种物质的含量变化并不确定。为探究这些物质的含量（特别是硅酸二钙）随温度的变化情况，可以借助热力学计算软件进行模拟。

FactSage 热力学计算软件是加拿大 Thermfact/CRCT 公司和德国 GTT-Technologies 公司经过多年努力开发的热力学计算软件及数据库[23]。它可运行于 Microsoft Windows 平台的个人计算机上，由一系列信息、数据库、计算及处理模块组成，这些模块使用的热力学数据库包括数千种纯物质数据库，评估及优化过的数百种金属溶液、氧化物液相与固相溶液、熔盐、水溶液等溶液数据库，可以计算多种约束条件下的多元多相平衡条件，计算结果可以以图形或表格的形式输出。FactSage 热力学计算软件的应用范围包括材料科学、火法冶金、湿法冶金、电冶金、腐蚀、玻璃工业、燃烧、陶瓷、地质等。为此，采用 FactSage 软件计算和绘制镁渣相图，可以获得不同温度下镁渣中硅酸二钙的含量变化等信息。图 2.3 为用

FactSage6.2 软件计算温度在 100～1300℃范围内炼镁过程中镁渣各物质随温度变化的相图。

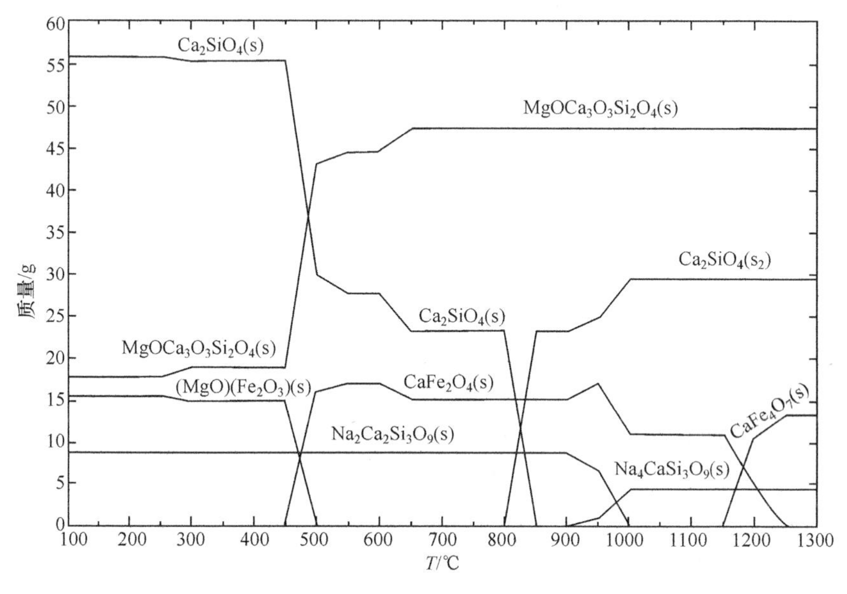

图 2.3　镁渣的计算相图

从图 2.3 中可以看出，FactSage 计算相图的温度范围设定在 100～1300℃，在该高温区间内，Ca_2SiO_4 质量分数仅有 29%，镁硅钙石（$MgOCa_3O_3Si_2O_4$（s），由 MgO、CaO 和 SiO_2 形成）是主要相，它的质量分数为 47%，而且当温度降低至 650℃时其含量依旧保持不变。镁硅钙石在 500℃左右大部分分解，在接近 100℃时成为质量分数为 17.5%的次要相。镁硅钙石的分解为 Ca_2SiO_4，450℃时会发生相转变。

2. 镁渣中硅酸二钙的各物相测定

若一个系统由一种物质均匀组成，具有特定结构，拥有均匀的物理化学性质，则称该系统只具有一种相。相可以用常见的物质状态来描述，如固态、液态、气态、等离子态、玻色-爱因斯坦凝聚态等。但在同一个物质状态中也会存在不同的相，如常见的冰是六边形的结构冰 Ih，但也可能会有立方体的结构冰 Ic、三方晶系的结构冰Ⅱ以及其他结构。因此，即使物质的化学成分相同，若晶体结构不同，也属于不同物相。

物相分析是对物质中各组成成分的存在状态、形态、价态进行确定的分析，包括物相定性分析、定量分析两种。任何一种结晶物质（纯金属、固溶体、化合物等）都有其自身特定的晶体结构。因此，在使用 X 射线衍射方法分析物质的晶相（物相）时，晶体会产生一定的 X 射线衍射谱。根据衍射谱的特点判断物质的晶体结构的有无,即定性分析;根据衍射线的强度分布计算各种相的相对数量,即定量分析。

文献报道,硅酸二钙(Ca_2SiO_4,或称 C_2S)存在五种晶体形态,即 α-C_2S、α'_H-C_2S、α'_L-C_2S、β-C_2S 和 γ-C_2S,其中 β 相是高温稳定相、常温亚稳定相,γ 相为常温稳定相。亚稳定相是物质不稳定的状态,只有在一定的条件下才稳定存在。因此,β-C_2S 能够在高温下稳定,但是当低于 400～500℃时会转变成低温稳定相 γ-C_2S。研究表明,硅酸二钙从 β-态到 γ-态的热力学晶体结构转变在 500℃时已经开始,在这个转变过程中,伴随着体积膨胀导致渣料粉化。应用 X 射线衍射仪(X-ray diffractometer,XRD)定性和定量地测定镁渣中硅酸二钙各物相的含量是本节要探讨的问题[24]。

1) 原料

试验镁渣取自宁夏惠冶镁业公司,选取自还原罐卸出后、自然冷却至室温的镁渣,密封储存,以待试验。将高温处理后的刚玉粉作为测试参照标准物。检测仪器为粒度分析仪(霍尼韦尔 Microtrac-X100)和 X 射线衍射仪(岛津 XRD-6000)。

刚玉粉首先在 1200℃下高温处理 1h,让其物相完全转变为 α-Al_2O_3,从而达到测试所需的纯度要求。处理后的刚玉粉通过 X 射线衍射定性分析检查其纯度。

2) 混合试样的制备

制样时将刚玉粉(α-Al_2O_3)和镁渣按质量比为 1∶15 配制,用研钵研磨 30min 以上达到混合均匀。为了精确分析镁渣中 β-C_2S 和 γ-C_2S 的相对含量,在进行制样称重时,要求重量的相对偏离量不高于 0.1%,以达到试验测定方法的检测要求。

3) 试验测定影响因素

在使用 X 射线衍射仪对镁渣的主要物相进行测定及分析时,应主要考虑两个方面的因素:一是试样颗粒大小;二是 X 射线衍射仪参数的确定。

(1) 试样颗粒大小。镁渣作为晶体粉末的一类混合物,若颗粒太大,会导致颗粒的择优取向。正常情况下,参考物质与待测粉末的颗粒半径许可范围为 0.1～50μm。实际操作中,镁渣的中位径(D_{50})为 4.63μm;刚玉粉(α-Al_2O_3)的中位径(D_{50})为 22.33μm,皆达到了 X 射线衍射分析试验对待测粉末与参考物质的颗粒大小的要求。

(2) X 射线衍射仪器参数的确定。仪器参数选择得是否合理是影响试验精度和结果的重要因素。本书主要考虑两个方面的选择:扫描速度和时间常数。

① 测角仪的扫描速度。扫描速度是指计数管在测角仪圆上均匀转动的角速度,以°/min 表示。为提高测量精度,应尽量选小扫描速度,本次试验选取的扫描速度为 0.5°/min。

② 计数率仪的时间常数。时间常数是对衍射强度进行记录的时间间隔的长短。增大时间常数使衍射峰的轮廓背底变得平滑,但同时却使衍射强度和分辨率

降低，并使衍射峰向扫描方向偏移，造成衍射峰的不对称宽化。因此，为提高测量精度，应选尽可能小的时间常数，本次试验选取的时间常数为 2s。

4）镁渣的 X 射线衍射定性分析

物相定性分析的目的是确定混合物中的各物相组成，是定量分析的前提与基础。对于多组分混合物，同组的元素具有相似的性质和晶体结构，造成在同一位置出现衍射峰的叠加，分析会受到一定干扰。因此，不宜直接使用 X 射线衍射方法进行物相的定量分析，而应当首先对待测物质进行物相的定性分析。物相定性分析的基本原理如下：

（1）每一种结晶物质都有其特定的结构参数，包括点阵类型、晶胞大小、晶胞形状、晶胞中原子种类及位置等，在一定波长的 X 射线照射下，每种晶体物质都有自身特有的衍射花样，因此各种晶体物质与其衍射花样都是一一对应的。

（2）与结构有关的信息都会在衍射花样中得到体现，首先表现在衍射线条数目、位置及其强度上，如同指纹可反映每种物质的特征，因此可以成为鉴别物相的标志。

（3）多种结晶状物质混合或共生（多相试样），它们的衍射花样也只是机械叠加，互不干扰，相互独立。

X 射线衍射花样通常用 d（晶面间距，标志衍射位置）和 I（衍射线相对强度）表示。将由被测物质的 d-I 数据组与已知数据结构物质的标准 d-I 数据组（PDF 卡）进行对比，就可以鉴定出试样中存在的物相。

原料刚玉粉经高温处理后的定性分析衍射图谱如图 2.4 所示。经过与 X 射线衍射标准卡片（PDF73-1512）的对比，得到 Al_2O_3 的晶格参数为 $a=4.750$、$b=$

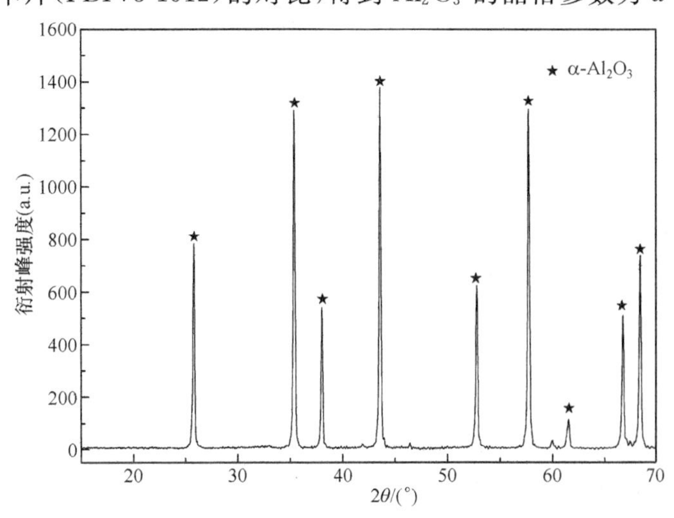

图 2.4　高温处理后刚玉粉的定性分析衍射图谱

4.750、c=12.970,为三角晶系。所以,图中皆为 α-Al_2O_3 衍射线条,未发现杂质衍射线条。

对于镁渣,它是含有多种化合物以不同的结晶状态存在的多物相物质。为更精确地分析各个衍射峰所对应的物相,要采用同系列对比检索 PDF 标准卡反复比较分析,找出相应物相峰的位置。

图 2.5 是镁渣的 X 射线衍射图谱(定性分析,没有添加标准物质 α-Al_2O_3)。经过与标准 PDF 卡片对比可以明显看出,镁渣中主要的物相组成有 γ-C_2S、β-C_2S、MgO、CaF_2、C_3S、Fe_2O_3 以及 CaO。

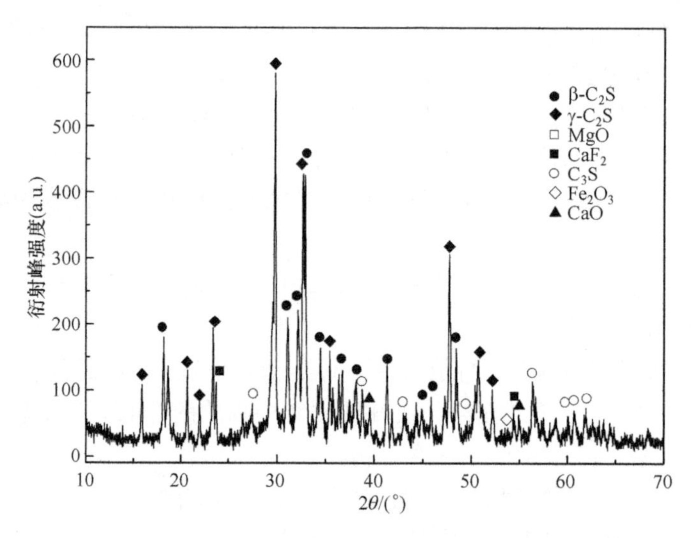

图 2.5 镁渣的定性分析衍射图谱

5) 镁渣的 X 射线衍射定量分析

物相定量分析是根据混合物中各相衍射线强度随其含量的增加而提高的原理确定物相相对含量的方法。物相定量分析方法包含如下几种:

(1) 外标法。外标法是将所需物相的纯物质另外单独标定,然后与多相混合物中待测相的相应衍射强度相比较。

(2) 内标法。内标法是最经典的定量物相分析方法,即在被测粉末试样中加入一种含量恒定的标准物质制成复合试样。一般可用 α-Al_2O_3(刚玉),通过测复合试样中待测相的某一衍射线强度与内标物质某一衍射线强度之比,测定待测相含量。一般需要事先测量出一套由已知物相浓度的原始试样和恒定浓度的表征物质组成的复合试样,作出标准曲线。

(3) K 值法。K 值法不需要作定标曲线,而是通过内标法直接求出 K 值。与内标法相比,K 值法主要是对 K 值的处理不同。

(4) 绝热法。绝热法是在 K 值法的基础上提出的,即不与系统外发生关系,用试样中某一个相作为标准物质。

这里的 K 值为与待测相含量无关的强度因子。当用 K 值法定量分析样品时，K 值的定义为：用某种纯物质 X 与 α-Al_2O_3 按质量比 1∶1 混合均匀，测量两者的衍射强度之比。这里的衍射强度定义为峰的高度（不是面积）。因 K 值只与物相结构有关，故可以被写入 PDF 卡片。

用 K 值法测 X 相含量的计算公式为

$$X_i=\frac{X_s I_i}{K_i I_s} \tag{2-10}$$

式中，下标 i 表示待测含量的物相，下标 s 表示标样（刚玉）；I、X 分别为衍射强度和质量分数。

本次试验参照我国黑色冶金行业标准 YB/T 5320—2006 进行，通过检索 PDF2004 卡片库，并利用在定性分析的过程中得到 PDF 卡片与 β-C_2S 和 γ-C_2S 的标准卡片进行对比分析，得到所需要的 K 值。需要注意的是，PDF 卡片索引中给出的参比强度值（K 值）是物相与刚玉（α-Al_2O_3）的最强线的强度比，因此在应用参比强度值进行物相定量分析时，混合试样中待测相与参考物质的强度（I）均应选自最强线。对经过测试得到镁渣的衍射图谱进行定性分析，将所得衍射图谱与 β-C_2S 和 γ-C_2S 卡片的前八强衍射峰位置以及强度进行详细对比分析，得出能与其主要衍射峰对上的 PDF 标准卡片。所得的 β-C_2S 和 γ-C_2S 的 PDF 标准卡片中的前八强衍射峰位置与强度以及 K 值如表 2.1 所示。

表 2.1　β-C_2S 和 γ-C_2S 的 PDF 标准卡片数值

序号	β-C_2S(PDF83-0465) K=0.74			γ-C_2S(PDF87-1256) K=1.33		
	2θ/(°)	d/Å	I/f	2θ/(°)	d/Å	I/f
1	32.040	2.791	100.0	32.798	2.728	100.0
2	32.177	2.779	95.3	29.656	3.010	78.7
3	32.594	2.744	86.9	32.538	2.750	64.6
4	34.381	2.606	66.2	47.614	1.908	52.3
5	41.248	2.186	51.3	20.566	4.315	33.9
6	32.971	2.714	37.7	23.288	3.817	31.6
7	32.788	2.729	36.9	56.197	1.635	19.4
8	45.725	1.982	32.7	50.566	1.803	18.1

分析显示，所测的衍射图谱的位置与表 2.1 中的 PDF 标准卡片的前八强峰能

够一一对应，所取 K 值的误差较小。因此，确定 β-C_2S 的 K 值为 0.74，γ-C_2S 的 K 值为 1.33。

图 2.6 为 α-Al_2O_3 与镁渣按质量比 1∶15 配制而成的试样的 X 射线衍射图谱。表 2.2 列出了试样中 β-C_2S、γ-C_2S 和 α-Al_2O_3 前八强衍射峰的位置(2θ)以及对应衍射强度(I)。

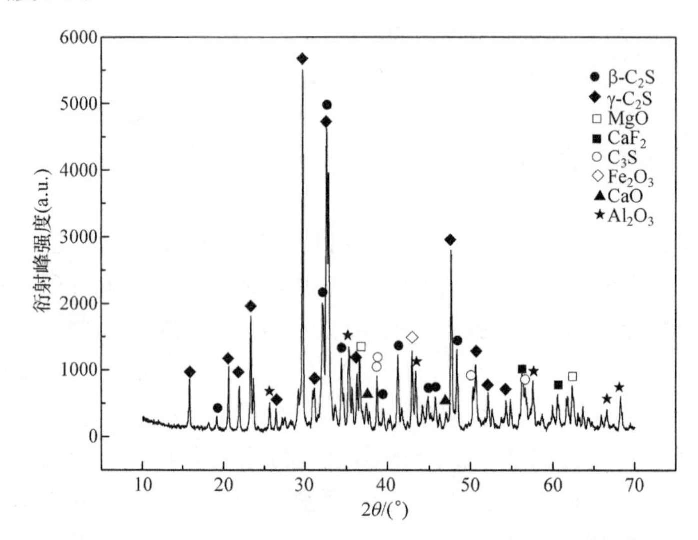

图 2.6　α-Al_2O_3 与镁渣试样的定量分析 X 射线衍射图谱

表 2.2　试样中 β-C_2S、γ-C_2S 和 α-Al_2O_3 的前八强衍射峰的 2θ 和强度(I)

组分	β-C_2S		γ-C_2S		α-Al_2O_3	
	2θ/(°)	I	2θ/(°)	I	2θ/(°)	I
1	32.780	2120	29.632	4199	35.256	948
2	32.080	1069	32.539	2926	43.353	526
3	48.299	1056	47.582	1815	68.196	414
4	34.347	673	23. 263	980	57.490	387
5	41.199	560	36.579	723	25.571	235
6	45.675	291	50.556	617	66.477	176
7	31.060	260	20.546	545	52.556	174
8	39.460	251	15.765	495	37.771	155

分别取各相的最强衍射线的强度，代入 K 值法计算公式(2-10)中，可以得到 β-C_2S 的相对含量为 20.15%，γ-C_2S 的相对含量为 22.20%。为保证定量分析的准确性及可靠性，试验配制了多个试样进行测试，计算出 β-C_2S 的相对含量的标准偏差为 2.06%，γ-C_2S 的相对含量的标准偏差为 0.97%。从试验测试结果可知，

镁渣中的硅酸二钙的含量与 FactSage 计算软件模拟的结果一致，误差较小。

6）镁渣中正硅酸二钙物相转变的微观结构变化

炼镁温度为 1000～1200℃，这一温度范围适宜 β-C_2S 生成且 β-C_2S 能够稳定存在，因此镁渣在出罐前的主要成分为 β-C_2S。出罐时由于冷却速度缓慢，低温亚稳相的 β-C_2S 转化为低温稳定相的 γ-C_2S，在此过程中会产生约 12%的体积膨胀，导致颗粒结构破坏而呈粉状。德国学者 Jürgen Geiseler 于 2000 年在第六届世界熔渣会议上介绍了钢渣中硅酸二钙稳定的研究成果，并给出了如图 2.7 所示的可以起到稳定作用的系列元素离子，以及图 2.8 所示的镁渣中硅酸二钙各物相的微观结构变化。

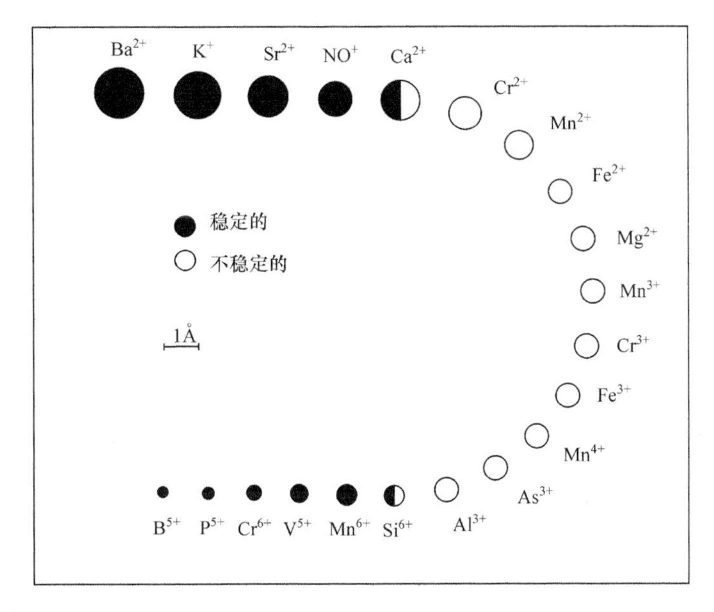

图 2.7　C_2S稳定元素离子

从图 2.8 中可以看到，β-C_2S 相在 490℃时转变为 γ-C_2S 相，伴随着 12%的体积增大。由此解释了此时由于硅酸二钙相变体积膨胀引起的镁渣粉化的现象。

2.2.2　镁渣的粉化防治试验

近年来，随着对不锈钢产品需求的不断提高，不锈钢精炼技术也得到了快速发展。目前，氩氧脱碳(argon-oxygen decarburization，AOD)法精炼已成为不锈钢精炼的主要手段，80%以上的不锈钢均采用 AOD 精炼技术。然而，每炼 1t 不锈钢约产生 270kg 不锈钢渣。不锈钢渣处理、处置等难题是不锈钢发展的“瓶颈”，严重阻碍着不锈钢精炼技术的发展。特别是钢渣在其冷却过程中，存在严重的粉化、扬尘现象，给环境造成巨大污染。为降低不锈钢渣对环境的污染风险，国内外开展

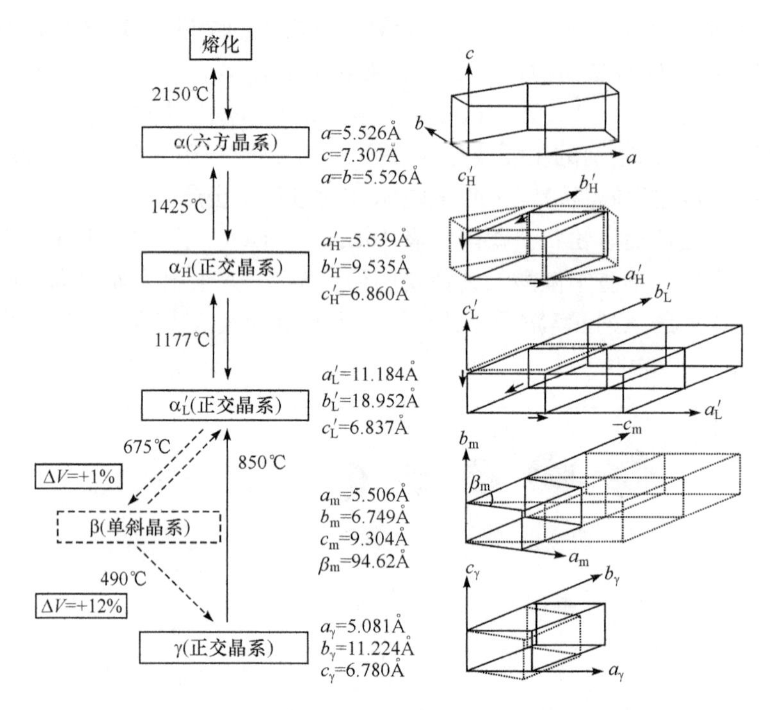

图 2.8　镁渣中硅酸二钙各物相的微观结构变化

了广泛的研究工作。研究认为，钢渣中的 $2CaO \cdot SiO_2$ 由 β-C_2S 相向 γ-C_2S 相的转变是其冷却过程中导致粉化、扬尘的主要原因。部分研究人员通过研究不锈钢渣冷却过程中的粉化机理，采用配加硼质改性剂抑制粉化扬尘技术，即在出渣过程中加入质量分数为 0.5%～2.0%的硼质改性剂，降低不锈钢钢渣的黏度和熔化温度，促使渣中游离氧化钙(CaO)熔解，与 SiO_2 形成不易粉化的 β-C_2S，并防止钢渣中 β-C_2S 向 γ-C_2S 转变，有效抑制了 AOD 不锈钢渣冷却过程中的粉化扬尘，改善了周边环境[25]。

在对镁渣的研究过程中发现，镁渣粉化的重要原因同样是渣中的 β-C_2S 相转化为 γ-C_2S 相时产生的约 12%的体积膨胀，与钢渣粉化机理类似。已经有研究成果对镁渣的这种粉化机理进行了确认。因此，本节主要参考钢渣稳定的研究成果，使用含硼化合物作为稳定剂对镁渣进行改性，来抑制镁渣粉化和扬尘，减少镁渣对环境的危害，改善渣场及周边的环境条件[26,27]。

1. 镁渣粉化防治试验步骤

1）试验材料

试验用镁渣取自宁夏惠冶镁业有限公司的皮江法炼镁还原渣，其主要成分见表 2.3。

表 2.3 镁渣中的氧化物和元素含量分析 (单位:%)

成分	MgO	CaO	SiO_2	P_2O_5	Fe	Al	Mn	Na	CaO/SiO_2
含量	5.12	42.35	26.78	0.061	3.85	0.604	0.061	0.979	1.58

由表 2.3 可知,镁渣中氧化镁的含量为 5.12%;CaO 与 SiO_2 的比率,即镁渣的碱度为 1.58。这个渣料的碱度与 AOD 炼钢冷却过程中产生的渣料的碱度类似。渣中 CaO、SiO_2 主要以 $2CaO \cdot SiO_2$ 的形式存在。在镁渣冷却过程中,随着温度降低,$2CaO \cdot SiO_2$ 会不断发生相变,最终转变为 γ-C_2S,导致镁渣不断粉化,产生大量粉末,污染环境。从宁夏惠冶镁业有限公司渣场取样进行粒度分析,95%的镁渣粒径均在 0.1mm 以下,如此细小的镁渣颗粒极易造成扬尘。

试验分别采用三种硼酸盐试剂作为稳定剂(又称改性剂)考察防止镁渣粉化的效果。表 2.4 给出了采用的三种硼酸盐试剂,即无水硼砂、G-Vitribore 25 和 1#试剂的组分及其熔点,前二者为已经商用的化工品,分别简称为 DB 和 GB。DB 和 GB 中的 B_2O_3、Na_2O 对于较高温度下硅酸二钙的多晶型物的化学稳定性有一定的作用。这两种硼酸盐也是许多工厂用于钢渣除尘的常用试剂。使用前,这三种硼酸盐试剂均研磨成粉末,并过筛。

表 2.4 硼酸盐中氧化物的含量及其熔点

硼酸盐	CaO	SiO_2	B_2O_3	Na_2O	MgO	P_2O_5	熔点
DB			69%	30.8%			742℃
GB	8.8%	29.4%	23.5%	23.5%	0.3%	1.4%	696℃
1#试剂			56.5%				

2) 试验样品制备

镁渣使用前要先进行干燥处理。取干燥后的镁渣 30mg 分别与上述三种硼酸盐试剂混合均匀。加入的硼酸盐试剂的质量分数为镁渣的 0%~1%。使用压机将混合物压制成 40mm×40mm×6mm 的四方坯块。将压制成型的坯块放置在马弗炉中,升温至 1200℃,并在这个温度下保持 2~6h 进行烧结试验。随后,烧结块随马弗炉自然冷却。取出样品,检验冷却后的镁渣样品来评价使用硼酸盐试剂处理的效果。

3) 试验样品性能表征

利用 X 射线衍射仪对原始镁渣及加入硼化物的镁渣烧结块进行物相分析;使用扫描电子显微镜(SEM-EDS)(岛津 SSX-550)研究抛光后的烧结块的形貌和元素分布。

2. 镁渣粉化防治试验结果分析与讨论

1) 镁渣样品处理前后 X 射线衍射图谱分析

原始镁渣和使用硼酸盐改性剂处理后的镁渣样品的 X 射线衍射图谱见图

2.9。从图 2.9(a)中可以看出，γ-C_2S 是主要物相，这也是镁渣粉化的主要原因，与前面讨论的镁渣粉化成因一致。氟化钙和自由氧化镁在样品中以次要相呈现；同时 β-C_2S 也以次要相被检测到，表明依然有少量的 β-C_2S 存在于粉化的镁渣中。由图 2.9(b)可以看出，相比于原料镁渣中的各成分含量，加入质量分数为 0.53% DB 烧结后，镁渣方块中的 γ-C_2S 含量大幅减少，正硅酸二钙主要以 β-C_2S 相态存在，表明加入的 DB 能够抑制镁渣中由 β-C_2S 物相到 γ-C_2S 物相的转变；部分自由 MgO 可能被稳定在固化相中，以致其含量降低；同样，CaF_2 的相含量也减少，加上其含量本来就较少，使得其在处理后的镁渣样品中很难被检测到。

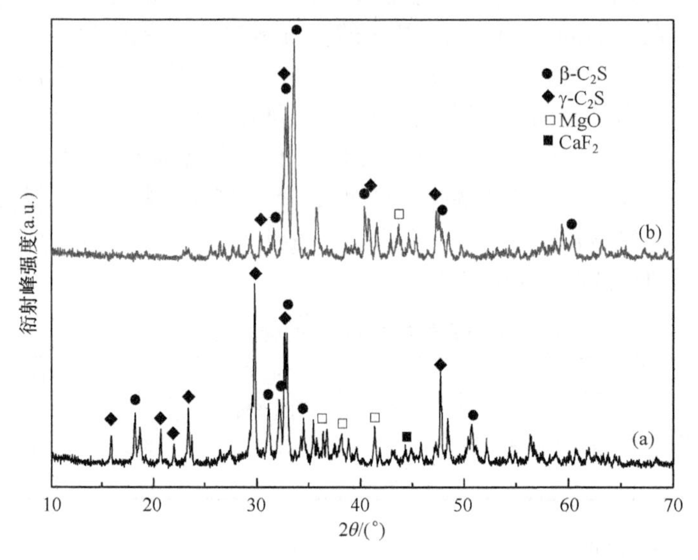

图 2.9　X 射线衍射图谱

(a) 原料镁渣；(b) 加入质量分数为 0.53% DB 烧结后的镁渣样品

2) 各烧结参数对镁渣烧结块性能的影响

图 2.10 为原料镁渣及加入同等含量不同种类硼酸盐试剂的镁渣在 1200℃烧结 5h 的试样照片。图 2.11 为原始镁渣、相同或不同硼酸盐试剂且加入量不同的镁渣在 1200℃烧结 6h 的试样照片。两组试验中均不加硼酸盐时，烧结块会通过体积膨胀碎成小片或者粒状，颜色与烧结前的原料镁渣颜色一致，均为浅灰色，如图 2.10(a)和图 2.11(d)所示的镁渣烧结块。通过混合一定质量分数的硼酸盐，如 0.34%～0.95%，方块体积收缩变小，且颜色由浅灰色变为深棕色。图 2.10 中的(b)和(c)分别是加入两种不同的硼酸盐 DB 和 GB 烧结后的镁渣方块，加入 GB 后的烧结块体积更小、更致密、颜色更深，说明加入相同的量，GB 对镁渣稳定的效果要好于 DB。比较图 2.11 中(a)和(b)镁渣烧结块可以发现，加入硼酸盐的量越多，烧结块越稳定，对镁渣的改性越成功。反之，硼酸盐加入量较低时，从图 2.11(c)可

见，烧结块的颜色和三维尺寸的变化较小，烧结块部分出现裂缝或者损坏，表明加入硼酸盐量低至一定程度时，镁渣稳定性较差。

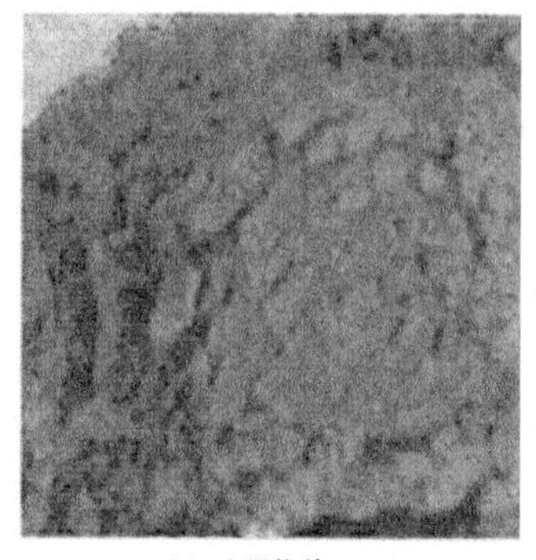
(a) 无硼化物

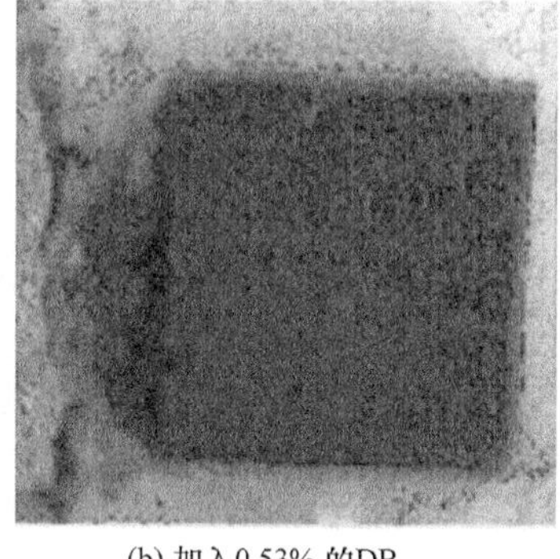
(b) 加入0.53% 的DB

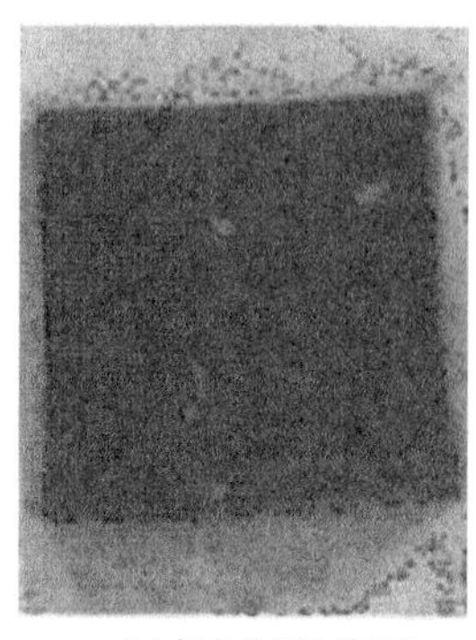
(c) 加入0.54%的GB

图 2.10　镁渣烧结块(烧结条件为温度 1200℃，时间 5h)

(a) 加入0.59%的1#试剂

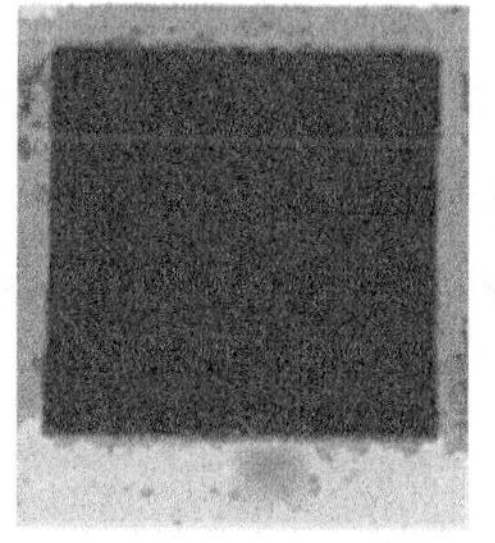
(b) 加入0.95%的1#试剂

(c) 加入0.34% 的DB

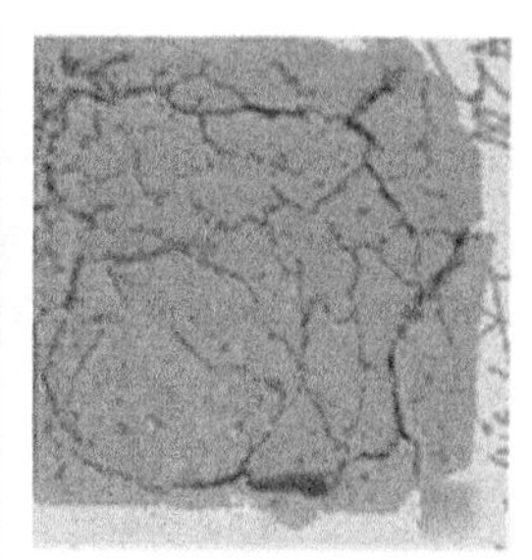
(d) 无硼化物加入

图 2.11　镁渣烧结块(烧结条件为温度 1200℃，时间 5h)

烧结时间也是影响烧结块好坏的一个重要因素。烧结块好坏或性能可以用体积收缩率(volume retraction，VR)来表示，VR 越大，表明烧结块性能越好，镁渣的防粉化越成功。可以按式(2-11)计算各镁渣样烧结块的体积收缩率，即

$$VR=\frac{(L\times W\times H)_0-(L\times W\times H)_1}{(L\times W\times H)_0}\times 100\% \tag{2-11}$$

式中，L、W、H 分别是烧结方块的长、宽、高。下标为 0 的表示烧结前，下标为 1 的表示烧结后。

当烧结时间少于 2.5h 时，即便加入最高量的硼酸盐，所得的镁渣烧结块也会出现碎裂粉化现象。当烧结时间在 3～5h 时，可以观察到不同烧结时间，加入的硼酸盐与镁渣烧结块性能呈现不规律的现象，即并非加入的硼酸盐越多，VR 就越高。这种现象可以从图 2.12 烧结时间对体积收缩率的影响的关系中看出。例如，烧结时间为 3.5h，加入 0.4%的 GB 比加入 0.54%的 GB 时所得到的镁渣烧结块

VR 还要大，但烧结 4h 时，VR 又变小。

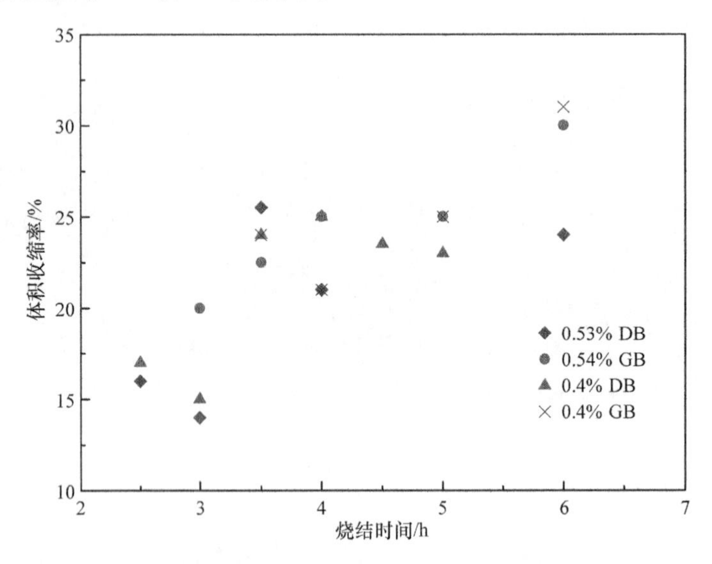

图 2.12　在 1200℃下烧结时间对体积收缩率的影响

总体而言，烧结时间对烧结块的 VR 影响很大。烧结时间为 6h 时，根据加入 DB 和 GB 量的不同，VR 可达到 24%～31%；加入相同量的硼酸盐、烧结 3h 时，VR 仅为 14%～20%。

分析图 2.10～图 2.12 可知，方块体积收缩率与是否成功地处理渣料粉化有关。高温稳定相 β-C_2S 会在镁渣方块高温烧结时由 γ-C_2S 转化而成，当不用硼酸盐稳定硅酸盐的 γ-C_2S 物相时，低温稳定相 γ-C_2S 就会在烧结冷却过程再度形成，从而使方块样品体积膨胀和碎裂。加入硼酸盐，镁渣烧结块会随着 β-C_2S 相的形成及稳定有一定的体积收缩。

烧结时间和硼酸盐试剂加入量都会影响烧结块的体积收缩率，因此这两个量是处理镁渣的重要参数。稳定镁渣需要加入的硼酸盐试剂量不能低于一定的限值。

3）烧结样品的 SEM-EDS 分析

图 2.13 上、下部分分别是 GB 加入量为 0.54%、烧结温度为 1200℃、烧结时间为 3.5h 的镁渣方块样品的 SEM 图和元素图谱。在上部分 SEM 图中的正中间可以清晰地观察到长 40μm、宽 10μm 的棒状晶体的存在。下部分的元素图谱表明方块样品中存在 O、Na、Si、Mg、Ca 和 B。镁渣中 $MgOCa_3O_3Si_2O_4$（s）和 $Na_2Ca_2Si_3O_9$(s)以次要相存在。棒状晶体可能由 B、Na 和 $MgOCa_3O_3Si_2O_4$(s)的固溶体构成，它也可能是溶有 B 和 Mg 的 $Na_2Ca_2Si_3O_9$(s)矿物。在图的右上部分观察到一个平坦而密集的区域，根据 Ca 和 Si 的谱图，这可能是由 Ca_2SiO_4(s)形成

的。谱图还显示了Na和B元素分布，而且Na比B含量和密度更高。研究表明，Na离子或者B离子能够通过Na-Ca取代或者B-Si取代来稳定Ca_2SiO_4。在平坦而密集的区域发现的Na和B元素能够通过不同离子取代方式而互相促进稳定高温β-Ca_2SiO_4相。

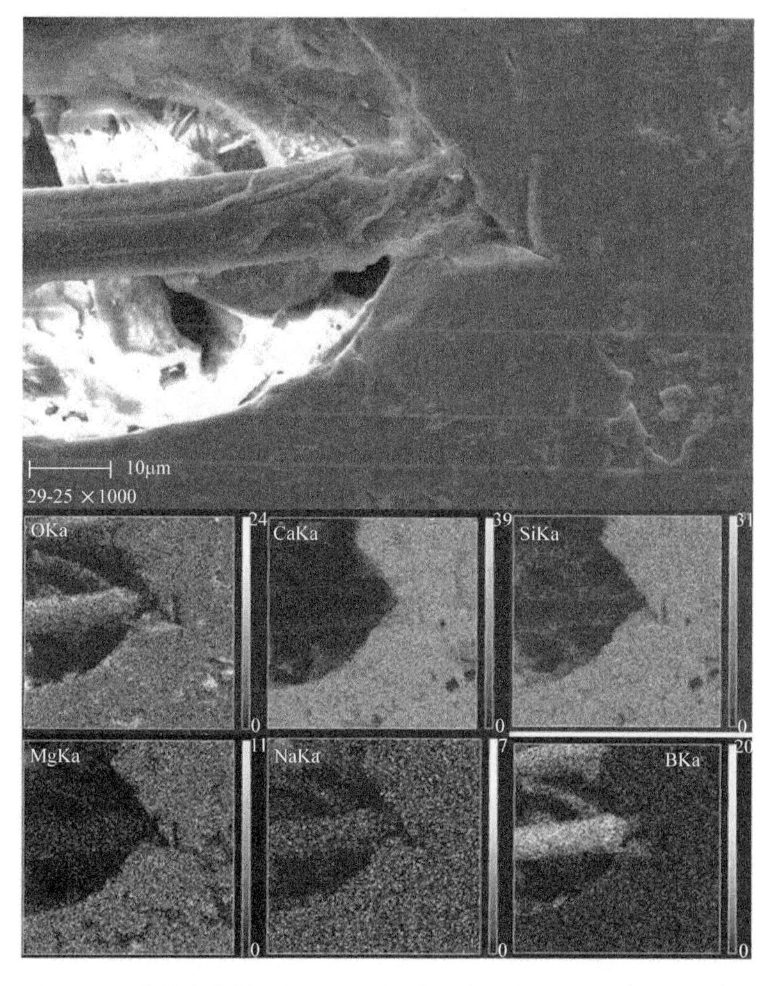

图2.13　烧结方块样品的SEM图及其元素图谱(GB加入量0.54%)

图2.14是DB加入量为0.53%、烧结温度为1200℃、烧结时间为3.5h的镁渣方块样品的SEM图和元素谱图。由谱图结果可以推断出，Ca_2SiO_4晶粒在谱图中占据了较大面积，而且与B和Na形成固溶体，并在相同区域有着均匀的分布，再次证明Na离子和B离子能够通过离子扩散机理稳定高温β-Ca_2SiO_4相。因此，在镁渣中的硼酸盐粒子与Ca_2SiO_4微粒接触并融入其晶体结构中，从而使高温稳定相β-C_2S能够在常温下存在。烧结过程中，硼酸盐中的B_2O_3需要通过扩散与

Ca_2SiO_4 接触。B_2O_3 的扩散是需要时间的，即使在镁渣方块烧结温度为 1200℃时，高于硼酸盐的熔点使其变为液态硼酸盐，烧结时间仅为 3.5h 时，可能对于 B_2O_3 从含量较高的晶体区扩散到含量较低的附近区域时间还是太短。因此，低于一定的烧结时间的方块质量通常很差。另一个影响 B_2O_3 扩散与 Ca_2SiO_4 接触的因素是 B_2O_3 的加入量，根据物质扩散定律，加入的 B_2O_3 越高，其浓度就越高，单位时间内扩散速率就越快，因此与 Ca_2SiO_4 的接触和反应的速率就越大。整体而言，镁渣烧结块的性能会随着烧结温度和硼酸盐加入量的增加而变好。若将镁渣烧结后的方块用于建筑材料的混凝土，则其对硼酸盐的加入量有一定要求，一般不超过 0.6%，因此想得到硼酸盐含量较低的高质量的烧结方块，一定要保证一定的烧结时间。

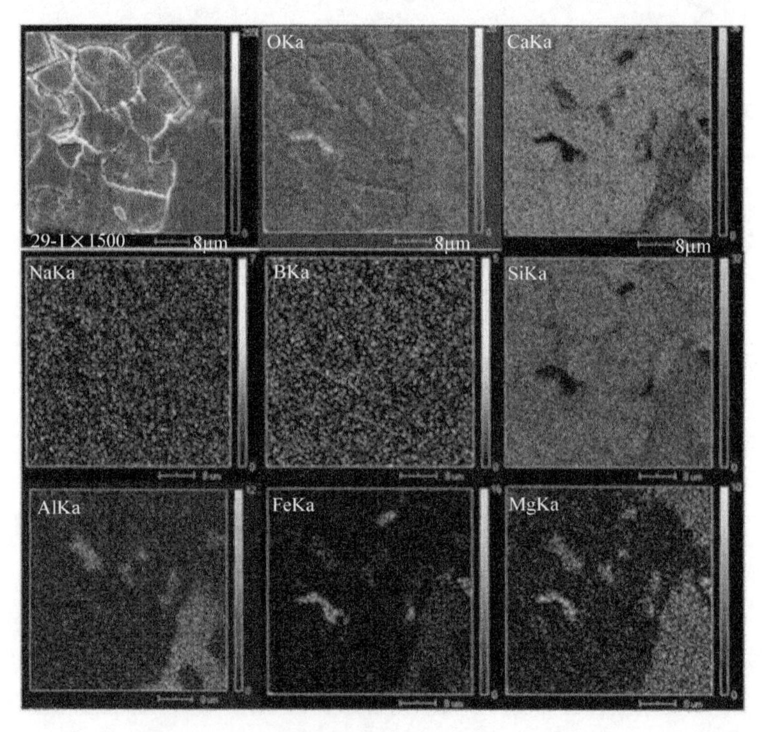

图 2.14 烧结方块样品的 SEM 图及其元素图谱(GB 加入量 0.53%)

根据图 2.9(b)镁渣加入硼酸盐后烧结的 XRD 显示 γ-C_2S 和 MgO 的含量都急剧减少及图 2.14 下部分中较低区域附近发现的 Mg 和 Al 元素，可以推断 MgO 也可能和 Al_2O_3 反应形成 $MgAl_2O_4$。而图 2.13 和图 2.14 显示存在的次要相中包含 MgO。由此可以推断出，通过烧结镁渣粉体和硼酸盐的混合物，不仅可以减少 γ-C_2S，而且也会减少自由 MgO 的含量，这样可以将镁渣作为具有较高体积稳定性的建筑材料。

基于目前的试验结果，可选择硼酸盐试剂中的DB和GB来处理已粉化镁渣的稳定问题。因为DB和GB中不仅都含有B_2O_3，而且分别含有30.8%和23.5%的Na_2O，这两种物质都能在常温下稳定高温稳定相β-C_2S。在1200℃处理镁渣时，DB和GB的添加量至少为0.4%，烧结镁渣-硼酸盐方块的时间应不低于5h。

综上所述，本节主要分析了镁渣的生成和粉化机理，并通过添加硼酸盐试剂改性处理对抑制镁渣冷却过程中的粉化问题进行了试验研究。经过对镁渣的XRD分析和热力学相平衡计算可以得出，镁渣冷却过程中，Ca_2SiO_4相会由β-C_2S相向γ-C_2S相发生转变，导致后者作为主要相存在，伴随体积膨胀进而导致镁渣的粉化和扬尘。通过在已粉化镁渣中加入一定量的硼酸盐，并压制成块在高温下烧结3～6h可以得到稳定的镁渣固体试样。加入1＃试剂的镁渣试样烧结后的颜色会随着加入的1＃试剂含量的不同从浅灰色变为深棕色，烧结后的块状物体积相应缩小20%～30%。对烧结块样品的SEM图和元素分析图的研究揭示了硼酸盐能够稳定镁渣的化学机理，硼酸盐中的Na离子和B离子通过离子交换机制来稳定Ca_2SiO_4的高温相β-C_2S，从而阻止镁渣中γ-C_2S相的再次形成。SEM结果揭示了在烧结块中自由MgO含量的减少。目前的研究结果表明，在镁渣中添加0.4%～0.6%的硼酸盐，然后在1200℃保温5～6h，这是已粉化镁渣处理的有效办法。烧结后的镁渣方块可以作为建筑材料，节省宝贵的自然资源，降低镁渣生产对全球气候变暖的影响。

2.3 皮江法炼镁过程中氟的迁移模拟研究

在自然界中，氟以多种形式存在于土壤、地表水、地下水和海水中。例如，氟的固态化合物有萤石、冰晶石和氟磷灰石等，这些也是重要的化工原料。但是氟是积累性毒物，吸收过多会对动植物及人体产生危害[28,29]。氟能抑制作物的新陈代谢、呼吸作用及光合作用，抑制新陈代谢过程中马来酸脱氢酶的活性。氟对作物的危害主要表现为使受害植物干物质积累量减少、产量降低、分蘖少、成穗率低、光合组织受损伤，出现叶尖坏死，叶绿退色变为红褐色。氟对人体也有很大的危害，人处在高浓度氟污染的环境中，容易出现皮肤灼伤、皮炎、呼吸道炎等症状。氟在人体内累积到一定浓度后能造成人体牙齿和骨骼的氟中毒，表现为牙质缺损及脱落、关节畸形、腰腿疼和组织钙化等现象。同时，过多氟化物聚集在人体还能引起物质代谢紊乱，导致更为严重的后果。因此，环境中氟的危害早已引起了环境科学及卫生学界的极大关注。

本节主要介绍金属镁冶炼生产过程中氟化物的迁移规律及对环境的污染途径。为了控制或减轻氟危害，用软件模拟和试验监测两种手段研究镁冶炼生产环节氟化物的变化，研究数据在氟污染调查和环境质量评价中有切实的实用价值。

2.3.1　中试设备的研制及中试试验

中试即中间阶段试验，是实验室小试的进一步放大。中试的目的为实际生产提供可靠的试验数据，并在过程中对实验室工艺进行修正，将其不适合工业生产的部分进行淘汰，进而开发出适合规模化生产的工艺。根据试验需要，首先设计制备皮江法炼镁的中试反应设备，如图 2.15 所示[13,26]。

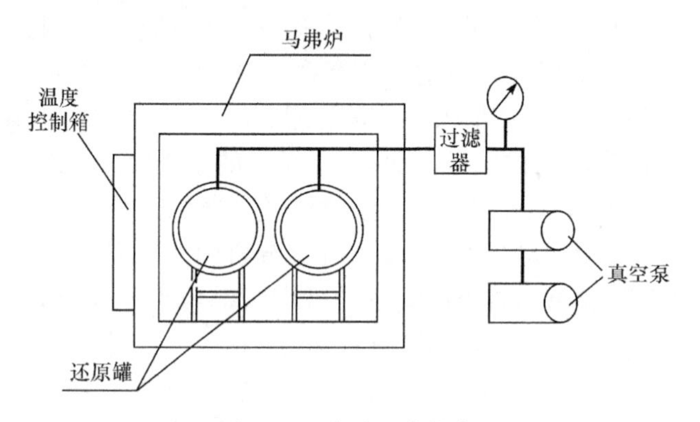

图 2.15　中试反应设备

中试反应设备由马弗炉、还原罐(两个)、温度控制箱和真空泵等组成。马弗炉的功率为 25kW，升温速率可由温度控制系统调节，从室温加热到 1130℃，需要 2.5～3h，炉内温度由热电偶监测。为使炼镁反应达到真空度所需的 13Pa，设计了二级真空泵串联，先启动阀滑泵，后启动二级罗茨真空泵，真空度可至 13Pa。真空度由 U 形压力表监测。

中试反应中还原罐的设计示意图如图 2.16 所示。还原罐由耐热不锈钢制成，长度为 760mm，内径为 159mm，可填装球团炉料 10kg。反应产物镁蒸气在还原罐前端(部位 1)生成，在真空系统的作用下到达水循环的冷凝器(部位 2)并在此区域降温冷凝形成结晶镁。钾和钠的蒸气在还原罐的末端(部位 5)形成结晶的钾和钠

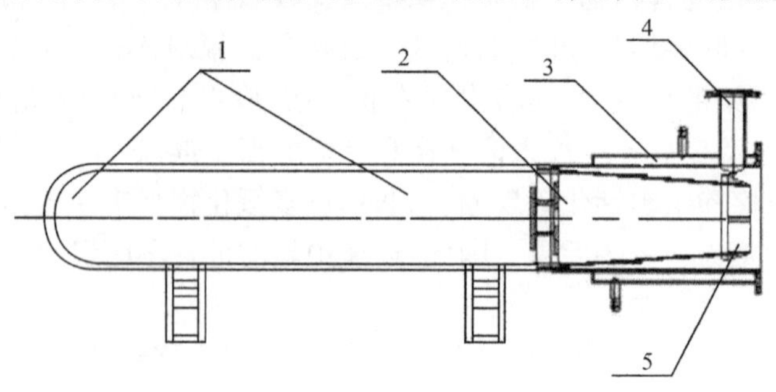

图 2.16　中试反应中还原罐的设计示意图

固体。图 2.16 中，部位 3 为冷却水夹套，部位 4 为真空系统的外接管口。

根据中试反应设备设计图纸制造的实物设备部件如图 2.17 所示。在进行中试反应前，首先将反应原料白云石、还原剂硅铁和催化剂萤石计量配料，研磨粉碎后混匀，压制成球团，球团大小与工业炼镁时所用球团一致。

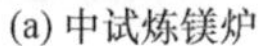

(a) 中试炼镁炉

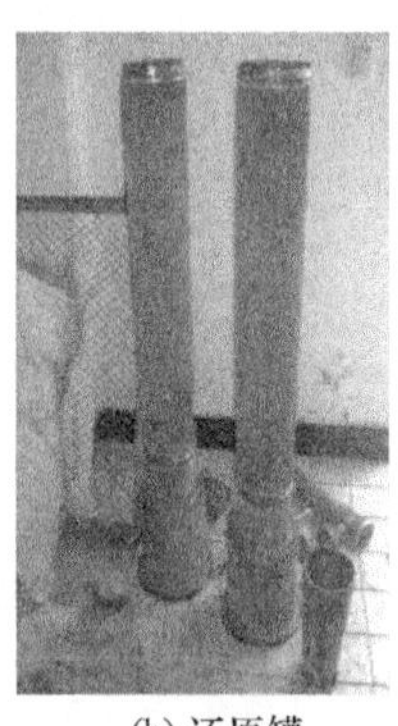

(b) 还原罐

(c) 温度监测控制系统

图 2.17　中试反应制备实物图

中试反应的步骤如下：打开马弗炉电源加热还原罐，当炉内温度达到 1130℃时，打开还原罐窗口装料，在每个还原罐中投入 5.6～10kg 的球团；然后关闭还原罐，开启循环水与真空系统，真空度至少降至 10Pa；继续加热马弗炉至温度达到 1200℃左右；保持此温度和真空条件下，控制反应时间为 4.5h 左右以使反应充分进行；反应结束后关闭马弗炉电源，并关闭真空泵，将反应产物从还原罐中取出、冷却，称重并取样。反应产物包括还原后的结晶镁、结晶钾、结晶钠以及镁渣。整个中试反应持续 8h 左右，与工业化炼镁所耗时间相同。

2.3.2　冶镁过程中氟的迁移模拟

首先用 FactSage 6.2 软件计算和预测炼镁过程中氟的迁移变化[13]。表 2.5 给出模拟炼镁过程计算时投入各原料的初始值(总量共 100g)。计算模拟时温度控制范围为 100～1200℃，压力为 10Pa。表 2.6 给出模拟温度为 1200℃时部分生成物质的状态及质量。

表 2.5　用 FactSage 软件模拟皮江法炼镁过程时原料的初始值　(单位：g)

反应物	Si	Fe	CaO	MgO	CaF_2	Na_2O
质量	12	4	56.1	25.2	2.5	1

表 2.6　用 FactSage 软件模拟炼镁在温度为 1200℃ 时的部分产物　（单位：g）

部分产物	CaF_2(s)-(β)(固体)	CaF(气体)	CaF_2(气体)	Na(气体)	Mg(气体)
质量	1.4	0.57	0.71	0.74	15.2

图 2.18 和图 2.19 分别给出在特定的模拟条件下各主产物和次产物的质量随温度的变化情况。

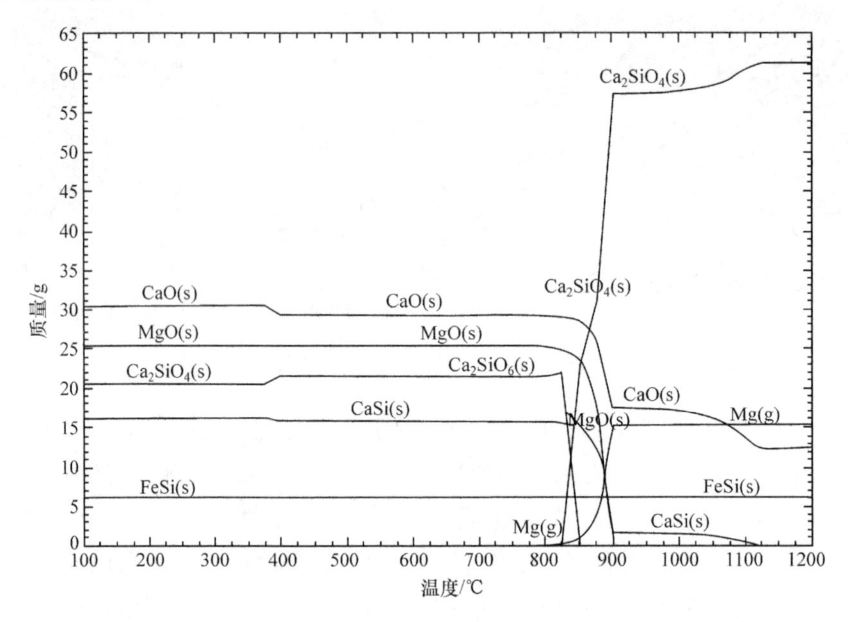

图 2.18　用 FactSage 软件模拟炼镁时各反应物及主产物的质量随温度的变化情况

从图 2.18 中可以看出，当反应温度低于 850℃时，各固态反应物质，如 CaO、MgO、FeSi 的质量均保持稳定，说明没有反应发生。继续升高温度，各反应物的质量开始降低，同时有新物质生成。其中 Ca_2SiO_4(s)和 Mg(g)为主要产物，前者质量超过 60g，后者质量约为 15.2g。部分产物的质量可参见表 2.6。

图 2.19 显示了在 950～1200℃的温度变化区间，软件模拟炼镁过程中次产物的生成及其质量的变化情况。从图中可以看出，由固体反应物 Na_2O 产生的 Na 蒸气在 950℃时已经生成，直到 1200℃时其含量保持不变，质量约为 0.74g。固体 CaF_2 在 1000℃ 以下能够以稳定的状态存在，质量与投入时相等。在 1000～1100℃时，固体 CaF_2 的质量开始缓慢降低，伴随着少量的 CaF 和 CaF_2 气体生成。超过 1100℃时，固体 CaF_2 开始发生相转变，质量急剧减少，同时生成的 β-CaF_2（CaF_2(s)）质量开始迅速增加，而 β-CaF_2 是催化炼镁还原反应的主要物质，因此可以说在 1100℃时还原反应才开始发生。气体 CaF_2 和 CaF 在固体 CaF_2 发生相转变的过程中也迅速生成，在 1200℃时质量达到最大，分别为 0.71g 和 0.57g。

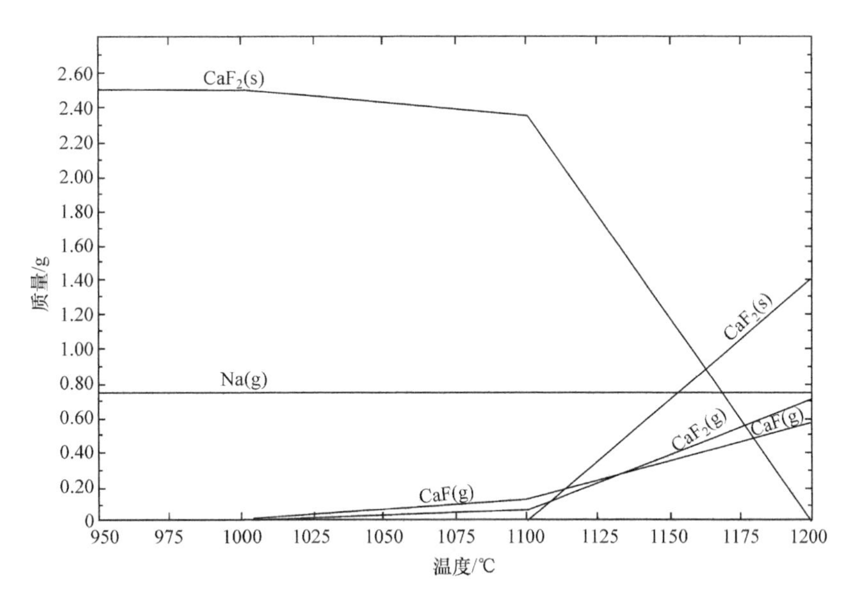

图 2.19　用 FactSage 软件模拟炼镁次产物的生成及质量随温度的变化情况

在中试设备的研制中，炼镁还原罐前端所产生的 Mg 蒸气和其他气体物质会在真空泵的抽力作用下转移至还原罐末端，经循环水的冷却生成结晶镁和其他固体物质。这一气体冷却过程依然可以用 FactSage 软件进行模拟。软件模拟的输入值为表 2.6 中各物质的质量，模拟结果见图 2.20。从图中可以看出，随着温度降低，固态 β-CaF_2 迅速发生逆向相转变，与此同时，气体的 CaF_2 和 CaF 质量迅速减少，并在 1000℃以下完全凝结为固态 CaF_2，使得固态 CaF_2 的总量变为 1.08g。当温度继续降低至 600℃时，固体 $CaMg_2$ 开始生成。钠蒸气也会在 400℃以下凝结为固态物质。

根据模拟结果可知，用皮江法还原 MgO 来炼镁反应中所产生的 Na、CaF_2 和 CaF 等气体物质会在反应结束时随温度的降低而凝结为固态物质。大部分 CaF_2 会以固态形态存在于镁渣中，也可以和镁蒸气一起结晶，存在于镁结晶的内部或表面，或随着钾钠蒸气一起凝结于钾钠结晶器中。因此，在探索氟化物的迁移过程时，不仅要对镁渣进行氟化物的分析，而且要对镁结晶及钾钠结晶产物进行检测。

2.3.3　炼镁过程中氟含量的试验测定

1. 炼镁过程中氟含量的测定方法

在 2.2 节中介绍过用 X 射线衍射方法定量分析镁渣中的硅酸二钙各物相的含量，该方法同样适用于分析镁渣中的固体 CaF_2 的含量。但由于 CaF_2 在镁渣中

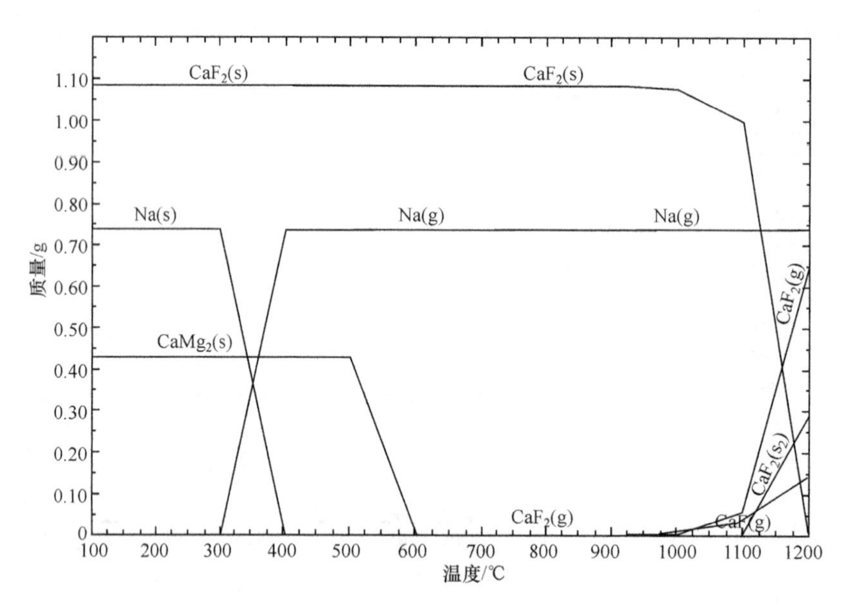

图 2.20　用 FactSage 软件模拟炼镁反应中温度从 1200℃降到 100℃时气体的凝结过程

的含量较低且 X 射线衍射定量分析方法一般存在较大误差，为保证结果的准确性，因此在测定氟化物的含量时，要结合其他测试方法。

氟化物的测定方法有氟硅酸钾沉淀法、分光光度法和氟离子选择电极法等[27-29]，下面分别予以简要介绍。

1）氟硅酸钾沉淀法

氟硅酸钾沉淀法的测量原理是样品经氢氧化钠消解反应后生成可溶性 Na_2SiO_3，加酸使样品酸化后，F^- 在大量 K^+ 存在下定量生成氟硅酸钾（K_2SiF_6）沉淀，氟硅酸钾在沸水中分解析出氢氟酸（HF），以标准氢氧化钠溶液滴定，可间接计算出其中氟含量。

需要注意的是，氟硅酸钾沉淀法在测量氟浓度较高的样品时较为精确，但操作过程较长，步骤较多，且需注意氟硅酸钾沉淀完全、纯净又无损失，注意事项较多。

2）分光光度法

分光光度法的测量原理是样品经氢氧化钠消解后，用高氯酸蒸馏，氟以氟硅酸的形式馏出；然后利用氟能夺取依来铬青 R-锆的橙红色配合物中的锆生成更稳定的无色配合物（氟化锆离子$(ZrF_6)^{2-}$）。根据褪色反应的色度不同与标准色列比色的分光光度法测定氟。

采用分光光度法测定样品中的氟含量时需要对样品进行蒸馏，操作步骤较多，耗时较长，分析干扰因素也较多。

3）氟离子选择电极法

氟离子选择电极法的测量原理是利用氟离子选择性电极对氟离子具有特定的选择性响应，它能将溶液中氟离子的离子活度转换成相应的电位，当氟电极（指示电极）与饱和甘汞电极（参比电极）插入被测溶液中组成原电池时，电池的电动势为 $E=b-0.0592\lg a_{F^-}$，即电池的电动势与试液中氟离子活度的对数呈线性关系（遵守能斯特方程）。鉴于电动势 E 与氟离子浓度的负对数呈线性关系，因此可用标准曲线法进行测定。用氟离子选择电极测定氟离子时，应加入总离子强度调节剂（TISAB）以控制试液中总离子强度，并络合干扰离子，保持溶液适当的 pH。

用氟离子选择电极法测定氟离子浓度时，某些高价阳离子（如三价铁、铝和四价硅）及氢离子能与氟离子络合而有干扰，所产生的干扰程度取决于络合离子的种类和浓度、氟化物的浓度及溶液的 pH 等。其他一般常见的阴阳离子均不干扰测定。测定溶液时 pH 应调节为 5～8。另外，氟电极对氟 1＃试剂盐离子（BF_4^-）不响应。如果水样含有氟 1＃试剂盐或污染严重，应预先进行蒸馏。

氟离子选择电极法测定样品的氟含量精密度良好，多次平行测量氟离子含量相对一致，操作简便，分析时间快，适合大批样品的分析。但是该方法只适合低浓度的氟含量检测分析。

2. 炼镁过程中氟含量试验测定

由于镁渣中氟含量较低，所以实际操作主要选用氟离子选择电极法，并结合 X 射线衍射定量分析方法及扫描电镜色散能量线谱（EDS）方法来测定中试炼镁后各个产物中氟的含量，用以跟踪氟的迁移变化过程[13,20]。

1）试验仪器

所用的试验仪器为：微电脑精密氟度计（氟离子选择电极）（SX380F-1）、X 射线衍射仪（岛津 XRD-6000）和配备有能量色散线谱（EDS）的扫描电子显微镜（岛津 SSX-550）。

2）测试结果

首先根据皮江法炼镁的中试步骤过程进行了 4 组试验，表 2.7 给出这 4 组中试中各原料的投料比、反应后各产物的含量以及氟在各产物中的含量，其中氟在产物中的含量由氟离子选择电极测出。从表中可以看出，试验 1 和试验 2 中投入的白云石及硅铁的量要少于试验 3 和试验 4，但是都投入等量的萤石。随着投料量的不同，粗镁产量为 0.8～1.85kg，产生的镁渣的量为 4.1～8.3kg，副产物 K 和 Na 结晶为 23～61g。

表 2.7 皮江法炼镁中试投料比、产物及氟在各产物中的含量

试验编号	原料/kg			产物/kg			氟在产物中的含量/%		
	白云石	硅铁	萤石	镁渣	镁锭	钾钠结晶	镁渣	镁锭	钾钠结晶
1	4.5	0.84	0.25	4.2	0.8	0.023	2.95	0.042	0.166
2	5.0	0.84	0.25	4.1	0.9	0.031	2.6	0.064	0.169
3	8.13	1.67	0.25	7.1	1.8	0.0	1.57	0.022	—
4	8.13	1.67	0.25	8.3	1.85	0.061	1.24	0.047	0.07

从表 2.7 中可以计算得知，在试验 1 和试验 2 中的萤石在原料中的比例分别为 4.1%和 4.5%，高于试验 3 和试验 4 中的 2.5%。氟离子选择电极测得试验 1 和试验 2 生成的镁渣中氟的含量为 2.95%和 2.6%，分别比试验 3 和试验 4 中的氟含量约高 1.4%。正如 2.3.2 节中 FactSage 软件对氟迁移的预测一样，镁锭和钾钠结晶中同样检测到有氟化物的存在，而且其含量同样随着萤石投入量的增加而增加。这些结果证明氟化物不仅存在于镁渣中，而且存在于炼镁的各产物中，各产物中氟的含量与萤石在投料中的比例直接相关且呈正比关系，即随着萤石在投料中的比例增加，氟在各产物中的比例也增加。

根据表 2.7 的数据可以计算皮江法炼镁中试试验过程中氟转移平衡，得到的结果如表 2.8 所示。在这四组中试试验中氟的投入量是一样的，均为 115.7g(等量的投入萤石)。绝大部分氟存留在固体产物中，包括 103～124g 在镁渣中，0.34～0.87g 在镁锭中，0.04～0.05g 在钾钠结晶中，即氟产出量/氟投入量大于 89.7%。同时，镁渣中氟含量又占氟产出量的绝大部分(高于 99.1%)，只有很少一部分存留在镁锭及钾钠结晶中。值得注意的是，在第二组试验中，测定的氟产出量要大于氟的投入量，可能是由试验测量误差造成的。

表 2.8 皮江法炼镁中试反应时氟平衡计算(数据取自表 2.7)

试验编号	氟投入量/g	氟产出量/g				氟投入量－氟产出量/g	氟产出量/氟投入量/%	镁渣中氟含量/氟产出量/%
		镁渣	镁锭	K、Na 结晶	氟总产出			
1	115.7	106.6	0.58	0.05	107.2	8.5	92.7	99.4
2	115.7	123.9	0.34	0.04	124.3	−8.6	107.4	99.7
3	115.7	111.5	0.40	0	111.9	3.8	96.7	99.6
4	115.7	102.9	0.87	0.04	103.8	11.9	89.7	99.1

图 2.21 为皮江法炼镁中试反应后镁渣的 X 射线衍射图谱。从图中可以看出，Ca_2SiO_4 为镁渣的主要成分；CaF_2 是镁渣的次要组分。根据 2.2 节所述的 X 射线衍射定量分析方法，可以计算出 CaF_2 的含量为 5%左右。因为 X 射线衍射对

较低含量物质的测试精度等问题，所以这个结果只是反映了氟化物在镁渣中的大致含量，与其真实含量存在一定的偏差。

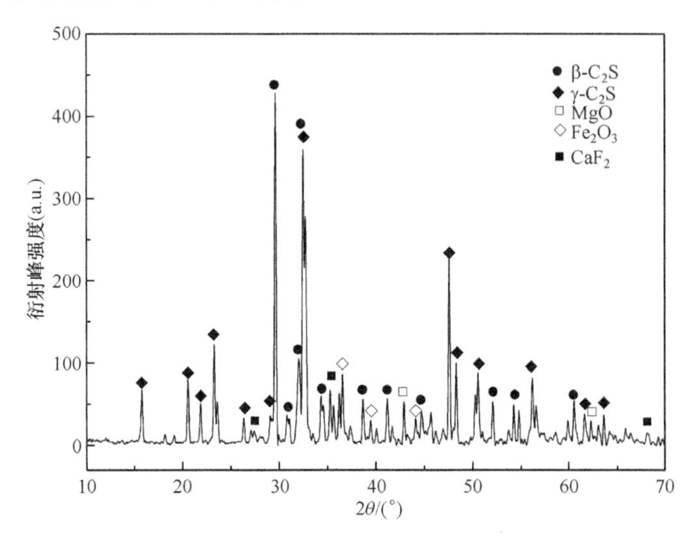

图 2.21 中试反应后镁渣的 X 射线衍射图谱

图 2.22 为皮江法炼镁中试反应后镁渣的 SEM 和 EDS 分析图谱。对 SEM 图上 P1、P4、P9 各点分析所得的 EDS 图谱 A、B、C 中可以看到，Ca、Si 和 O 元素都有最强的色散线，表明其含量最多，也间接证明了这三种元素组成的 Ca_2SiO_4 在镁渣中含量最多。另外，图 A 和 C 中还用字母"F"标出了氟元素的色散峰，可以明显地看出 F 的色散，但强度很小，说明了由元素 F 和 Ca 组成的 CaF_2 为次要相。在 B 图上(SEM 的 P4 部位)并未观察到 F 元素的色散峰，因此在 P4 位置的镁渣中并不含有 CaF_2 的成分。

图 2.21 的 X 射线衍射图谱和图 2.22 的 EDS 分析均证实了镁渣中 Ca_2SiO_4 为主要成分、CaF_2 为次要成分。两种分析方法的结果吻合得很好。相比于氟离子选择电极法测定样品中氟的含量，X 射线衍射计算出的氟含量有些偏高，可能是由此方法的精度误差造成的。

3) 结论

综合以上三种方法测的氟在各个产物中的含量，可以得出如下结论：皮江法炼镁原料阶段加入的氟绝大部分转移到还原反应后的固态产物中，氟的损失量不超过 10%。早期文献报道，通过计算方法得到皮江法炼镁过程中氟化物会生成气体的 HF，并有超过 30%的氟化物以气体形式逸出还原罐造成氟化物污染。本节经过试验测定的镁渣中的氟含量与以上文献报道通过计算方法得到的氟含量[34,35]有很大差别。造成这种差别的原因可能是作者计算时并未考虑到在还原罐的末端水循环的冷却作用会使气体 HF 凝结重新回到固态产物(镁渣)中。本节用试验监

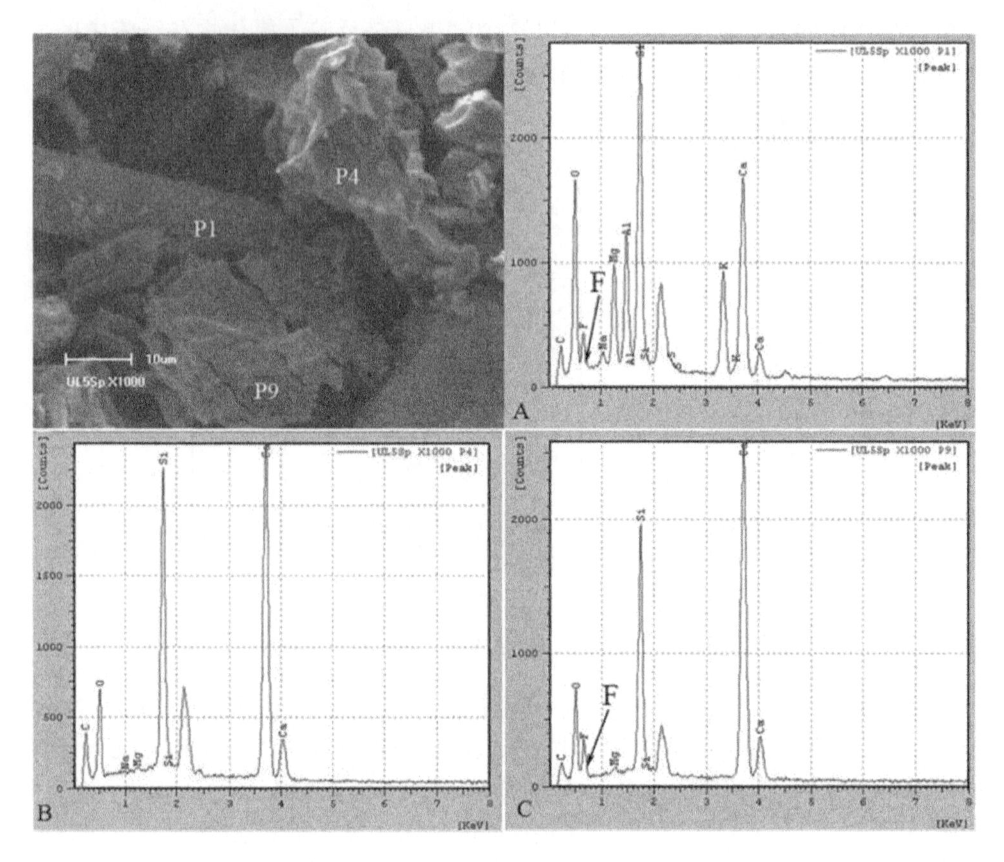

图 2.22　中试反应镁渣的 SEM 图谱(左上)及
EDS 分析图谱(P1、P4、P9 分别对应为图 A、B、C)

测研究了炼镁过程中氟化物的变化与迁移,为镁渣的后处理、解决氟化物的污染、改善环境质量提供了参考依据。

2.3.4　镁渣后处理过程中氟含量的变化

以上部分研究数据表明,皮江法炼镁时萤石催化剂中所含氟化物绝大部分转移到镁渣中,即镁渣中会含有质量分数为百分之几的氟化物。这些未经处理的含氟镁渣如果直接填埋,那么氟化物可能会有溶出发生,长久以往会对地下水资源造成氟污染。另据报道,镁渣也可以用作制备水泥的熟料,在此过程中需对镁渣进行高温处理,镁渣中的氟化物可能会在高温条件下挥发成蒸汽从而造成空气污染。因此,在对镁渣进行处理或循环再利用时,氟化物的污染是要考虑的重要因素。本节如下部分主要介绍对三种不同含氟量的工厂镁渣进行高温处理及浸出试验,探讨对镁渣后处理时氟化物的转移问题,为工厂镁渣的无害化处理积累技术数据[36-38]。

1. 试验方案

1）镁渣样品分析

试验所用的三种含氟量不同的工厂镁渣均取自宁夏惠冶镁业公司。使用电感耦合等离子体发射光谱仪(ICP-AESOptima7000D)分别对三种样品主成分进行分析,分析结果如表2.9所示。

表2.9　工厂镁渣主成分分析(质量分数)

镁渣	MgO	CaO	SiO_2	P_2O_5	Fe	Al	Na	K	F	CaO/SiO_2	处理方法
1	5.08%	42.3%	25.5%	0.06%	3.82%	0.54%	0.57%	0.01%	2.15%	1.66	H,L
2	5.12%	42.3%	27.8%	0.07%	4.85%	0.61%	0.99%	0.15%	1.65%	1.52	H
3	4.40%	53.4%	30.6%	0.03%	2.64%	0.64%	—	—	0.98%	1.75	L

注:H表示对镁渣进行高温热处理,L表示对镁渣进行浸出试验。

由表2.9可知,镁渣中CaO、SiO_2为主要成分,两者之和所占质量分数超过67%。CaO与SiO_2的比率,即镁渣碱度为1.52～1.75。渣中还含有约5%氧化镁以及少量的金属,如Fe、Al和Na等。镁渣中含氟量为0.98%～2.15%。

本节对三种镁渣进行了不同的后处理,以便比较分析,如表2.9所示。对1号镁渣不仅进行高温后处理,而且进行浸出试验。对2号镁渣只进行高温后处理,对3号镁渣只进行浸出试验。

2）镁渣高温处理方法及步骤

镁渣先在60℃下干燥数天,然后放入搅拌机中搅拌3～6h以使样品混匀。混匀后的样品分为不同的试验小份以备后处理,每份为100～200g。

将1号和2号镁渣样品分别放入氧化铝坩埚中,先在马弗炉(有氧条件)中加热至1000～1200℃,后抽真空至0.99KPa时加热至1300～1400℃的条件下进行处理。样品一般加热6h以达到设定的试验温度,并在每个设定的试验温度下保持3h,样品处理完成后,关闭马弗炉电源,冷却10h至室温后取出样品,称重并分析。

3）镁渣样品高温处理前后的浸出试验

根据我国测试标准HJ/T 299—2007[39],对高温处理前后的1号镁渣样品分别进行两组浸出试验。一组浸出液是pH为6.9的蒸馏水,另一组是浸出液的pH为3.2(加入硫酸和硝酸调节其pH)。将镁渣样品分别放入玻璃瓶中,加入对应的浸出液(液固质量比均为10),以30r/min的速率搅拌下保持18h。然后过滤样品,分别对过滤后的浸出液及镁渣进行氟含量分析,并将浸出后滤液中的氟含量与国家水质标准GB 5749—2006中氟含量进行比较[40]。样品氟含量使用氟离子选择电极(SX380F-1)进行测定。

对于3号镁渣样品,未经过高温处理直接按照欧盟EN 12457-2标准进行浸出试验。浸出液是pH为5～7.5的蒸馏水,液固质量比为10。样品放入玻璃瓶后加入浸出液及搅拌子,搅拌速率为10r/min,浸出时间为24h。浸出实验结束后对样品进行过滤,使用电感耦合等离子体原子发射光谱法和扇形磁场等离子体质谱对滤液中的溶出元素进行分析。根据离子色谱的标准(CSN EN ISO 10304-1和CSN EN ISO 10304-2)对滤液中的氟离子进行含量分析。

4) 使用FactSage 6.3软件模拟预测

使用FactSage 6.3软件对1号和2号镁渣高温后处理过程中矿物成分的变化进行模拟分析。表2.9中各矿物组分的含量被用作FactSage软件模拟时的输入值。模拟条件设定为1个大气压,温度变化区间为900～1400℃。

2. 结果与讨论

1) 镁渣高温后处理时氟的挥发率

根据表2.9中的数据,镁渣高温处理前,1号镁渣含氟量为2.15%,2号镁渣含氟量为1.65%。在不同设定温度下对镁渣进行高温后处理,所得渣料中氟含量的测试结果如表2.10所示。

表2.10　镁渣高温处理后渣料中氟含量

镁渣样品	处理温度/℃	镁渣高温后氟含量/%	氟挥发率/%
1号镁渣样品	1000	1.32	38.6
	1100	1.91	11.2
	1200	1.15	46.5
	1300	1.10	48.8
	1400	1.55	27.9
2号镁渣样品	1000	1.09	33.9
	1100	1.54	6.7
	1150	0.98	40.6
	1200	1.06	35.8
	1250	1.29	21.8
	1300	1.25	24.2
	1400	1.14	30.9

从表2.10中可以看出,对于高温处理前氟含量为2.15%的1号样品,高温处理后渣料中氟含量降低至1.10%～1.91%,对应的氟挥发率为48.8%～11.2%。对于高温处理前氟含量为1.65%的2号样品,高温处理后渣料中氟含量降低至

0.98%～1.54%，对应的氟挥发率为40.6%～6.7%。其中，氟挥发率定义为

$$氟挥发率(\%)=\frac{镁渣处理前氟含量-镁渣处理后氟含量}{镁渣处理前氟含量}\times100\% \quad (2\text{-}12)$$

图2.23为高温处理1号镁渣时，FactSage软件对生成的含氟气体量的变化模拟示意图。从图中可以看出，当处理温度升高到900℃时，有两种含氟化物的气体生成，分别是NaF和$(NaF)_2$。NaF为主要气体生成物，它的量随着温度上升一直在增加，其中在1150～1250℃为急剧增长阶段，在900～1150℃和1250～1400℃两个温度区间随温度增加而缓慢增加。$(NaF)_2$为次要气体产物，它的量随着温度的变化呈波浪式变化，在900～1050℃和1150～1250℃温度区间随着温度的上升缓慢增长，在1050～1150℃和1250～1400℃温度区间随着温度的上升反而缓慢降低。

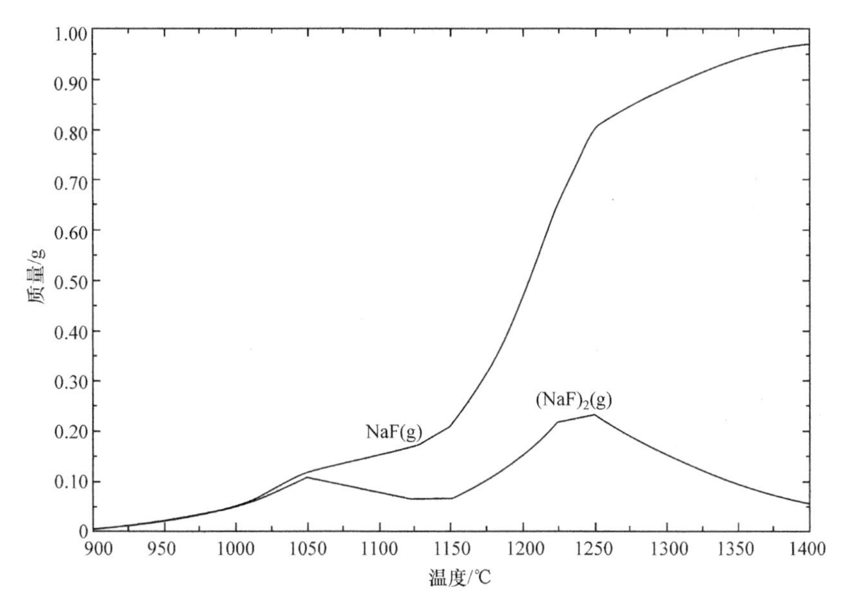

图2.23　1号镁渣高温后处理的FactSage模拟计算图

图2.24为高温后处理2号镁渣时，FactSage软件对生成的含氟气体量的变化模拟示意图。从图中可以看出，当处理2号镁渣时，有三种含氟化物的气体生成，分别是NaF、$(NaF)_2$和KF。NaF依然为主要气体生成物，它的含量从1100℃开始就快速增加，直到1200℃时开始变为缓慢增长。气体$(NaF)_2$的量则随着温度的变化而呈现过山车式的变化，在1200℃左右为其含量峰值。相比于1号镁渣，高温后处理2号镁渣时有新的氟化物气体生成，即KF气体，从FactSage计算图上可以看出，其在900℃时就已经生成，含量随温度升高持续增长至0.2g左右，并在1100～1400℃温度区间内保持不变。

表2.10中的数据表明，无论是1号样品还是2号样品，高温处理镁渣时氟的

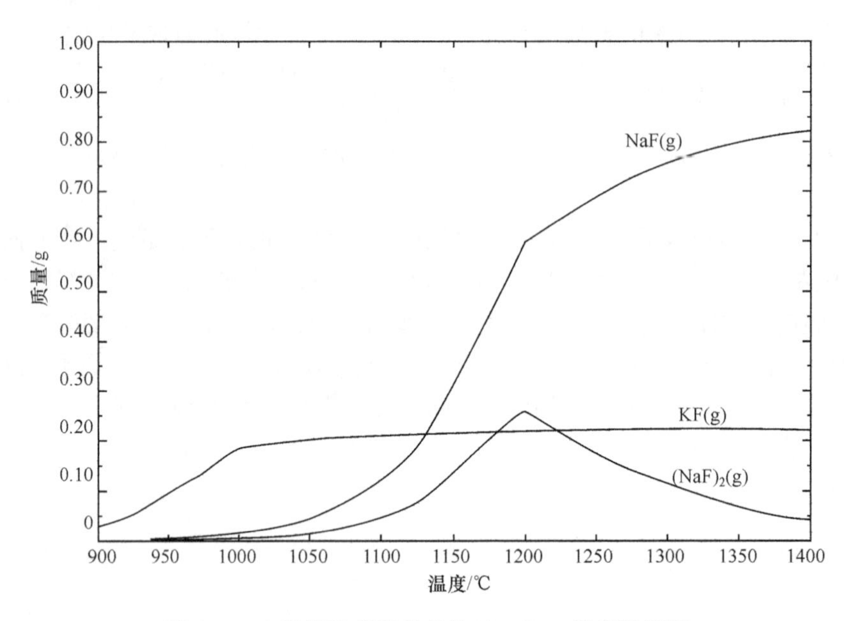

图 2.24　2 号镁渣高温处理的 FactSage 模拟计算图

挥发率随着温度的变化而变化，但并非简单地随着温度的升高，氟化物的挥发率就高（或处理后镁渣中氟含量降低得越多）。氟化物的挥发率在 1100℃的处理温度时为最小，1 号和 2 号样品分别为 11.2%和 6.7%。氟化物的挥发率在 1150～1300℃时到达最大值。造成这种现象的原因可以从图 2.23 和图 2.24 的 FactSage 模拟计算图中得到解释。氟化物的挥发量是生成的两种（NaF 和（$NaF)_2$）或三种（NaF、$(NaF)_2$ 和 KF）气体的量的叠加。这两种或三种生成的氟化物气体的叠加量在 1150～1300℃温度范围内达到最大值，从而得出了最大的挥发率。当处理温度超过 1300℃时，虽然 NaF 气体量有所增加，但是$(NaF)_2$ 的量减少得更快，导致蒸发率的下降。

图 2.25 为 2 号镁渣处理前及在 1000℃高温处理后的镁渣 XRD 衍射图谱。对比镁渣高温处理前后的 XRD 图谱可以发现，两张图谱的主要成分及含量都类似，无论镁渣是否经过 1000℃高温处理，β-C_2S 和 γ-C_2S 都是镁渣中的主要成分，CaF_2 为镁渣中的次要成分。仅有的差别是镁渣处理前，γ-C_2S 的含量比 β-C_2S 的含量稍多，高温处理后 γ-C_2S 的含量减少，β-C_2S 的含量增加，这也正说明了 γ-C_2S 在低温下为稳定相，β-C_2S 在高温下为稳定相。因此，可以得到如下结论：在 1000℃下对镁渣进行后处理不会使矿物的主要成分发生变化。

由以上试验可知，在对镁渣进行高温后处理时，其含有的 F 可以和 K 及 Na 元素反应生成气体物质，从而导致氟化物的挥发。虽然 2 号镁渣中 K 和 Na 的含量分别为 0.99%及 0.15%，均比 1 号镁渣中相应元素含量要高。但是，高温处理前 2

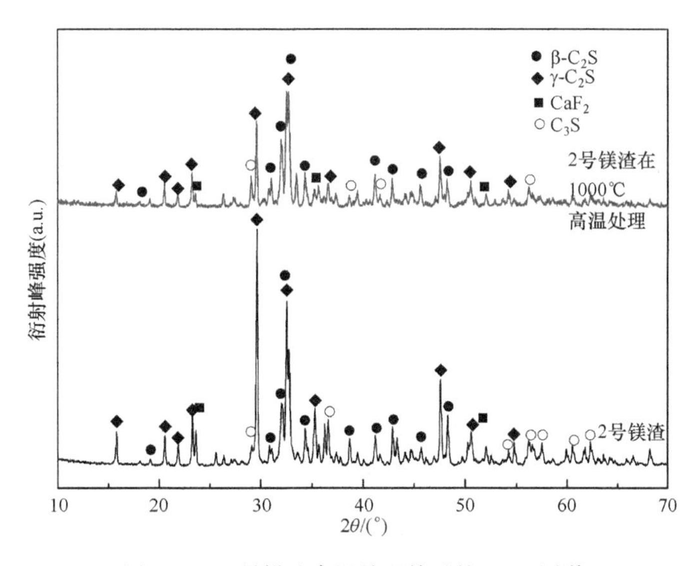

图 2.25　2 号镁渣高温处理前后的 XRD 图谱

号镁渣中氟含量为 1.65%，低于 1 号镁渣中 2.15%的氟含量。高温处理后，2 号镁渣的氟化物的挥发率(6.7%～40.6%)也低于 1 号镁渣的氟化物挥发率(11.2%～48.8%)。结果表明，尽管镁渣中 F 的挥发是由 F 和 K 及 Na 元素反应生成气体化合物导致的，但是镁渣中原始氟的含量依然是影响氟挥发率的主要因素。镁渣高温处理前含氟化物越多，其处理后的挥发率就越高。

基于表 2.10 中氟化物的蒸发率及图 2.25 和图 2.26 的 FactSage 计算结果，为避免氟从镁渣中蒸发以造成氟化物空气污染，建议对镁渣的高温处理应不超过 1100℃。

2）镁渣的浸出试验

目前在我国生产金属镁时排出的镁渣，除少量能够资源化利用外，绝大部分都作为废弃物丢掉，主要方式为堆积和填埋。随着镁渣的大量堆积或填埋，镁渣中的有害物质会随着雨水的浸泡溶出渣料形成可溶性物质，流入江河湖泊对农作物和周围环境造成极大的影响，严重危及人类的身体健康及农作物的生长。因此，首先参照欧盟标准《废弃物表征浸出颗粒废弃物和污泥浸出一致性试验》(EN 12457-2)对未经高温处理的 3 号镁渣进行浸出试验，探讨未经处理的镁渣是否符合欧盟对垃圾场废物填埋的基本要求。

《欧盟垃圾场废物填埋指导准则》(European Landfill Directive 1999/31/EC)对各种污染物排放浓度设定了固定排放标准值。如果废物中的污染物排放浓度超过了限值则禁止直接垃圾填埋，废物必须经过预处理。反之，如果废物中的污染物排放浓度低于标准限值，则认为此废物不会对环境造成很大危害，可以不必处理，直接进行填埋。此标准中一些重要的元素排放限值如表 2.11 所示。

表 2.11 《欧盟垃圾场废物填埋指导准则》中一些重要元素的固定排放标限定值

(单位:mg/kg)

元素	Cr	Mo	Cu	Cd	F	Pb	Zn	Ni
限定值	0.5	0.5	2.0	0.04	10.0	0.5	4.0	0.4

根据欧盟标准《废弃物表征浸出颗粒废弃物和污泥浸出一致性试验》(EN 12457-2)步骤对未经高温处理的 3 号镁渣样品进行浸出试验,结果如表 2.12 所示,其中 pH 为 13.4,电导率为 1764μs/cm。

表 2.12 未经高温后处理的 3 号镁渣样品的浸出试验结果 (单位:mg/kg)

元素	Ca	Mg	Na	K	F	S	Al
含量	1970	0.9	18.7	16.8	72.9	30.4	84.3
元素	Cr	Mo	Cu	Cd	Ni	Pb	Zn
含量	0.042	0.207	0.017	0.0005	0.005	0.002	0.047

从表 2.12 中可以看出,3 号镁渣浸出液中 Ca 元素的含量为 1970mg/kg,如此高的浸出离子浓度不仅使得浸出液的电导率达到 1764μs/cm,而且使其 pH 从中性升高到 13.4。镁渣浸出液中重金属浓度,如 Cr、Cu、Cd、Pb、Zn 和 Ni 等要小于欧盟对于垃圾填埋设定的污染物排放标准值。但是,镁渣浸出液中氟的含量为 72.9mg/kg,为欧盟对于氟污染物排放标准的 7 倍多。由于镁渣中氟化物的严重超标,所以不宜直接对镁渣进行填埋处理,否则氟化物的溶出会对土壤中的水环境造成污染。

对于 1 号镁渣,参照我国测试标准 HJ/T 299—2007 对未经处理及高温处理后的渣料样品分别进行了浸出试验,试验结果如表 2.13 所示。

表 2.13 1 号镁渣样品高温处理前后的渣料浸出试验结果

初始浸出液	pH 为 6.9 的蒸馏水		pH 为 3.2 的蒸馏水(经硫酸和硝酸调整)	
1 号镁渣样品	浸出液氟含量/(mg/kg)	试验后浸出液 pH	浸出液氟含量/(mg/kg)	试验后浸出液 pH
未经高温处理	139.0	12.44	139.5	12.81
1000℃处理	8.5	11.66	74.1	11.92
1100℃处理	4.9	11.55	123.0	11.84
1200℃处理	28.5	12.33	54.1	11.83
1300℃处理	74.6	11.35	82.2	11.15
1400℃处理	48.3	11.63	163.0	11.25

从表 2.13 中可以得出如下结论：

(1) 无论是未经处理还是高温处理后的镁渣，也不管是用 pH 为 6.9 的蒸馏水中性浸出液还是 pH 为 3.2 的酸性浸出液，浸出试验后，浸出液的 pH 都大幅增加至 11.0 以上。究其原因，与 3 号镁渣的浸出试验类似，也是由于大量的 Ca^{2+} 溶解在浸出液中，导致溶液呈现强碱性。因此，浸出液中 Ca^{2+} 的浓度与浸出液的酸碱性呈正比关系。

(2) 对于未经高温处理的镁渣，无论用中性浸出液还是酸性浸出液，浸出液中氟含量都在 139.0mg/kg 左右。不仅要比欧盟对于垃圾填埋设定的氟污染物排放标准(EN 12457-2)要高，而且是我国国标 GB 5749—2006 中对饮用水质量安全所限定的氟排放最高浓度 10mg/kg 的 13 倍还多。因此，未经处理的镁渣随意堆放或填埋，很容易造成氟化物从镁渣中浸出，对饮用水产生极大的威胁。

(3) 对于经高温处理后的镁渣样品，使用酸性浸出液所得滤液中氟含量为 54.1～163.0mg/kg，使用中性浸出液所得滤液中氟含量为 4.9～74.6mg/kg，前者比后者要高。因此，使用酸性浸出液有助于氟从镁渣中浸出。Nagaike 等观察到了类似的现象，使用 pH 为 4、7 和 10 的浸出液分别对炼钢产生的电弧炉还原渣进行氟化物浸出试验，结果显示酸性条件下(pH 为 4)浸出液中的氟含量最高。而随着所使用的浸出液的 pH 越高，浸出的氟化物就越少。

(4) 对于经 1000℃或 1100℃高温处理的镁渣样品，同样的浸出试验，使用中性浸出液，浸出液中氟含量分别为 8.5mg/kg 和 4.9mg/kg，其值要低于欧盟对于垃圾填埋设定的氟污染物排放标准值(EN 12457-2)和我国国标 GB 5749—2006 中对饮用水质量安全所限定的氟排放最高值。使用酸性浸出液，浸出液中氟含量分别为 139.5mg/kg 和 74.1mg/kg，其值要高于上述两个标准对氟的限定排放值。因此，当镁渣经这两个温度处理后，可以直接填埋在中性的土壤中，不会对环境造成很大污染，但是应禁止填埋在酸性土壤地区。

3) 镁渣高温处理时矿物组分的变化

镁渣形成于加热的真空还原罐中，由于工业生产还原罐中渣料一般在几百公斤重左右，所以被排出还原罐后基本能够迅速冷却。冷却的时间越短，镁渣中 β-C_2S 转变成 γ-C_2S 的量就越少。图 2.25 所示 XRD 图谱也显示了未经高温再处理的 2 号镁渣中有相当含量的 β-C_2S 存在。

虽然在 1000～1200℃处理镁渣时的温度与镁渣形成时的温度类似，但是其他条件大不相同。镁渣形成时还原罐内有很高的真空度，是在无氧的条件下进行的。镁渣高温处理是在有空气(有氧)的马弗炉中进行的。处理的条件不同，可能会导致镁渣中含氟组分的物相发生变化，尤其是可溶性氟组分含量，因此在浸出试验中浸出的氟含量发生变化。图 2.26 为用 FactSage 软件模拟 1 号镁渣高温后处理时矿物组分变化的情况。

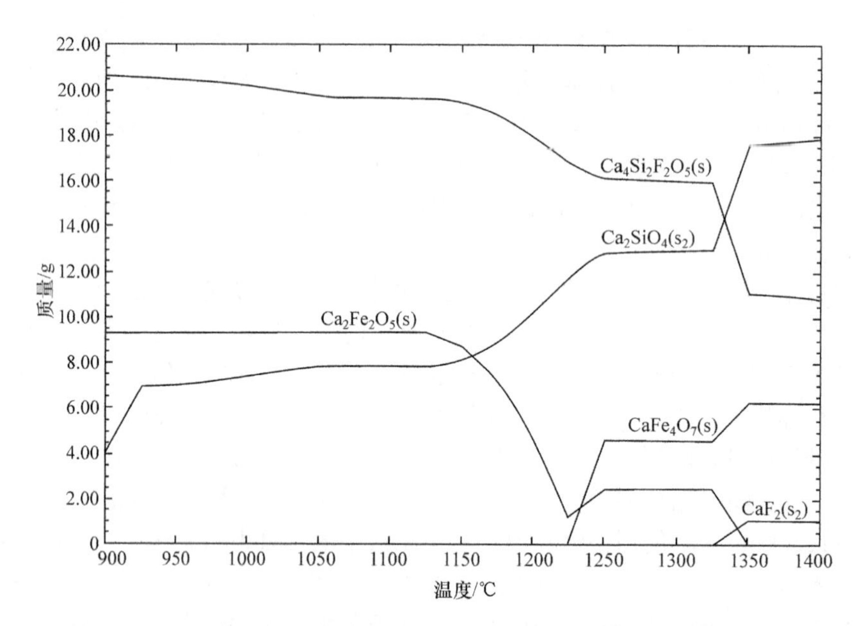

图 2.26　1 号镁渣高温后处理时矿物组分变化的 FactSage 软件模拟

从图 2.26 中可以看到，在 1100℃时，$Ca_4Si_2F_2O_7$(s)(组成可能为 3CaO · SiO_2 · CaF_2)为主要物相，约为 20g。另一个主要成分为 $Ca_2Fe_2O_5$(s)(组成可能为 2CaO · Fe_2O_3)，约为 9.0g。有报道指出，前者可以当做氟化物的固定剂，后者可以增强前者的固化能力，因此这两种物质可以减少氟化物的浸出。这也解释了镁渣经 1100℃处理后，浸出液中氟含量较低(4.9mg/kg)的原因。

当镁渣处理温度升高至 1200℃时，$Ca_4Si_2F_2O_7$(s)和 $Ca_2Fe_2O_5$(s)组分的含量都有一定程度的降低，这种氟固化剂的量的减少自然会引起浸出液中氟化物含量的升高(28.5mg/kg)。随着处理温度上升得更高(1300～1400℃)，氟固化剂的量减少得更快，也使浸出液中氟化物含量增加。

根据模拟结果，结合氟挥发性及浸出试验，可以得出如下结论，镁渣经 1000～1100℃处理，不仅氟挥发率较低，不易造成氟化物空气污染，而且浸出液中氟化物也较低，也不易造成水污染。因此，为减轻镁渣对环境的污染，对镁渣进行 1000～1100℃高温后处理是一种可行的办法。

3. 结论

本节试验证实了皮江法炼镁时所用的萤石中的氟化物绝大部分残留在镁渣之中，这与早期报道的通过计算的方法所得出的有 1/3 的氟化物在炼镁过程中挥发到了空气中有所不同。未经任何处理的镁渣在做浸出试验时所得浸出液中氟含量超过 139mg/kg，要远远高于欧盟对于垃圾填埋设定的氟污染物排放标准值(EN

12457-2)和我国国标 GB 5749—2006 中对饮用水质量安全限定的氟排放标准，因此不能直接进行填埋处理或者用作建筑材料，否则会造成氟化物的污染，危害人类安全。当对镁渣进行 1200℃以上的高温处理时，同样会造成氟化物的污染。镁渣在 1000～1100℃高温条件及有氧情况下进行处理，既不会造成严重的氟化物的空气污染，处理后的镁渣也不会造成水的污染，因此对镁渣的最佳处理条件是在 1000～1100℃有氧条件下进行。

2.4　皮江法炼镁过程中无氟矿化剂研究

在前几节提到，皮江法炼镁产生的镁渣大部分作为工业废渣丢弃或填埋，只有很小一部分得到循环利用，如作为建筑材料等。但是这些镁渣中含有一定量的氟化物，氟化物的挥发和浸出会导致严重的环境污染。因此，有必要开发无氟矿化剂来取代皮江法炼镁中的萤石，一来可以减少氟化物的来源，避免环境污染；二来可以通过选择适当的无氟矿化剂，提高镁渣的稳定性，解决镁渣的粉化问题。

如同在皮江法炼镁过程中作为必不可少的添加剂一样，氟化物也曾广泛应用于炼钢工艺中。例如，在转炉炼钢中普遍采用萤石作为助熔剂，它对石灰熔化和炉渣稀释有明显的促进作用，在保护渣中起着举足轻重的作用，是不可或缺的组成。一般地，保护渣中的氟含量为 6%～10%。但氟大量使用后易造成转炉喷溅、增加钢水损失、加速炉衬侵蚀、降低炉龄、恶化炼钢操作条件。同时，其在高温环境下分解产生的大量氟蒸气，会造成环境污染，并对人身和设备造成损害。为改善转炉造渣效果，同时减少环境污染，研究人员早已开展了无氟炼钢工艺技术研究。目前，所开发的能替代萤石效果最好的无氟熔渣剂是硼酸盐类。事实上，B_2O_3 作为氟化钙的替代品，已经成功地在钢坯连铸厂得到应用，研究人员确认其对环境和钢的精炼效果要好于氟化钙。除此之外，B_2O_3 还被用来稳定 AOD 法炼钢钢渣中的 β-C_2S，防止钢渣的粉化。本章前几节也研究了通过硼酸盐试剂 1＃与镁矿渣粉混合后在 1200℃进行烧结稳定镁渣中的 β-C_2S，得到了具有高度体积稳定性的烧结压块。

2.4.1　皮江法炼镁过程中含硼矿化剂研究

结合镁渣稳定化试验的研究成果，参考含硼化合物在炼钢中的应用，分别选择了 4 种含硼化合物作为炼镁的无氟矿化剂替代物，进行模拟炼镁试验。试验结果表明，有的化合物含 Na 较高(如 DB 和 GB)，难以满足粗镁成分的要求。有的液相过多，不利于渣的排出，有的不能保证来源充足，价格适宜，便于工业化应用。通过试验从中筛选出硼酸盐 1＃试剂比较适合用于炼镁[41,42]。

本节主要讨论将含硼化合物1＃试剂作为矿化剂来取代或部分取代萤石用在皮江法炼镁过程中，以求减少氟化物的来源，减少污染，同时稳定镁渣，防止其粉化。

1. 试验方案

1）原料与设备

炼镁原料来自宁夏惠冶镁业集团有限公司。其中，白云石中 MgO 的质量分数为31％，硅铁中含硅质量分数为75％，萤石中含 CaF_2 质量分数为95％。所用硼酸盐1＃试剂（1＃试剂）中含有50％以上的 B_2O_3。本次试验为中试，设备和试验步骤参见2.3节。

2）试验投料比

每一次试验均分为两组，一组作为对照试验，即依然使用萤石作为矿化剂（A组）；另一组作为试验组，使用含硼化合物全部或部分替代萤石作为矿化剂（B组）。除矿化剂不同外，每一次试验中的两组试验其他试验条件均保持一致，如加入的白云石和硅铁的含量、试验温度和时间等。

本次试验的投料比如表2.14和表2.15所示。对于编号为M1～M5的各试验组，无论是试验组（B）还是对照组（A），白云石和硅铁的加入量均相同，不同的是，试验组中不是加入萤石作为矿化剂，而是加入1＃试剂，其含量由M1次试验中的50g（0.51％总物料质量）增加到M5中的160g（1.81％）。对照组中依然加入萤石作为矿化剂，含量均为总物料质量的2.49％。对于编号为B1～B10的各试验，如图2.15所示，试验组中不仅加入含量由0.24％到0.69％不等的1＃试剂，而且还加入了质量分数从0.43％至0.86％不等的萤石，两种物质共同作为矿化剂。对照组中只加入含量为2.12％至2.49％不等的萤石作为矿化剂。

表2.14 含硼化物全部替代萤石的中试配方

试验编号	试验组	原料						粗镁比率/％
		白云石质量/kg	硅铁质量/kg	萤石质量/kg	1＃试剂质量/g	萤石含量/％	1＃试剂含量/％	
M1	A	8.13	1.67	0.25	0	2.49		
	B	8.13	1.67	0	50		0.51	88
M2	A	8.13	1.67	0.25	0	2.49		
	B	8.13	1.67	0	60		0.61	88
M3	A	8.13	1.67	0.25	0	2.49		
	B	8.13	1.67	0	70		0.71	88

续表

试验编号	试验组	原料						粗镁比率/%
		白云石质量/kg	硅铁质量/kg	萤石质量/kg	1#试剂质量/g	萤石含量/%	1#试剂含量/%	
M4	A	8.13	1.67	0.25	0	2.49		
	B	8.13	1.67	0	80		0.61	83
M5	A	8.13	1.67	0.25	0	2.49		
	B	8.13	1.67	0	160		1.81	85

表 2.15　含硼化物部分替代萤石的中试配方

试验编号	试验组	原料						粗镁比率/%
		白玉石质量/kg	硅铁质量/kg	萤石质量/kg	1#试剂质量/g	萤石含量/%	1#试剂含量/%	
B1	A	5.0	0.84	0.125	0	2.10		
	B	5.0	0.84	0.05	25	0.85	0.42	100
B2	A	4.9	0.84	0.125	0	2.13		
	B	4.9	0.84	0.05	40	0.86	0.69	114
B3	A	5.0	0.84	0.125	0	2.10		
	B	5.0	0.84	0.025	23	0.43	0.39	100
B4	A	4.5	0.84	0.125	0	2.29		
	B	4.5	0.84	0.025	23	0.47	0.43	129
B5	A	8.5	1.67	0.25	0	2.40		
	B	8.5	1.67	0.05	25	0.49	0.24	92
B6	A	8.13	1.67	0.25	0	2.49		
	B	8.13	1.67	0.05	25	0.51	0.25	117
B7	A	6.5	1.43	0.2	0	2.46		
	B	6.5	1.43	0.04	20	0.50	0.25	100
B8	A	6.5	1.43	0.2	0	2.46		
	B	6.5	1.43	0.04	40	0.50	0.50	96
B9	A	6.5	1.43	0.2	0	2.46		
	B	6.5	1.43	0.04	40	0.50	0.50	108
B10	A	6.5	1.43	0.2	0	2.46		
	B	6.5	1.43	0.04	48	0.50	0.60	100

3）样品表征

使用X射线衍射仪对粗镁及镁渣中的部分元素及其氧化物进行分析。精密氟度计(氟离子选择电极)检测样品中氟的含量。镁渣样品过0.45mm筛,筛上部分颗粒大于0.45mm,可以作为稳定的未粉化的镁渣,筛下部分为镁渣粉末。

2. 试验结果与讨论

1）粗镁产量及性质

用粗镁比率来考察硼化物替代萤石作为矿化剂后的试验效果,其计算公式如下:

$$粗镁比率=\frac{试验组粗镁产率}{对照组粗镁产率}\times 100\% \tag{2-13}$$

表2.14为使用含硼化物全部取代萤石作为矿化剂所得的粗镁比率。从表中可以看出,试验组使用含硼化物作为矿化剂时,粗镁比率为83%～88%。当加入的1#试剂含量在一定范围内(0.51%～1.81%)时,粗镁比率与加入的1#试剂量关系不大;但与对照组试验中使用萤石作为矿化剂所得的粗镁产率相比,要低12%～17%。因此,加入一定量1#试剂作为矿化剂,能使粗镁产量达到相当高的水平,但是还不能完全替代萤石的作用。

表2.15为使用含硼化物部分取代萤石作为矿化剂所得的粗镁比率。从表中可以看出,当加入的萤石量大幅减少(从对照组中的大于2.1%减少到试验组中的小于0.85%),并加入一定量的1#试剂共同作为矿化剂,大部分试验组的粗镁比率要高于100%,说明加入少量的1#试剂可以替代大部分萤石的作用。

综合以上两组试验,可以得到如下结论:如果仅用无氟的1#试剂作为矿化剂,则完全杜绝了氟化物的来源,彻底解决了氟化物对环境的污染问题,但是粗镁产量会比用含氟的萤石作矿化剂时低百分之十几。如考虑粗镁产量(涉及企业经济效益问题),则可以用含硼矿化剂部分替代萤石,不仅粗镁产量可以得到提高,同时也会减少大部分氟化物的来源,在很大程度上也会降低污染。

表2.16为试验M1～M5得到的粗镁中的各种元素分析结果。从中可以看出

表2.16　试验M1～M5得到的粗镁元素分析　　(单位:%)

试验编号	试验组	原料		粗镁中各元素含量					
		萤石	1#试剂	Mg	Ca	Fe	Mn	K	Na
M1	A	2.49		92.37	0.223	0.059	0.021	0.005	—
	B		0.51	94.15	0.070	0.104	0.016	0.006	—
M2	A	2.49		97.33	0.126	0.001	0.005	0.004	—
	B		0.61	96.74	0.049	0.001	0.003	0.056	0.034

续表

试验编号	试验组	原料		粗镁中各元素含量					
		萤石	1＃试剂	Mg	Ca	Fe	Mn	K	Na
M3	A	2.49		95.29	0.071	0.002	0.021	0.003	—
	B		0.71	95.49	0.071	0.001	0.004	0.002	—
M4	A	2.49		96.15	0.072	0.002	0.002	0.078	0.026
	B		0.61	96.75	0.103	0.001	0.001	0.067	0.023
M5	A	2.49		97.95	0.095	0.001	0.004	0.007	0.008
	B		1.81	96.86	0.08	0.002	0.011	0.125	0.047

注：—表示未检测到。

三组试验组(M1、M3、M4)中所得粗镁的质量均高于对照组的粗镁质量，其余两组也接近于对照组的质量。无论是试验组还是对照组，所得粗镁中所含有的其他元素，如 Ca、Fe、Mn、K 和 Na 等含量都非常小，不会对粗镁质量产生很大影响。

2) 镁渣的性质

图 2.27 显示了试验编号为 B8 的镁渣样品。在对照组中，没有硼酸盐稳定 β-C_2S，导致其在冷却过程中转变为 γ-C_2S，伴随着体积膨胀，造成镁渣粉化，如图 2.27(a)所示。当加入各 0.5%的 1＃试剂和萤石共同作为矿化剂时，大部分镁渣保持原有的球团形状，仅少部分变成粉末，如图 2.27(b)所示。试验表明，加入的 1＃试剂不仅能作为矿化剂催化 MgO 的还原，而且能够稳定中间产物 CaO 和 SiO_2 生成的 β-C_2S，从而保持镁渣的稳定，防治镁渣的粉化。

(a) 对照组

(b) 试验组

图 2.27　试验编号为 B8 的镁渣样品

镁渣样品过 0.45mm 筛，留在筛子上面的镁渣质量与镁渣总体质量的比值称为筛上率。筛上率是考察镁渣是否粉化的数值依据。试验结果表明，对照组镁渣的筛上率为 28%～60%，虽然部分试验能得到不错的筛上率，但是需要注意的是对照组镁渣要比试验组镁渣早出炉，出炉早则能实现快速冷却。冷却速度加快，β-C_2S 来不及发生相转变而被保留在镁渣之中，从而减少了镁渣的粉化，镁渣冷却速度对镁渣粉化的影响参见相关文献。试验组中加入 0.24%～0.6%的 1＃试剂作为共同矿化剂后，即使冷却速度较慢，筛上率也为 76%～89%。

图 2.28 为试验编号为 B2 的对照组镁渣样品 X 射线衍射图谱。从图谱中可以看到，γ-C_2S 和 β-C_2S 晶相的含量分别为 22.6%和 19.7%。镁渣中存在较多的 γ-C_2S 是导致粉化和筛上率低的内在原因。同时，镁渣中也存在一定量的 β-C_2S，这是由于镁渣快速冷却，其有一部分没能及时转变为 γ-C_2S。

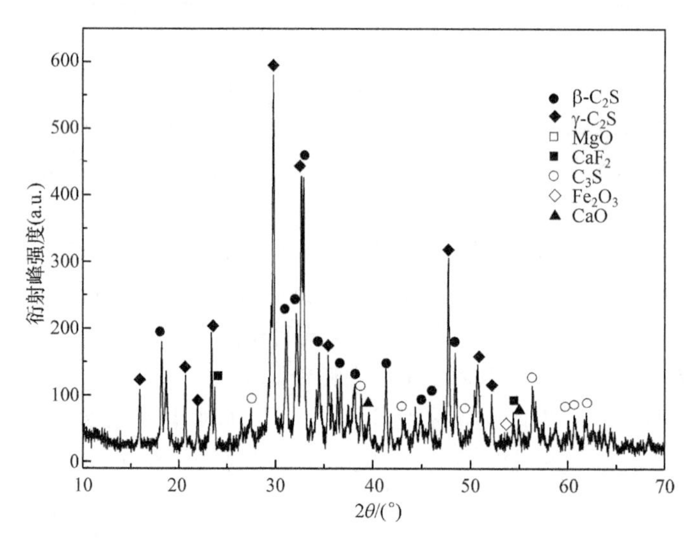

图 2.28 试验编号为 B2 的对照组镁渣样品 X 射线衍射图谱

图 2.29 是试验编号为 B2 的试验组镁渣样品 X 射线衍射图谱，试验组中萤石和 1＃试剂加入量分别为 0.86%和 0.69%。从图谱中可以看到，相比于对照组，镁渣中 β-C_2S 的含量显著增加，为 49.5%，变为主要相，而 γ-C_2S 的含量则大幅减少，为 6.3%，变为次要相。这是试验组相比于对照组镁渣筛上率有较大提高的根本原因。

从图 2.29 中还观察到，镁渣中 CaF_2 的含量也大幅减少，原因是相比于图 2.28 所示的对照试验，萤石的加入量减少了 40%，从而导致产物中 CaF_2 的量也相应减少。

图 2.30 为编号为 B1～B5 批次试验萤石投入量与镁渣样品中氟含量关系图。从图中可以看出，萤石投料与镁渣样品中氟含量呈正相关关系，与 X 射线衍射的结果一致。

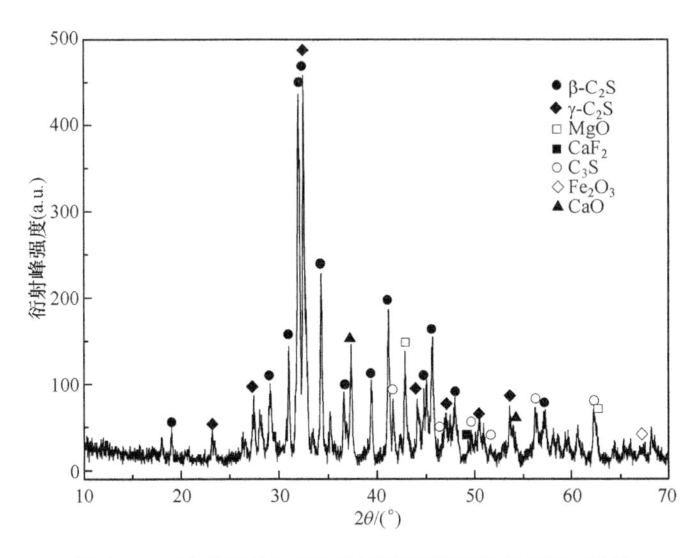

图 2.29　试验编号为 B2 的试验组镁渣样品 XRD 图谱

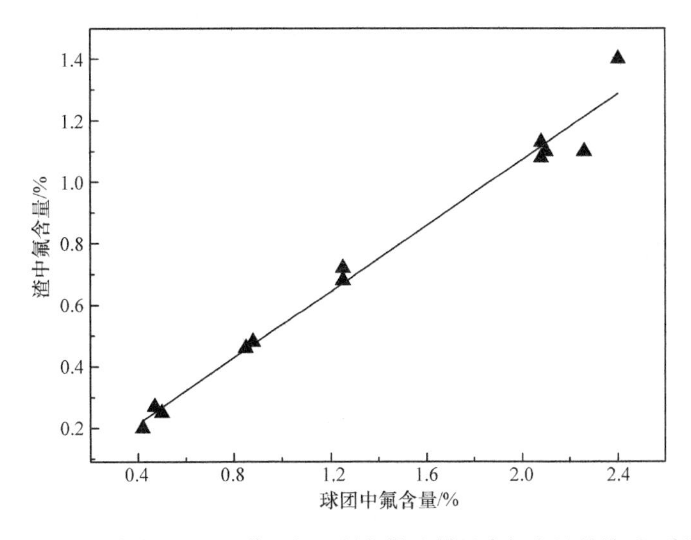

图 2.30　试验批次为 B1～B5 萤石投入量与镁渣样品中氟含量的关系(质量分数)

从 3.3 节皮江法炼镁过程中氟化物的迁移规律研究可知，在还原罐中萤石产生的氟蒸气绝大部分都转移到了镁渣之中。而镁渣的随意堆积或填埋会造成严重的环境污染。本节试验所加入的硼酸盐 1＃试剂能够取代或部分取代萤石作为矿化剂，使镁渣中的氟化物含量降低 50％以上，从而有效避免氟化物的污染。

有研究报道，当加入的含硼化物中有效成分 B_2O_3 含量超过 0.16％时，能够很好地稳定 AOD 炼钢法产生的渣料中的 γ-C_2S。表 2.17 中试验组的渣料中 B_2O_3

的含量为 0.16%～0.58%，要超过防止炼钢时产生的渣料粉化所需要的 B_2O_3 的量，因此也能够有效稳定镁渣中的 γ-C_2S，防止镁渣粉化。众所周知，γ-C_2S 的水化活性较低，而 β-C_2S 的水化活性较高。制备 Portland 水泥和贝利特(Belite)水泥时又需要水化活性较高的 Ca_2SiO_4。因此，1＃试剂稳定的具有较高水化活性的 β-C_2S 的镁渣将会在这些高价值的水泥方面具有广阔的应用前景。

3. 结论

硼酸盐 1＃试剂可以作为一种新的无氟矿化剂来全部或部分替代皮江法炼镁过程中所需要用到的萤石矿化剂。使用 1＃试剂作为矿化剂时，其不仅作为催化剂催化 MgO 的还原反应，而且作为防止镁渣粉化的稳定剂。非常重要的一点是，减少炼镁过程中萤石的添加量，也就减少了镁渣中氟化钙的量，从而减少了氟化物的污染，降低了皮江法炼镁对环境的破坏。

2.4.2 皮江法炼镁过程中稀土矿化剂研究

在 2.4.1 节讨论了在皮江法炼镁过程中用含硼化合物取代或部分取代萤石用作一种新型无氟矿化剂，不仅可减少氟化物的来源，降低氟对环境的污染，还可以实现对镁渣的改性，防止镁渣粉化。但是单独使用含硼化合物试剂用作矿化剂时，粗镁得率有一定程度的降低，不利于资源的充分利用。本节讨论使用另一种无氟矿化剂——稀土氧化物对镁冶炼的促进作用[15]。借鉴稀土氧化物用在陶瓷烧结中产生液相，降低烧结温度，促进烧结体致密的成功经验，选择几种常见的稀土氧化物作为炼镁的矿化剂替代物进行中试炼镁试验。

试验材料除炼镁原料同前几节一致，选择不同含量的稀土氧化物氧化铈(CeO_2)、氧化镧(La_2O_3)、氧化钇(Y_2O_3)、氧化铽(Tb_2O_3)作为萤石替代物，试验过程同前。试验结果发现，稀土氧化物作为炼镁的矿化剂，不但粗镁得率与粗镁质量均不逊于萤石，而且镁渣体积稳定，不发生粉化。几种稀土氧化物炼镁试验的粗镁得率见图 2.31。图中粗镁得率是相对于对照组萤石矿化剂得率的比率。

从图 2.31 中可以看出，当稀土矿化剂加入量为原料总质量的 0.3%时，四种稀土氧化物的粗镁得率与对照组萤石矿化剂炼镁的完全一致。在矿化剂加入量为 0.6%时，CeO_2 和 Y_2O_3 显示出较大的优势。在矿化剂加入量为 0.9%时，Y_2O_3 仍保持较好的表现。相比参照样品萤石的加入量 2.5%，稀土矿化剂加入量远小于萤石矿化剂的加入量。稀土氧化物作矿化剂的炼镁试验中，稀土矿化剂镁渣显示出良好的体积稳定性，而萤石为矿化剂的参照样品，镁渣出炉即粉化。

虽然稀土氧化物作为炼镁的矿化剂试验效果很好，但由于昂贵的价格，不利于实际应用。铈作为一种镧系元素，可失去两个 6s 电子和一个 4f 电子形成三价离

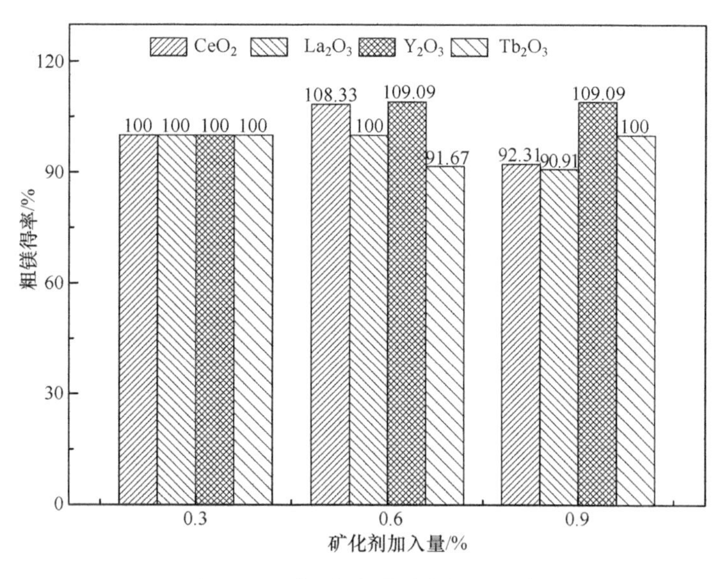

图2.31 稀土氧化物炼镁粗镁得率

子,也可由于受4f电子排布的影响形成较稳定的4f空轨道,给出四价离子。这种变价特性,使其具有很好的氧化还原性能。CeO_2是光学玻璃零件抛光用的优良磨料,CeO_2抛光剂回收废料仍然含有较多稀土氧化物,可以用来进行炼镁矿化剂试验。CeO_2废料作为矿化剂能够实现在不降低粗镁产量的同时完全替代萤石,既降低了环境污染,废物再利用,又使资源得到充分利用。本节将详细介绍氧化铈回收废料替代萤石的炼镁试验。

1. 试验方案

1) 原料与设备

白云石、硅铁、萤石均来自宁夏惠冶镁业集团有限公司。所用稀土废料为赣州某公司的氧化铈抛光剂回收废料,主要成分为31%Al_2O_3,20%Ce_2O_3,18%SiO_2,13%La_2O_3。

2) 试验投料比

每一次试验均分为两组,一组作为对照试验,依然使用萤石作为矿化剂(A组);另一组作为试验组(B组),使用氧化铈废料全部替代萤石作为矿化剂。除矿化剂不同外,每一次试验中两组试验其他试验条件均保持一致,如加入的白云石和硅铁的含量、试验温度和时间等。试验的投料比如表2.17所示。对照组中萤石含量均为2.0%左右。试验组中则不加入萤石,而是加入含量由0.40%到1.01%不等的CeO_2废料。

表 2.17　CeO_2 废料全部替代萤石的中试配方

炉数	试验组	原料					
		白云石质量/kg	硅铁质量/kg	萤石质量/kg	CeO_2 质量/g	萤石含量/%	CeO_2 含量/%
1	A	4.09	0.84	0.10		1.99	
	B	4.09	0.84		20		0.40
2	A	4.87	1.0	0.12		2.00	
	B	4.87	1.0		40		0.68
3	A	4.87	1.0	0.12		2.00	
	B	4.87	1.0		60		1.01
4	A	4.87	1.0	0.12		2.00	
	B	4.87	1.0		20		0.40
5	A	4.87	1.0	0.12		2.00	
	B	4.87	1.0		40		0.68
6	A	4.87	1.0	0.12		2.00	
	B	4.87	1.0		30		0.51

3）稀土矿化剂工艺试验过程

将炼镁原料与矿化剂充分混合后一起粉碎至 200 目，油压机用 15t 压力压制成块作为球团，敲成尺寸为 15mm×10mm×10mm，放入还原炉中在 1200℃下保温 7.5h，真空度为 10Pa，反应结束后，收集所得粗镁，计算得率。镁渣自然冷却到室温，分析比较渣料粉化情况。

2. 试验结果与讨论

1）粗镁产量

表 2.18 显示了试验组和对照组所得粗镁产量、粗镁结晶情况及镁渣形态。

表 2.18　稀土废料炼镁粗镁产量及镁渣形态

炉数	试验标记	粗镁产量/kg	金属结晶情况	筛上部分/%	备注
1	A	0.6	不致密	81.55	粗镁产量低，镁渣不粉化
	B	0.7	不致密	94.12	粗镁产量低，镁渣不粉化
2	A	0.9	致密	62.96	镁渣部分粉化
	B	0.8	致密	95.41	镁渣部分开裂
3	A	0.95	致密	18.52	镁渣完全粉化
	B	0.9	致密	96.23	镁渣少量开裂

续表

炉数	试验标记	粗镁产量/kg	金属结晶情况	筛上部分/%	备注
4	A	1.0	致密	42.20	镁渣粉化
	B	0.95	致密	92.45	镁渣部分开裂
5	A	1.05	致密	84.62	镁渣少量粉化
	B	1.0	致密	96.15	镁渣少量开裂
6	A	1.0	致密	19.23	镁渣完全粉化
	B	1.0	致密	87.62	镁渣大部分开裂

图 2.32 为 A 组和 B 组粗镁产量对比图。由图中 A2～A6 粗镁产量可以得出，即使是同一配方，在几乎相同的操作程序和试验工艺条件下煅烧冶炼，也会因为原材料、制粉、压块、温度控制、煅烧时间等方面有些不同而导致产量产生微小的变化，但这种差别在一个正常的波动区间内。另外，还需注意的是原料存放时间长短会影响产量高低，这是因为存放期间原料吸潮和氧化，导致原料成分发生变化，物料活性降低。所以，无论是实验室还是企业，保存物品时一定要注意防潮。

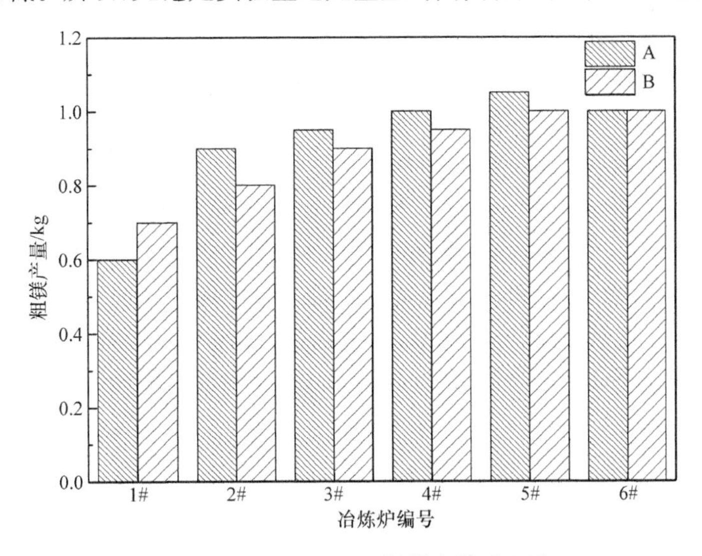

图 2.32　A 组和 B 组粗镁产量对比图

B 组前三炉（B1～B3）的氧化铈废料添加量依次 20g、40g、60g。从图 2.32 中可以看出，粗镁产量随着氧化铈废料添加量的增加而增加。后三炉 B4～B6 的氧化铈废料添加量依次为 20g、40g、30g，变化趋势同前。其中 B1、B6 组氧化铈废料添加量为 20g 与 30g 时达到与萤石同等甚至更好的催化效果。整体来看，氧化铈废料替代萤石对镁冶炼的催化作用非常明显，可以替代萤石。

2）粗镁结晶形貌分析

图 2.33 显示了 A 组对照组和 B 组试验组粗镁整体表观结晶形貌。从图中可以看出，A 组和 B 组的粗镁结晶形式和表观形貌相近，色泽也大同小异，仅存在少许差别，例如，A 组结晶表面形状圆润，B 组结晶表面比较锋利。

图 2.33　粗镁结晶形貌

3）镁渣形貌分析

从表 2.18 中镁渣筛上率及形态说明可知，对照组中的镁渣筛上率较低，粉化程度相当大，甚至完全粉化(图 2.27(a))。试验组中的筛上率远高于对照组，氧化铈废料添加量为 20g 的两组镁渣筛上部分为 94.12％和 92.45％，30g 时筛上部分为 87.62％，40g 的两组筛上部分为 95.41％和 96.15％，60g 时筛上部分为 96.23％。虽然 30g 时镁渣筛上数据有些反常，但总体来说氧化铈废料添加量越多，其筛上部分就越高。图 2.27(b)为氧化铈废料添加量为 60g 时，镁渣的整体形貌。从图中可以看到，镁渣块状完整，开裂很少。由此可知，氧化铈废料替代萤石对镁冶炼后的镁渣稳定性效果较好，而且氧化铈废料添加量与稳定性呈正比关系，氧化铈废料添加越多，镁渣的稳定性越好。

4）镁渣的 X 射线衍射图谱分析

用萤石作矿化剂和氧化铈废料作矿化剂，镁渣中硅酸钙会存在不同种的晶相。图 2.34 为不同稀土含量镁渣的 X 射线衍射图谱。由对照组 A5 与试验组 B6、B5、B3 的对比分析来看，试验组的 β-C_2S 特征峰峰高明显增加。由此说明，添加了氧化铈废料作矿化剂，镁渣中 γ-C_2S 含量将减少，而 β-C_2S 含量则相应增加。B6 为氧化铈废料添加量为 30g 的试验组，因为添加量少，从其 X 射线衍射图谱可以看到，γ-C_2S 特征峰虽然减小，但在 2θ 为 23.2°时，仍有 γ-C_2S 特征峰，说明镁渣中还是相当数量的 γ-C_2S，这也导致镁渣大部分开裂(表 2.18)。B3 试验组氧化铈废料的添加量为最高的 60g，相应的镁渣中 β-C_2S 的含量也最高，形态观察镁渣样品稳定性最好。

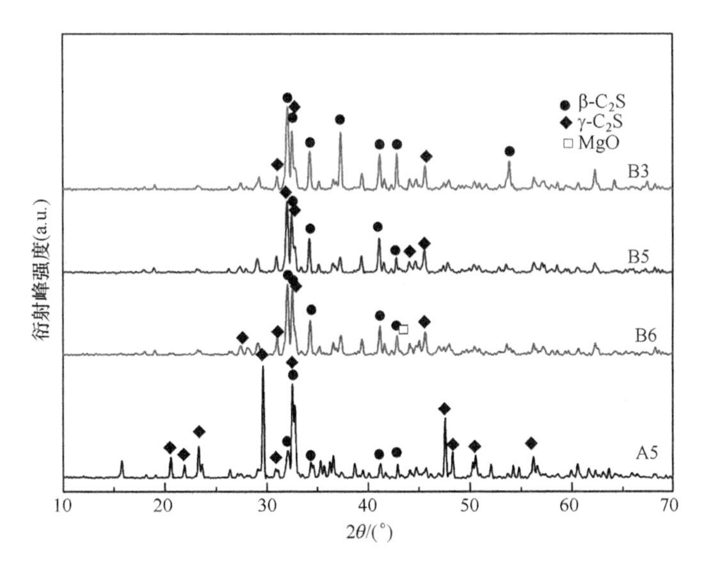

图 2.34 不同稀土含量的镁渣 XRD

5）镁渣氟含量分析

图 2.35 为 A 组及 B 组(加入 60g 的 CeO_2)镁渣的 SEM-EDS 图谱。由图谱对比可知，萤石作矿化剂的对照 A 组，可以明显看到氟的峰，表明渣料氟的含量很高。对于 CeO_2 作矿化剂的 B 组，图谱中不含氟的峰，表明渣料中不含氟化物。

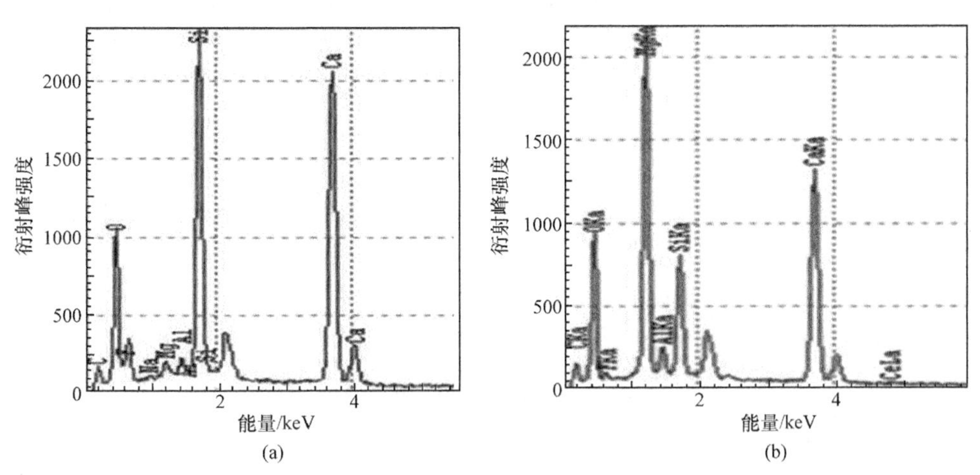

图 2.35 氧化铈矿化剂镁渣的能谱分析

3. 结论

在炼镁试验中，用氧化铈废料作矿化剂和用萤石作矿化剂所得粗镁产量和质量均相同。氧化铈废料添加量在20～60g变化，对粗镁产量影响不明显，但是对镁渣的稳定性有很大的影响，添加量在30g以下时镁渣很容易破碎，添加量在40g及以上时，镁渣稳定性能良好。从X射线衍射图中可以看到，用氧化铈废料作矿化剂时，能够阻止β-C_2S向γ-C_2S的晶型转变来稳定镁渣，且未检测到氟化物的存在。综合粗镁产量、质量，镁渣的稳定性，渣中氟含量等逐项指标，当氧化铈废料添加量在40～60g(原料总量的0.7%～1%)替代萤石作矿化剂时效果最佳。用CeO_2废料替代萤石作为镁冶炼的矿化剂，不仅为镁冶炼清洁生产新技术的工业化生产打下良好的基础，而且实现了稀土废料的再利用，对于节约资源和环境保护将有很好的应用前景。

2.4.3 无氟炼镁工业化试验

1. 无氟炼镁工业化试验方案

经过一百多次模拟炼镁的中试，从最终确定与传统炼镁粗镁得率基本相同的试验方案，即使用1#试剂和CeO_2工业废料作为替代传统炼镁所用萤石(CaF_2)的催化还原剂，这两种还原剂均可在市面上采购得到。在工业化试验前的试验过程中这两种矿化剂应用后不但炼镁回收率未下降，而且改变了镁渣的特性，由原来的出炉降温遇冷空气的粉末状变成了在冷态下仍以原球料颗粒物的形式存在，解决了镁渣粉化后对出渣、运输过程的环境污染问题，同时也为其在炼钢、炼铁中的应用提供了低污染的新方案。通过无氟炼镁新材料的研发，能更加扩展炼镁废渣应用领域，较好地解决废渣的循环再利用。总之，无氟炼镁新技术在实验室小试及中试中取得了良好的效果，但要实现该技术的工业化，需要先进行工业化试验，对工业化设备、工艺、操作方面进行系列的探索研究。

本节无氟炼镁工业化试验[14]路线按照原皮江法炼镁工艺路线执行，即白云石煅烧、配料、制粉、制球、计量包装(成品原料)、还原炉冶炼、半成品还原粗镁回收计量、粗镁精炼、镁液浇注成型镁锭、分析化验成分、计量包装、分级堆放待销售。本次无氟炼镁工业化试验配方如表2.19所示。

表2.19 无氟炼镁工业化试验配方

试验编号	白云石质量/kg	硅铁质量/kg	萤石质量/kg	矿化剂种类	矿化剂用量/kg	矿化剂含量/%
1	100	20.5	0	1#试剂	0.96	0.8
2	100	20.5	1.2	1#试剂	0.96	1.8
3	100	20.5	0	CeO_2废料	0.96	0.8
4	100	20.5	1.2	CeO_2废料	0.96	1.8

2. 无氟炼镁工业化试验过程

(1) 主要原料。煅白、75＃硅铁、萤石和无氟矿化剂。

(2) 配料及球团压制。配料采用人工计量搅拌配料和原有自动配料系统相结合,球团压制选用惠冶公司镁一分厂炉料一工段压球系统进行加工。物料配比参见表 2.19 的原料配比方案。

(3) 还原冶炼。在惠冶公司镁一分厂现有生产线还原工段的生产还原炉中进行。

(4) 试验过程中的主要工艺指标控制。还原温度、真空、水温、生产周期均按惠冶公司现有正常生产的工艺标准执行。

(5) 粗镁产量分析。按试验批次单独计量、记录并计算出投入产出率。

(6) 精镁镁锭质量分析。将产出的粗镁转移到惠冶公司精炼车间单独熔炼,并测定产品的质量组分。

(7) 还原渣监测分析。试验批次还原渣单独取样,测定渣料中的冷态风化率和各类成分含量。

3. 无氟炼镁工业化试验结果

采用 1＃试剂和稀土废料作矿化剂代替萤石作催化还原剂时,单罐产量和产出率与对照正常生产数据基本相同。对无氟炼镁试验所得镁锭产品进行质量分析,结果显示各项指标符合产品质量要求。图 2.36 为无氟矿化剂镁渣形貌,无论是使用 1＃试剂还是 Ce_2O 废料作为矿化剂炼镁得到的镁渣,基本上全为颗粒状,渣料无粉化现象,与使用萤石作矿化剂时的渣料相比,大大降低了扬尘污染环境。本次无氟工业化试验证明了采用 1＃试剂及稀土废料代替萤石作催化还原剂是可行的。

(a) 1#试剂为矿化剂

(b) Ce_2O废料为矿化剂

图 2.36　工业化试验镁渣形貌

4. 无氟炼镁工业化试验结论

无氟炼镁的工业化试验证明，1＃试剂和 CeO_2 废料作为一种新型无氟矿化剂来替代炼镁中通常使用的萤石，不影响金属镁产品的质量和产率，不需要改变原有生产工艺，不增加生产成本，同时可使渣料的稳定性极大地提高，解决了渣料收集、运输、再利用过程中的粉尘污染问题，更重要的是，从源头上减少了氟化物的使用，降低了镁渣对土壤、水、空气的污染。

2.5 镁渣的循环利用

在我国金属镁产业高速发展的同时，也伴随着镁渣的大量排放。许多镁厂将其作为废弃物丢弃，不仅占用大量的土地，也给周围环境造成了极大的影响，甚至严重危及了人类的身体健康及动植物的生长，因此如何充分利用镁渣成为制约我国镁产业发展的一大主题。目前对镁渣的循环再利用主要集中在以下几个方面：烧制水泥熟料和作为水泥活性混合材、制作新型墙体材料、制作矿化剂、做脱硫剂和路用材料以及利用金属镁渣和粉煤灰为主要原料生产加气混凝土。在结合本书作者研究方向的基础上，本节主要讨论镁渣替代石灰作炼钢造渣剂和制备水泥熟料。

2.5.1 镁渣替代石灰作炼钢造渣剂

利用改质后的无氟镁渣，部分替代炼钢造渣剂石灰石，可以降低炼钢生产成本，促进废弃物回收利用，减小镁冶炼废渣对环境影响的压力。用无氟镁渣先进行实验室小试，确认对模拟炼钢的成品质量无不良影响后，再在钢厂进行生产性试验。

1. 实验室模拟试验

通过加入无氟镁渣，替代 10%、20%的炼钢造渣剂，考察对炼钢过程及钢水中硫磷含量的影响[20]。

改质后的新型镁渣基本不含硫和磷，试验用的铁粉为低硫、低磷铁料。钢渣为宁夏钢铁有限责任公司（宁钢）炼钢生产排出的转炉钢渣。镁渣和转炉钢渣按一定比例混合，并与铁粉混合、升温、熔化、保温，模拟转炉炼钢过程，考察含铁料中硫磷含量的变化。

1）试验方案

按 10%的渣量配制铁料和渣料，在渣料中，使用宁钢炼钢生产排出的钢渣，加入一定比例的新型改质镁渣。镁渣的加入量分别为 5%、10%、15%和 20%，研究镁渣添加量对炼钢的影响。

在试验过程中，选择在 1550℃下保温 40min，反应结束后，将坩埚中的钢水和渣一同倒出，在空气中冷却；然后分析铁料中 C、Si、Mn、P、S 元素的含量。

2) 试验结果

表 2.20 为新型镁渣部分替代炼钢造渣剂试验结果。从表中可以看出，随着镁渣加入量的增多，钢样中的 S 含量不仅不会升高反而会降低，P 含量仅仅在镁渣加入量为 15%、20% 时有较小的增加，其余基本和原铁粉中的 P 含量相同，说明镁渣代替部分钢渣(控制镁渣加入量比例在 20%以内)作为造渣剂对钢水质量，特别是钢水中的 S、P 没有不利的影响。

表 2.20　新型镁渣部分替代炼钢造渣剂试验结果　　(单位：%)

试验编号	镁渣加入量	C 含量	Si 含量	Mn 含量	P 含量	S 含量
铁料	0	4.46	0.36	0.08	0.044	0.015
steel-1	5	4.36	0.24	0.23	0.044	0.017
steel-2	10	4.56	0.2	0.19	0.044	0.015
steel-3	15	4.53	0.23	0.21	0.045	0.01
steel-4	20	4.73	0.23	0.19	0.048	0.01

此外，由于镁渣要经过约 1150℃的高温过程，其具有较低的熔点，代替一部分造渣剂有利于转炉造渣，加快炼钢造渣剂的熔化速度。

实验室的试验结果只能作为参考，提供镁渣替代炼钢造渣剂的可能性和趋势验证，准确、真实的效果需要在转炉炼钢生产中进一步验证。实验室结果显示，利用无氟镁渣部分替代石灰作为炼钢造渣替代剂技术路线是可行的，在试验范围内，替代量达到 20 %，对成品钢的质量没有影响。由于镁渣基本不含硫和磷，对钢水中有害成分硫、磷没有不良影响。

2. 工业化试验

基于实验室的基本试验结果，无氟镁渣的工业化试验在宁夏钢铁有限责任公司的炼轧公司进行。用改制后的镁渣部分替代石灰作为炼钢助剂，共进行了两个批次多炉试验。

第一批次的三炉试验：

(1) 按正常炼钢生产加入造渣剂，镁渣按造渣剂量的 10%额外加入，在加入第一批造渣剂时加入镁渣。

(2) 炼钢造渣剂减少 10%，以 10%的镁渣替代造渣剂加入，在加入第一批造渣剂时加入镁渣。

(3) 炼钢造渣剂减少 20%，以 20%的镁渣替代造渣剂加入，在加入第一批造渣剂时加入镁渣。

试验结论：最大无氟镁渣替代石灰的替代量达到 15%，对产品钢的质量没有影响。

第二批次最大替代量达到 30%，效果同第一批次试验。

2.5.2 镁渣及锰渣的复合矿渣制备硫铝酸盐水泥熟料

利用镁渣制备水泥熟料已有相关研究，但镁渣中混合另外一种工业废渣（如锰渣）制备水泥熟料却无相关研究报道。为探索镁渣资源化利用的新途径，促进镁渣及多种矿渣的综合利用，本节以下部分主要介绍在镁渣及锰渣的复合渣混合烧制硫铝酸盐水泥熟料。

1. 试验

电解锰渣来源于宁夏回族自治区天元锰业集团，镁渣来源于宁夏回族自治区惠冶镁业集团，$CaSO_4 \cdot 2H_2O$ 购自天津市科密欧化学试剂有限公司，Fe_2O_3、SiO_2、Al_2O_3、CaO 均为分析纯。

1）锰渣、镁渣基本性质分析

为确定锰渣、镁渣制备硫铝酸盐水泥熟料的可行性及资源化利用的优点，首先用化学分析法检测分析锰渣、镁渣的组分及含量，用 X 射线衍射仪测定其主要物相组成，并用热重（TG）法分析不同温度下的主要物相转变。

2）方案设计

根据硫铝酸盐水泥的矿物组成以及工艺控制条件，设定其熟料矿物由无水硫铝酸钙（$C_4A_3\bar{S}$）、硅酸二钙（C_2S）和铁铝酸钙（C_4AF）组成（其中字母 C 代表 CaO，字母 A 代表 Al_2O_3，字母 $\bar{S}$ 代表 SO_3，字母 F 代表 Fe_2O_3）。硫铝酸盐水泥熟料矿物中的配方设计如表 2.21 所示。烧结温度分别为 1200℃、1230℃、1260℃、1300℃，当达到预设温度时保温 30min，为使水泥熟料在马弗炉中烧结完全，需重复烧结两次。

表 2.21　配方设计

碱度	硫铝比	硅铝比	β-C_2S 含量	$C_4A_3\bar{S}$ 含量	C_4AF 含量
1	1.85	4.46	36%	56%	8%

3）水泥熟料性质及水泥性能测试

用 X 射线衍射分析所设计的方案烧制出的硫铝酸盐水泥熟料物相组成，确定是否符合硫铝酸盐水泥主要的矿物要求；采用瑞典 Retrac HB 公司制造的 TAM Air 型八通道等温微量量热仪测定制备的水泥熟料添加不同石膏时的水化放热和水化放热量，确定最佳石膏用量并分析不同时间对水化性能的影响。按照 GB/T 17671—1990 标准对制备的硫铝酸盐水泥熟料进行抗压、抗折性能检测。

2. 结果与讨论

1）电解锰渣与镁渣的基本性质

（1）化学成分分析结果。通过化学分析方法对电解锰渣镁渣的元素含量的测定结果如表 2.22 所示，由表可以看出，电解锰渣、镁渣的主要化学组分为 SiO_2、CaO、MgO、Fe_2O_3、Al_2O_3、MnO_2、SO_3。渣料所含的化学组分与硫酸盐水泥的化学组分相似，而且电解锰渣中含有硫元素，这对利用电解锰渣制备硫铝酸盐水泥熟料具有重要意义。根据表 2.21 所设计的率值参数、配比及表 2.22 测定的锰渣、镁渣化学成分分析结果可以合理地设计出水泥生料的配比，如表 2.23 所示。

表 2.22　电解锰渣和镁渣化学组成　（单位：%）

组成	SiO_2	CaO	MgO	Fe_2O_3	Al_2O_3	MnO_2	SO_3
锰渣	22.7	12.99	1.84	3.32	5.13	4.45	27.93
镁渣	43.94	53.06	2.07	5.52	1.09	0.05	0

表 2.23　生料配比　（单位：%）

镁渣	锰渣	Al_2O_3	CaO	SiO_2
21	21	23	32.8	2.2

（2）X 射线衍射分析结果。由图 2.37 所示电解锰渣的 X 射线衍射图谱可以看出，电解锰渣中的晶体结构主要为二水石膏及二氧化硅。镁渣的主要晶体结构为 C_2S、$MgO \cdot Fe_2O_3$、$CaO \cdot MgO \cdot SiO_2$，其中 C_2S 占主要部分，如图 2.38 所示。

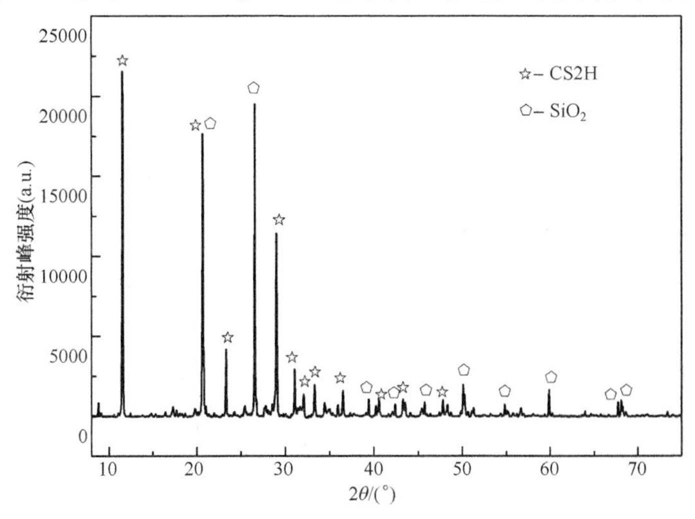

图 2.37　电解锰渣 XRD 图谱

二水石膏和 C_2S 是硫铝酸盐水泥主要的物质组成，其中二水石膏对水泥的水化过程有着缓凝作用，C_2S 主要能增大硫铝酸盐水泥的后期强度。

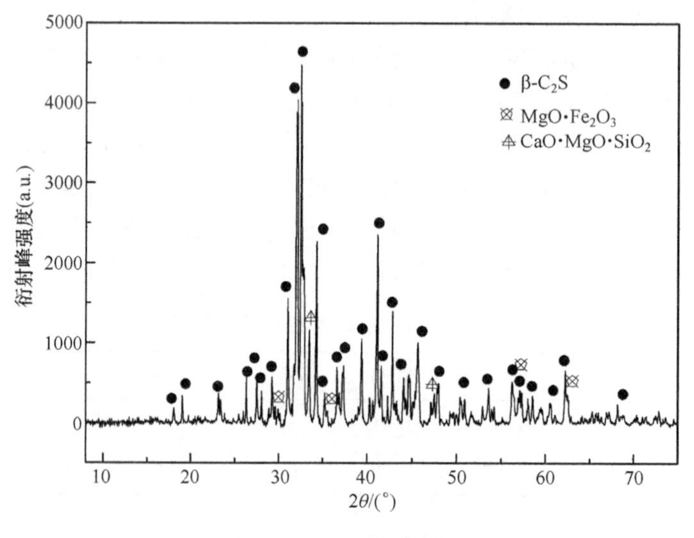

图 2.38 镁渣 XRD 图谱

(3) TG-DSC 分析结果。根据电解锰渣的产生过程，并从锰渣的化学组成及物相分析结果来看，电解锰渣中含有的硫酸盐比较复杂，但主要是二水石膏。图 2.39 为电解锰渣的热重(TG)-量热(DSC)分析曲线。由 TG 曲线可以看出，从室温到 1200℃锰渣都是失重状态，分析其原因，可能是由二水石膏的晶型转变和二水石膏的最终分解所致。由 DSC 曲线可以看出，失重速率较快的温度点在 149℃、

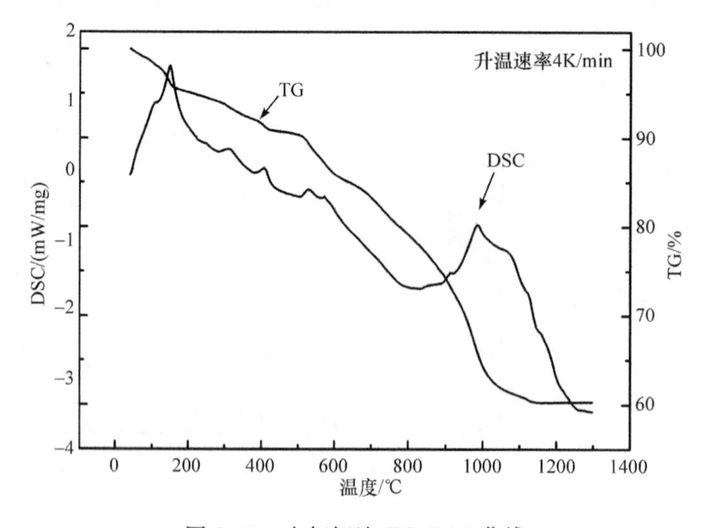

图 2.39 电解锰渣 TG-DSC 曲线

318℃、527℃、988℃。其中从常温到 500℃，失重变化主要是由于二水石膏的脱水、Ⅲ型无水石膏和Ⅱ型无水石膏之间的转变；在 573℃，失重加速可能是由电解锰渣中的硫酸锰在此时失去全部结晶水造成的；在 988℃左右时出现较大的吸热峰同时 TG 曲线急剧下降，表明锰渣中的 $CaSO_4$ 和其他硫酸盐发生分解生成了 SO_3，SO_3 是生成 $C_4A_3\bar{S}$ 的必要原料。因此，电解锰渣中二水石膏的加热分解有助于水泥的主要成分 C_4A_3S 的生成。

2）性能检测

(1) X 射线衍射分析结果。烧结温度的改变最终会影响水泥生料的易烧性。首先，在水泥烧制过程中，能源消耗较高，如果烧结温度能降低 10℃，每年企业节省的能源将会相当可观。其次，烧结温度的降低还能提高烧结过程的操作性。通常情况下，水泥烧制过程中由于烧制温度过高而导致水泥熟料的形成不易控制。因此，降低烧结温度、研究其易烧性不仅具有明显的经济效益，而且关系到水泥熟料的质量。根据表 2.23 的生料配比，分别在 1200℃、1230℃、1260℃、1300℃对其进行烧结，以制备出相应的水泥熟料。用 X 射线衍射分析了这些不同的温度烧结的熟料的物相组成，结果如图 2.40 所示。生料在 1200℃、1230℃、1260℃烧结出的熟料样品主要的矿物相为 C_2S、$C_4A_3\bar{S}$，基本没有其他杂相，从这三个图谱可以看出，1260℃烧结时的 C_2S 和 $C_4A_3\bar{S}$ 的衍射峰的峰强远大于 1200℃和 1230℃烧结时衍射峰强度。而 1300℃烧结时，水泥熟料样品中出现了没有水化活性的无价值的 C_2AS 组分，而且其衍射峰的强度远远高于有用的 C_2S、$C_4A_3\bar{S}$ 等组分的强度。因此，综合分析可以判定 1260℃为最佳烧结温度。传统水泥硅酸盐水泥熟料

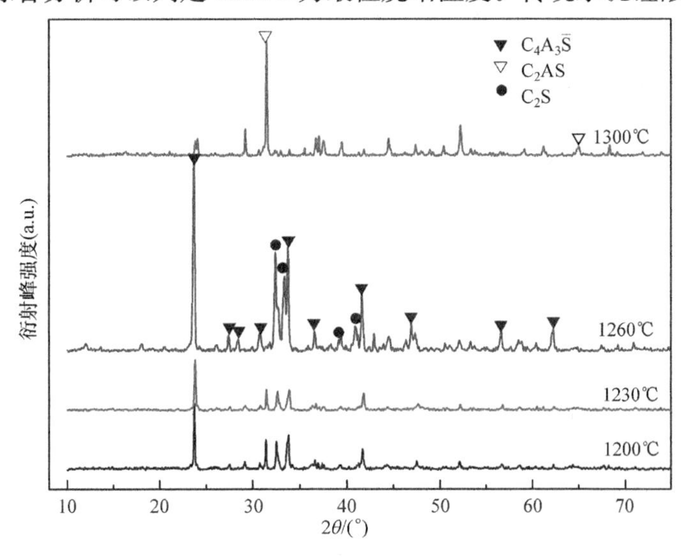

图 2.40　不同温度烧结的熟料 XRD 图谱

烧结温度需要 1450℃,因此本试验的烧结温度与其相比有很大程度的降低,究其原因可能是所用原料镁渣和锰渣渣料中含有 Fe 的氧化物,由文献可知,Fe 的氧化物能大大降低生料的烧结温度,锰渣和镁渣中的铁相在水泥熟料的煅烧过程中相当于固体溶液(熔点低),因此渣料中含有少量的铁相会大大降低水泥生料的煅烧温度,这使得在用锰渣、镁渣制备硫铝酸盐水泥熟料时,一方面能够降低能耗,另一方面能够使加热过程易于操控。

(2) 水化热分析结果。硫铝酸盐水泥是一种早强型水泥,水化过程中水化硫铝酸盐相填充在其他相中间,减少了水泥水化中的缝隙,增加了水泥的强度。水化硫铝酸盐相呈现晶粒状生长模式,但是如果后期水化硫铝酸盐相水化过于强烈则会引起水泥水化的裂缝,从而降低水泥的后期强度。硫铝酸盐相是早强相能够调节水泥的水化时间,加入石膏作为缓凝剂,调节水化时间及水化热,选取 1260℃烧制的熟料研究石膏掺量对水化热的影响,分别添加 10%、15%、20%的石膏,编号分别为试样 1、试样 2、试样 3。采用八通道等温微量量热仪测定添加不同石膏时的水化放热和水化放热量以确定最佳石膏用量。如图 2.41 所示,三种样品的早期总发热量顺序为试样 2>试样 3>试样 1,试样 2 早期水化总热较其他试样高。

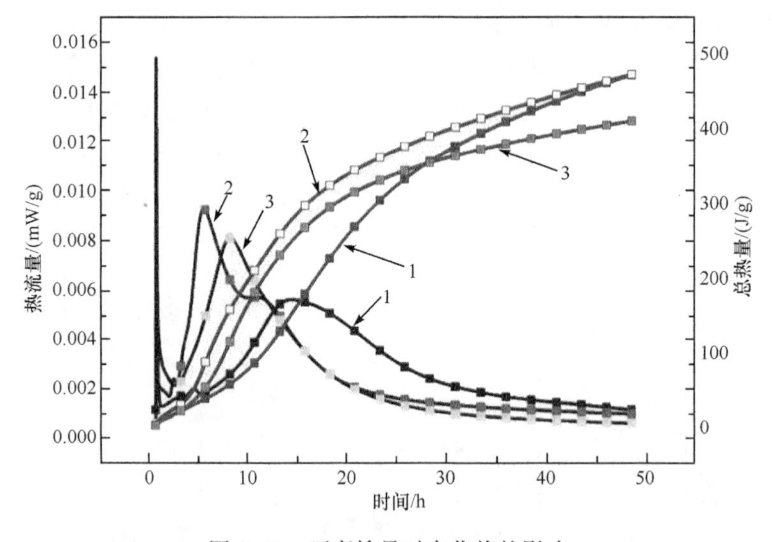

图 2.41 石膏掺量对水化热的影响

初期放热峰为溶解放热,从放热速率可以看出,试样 2 的溶解热远大于其他两种水泥熟料,其最大放热速率在 5h 左右,在 10h 时出现一个小的肩峰,说明此时有二次水化放热反应的发生。试样 3 最大放热速率在 10h 左右,试样 1 最大放热速率在 15h 左右。放热峰出现的时间越迟,最大放热速率越低。针对这种现象分别对三种样品水化 1d、3d、7d 水化产物进行了形貌分析及强度性能的检测,如图 2.42 所示。

(a) 样品2在1d的SEM图　(b) 样品2在3d的SEM图

(c) 样品2在7d的SEM图　(d) 样品1在7d的SEM图

(e) 样品3在7d的SEM图

图 2.42　水化样微观形貌

(3) 扫描电子显微镜分析结果。水泥在加水后立即发生化学反应但是持续时间比较短仅仅十几分钟，这是属于诱导前期，随后反应重新加快，反应速率随时间增加，出现第一个放热峰。从图 2.42 可以看出，试样 2 在 1d 时生成了大量的胶体，这是钙离子遇水后产生过饱和溶液，并析出 $Ca(OH)_2$ 晶体。同时石膏也很快在溶液中与 $C_4A_3\bar{S}$ 反应，生成细小的钙矾石晶体。在 3d 时生成了大量的针、棒状的钙矾石互相交织、搭接，同时水泥颗粒上升开始长出纤维状的 C-S-H。在 7d 时水化产物继续生长链接在一起，在空间形成骨架。这一阶段，石膏已基本耗尽，钙矾石开始转化为单硫型水化硫铝酸钙，图 2.41(b) 中第二个小的肩峰就是由于钙矾石与多余的石膏反应生成了单硫型水化硫铝酸钙二而形成的。随着水化反应的进行，各种水化产物的数量不断增加，晶体不断长大，使硬化的水泥浆体结构更加致密，如图 2.42(c)所示。从图 2.42(d)中可以看出，试样 1 在 7d 水化后的产物中有少量的棒状的钙矾石，但是还有大量的单硫型水化硫铝酸钙，整体结构疏松，说明由于添加的 10%的石膏量不足，导致反应速率缓慢，使 $C_4A_3\bar{S}$ 水化生产了单硫型水化硫铝酸钙，这与图 2.42(b)中试样 1 放热峰的出现要迟于试样 2，从而达不到早期强度的特点相一致。从图 2.42(e)中可以看出，试样 3 在 7d 时的水化产物基本完成，但是从形貌可以看到，整体形貌并没有密室，而是有许多的裂痕，原因是钙矾石不断生长，导致体积膨胀，从而产生了许多裂痕，这会影响水泥的强度性能，即石膏添加量过多，反而不利于水泥的强度性能。

(4) 水泥力学性能检测结果。不同石膏掺量对抗折、抗压强度的影响如图 2.43 所示。虽然试样 1 和试样 2 初始几天的抗折强度相差较大，但在 7d 时试样 1

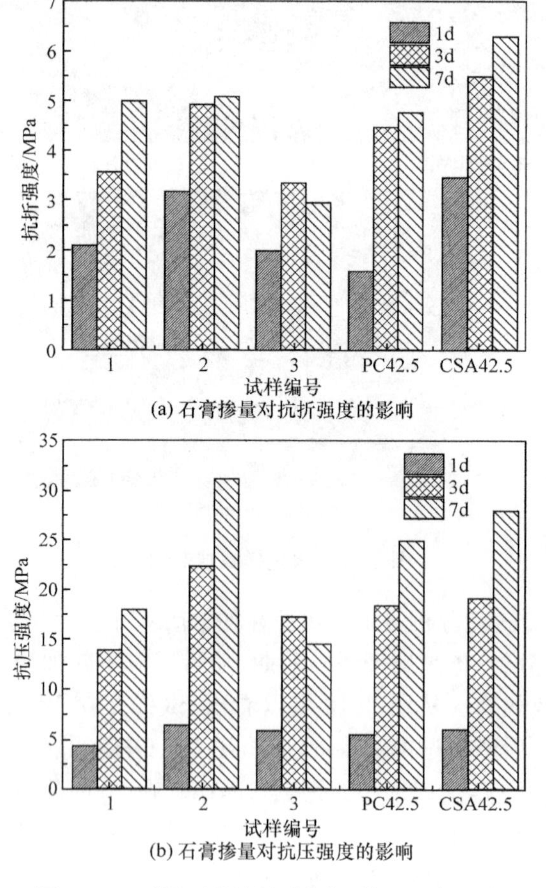

(a) 石膏掺量对抗折强度的影响

(b) 石膏掺量对抗压强度的影响

图 2.43 不同石膏掺量对抗折、抗压强度的影响

和试样 2 抗折强度都最终达到 5MPa，而试样 3 的抗折强度一直相对较低；从图 2.43(b)的抗压强度图中可以看出，尽管在 1d 时，1、2、3 三个样品抗压强度基本一致，但试样 2 的 7d 抗压强度达到了 31.2MPa，要远大于试样 1、3 的抗压强度，就强度性能来讲，这与水化放热和水化产物 SEM 分析相符合，因此可以确定石膏掺量为 15%时为最佳添加量，石膏添加过多或者过少对水泥熟料的力学性能有很大的影响，过少时水化不完全，过多可能会引起体积膨胀，导致力学性能倒缩。图中 PC42.5 和 CSA42.5 分别为市场现有的 42.5 级硅酸盐水泥成品和 42.5 级硫铝酸盐水泥熟料(未添加其他添加剂)。试样 2 与 PC42.5 水泥相比，相同龄期的抗压、抗折强度均相对较高。与 CSA42.5 水泥熟料(试验条件与试样 2 相同的情况下，添加 15%二水石膏) 相比，试样 2 的抗折强度略低于 CSA42.5 水泥熟料，但是抗压强度远高于 CAS42.5 水泥熟料。抗压抗折强度试验说明，利用电解锰渣、镁渣作为原料不仅可以烧制出早强、快硬的硫铝酸盐水泥熟料，并且在性能上与市场上现有相关产品相比也具有很大的优势。更重要的是，原本大面积堆积的镁渣、锰渣废弃物不仅污染环境而且占据大量的土地面积，利用这些渣料做原料制备水泥，一来可大大降低水泥的生产成本，二来可使这些废弃物得到资源化利用、降低污染。

3. 结论

电解锰渣中含有二水石膏，镁渣中含有正硅酸二钙，而且其主要化学成分为 Fe_2O_3、SiO_2、Al_2O_3、CaO，与硫酸酸盐水泥熟料主要的化学成分相符，利用电解锰渣、镁渣制备硫铝酸盐水泥熟料是可行的，而且有利于实现工业废渣的资源化利用。根据合理计算可以确定生料中电解锰渣和镁渣的掺量可分别达到 21%，从试验得出最佳的生料烧结温度为 1260℃，保温时间为 30min，此时烧结出的试样的矿物相主要为 C_2S、C_4A_3S。在制备出的水泥熟料中添加一定量的石膏，当添加量为 15%时，放出的水化总热最多，力学性能最好，28d 的抗折强度为 5.1MPa，抗压强度为 31.2MPa。总之，利用电解锰渣、镁渣能够烧制出早强、快硬型的硫铝酸盐水泥熟料，相比于市场现有的硅酸盐和硫铝酸盐水泥熟料，其不仅具有性能上的优势，而且还具有成本低、废物资源化等特点。

参 考 文 献

[1] 徐日瑶. 金属镁生产工艺学[M]. 长沙：中南大学出版社，2003.

[2] 李明照，许并社. 镁冶炼及镁合金熔炼工艺[M]. 北京：化学工业出版社，2006.

[3] 王永昌，Gao Q. 中国镁工业的未来——察尔汗盐湖[J]. 科技与企业，2016，(1)：111-112，114.

[4] 曲涛,戴永年,杨斌,等．真空碳热还原炼镁的研究[J]. 真空,2014,(4):11-18.

[5] 李晓波,李江波．热法炼镁工艺的研究[J]. 铝镁通讯,2000,(2):47.

[6] 唐祁峰,高家诚,陈小华,等．真空碳热还原制镁工艺的研究进展[J]. 材料导报,2014,(23):64 67,85.

[7] 佚名．澳大利亚开发出既节能又环保的镁冶炼新技术[J]. 中国粉体工业,2016,4:34.

[8] 苏鸿英．镁冶炼工艺技术综述[J]. 世界有色金属,2009,(7):30-31.

[9] 韩继龙,孙庆国．金属镁生产工艺进展[J]. 盐湖研究,2008,16(4):59-65.

[10] 薛循升,庞全世．电解法炼镁过程中"三废"综合利用述评[J]. 轻金属,1993,7:38-43.

[11] 崔自治,倪晓,孟秀莉．镁渣膨胀性机理试验研究[J]. 粉煤灰综合利用,2006,6: 8-11.

[12] 李咏玲,梁鹏翔,范远,等．镁渣的资源利用特性与重金属污染风险[J]. 环境化学,2015,34(11): 2077-2084.

[13] Wu L E, Han F L, Yang Q X, et al. Fluoride emissions from pidgeon process for magnesium production[C]. Proceedings of International Conference on Solid Waste Technology and Management, Philadelphia, 2012.

[14] 徐祥斌．皮江法炼镁冶炼渣用作燃煤固硫剂的试验研究[D]. 赣州:江西理工大学,2011.

[15] 王兴．金属镁渣在流化床反应器内脱硫性能的实验研究[D]. 太原:太原理工大学,2011.

[16] 李宪军,张树元,王芳芳．镁渣废弃物再利用的研究综述[J]. 混凝土,2011,8: 97-100.

[17] 李咏玲,戈甜,程芳琴．不同处理方式对镁渣理化特性的影响[J]. 无机盐工业,2016,48(3): 52-55.

[18] 崔素萍,杜鑫,郭晓华,等．利用镁渣制备混凝土膨胀剂的性能研究[J]. 新型建筑材料,2012,39(9): 1-3.

[19] Tokumoto S, Kim C, Ichinose A. Fluxing effect of iron blastfurnace slag and Pidgeon process's slag in smelting of copper and nickel ores I. on copper yield and matte grade[R]. Tokumoto: Technology Reports of the Osaka University, 1967.

[20] Oliveira C A S, Gumieri A G, Gomes A M, et al. Characterization of magnesium slag aiming the utilization as a mineral admixture in mortar[C]. International RILEM Conference on the Use of Recycled Material in Buildings and Structure, Brazil, 2004.

[21] Courtial M, Cabrillac R, Duval R. Feasibility of the manufacturing of building materials from magnesium slag[J]. Studies in Environmental Science, 1991, 48(8):491-498.

[22] Courtial M, Cabrillac R, Duval R. Recycling of magnesium slags in construction block form [J]. Studies in Environmental Science, 1994, 60:599-604.

[23] Thermfact/CRCT, GTT-Technologies. FactSage[EB/OL]. http://www.factsage.cn[2016-07-30].

[24] 韩凤兰. 国家国际科技合作专项"镁渣综合处理与循环利用技术合作研究"(2010DFB50140)项目技术报告[R]. 银川:北方民族大学,2012.

[25] Yang Q X, Engström F, Tossavainen M, et al. AOD slag treatments to recover metal and to prevent slag dusting[J]. Nordic-Japan Symposium on Science and Technology of Process Metallurgy, 2005, (23):1-14.

[26] 韩凤兰,杨奇星,吴澜尔,等．皮江法炼镁镁渣的回收处理[J]. 无机盐工业,2013,45(7):

52-55.
[27] Han F L, Yang Q X, Wu L E, et al. Treatments of magnesium slag to recycle waste from Pidgeon process[J]. Advanced Materials Research, 2011, 418-420: 1657-1667
[28] 段再明．金属镁生产中氟化物污染的防治[J]. 节能与环保, 2009, 7: 48-49.
[29] 焦有，杨占平，付庆，等．氟的危害及控制[J]. 生态学杂志, 2000, 19(5): 67-70.
[30] Han F L, Yang Q X, Wu L E, et al. Environmental performance of fluorite used to catalyze MgO reduction in Pidgeon process[J]. Advanced Materials Research, 2012, 577: 31-38.
[31] 刘颖，张筑南，唐波．白炭黑中氟含量的测定方法[J]. 贵州化工, 2012, 37(6): 33-35.
[32] GBT 6730.28—2006. 铁矿石氟含量的测定离子选择电极法[S]. 北京：中华人民共和国环境保护部, 2006.
[33] 许敏儿．氟化物测定中几个技术问题的探讨[J]. 环境污染与防治, 2000, 22(2): 45-46.
[34] Gao F, Nie Z, Wang Z, et al. Assessing environmental impact of magnesium production using Pidgeon process in China[J]. Transactions of Nonferrous Metals Society of China, 2008, 18(3): 749-754.
[35] Gao F, Nie Z, Wang Z, et al. Life cycle assessment of primary magnesium production using the Pidgeon process in China[J]. International Journal of Life Cycle Assessment, 2009, 14(5): 480-489.
[36] Han F L, Wu L E, Guo S W, et al. Fluoride evaporation during thermal treatment of waste slag from Mg production using Pidgeon process[J]. Advanced Materials Research, 2012, 581-582: 1044-1049.
[37] Wu L E, Han F L, Yang Q X, et al. Fluorine vaporization and leaching from Mg slag treated at different conditions[J]. Advanced Materials Research, 2013, 753-755: 88-94.
[38] Han F L, Wu L E, Yang Q X, et al. Fluorine vaporization and leaching from Mg slag treated at high temperature[J]. Advanced Materials Research, 2013, 726-731: 2898-2907.
[39] HJ/T 299—2007. 固体废物浸出毒性浸出方法硫酸硝酸法[S]. 北京：中华人民共和国环境保护部, 2007.
[40] GB 5749—2006. 生活饮用水卫生标准[S]. 北京：国家标准委和卫生部, 2006.
[41] Han F L, Wu L E. Effect of boric acid on the properties of magnesium slag powder[J]. Key Engineering Materials, 2015, 633: 218-224.
[42] Han F L, Yang Q X, Wu L E, et al. Innovative utilization of a borate additive in magnesium production to decrease environmental impact of fluorides from Pidgeon process[J]. Advanced Materials Research, 2013, 690-693: 378-389.

第3章　电解锰废渣综合治理及资源化利用

3.1　概　　述

金属锰呈银白色，质坚而脆，密度7.44g/cm^3，熔点1244℃，沸点1962℃，是一种过渡金属。锰的化合价有+2价（Mn^{2+}的化合物）、+3价（不稳定）、+4价（如MnO_2）、+6价（锰酸盐，如K_2MnO_4）和+7价（高锰酸盐，如$KMnO_4$），其中+2价、+4价、+6价与+7价的锰处于稳定态。锰在固态时以α、β、γ、δ四种同素异形体形式存在。锰在潮湿的空气中极易被氧化，表面生成褐色的锰氧化物，呈层状氧化锈皮，其中外层是Mn_3O_4，靠近金属锰的层状氧化物是MnO[1]。

锰是国民经济中重要的基础物资和国家重要战略资源之一，为我国工业发展和地区经济建设做出了巨大贡献，其中90%左右用于钢铁工业。继美国、日本、瑞典和加拿大等国将锰列入国家战略资源之后，我国在“十一五”期间也将锰列入国家战略资源。

从世界范围来看，锰矿资源比较丰富，根据美国地质调查局（USGS）统计资料，截至2015年，全球锰矿（金属）储量为5.7亿t，其中南非、澳大利亚、巴西、印度、中国和加蓬6个国家的锰矿储量占全球锰矿总储量的73%以上。总体上，锰矿资源十分丰富，但分布很不均衡，陆地矿床主要集中在南非、乌克兰、澳大利亚、加蓬、巴西和印度等国家，这六个国家的矿石储量占世界陆地总储量的93%以上，其中南非和乌克兰是世界上拥有锰矿资源最多的两个国家，基础储量分别为40亿t和5.2亿t。表3.1为世界主要锰矿资源丰富国家的储量概况[2]。

表3.1　世界锰矿资源储量统计表

国别	矿石含锰量/%	储量/万t	占全球总比/%	2014年产量/万t	储产比/%
南非	30～50	15000	26.27	470	32
乌克兰	18～22	14000	24.52	30	467
澳大利亚	42～48	9700	16.99	310	31
巴西	27～48	5400	9.46	110	49
印度	50	5200	9.11	94	55
中国	15～30	4400	7.71	320	14

续表

国别	矿石含锰量/%	储量/万 t	占全球总比/%	2014 年产量/万 t	储产比/%
加蓬	50	2400	4.20	200	12
哈萨克斯坦	NA	500	0.88	39	13
墨西哥	25	500	0.88	22	23
世界总量		57100		1595	39

根据 2015 年最新统计数据，我国已探明锰矿(金属)储量为 4400 万 t[3]，位居世界第五，占全球总储量的 7.71%。我国锰矿资源的特点可以概括为“贫、薄、杂、细”，以贫矿为主，富矿很少，全国锰矿矿石中的锰品味平均只有 21.4%，其中，品味中等及中等以下的贫矿查明资源储量达 7.54 亿 t，占全部查明资源储量 95%以上，需要通过选矿人工提高品味后才可利用；氧化矿锰品味在 30%以上，碳酸锰品味在 25%以上，无须选矿即可直接利用的富矿资源储量只有 3885 万 t，还不足全部查明资源储量的 5%[4]。我国锰矿资源相对丰厚，分布较广，多个省市区都拥有资源储量，但空间分布很不均衡(表 3.2)。其中，资源储量最多的两个省份是广西和湖南，探明资源储量均在 1 亿 t 以上，两个省份查明资源储量约占全国总量的 55.5%。国内锰矿石产量在 1996 年达到 766 万 t 的高峰值后急剧下降，1999 年产量仅 318.6 万 t 后有所回升，2000 年为 351.4 万 t，2005 年达到 828.8 万 t。但近年产量又有所下降，2006 年产量 686.8 万 t，比上年下降 17.1%；2007 年略有回升，为 692.1 万 t，比上年增长 0.77%，之后锰矿需求进入一个高峰期，2011 年、2012 年和 2013 年我国锰矿的产量分别为 1300 万 t、1300 万 t 和 1400 万 t。由于我国高品位优质锰矿石供应不足，每年需要从国外大量进口商品级富锰矿。以 2006 年和 2007 年为例，2006 年我国进口锰矿石 620.7 万 t，2007 年锰矿石进口量增加到 663.4 万 t，同比增长 6.88%。经过近半个世纪的发展，我国已成为全球最大的电解锰生产国、消费国、出口国[1]。

表 3.2　国内锰矿资源储量统计表　　(单位：万 t)

地区	基础储量	资源量	查明资源储量
全国	22443.72	56849.74	79293.46
广西	7954.63	20171.25	28125.88
湖南	5907.79	9937.24	15845.03
云南	897.74	8317.97	9215.71
贵州	2502.72	5478.77	7981.49
辽宁	1216.04	2974.10	4190.14

续表

地区	基础储量	资源量	查明资源储量
重庆	1876.14	2251.42	4127.56
四川	29.55	2858.43	2887.98
湖北	874.7	610.10	1484.80
陕西	313.42	904.94	1218.36
广东	214.48	780.93	995.41
新疆	467.8	554.06	1021.86
福建	84.28	366.69	450.97
其他省区	104.43	1643.84	1748.27

锰矿的冶炼制备纯锰主要通过电解法和还原法，其中电解法制锰约占总量的95％以上[5]。电解锰的纯度很高，其用途主要是作为炼铁和炼钢过程中的脱氧剂和脱硫剂，它是钢中除铁以外用量最大的元素，有“无锰不成钢”之称，还可用来制造合金，应用最广的有锰铜合金、锰铝合金、锰钢、不锈钢等。锰在这些合金中能提高合金的硬度、强度、韧性、耐磨性和耐腐蚀性。电解锰加工成粉状后是生产四氧化三锰的主要原料，电子工业广泛使用的磁性材料原件就是用四氧化三锰生产的。随着科学技术的不断发展和生产力水平的不断提高，由于电解金属锰的高纯度、低杂质等特点，其现已成功而广泛地应用于钢铁冶炼、有色冶金、电子技术、化学工业、环境保护、食品卫生、电焊条业、航天工业等各个领域。

21世纪初，我国钢铁工业的快速发展带动了电解金属锰行业的快速发展。电解锰产量从2001年的15.2万t迅速增长到2010年的137万t，年均以28.8％的速度增长，其中增长最快的2003年和2004年的年均增长速度超过50％；2008年和2009年受经济危机的影响，增长速度仍超过10％；2010年受“十一五”节能减排指标的影响，许多地区拉闸限电，影响了电解锰厂的开工率，最终产量的增长率为6.2％。2011年我国电解锰产量为148万t，有生产企业200多家，产能占全世界产能的98.8％。2012年的产量为116万t，为负增长，有31家企业全年停产，其中24家企业永久性关闭，引起了同行业专家的广泛关注[6]。2013年电解锰产量为115万t。2014年电解锰产量为128万t[6]。

随着锰的使用范围的不断扩展和用量的不断增加，电解锰的生产规模也在不断扩大，产生的锰废渣也逐渐增多。根据物料平衡和现有的工艺水平，如利用品位16％的碳酸锰矿，每生产1t电解锰，需要消耗7～8t锰矿石，同时产生7t左右的锰渣。截止到2014年年底[2]，我国已建成投产电解金属锰企业100多家，年生产能力超过 200 万 t。这些电解金属锰生产企业每生产 100 万 t 电解金属锰将产生约 600 万 t 废渣、2 亿 t 废水、超过 80 万 t 废气（主要是 CO_2 及硫酸雾），造成了严重的环境污染，其中酸浸废渣也增加了企业堆置废渣的土地征用和场地处置等费用，使企业生产成本增加和消耗大量土地资源；另外，废渣的长期存放，这些固体废弃物含有一定量的有害元素，致使这些有害元素通过土层渗透，进入地表及地下水，影响地下水资源，污染环境。因此，电解锰行业作为典型的湿法冶金行业，在其快速发展的同时，引发了严重的环境污染，其中电解锰废渣污染尤为突出。为此，我国已有相关法律及文件对于高耗能和高污染的行业进行治理和约束，见表 3.3。

表 3.3　我国工业固体废物综合利用相关法律及文件

名称	相关内容
《环境保护法》	新建或需技术改造的工业企业应采取经济合理的废弃物综合利用技术，同时对大宗工业固体废物的防治和综合利用提供一定的财政鼓励
《全国生态保护"十二五"规划》	严格监管由矿产资源开发引起的生态环境破坏行为，严格监督企业对矿山和取土采石场等资源的开采，对易发生次生地质灾害区、大型工程项目施工地等开展生态恢复
《中华人民共和国循环经济促进法》	对生产过程中的废弃资源、废弃电子产品及城市垃圾等回收加以规范和鼓励。提出以专项基金、财政资金、税收优惠、产业政策、价格政策及政府采购等激励办法鼓励循环经济的发展，生产过程中产生的粉煤灰、煤矸石、尾矿、废石、废料、废气等工业废物进行综合利用
《中华人民共和国固体废物污染环境防治法》	明确了国家对充分合理利用固体废弃物和无害化处置固体废弃物的原则，对固体废弃物的产生、收集、储存、运输、利用和处置等环节以及固体废物的进口进行了一般性的要求
《中华人民共和国清洁生产促进法》	对企业在进行技术改造过程中，在原料、工艺和设备、废物废水和余热综合利用、污染防治技术等方面采取了规定性的清洁生产措施

大量研究结果表明，锰渣既是污染源，又是可循环利用的宝贵资源，针对电解锰渣处置和循环利用的相关研究也迫在眉睫。国内已有部分单位进行了相关的研究，主要有中国建筑材料科学研究总院、中南大学、重庆大学、北京科技大学和北方民族大学等。循环利用锰渣处理量小，锰渣制备的水泥或者建材胶凝材料性能不好，相关研究仍然不能够满足当前行业发展的需求。因此，锰渣循环利用的研究工作仍是工业固体废物处理的重中之重。

3.2　电解锰渣的性质、危害及处理现状

3.2.1　锰渣的来源

电解金属锰是将锰矿石经酸浸出获得锰盐，再送电解槽电解析出单质锰，主要分为氯化锰溶液电解法和硫酸锰溶液电解法。前者虽溶液导电性好、电导率大、电流效率高、能耗小，产品中的硫含量低，但在电解过程中产生的氯气以及盐酸会对环境、设备及溶液等带来严重的损害。大多数国家的工业化生产全部使用硫酸锰溶液电解法来生产金属锰[7]。

目前电解锰企业采用的硫酸锰溶液电解法是湿法冶金工艺，以菱锰矿为原料，通过酸浸、净化、电沉积等方法制备金属锰。电解锰生产过程中的主要化学反应如下。当含硫酸铵的中性硫酸锰溶液作为电解液电解时，锰于阴极析出，假定电解液中含有的 $MnSO_4$、$(NH_4)_2SO_4$ 和 H_2O 等可相互独立地进行电解反应：

$$MnSO_4 \longrightarrow Mn^{2+} + SO_4^{2-} \tag{3-1}$$

$$2H_2O \longrightarrow 2H^+ + 2OH^- \tag{3-2}$$

$$(NH_4)_2SO_4 \longrightarrow 2NH_4^+ + SO_4^{2-} \tag{3-3}$$

因此，在阴极处有

$$Mn^{2+} + 2e \longrightarrow Mn \tag{3-4}$$

$$2H^+ + 2e \longrightarrow 2H \tag{3-5}$$

$$2H \longrightarrow H_2 \tag{3-6}$$

上述反应使金属锰析出，同时发生氢气逸出。在阳极有

$$SO_4^{2-} - 2e \longrightarrow SO_4 \tag{3-7}$$

$$H_2O + SO_4 \longrightarrow H_2SO_4 + 1/2O_2 \tag{3-8}$$

$$2OH^- - 2e \longrightarrow 2OH \tag{3-9}$$

$$2OH^- + H_2O \longrightarrow 2H_2O + 1/2O_2 \tag{3-10}$$

$$MnSO_4 + 1/2O_2 + H_2O \longrightarrow MnO_2 + H_2SO_4 \tag{3-11}$$

上述反应生成 H_2SO_4、O_2 和 MnO_2 等产物。但实际的电解液反应过程中有 $(NH_4)_2SO_4$ 的存在，可能会使实际反应形式变得更为复杂。

电解金属锰的工艺流程如图 3.1 所示，从图中可以看出，电解锰生产过程包含矿石破碎制粉、硫酸浸出压滤、电解钝化、烘干剥离等工艺，而酸浸未反应完全的尾矿以及电解过程产生的酸浸渣和硫化渣则成为主要固体污染物[1]。

电解锰废渣（又称锰渣）是在碳酸锰矿粉加入硫酸溶液生产电解金属锰的过程中产生的过滤酸渣，其中含有大量有害物质。其生产过程是在反应器内加入硫酸

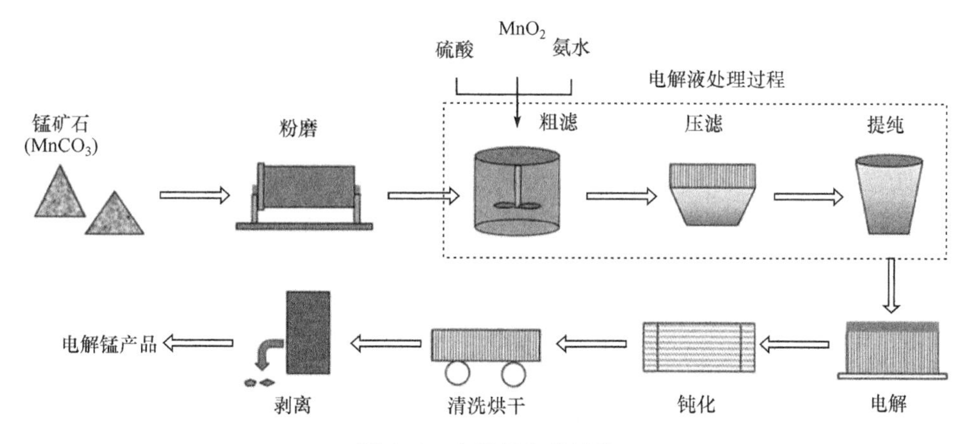

图 3.1　电解锰生产过程

溶液和碳酸锰矿粉生成硫酸锰，待 pH 接近 4 时，加入少量二氧化锰矿粉作为氧化剂，将溶液中的 Fe^{2+} 氧化成 Fe^{3+} 并水解成沉淀 $Fe(OH)_3$ 之后，用石灰乳中和反应物中过量的酸，当 pH 接近 7 时，加入 BaS 饱和溶液，使溶液重金属离子生成硫化物沉淀，然后用压滤机进行过滤，滤液进入电解槽内电解，排放出滤饼，排放出的滤饼就是电解锰渣。电解锰渣是一种硫酸盐含量高、颗粒细小、含水率高、重金属含量超标的工业废渣，表现为黑色细小颗粒，沉淀后为板结块状。

3.2.2　锰渣的基本性质

1. 电解锰渣的物理性质

1）表观性质

电解锰废渣为黑色细小的泥糊状粉体物质，颗粒细小，粒径小于 30μm 的颗粒约占 83.33%，且近 50%的颗粒粒径集中在 15～30μm，平均含水量为 31.97%，湿渣紧堆密度为 2029kg/m^3，干粉紧堆密度为 976kg/m^3；废渣呈酸性或弱酸性，其 pH 为 5.9～6.6，直接排放时含水率较高。若露天堆放，锰渣会因为储存雨水而导致含水量更高，甚至呈泥糊状，风干后则呈块状。锰渣含水量的高低会对其资源化利用产生较大的影响。电解锰渣的黏度很大，水分蒸发时又容易结块，这就导致其不容易被打散，且难以与其他物料混合均匀。

2）粒度分析

取宁夏某电解锰企业锰渣堆放厂的锰渣进行粒度分析，结果显示锰渣颗粒粒度大部分为 20～500μm，结果如图 3.2 所示。

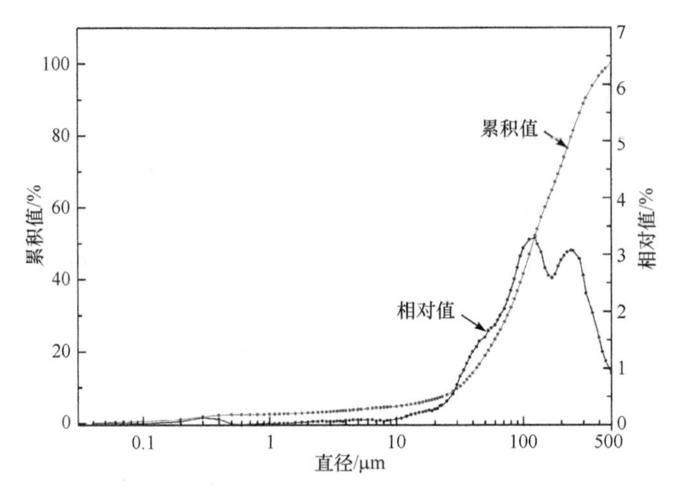

图 3.2　电解锰渣粒度分布

2. 电解锰渣的化学性质

1）化学成分

电解锰渣的化学成分会因为原材料和生产工艺的不同而有所差异，但通常情况下主要由$CaSO_4 \cdot 2H_2O$、二氧化硅、氨盐、硫酸盐、少量可溶性锰、钙盐、镁盐、氧化铝等多种复杂成分组成[8]。有研究者对电解锰渣在105℃的烘干料进行了分析，结果发现其主要化学成分为SiO_2、Al_2O_3、Fe_2O_3、CaO和SO_3，其中，SO_3的含量为21.23%，由此推算$CaSO_4 \cdot 2H_2O$的含量为45.64%，从而认定电解锰渣是一种含$CaSO_4 \cdot 2H_2O$较高的工业废料[5]。表3.4为宁夏地区某电解锰厂锰渣氧化物X射线荧光光谱(X Ray fluorescence，XRF)分析结果；表3.5为其他地区电解锰厂锰渣氧化物分析结果；图3.3为宁夏地区某锰厂锰渣X射线衍射(XRD)分析结果。

表3.4　宁夏地区某电解锰厂锰渣氧化物分析结果　(单位：%)

组成	Na_2O	MgO	Al_2O_3	SiO_2	P_2O_5
含量	0.77	1.84	5.13	22.70	0.14
组成	SO_3	K_2O	CaO	TiO_2	V_2O_5
含量	27.93	0.88	12.99	0.22	0.065
组成	Cr_2O_3	MnO	Fe_2O_3	Co_2O_3	NiO
含量	0.035	4.45	3.32	0.0172	0.0839
组成	CuO	ZnO	SeO_2	ZrO_2	MoO_3
含量	0.016	0.024	0.011	0.007	0.017
组成	SrO	PbO	WO_3	BaO	—
含量	0.0624	0.0048	0.0022	0.0844	—

表3.5　其他地区电解锰厂锰渣氧化物分析结果　（单位：%）

组成	Al_2O_3	Fe_2O_3	CaO	MgO	MnO
含量	10.21	5.24	16.77	2.17	4.30
组成	SO_3	K_2O	Na_2O	烧失量	总和
含量	21.23	1.39	0.27	13.11	98.65

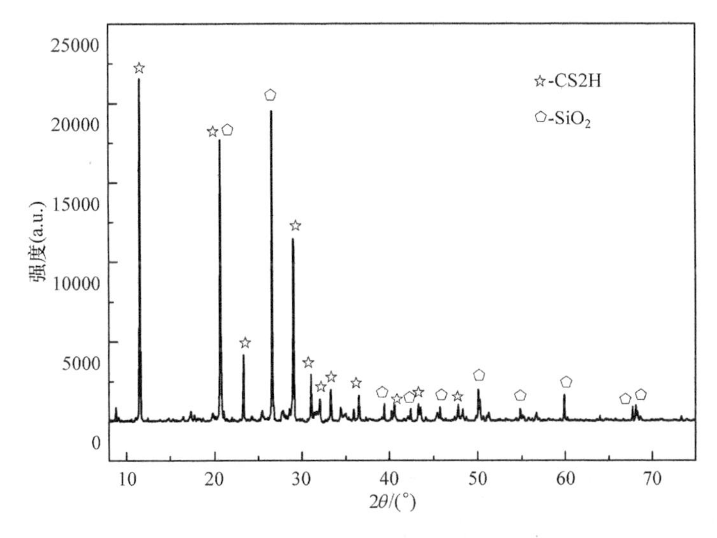

图3.3　宁夏地区某锰厂锰渣XRD分析结果

此外，锰渣还会含有少量其他重金属元素如Cr、Ni、Zn、Cu、Cd等，因此该类废渣在处置前必须进行无害化处理。

2）浸出毒性

浸出毒性是毒性危害特性的一种鉴定方法，其模拟的是危险废物在一定的处置环境下，若遇水淋溶浸泡，其中可溶出的有害物质经渗滤并迁移至附近水环境的过程。也就是说，浸出毒性直接与废物本身的性质、废物的处置方式和所处的环境相关。

一般工业固体废物是指未被列入《国家危险废物名录》或者根据国家规定的GB 5085鉴别标准（有一种或者一种以上物质超出此标准，则可判断这种废物具有浸出毒性）和GB 5086及GB/T 15555鉴别方法判定不具有危险特性的工业固体废物。它分为两类：第Ⅰ类一般工业固体废物和第Ⅱ类一般工业固体废物。前者是按照GB 5086规定方法进行浸出试验而获得的浸出液中，任何一种污染物的浓度均未超过GB 8978最高允许排放标准浓度，且pH在6～9范围内的一般工业固体废物；后者是按照GB 5086规定方法进行浸出试验而获得的浸出液中有一种或者一种以上的污染物浓度超过GB 8978最高允许排放浓度，或者pH在6～9范围外的工业固体废物。

张蕾[9]进行了 Mn、Pb、Ni、Pb、Cd、Zn、Cr 六种金属离子的浸出毒性试验，结果如表 3.6 所示。锰渣中的 Cr、Cd、Ni、Pb 等第Ⅰ类环境污染物和 Mn、Zn 等第Ⅱ类环境污染物可能会对环境造成污染。

表 3.6　锰渣的浸出毒性试验结果　　（单位：mg/L）

污染物类型		第Ⅱ类污染物		第Ⅰ类污染物			
溶液	浸泡方式	Mn	Zn	Ni	Cd	Pb	Cr
蒸馏水	翻转振荡	1812	2.44	3.1	0.32	2.5	0.63
酸雨	翻转振荡	2194.4	2.63	3.7	0.45	2.9	0.74
蒸馏水	静止浸泡	1772	2.27	2.5	0.42	2.3	0.59
酸雨	静止浸泡	1968	2.51	2.9	0.40	2.6	0.64
最高允许排放标准		2.0	2.0	1.0	0.1	1.0	0.5
浸出毒性鉴别标准值		—	100	5	1	5	5

3.2.3　电解锰渣对环境的危害

电解锰行业产生的污染主要有三类：固体废物、废气和废水。其中固体废物主要包括酸浸产生的锰渣、废水处理产生的铬渣、电解过程产生的阳极泥等。废气主要来源于矿粉加工过程中的含尘气体和矿石浸取过程中的硫酸酸雾。大部分废气经过除尘和吸收，达标后排放。电解锰企业生产的废水主要包括钝化废水、洗板清洗废水、车间地面冲洗废水、滤布清洗废水、清槽废水和冷却水等。废水中主要污染物有 Cr^{6+}（通常以铬酸盐和重铬酸盐的形式存在）、Mn^{2+} 和大量悬浮物。

我国电解锰企业大多是将废渣输送到堆场，筑坝堆存。而国外电解锰企业对锰渣一般采用尾库处置，要求较为严格。大量堆积的锰渣在长期风化和淋溶作用下对周边的土壤、地表水、地下水体系造成污染；同时大多数渣库建设时未按照要求进行设计和建造，堆积的锰渣存在泥石流隐患，而且由于淋出液含泥炭和矿物质，呈棕褐色，会影响河床和水体颜色。锰渣中的可溶性矿物质元素会直接威胁动物和人类的身体健康，过量锰元素可使人类肝功能受损、肠道不畅、神经系统功能障碍；硒过量易引起头发脱落、指甲变形；另外，电解锰渣为酸性废渣，其浸出液中的硫酸盐、氨氮、锰含量都很高，一旦进入河流，容易导致河水中锰和氨氮超标，对河流生态系统造成严重破坏。因此，科学合理地处置电解锰渣以避免造成环境污染是当今电解锰企业和相关科研工作者的研究重点。

在电解锰行业环境污染中，锰渣没有得到有效的处理与处置是关键影响因素。就目前情况来说，电解锰渣的主要危害包括以下几个方面：

1）电解锰渣占用大量土地

电解锰渣直接堆放处置占用了大量的土地。我国电解锰行业使用的原料大多是低品位的菱锰矿（主要成分是 $MnCO_3$），利用率比较低[10]，产生的废渣比较多。现阶段，电解锰工厂大多以堆放填埋的方法处理电解锰渣，企业需征用专门的堆填场地来堆积锰渣，这样的堆放处理方法不仅占用了大量土地资源，又使企业生产成本增加。企业在不断地发展过程中产生的废渣越来越多，还需要不断地征用土地作为堆渣场，这将会造成土地资源的极大浪费。全国范围内，电解锰渣污染最严重的是湖南、重庆、贵州三省市。其中湖南省锰矿资源居全国第一位，多年来锰矿开采量及锰制品业在全国处于领先地位，但生产过程中产生的电解锰渣一直未能得到妥善处理和处置。长期堆放的锰渣对周围环境和居民安全均带来了不利影响，而且一定程度上阻碍了电解锰企业的生产和发展。

2）电解锰渣污染水体

电解锰渣中的有毒物质会对周围的土壤和环境造成污染，毁坏农田、森林。长期存放电解锰渣使得其中的有害元素通过土层渗透，对周边环境产生重大的影响，尤其是对地表水、地下水及土壤造成严重的污染[11]。电解锰渣中除主要含锰、氨氮和硫酸盐外，还含有易溶性金属元素如钙、铁、镁、铝、铜、钴、镍等。在堆放过程中，渣中易溶性金属离子随雨水迁移释放到周边的土壤及河流中，会对当地居民生活环境和水资源造成严重污染[12]。就锰渣中的锰元素而言，锰是生物体必需的微量元素，摄入锰不足或过量都会对生物体有着很大的危害[13]：摄入不足，人体内的新陈代谢和胰岛素就会发生紊乱，严重时还会致癌、致畸、致突变；摄入过量锰及其化合物，会引起慢性中毒。有学者对电解锰工厂周围的水域进行了检测，重金属离子、氨氮、硫酸盐和 COD 的浓度均超过了相应的标准，其中重金属离子中锰的浓度极高，其次是硒、镉、铬和铅等[14]。另有研究表明[15]，湖南省某电解锰企业电解锰渣浸出液中的 Cd 元素的浓度是《污水综合排放标准》(GB 8978—1996)中一级标准规定数值的 4.1 倍，Mn、Cu、Zn 分别高出一级标准 400 倍、4.2 倍、1.4 倍。可见，电解锰渣的长期堆放对电解锰企业周边的水资源造成了严重污染。表 3.7 是湘西地区堆放于渣场的电解锰渣经雨水淋溶后，渣场内的积水水质分析结果[16]。

表 3.7　电解锰渣场内的积水水质分析结果　（单位：mg/L）

项目	库 1	库 2	污水综合排放标准（一级）
pH	6.85	7.08	6～9
Mn^{2+}	531	531	2.0
NH_3-N	402.5	795.77	15
COD	1900	100	100
Cr^{6+}	0.004	0.004	0.5

续表

项目	库1	库2	污水综合排放标准(一级)
Pb	0.392	0.392	1.0
Zn	0.207	0.207	2.0
Cd	0.037	0.037	0.1

3）电解锰渣破坏周边生态环境

电解锰渣主要由钙、镁等矿物质组成，缺乏有机质，对周边原生的生物多样性产生致命影响。生物多样性丧失后，受损生态系统的恢复会变得极其缓慢，同时由于渗滤液对下游和周围地区产生污染，间接影响周围地区的生物多样性。

4）粉尘污染

目前锰渣的处理基本上是靠渣库露天堆放，锰渣经过风吹日晒，由于其颗粒度呈微细状态，会随着大气运动进入空气中，对大气造成污染，对周围生态环境产生严重影响。

3.2.4 电解锰渣处理现状

国外锰的冶炼主要采取破碎矿粉还原焙烧法。还原焙烧后锰的一次浸取率可达到95%，锰渣尾矿附液回收得到高度重视。其中，日本CDK采用全自动压滤机、南非与美国采用浓密机，对尾矿进行洗涤以回收附液。生产厂家对锰尾矿进行洗涤，一是减少损失，降低成本；二是有利于环境保护；三是有利于废渣的再利用。国外电解金属锰生产厂由于采用高品位的 MnO_2 矿为原料（Si、Fe、Ca、Mg 含量低），因此渣量很少。在美国和日本等发达国家，电解锰渣都是在与消石灰混合被固化处理后，掩埋在处理场。世界电解锰第二大生产国南非采用尾库处置，但成本极高。其后美国和日本等国从节约能源和保护环境的角度出发，靠市场和行政手段关停了电解锰相关企业。锰渣的综合利用以日本TOSOH公司为代表，该公司成功应用电解锰渣加工生产了 $CaO \cdot P_2O_5 \cdot nSiO_2$ 和 $nCaO \cdot mMgO \cdot SiO_2$ 等几款肥料。

在电解锰行业的环境问题中，电解锰废渣污染尤为突出。我国电解锰企业大都将废渣输送到堆场，筑坝湿法堆存，不仅占用土地，而且造成了严重的环境污染。我国相关电解锰企业的渣库现状令人担忧：①渣库建设未进行工程地质勘探；②未聘请具有相关资质的专业设计院所按尾渣坝建设要求设计；③绝大部分渣库建设未考虑防渗和侧渗等问题。这些废渣在很长时间内通过地表径流及地下渗沥作用继续污染地表山塘、水库及地下水。

根据主要的化学成分和矿物组成，电解锰渣归属于 $Cao\text{-}MgO\text{-}Al_2O_3\text{-}SiO_2$ 陶瓷体系，经过一定的处理和其他混料添加，完全可以实现锰渣的有效回收与综合资源化利用，从而减少对环境的污染，产生良好的经济效益、环境效益和社会效益。学者对电解锰渣的回收与资源化利用开展了广泛的研究，如从电解锰渣中提取金属锰、用作水泥缓凝剂、制备陶瓷砖、制作蜂窝型煤燃料、生产锰肥、用作路基材料等。但总体来讲，锰回收效率低，锰渣消耗量少，不能从根本上解决问题。

综上所述，我国矿产资源综合利用率低、能耗高，资源浪费和环境污染严重。提高矿产资源利用效率，综合利用锰矿废渣，走绿色矿业之路，是当前我国矿产资源开发利用中亟须解决的突出问题，也是缓解我国资源供需矛盾的巨大潜力所在。

3.3 锰渣综合治理及资源化利用技术

3.3.1 锰渣的填埋处置技术

我国大部分电解锰企业对锰渣的主要处置方法是安全堆存或者填埋。随着锰渣的大量排放，锰渣堆积量也越来越大，锰渣的无害化处置与资源化利用已经引起了社会各界的广泛关注。国内外不少学者对锰渣的安全处置和资源化利用展开了积极的探索与研究，但是迄今为止仍没有一项锰渣处理利用技术能够为电解锰企业所利用，而且锰渣中含有大量有价金属，这些有价金属也没有被充分利用。为了减少并消除锰渣对环境的污染以及充分利用有价资源，锰渣等危险废物必须得到安全处置。现阶段国内外对锰渣的处置技术主要表现在无害化固化处理和资源化利用两个方面。

1. 固化稳定化处理

锰渣含有一定量可溶性的重金属，易对环境造成污染，堆放处置前应对其进行无害化处理，将随酸雨淋滤液进入土壤和水体的可溶性锰(Mn^{2+})等离子固化在废渣堆中，以减小其对环境的危害。

对于危险废弃物，固化稳定化处理是常用的一种处理废料的方法。固化是指通过化学反应使废物的有害成分发生变化或者被引入惰性基材中，从而隔离污染物质与外界环境的联系，使废渣中的有害成分不易浸出。稳定化是指通过化学变化将废物的有毒成分引入某种稳定的晶格中。有关废渣的稳定化和固化处理的实际过程十分复杂，在理论的研究上还缺乏透彻的阐明。固化处理的目的是使废渣中所有的污染成分呈现出化学惰性或者被包裹起来，以便于运输、综合利用或处置[17]。因此，理想的固化产物应当具有良好的抗渗透性、良好的机械特性，以及抗浸出、抗干湿、抗冻等特性，可以直接在安全场地填埋处置，也可以用作建筑的基础材料或是道路的路基材料。此外，还要求在固化处理过程中达到三低：材料和能量的消耗低，固化体的增容比低，固化工艺简单易操作且费用低。在实际生产中没有一种稳定化方法或产品能够满足上述要求，通常情况下主要是要求固化产物的抗压强度及抗浸出性能。对于进行安全填埋处置的废渣固化产物的抗压强度的要求较低，为 980.7～4903.3kPa。对准备用于建筑基材使用的固化产物的抗压强度要求较高，一般要在 9.8MPa 以上。固化产物的浸出率要尽可能低。浸出率是指当固化体浸泡于水中或者其他液体中时，其中有害成分的浸出速度。

从国外的研究成果与综合利用现状看，水泥作为固化剂与稳定剂在处置有害固体废物时占据重要地位。综合水泥固化的廉价性和药剂固化产物增容比低的优势，采用以水泥固化为主、稳定化添加剂为辅的综合处理技术，既能解决重金属的污染并保证固化体的强度，又因为添加剂的使用可降低固化增容比，以提高填埋场的服务年限。

目前国内外危险废物固化处理技术主要有水泥固化和石灰/粉煤灰固化法、熔融固化法和自胶结固化等[18]。水泥固化法是其中一种比较成熟的无害化处置方法，它具有工艺设备简单、操作方便、处理费用低、固化产物的抗压强度高等优点，因此被许多国家采用。我国的危险废物处置方法中绝大多数也都采用的是水泥固化工艺。

2. 固化技术的种类

在 20 世纪 80 年代以后，固化技术发展很快。到目前为止，已应用的固化技术种类多种多样，主要包括以下 6 种类型：水泥固化、凝硬性材料固化、玻璃固化、微包胶、大型包胶与自胶结等。

1）水泥固化技术

水泥固化技术是当前应用最广泛的固化技术，其优势在于固化效果好、价格便宜、易操作，适合处理绝大多数无机污染物及部分有机污染物。固化机理主要是污染物与处理剂(胶结剂)之间发生物理吸附、化学沉淀、氧化还原反应、金属离子的同晶替代和物理包容等作用。

水泥固化法之所以被广泛应用是因为此法对含重金属废物的处理效果好，并且工艺和设备简单，原料和添加剂价格低廉，固化后物质材料的强度大，耐热与耐久性好，处理后产品利用方式较多，有利于固化体后续的资源化利用，如可作为路基或建材使用。但水泥固化法也存在很多缺点，对于含有机物的危险废物，有机成分会阻碍水泥的水化作用，导致水泥固化体强度不高，物理化学性能不好，废物中的有害物质容易从固化体中渗出，所以水泥固化法对含有机物的危险废物处理效果不好。

2）凝硬性材料固化技术

凝硬性材料固化技术是以石灰、粉煤灰、水泥窑灰等具有波索来反应(Pozzolanic reaction)的物质为固化基料，这些基料具有胶凝作用，将固体废料中的有害物质包裹于所产生的胶凝晶体中，达到包容固定废弃物的作用。此反应不同于水泥水合作用，得到的固化体产物结构强度不高，不如水泥固化的产物。

3）玻璃固化技术

玻璃固化法是将废弃物与玻璃质物料混合，然后高温加热，冷却成玻璃状固体。该技术能有效处理成分复杂或者其他方法无法处理的污染物，如城市垃圾、尾矿渣、放射性废料等。玻璃固化还有一种改型方法，是将石墨电极板/棒插到危险废物中，进行玻璃化固化处理。一般用于高放射性类废物的处理，但此技术能耗高，处理成本较高，很少采用。

4）微包胶技术

微包胶技术主要分为热塑性材料微包胶技术和热固性材料微包胶技术。热塑性材料如沥青、聚乙烯等，在加热和冷却时，能反复软化和硬化。采用热塑性材料固化技术，通常要在较高温度下与聚合物混合反应，并预先将废物干燥或者脱水，主要用来处理电镀污泥、炼油厂污泥、焚烧飞灰、纤维滤渣和放射性废物等。热固性材料与热塑性材料不同，是加热后变成固体并且硬化，再加热或冷却时不可软化。脲甲醛、聚酯、聚丁二烯、酚醛树脂等都为热固性材料，主要用来处理放射性废物、含氰化物、有机氯、有机酸、含砷废料以及油漆等危险废物。

5）大型包胶技术

大型包胶技术一般是通过在固化基材料外部涂一层不透水的惰性保护层，从而将危险废物加以包封，包封后的固化体的稳定性可靠，环境安全性高，具有较好的应用价值。此技术主要应用在焚烧炉灰、污泥的电镀以及多氯联苯等废物的处理中，因此目前还没有比较成熟的研究成果，应用范围仍不够广泛。

6）自胶结技术

自胶结技术应用范围较窄，只针对含有大量胶结剂的废物的固化处理，如含大量亚硫酸钙或硫化钙的废物。自胶结技术通常用作处理烟道气洗涤污泥和烟道气脱硫污泥。一般是将固体废物煅烧后，再加入一定的药剂与煅烧后的废物混合，最后得到稳定的固化体后进行填埋或者其他处理。

在固化处理过程中，无机胶结剂被广泛应用，其使用频率高达90%以上，因为它具有使用方便、成本低、使用范围广等优点，相比之下有机胶结剂和玻璃化固化方法处理成本较高，仅仅在固化处理某些特殊污染物才用得到。无机胶凝剂的处理方法仍存在一定的缺陷，如固化体增容较大、固化体中有害物质的长期稳定性等问题，需要进行不断地研究与完善。

对电解锰渣的无害化处理，许多学者展开各种添加剂对锰渣的固化效果的研究，结果表明在加入添加剂后，固化产物的浸出毒性明显降低，低于《污水综合排放标准》(GB 8978—1996)限值，可以在实际中应用。也有学者研究采用石灰固化电解锰渣，锰渣与石灰的质量比为25∶2，添加石灰无害化处理后，进行静止浸出毒性试验和振荡浸出毒性试验，试验结果显示废渣的浸出液毒性均低于国家标准限值。但是目前试验研究成果大多从宏观角度出发，着重于优化试验配方等影响因素以降低电解锰渣浸出毒性，而针对研究各种添加剂对锰渣的固化效果的微观试验，以及各种添加剂固化锰渣的机理分析还相当缺乏，有待进一步研究。

3.3.2 锰渣资源化利用技术

固体废物并不是只有弊而没有利，一方面废渣占据着大量土地，对环境造成污染；另一方面废渣中又含有多种有用物质，同时也是一种资源。如果能对电解锰渣加以有效利用，不仅能彻底解决电解锰渣的污染问题，甚至还能给电解锰生产企业带来一定的经济效益。在 20 世纪 70 年代以前，人们对固体废物的研究只停留在无害化处理以防止污染的问题上。在 70 年代以后，由于能源和资源的相对匮乏以及人们对环境问题认识的越来越深刻，世界各国的研究者对废渣的处理转向资源化利用。资源化利用就是采用某种技术手段从固体废物中回收有价资源并加以利用的过程。发达国家为了节能减排和保护环境，已全面停止了电解锰的生产，如日本、美国等。近年来社会经济的迅猛发展，各个工业领域对金属锰的需求量普遍增加，加之我国锰矿资源相对丰富，根据改革和发展的实际国情，我国更应借此机会大力发展电解锰产业，以满足国外、国内的市场需求，促进我国经济健康持续发展。据统计，电解锰废渣中残留了 30%以上的电解液，其中可溶性锰约占废渣质量的 1.5%～2.0%。由于电解锰渣中活性组分低，基本上属于惰性材料，所以其资源化利用的难度很大。我国对电解锰渣的研究现在还处于基础阶段，主要包括以下几个方面。

1. 回收有价金属

由于金属锰生产工艺控制困难导致反应不完全，渣中仍有一部分锰。资料显示，电解锰渣中锰质量分数有的高达 15%～20%，其中多以硫酸锰形式存在。新鲜锰渣中锰含量较高，其中锰离子易溶于水，可回收的锰含量约为 2.5%[19]。目前，对于硫酸锰废渣中锰回收的研究主要有以下两种方法：一种是使用沉淀剂将锰渣中可溶性锰转化为碳酸锰沉淀，从而进行回收；另一种方法是使用水洗、酸洗、微生物浸取方法先把锰从废渣中浸取分离出来，然后再做回收处理。王星敏等[20]采用水洗酸解法来回收锰渣中的锰，设计了合理的清水量、酸量及温度对锰浸出条件的影响，获得了 97.3%的回收率，并且发现温度和酸度对锰离子的浸出影响明显。

一些学者提出采用铵盐沉淀剂将渣中可溶性锰回收，当沉淀剂为碳酸铵时，锰的回收率最高可达 99.8%以上。在此基础上，继续采用清水洗渣-铵盐沉淀法可将锰渣中可溶性锰回收，并制成碳酸锰用于生产电解锰。通过水洗、酸洗的方法也可将渣中的可溶性锰提取出来。若采用间歇式逆流二级洗涤的方法，用自来水洗涤回收电解锰渣中的硫酸铵及锰离子，其洗出率均达 91.0%以上，并且将洗涤后的废渣烧结，可替代石膏用于水泥的生产，充分利用资源。采用铵盐焙烧法制取纯度为 98%的硫酸锰，其中锰的浸出率为 83%，不仅可以制备硫酸锰，还可以将渣中可溶性的锰转化成二氧化锰，从而进行回收[21]。Lu 等[22]用聚环氧琥珀酸浸取锰渣中的锰，浸出率达到 89.08%。后来 Tao 等[11]以碳酸铵为沉淀剂，用铵盐沉淀法回收电解锰渣中的可溶性锰，锰的回收率可以达到 99.8%以上。

电解锰生产的目的是要得到含锰滤液，酸浸过程中只考虑了锰的浸取率，并没有考虑锰矿石中其他重金属离子的浸出，如 Ag、Cr、Co、Ni 等，使得这些离子残留在锰渣中。有学者向锰渣中添加电解锰生产过程中用到的福美钠($C_3H_6NS_2Na\cdot 2H_2O$)，通过浮选的方法回收锰渣中的钴，可回收钴 94.93%。为了限制铬离子对环境的污染，彭小伟等采用磷酸三丁酯和柠檬酸等浸取剂对锰渣做浸出试验，结果铬离子浸出率为 38.11%，经过处理后的废渣中的铬含量已达到弃渣要求，并且比弃渣要求还低。

采用化学沉淀剂使锰渣中的水溶性二价锰沉淀，以碳酸锰形式回收的方法虽然处理时间比较短，但成本较高，容易产生二次污染。有学者对具有代表性的锰渣进行成分分析，发现 Mn 含量在 8% 以上，故利用锰矿物与其他矿物的比磁化系数差别较大的特点，选用磁选方案回收锰。此外，Li 等[23]在硫酸-盐酸混合溶液中采用超声波辅助浸出锰渣中的锰，浸出率达到 90% 以上。欧阳玉祝等[24]用 8-羟基喹啉、黄原酸钾、十六烷基三甲基溴化铵、磷酸三丁酯和柠檬酸五种物质作浸取助剂，考察在助剂作用下超声辅助浸取电解锰渣中锰的效果。结果表明，锰浸出率平均可达 57.28%，是加热酸浸法的 2.72 倍。超声波对浸取效率的影响也不容忽视，超声波会产生的 4 个强化效应，即湍动效应、微扰效应、界面效应和聚能效应，这些效应可以提高提取效率，缩短浸取时间。

近年来，细菌微生物浸矿技术在回收锰渣中的锰得以利用。细菌浸矿技术是利用细菌的直接或间接作用浸出矿石中的有用成分[25]，主要机理有三种类型：锰的氧化、锰的还原和微生物代谢产物的浸出作用。细菌对锰的浸出多应用于低品位锰矿及锰盐，具有显著的经济效益、社会效益和环境效益。

在回收金属锰的技术中，锰尾渣永磁综合分选及利用技术取得了突破性的应用，利用工业固体废物中不同物质磁化系数的差异，采用自主研发的永磁综合分选技术设备对工业固体尾矿渣进行有效物理分选。该技术年处理锰尾渣 15 万 t，年回收碳酸锰精矿 3 万 t，碳酸锰精矿品位≥17%；年产锰尾渣蒸压加气砌块 30 万 m^3，蒸压加气砌块满足 GB 11968—2006 标准。总投资 5020 万元，其中设备投资 3500 万元，运行费用 3600 万元/年，设备寿命 10 年，经济效益 7500 万元/年，投资回收年限 2

年。目前我国年产电解锰 150 万 t,产生锰尾矿渣 1200 万 t,该技术首次实现了碳酸锰尾矿渣的综合利用,预计市场需求将在 300 万 t/年,推广前景十分广泛。

北方民族大学循环经济技术研究所等研究人员对锰渣中的元素进行半定量分析和化学分析,分析结果如表 3.8 所示。试验结果显示,锰渣中的锰可以用作工业回收,且主要以水溶性锰和碳酸锰的形式存在,其他元素不能达到回收的工业要求。

表 3.8　锰渣元素含量分析结果　(单位:%)

元素	As	Ba	B	Pb	Sn	Ti	Mn	Ga	Cr
含量	0.03	0.07	0.007	0.02	0.001	0.05	>3	0.001	0.05
元素	Ni	V	Cu	Zr	Ag	Zn	Co	Sr	Mo
含量	0.1	0.03	0.007	0.03	0.003	—	0.03	0.07	0.02

针对该锰渣进行干式磁选、湿式强磁选及水浸-强磁选的探索研究。锰的矿物一般都具有弱磁性,干式磁选具有无需用水、直接选矿的特点,采用干式磁选进行回收锰矿物的探索试验,考查锰的磁选回收情况。选用的仪器为地质部北京地质仪器厂生产的单辊干式磁选机,型号为 XCGG1-04。其试验流程及条件见图 3.4,试验数据及结果见表 3.9。

(a) 单辊干式磁选机

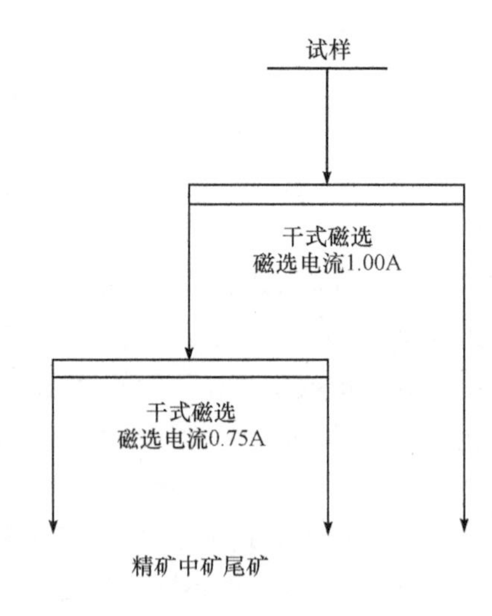

(b) 干式磁选试验流程图

图 3.4　磁选设备及流程图

表 3.9　干式磁选探索性试验数据结果　　(单位:%)

产品名称	产率	锰品位	锰回收率
精矿	41.00	3.67	42.28
中矿	38.00	3.51	37.48
尾矿	21.00	3.43	20.24
合计	100.00	3.56	100.00

由表 3.9 中数据可知，在磁选电流 0.75A 的磁场强度下经过干式磁选，锰的选别效果不理想，因此对该样品不宜采用干式磁选的方法进行回收。研究小组经过最终分析和试验证明，该样品中的锰一部分以水溶性的物质(硫酸锰)的形式存在，另一部分则以弱磁性锰矿物碳酸锰的形式存在。分别对该电解锰渣样品进行干式磁选、湿式强磁选、水浸-水浸渣强磁选、水浸液沉淀锰等探索试验发现，处理该样品的较好的方法应该是：先采用水浸出得到含锰浸出液，对浸出液进行沉淀得到碳酸锰产品，再对水浸渣进行强磁选得到锰精矿产品。

2. 生产建筑材料

将电解锰渣进行煅烧，煅烧后单独与水调和能缓慢凝结，表现出一定的活性，最佳煅烧温度为 750℃，可制得效果良好的胶凝材料，而煅烧温度过高会使材料强度显著下降。锰渣可广泛应用于建筑材料[26]，可作为水泥的掺合料、缓凝材料以及地质聚合物胶凝物料和激发料等。生产建筑材料是处理锰渣的一条广阔的资源化利用途径。

1) 生产水泥

电解锰渣可作为水泥掺合料，掺合料体系为锰渣、熟料、$Ca(OH)_2$，其中锰渣起到硫酸盐激发作用，熟料及 $Ca(OH)_2$ 作为辅助激发剂起到碱激发作用，熟料能保证体系后期强度的发展，$Ca(OH)_2$ 保证体系早期水化活性，其添加量的多少取决于水泥熟料其余组分的组成。利用电解锰渣生产水泥的生产工艺如图 3.5 所示。

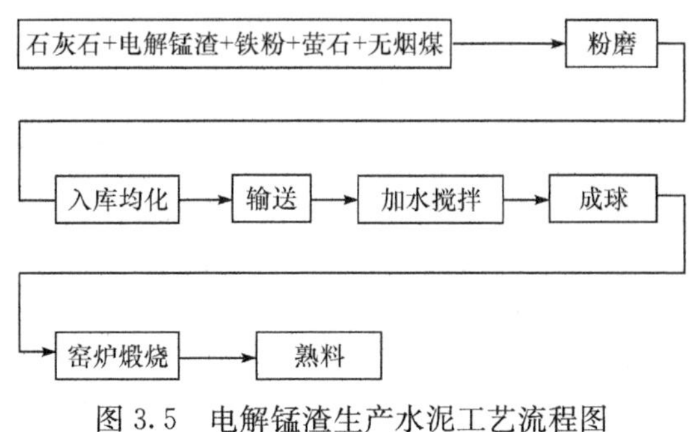

图 3.5　电解锰渣生产水泥工艺流程图

电解锰渣不适合生产普通硅酸盐水泥,但是通过合理配料可以成为烧制硫铝酸盐水泥的重要原材料[27,28]。硫铝酸盐水泥属于特种水泥的范畴,主要是由石膏、铝矾土、石灰石按照一定配比规则制备的含有较高铝质组分的水泥。其熟料矿物组成以硅酸二钙及无水硫铝酸钙为主,它是在水泥复合矿物的研究及开发的基础上制得的。20 世纪 70 年代,中国建筑材料研究院发明了普通硫铝酸盐水泥,并对该水泥的特性进行大量的研究,对水化特点有较为深入的分析,并在此基础上首创高铁硫铝酸盐水泥。在各种组成的水泥矿物中,无水硫铝酸钙($3CaO \cdot 3Al_2O_3 \cdot CaSO_4$、$C_4A_3\bar{S}$)是具有使用价值的一种矿物。表 3.10 为普通硫铝酸盐水泥熟料与普通铝酸盐水泥矿物组成的比较。

表 3.10 水泥熟料的矿物组成 (单位:%)

水泥品种	熟料矿物		
普通硫铝酸盐水泥	$3CaO \cdot 3Al_2O_3 \cdot CaSO_4$	$2CaO \cdot SiO_2$	$4CaO \cdot Al_2O_3 \cdot Fe_2O_3$
	35~75	8~37	3~10
铝酸盐水泥	$CaO \cdot Al_2O_3$	$CaO \cdot 2Al_2O_3$	$2CaO \cdot Al_2O_3 \cdot SiO_2$
	40~45	15~30	20~36

从表 3.10 中可以看出,硫铝酸盐水泥熟料的矿物组成与普通硅酸盐水泥的矿物组成属于不同体系,因此其烧成制备特点及水化特性存在较大差异。与普通硅酸盐水泥相比,普通硫铝酸盐水泥除了在矿物组成上有所区别外,其烧成特点及水化特性主要有以下一些差异:

(1) 硫铝酸盐水泥的烧成。从硫铝酸盐水泥的矿物组成特点可知,该水泥主要是在水泥烧成的低温区制得。其中硅酸二钙的矿物形成主要是在 1100℃左右形成的。而无水硫铝酸钙复合矿也是在 1100℃左右即已大部分生成。

(2) 与普通硅酸盐水泥相比,普通硫铝酸盐水泥不会生成硅酸三钙。硅酸三钙是硅酸二钙在液相条件下吸收氧化钙反应制得的,由于反应主要是固相反应,因此普通硫铝酸盐水泥是一种相对烧成温度较低的胶凝材料。

此外,水泥熟料磨成细粉与水相遇后会迅速凝固,如果凝固速度太快,则施工问题难以解决,因此在粉磨同时掺入石膏来调节凝结时间。电解锰渣中含有大量硫酸盐,其中部分硫酸盐以二水石膏形态存在,利用电解锰渣替代(或部分替代)天然石膏作水泥缓凝剂在理论上是可行的。研究表明,用电解锰渣部分代替石膏的水泥性能优于电解锰渣全部代替石膏的水泥性能,锰渣最高掺入量不能超过 6%。电解锰渣虽然是一种高含硫量的废弃物,但如果用于生产普通硅酸盐水泥显然不能对其进行大量的利用,其原因在于一般硅酸盐水泥对硫含量有严格的控制,一般要求水泥中硫的含量不能超过总量的 3%左右。侯鹏坤等以电解锰渣作为原料，通过添加石灰石和高岭土，在 1200℃煅烧出以 $C_4A_3\bar{S}$、$C_2\bar{S}$ 和硬石膏为主要矿物的硫铝酸盐水泥。刘惠章等使用不同温度煅烧电解锰废渣，使锰渣可以替代石膏并配成水泥，按照水泥性能的测试方法对制成的水泥进行检测，结果表明，电解锰废渣的缓凝性能较差，虽然不及天然石膏，但也可以替代石膏用以生产水泥；高温煅烧可激发电解锰废渣的缓凝作用。利用电解锰渣生产水泥，电解锰企业由于运输费用和环境保护方面的难题，不能自己建造水泥工厂，所以锰渣只能部分替代石膏，掺和量较小，从根本上不能完全解决大量锰渣污染的问题。

锰渣还可以作为矿化剂在水泥中使用，矿化剂是指少量能加速原料矿物分解和熟料矿物形成的外加物质。大量研究和生产实践证明，矿化剂的作用主要有以下几个方面：

(1) 破坏生料中难起化学作用的矿物(如结晶 SiO_2)结晶构造，使它变成易化合的组成。

(2) 降低液相生成温度，降低液相黏度，增加液相量，使生成 $C_3\bar{S}$ 矿物的反应迅速、完全，达到强化煅烧的目的。

(3) 加速 $CaCO_3$ 的分解。

(4) 阻止某些矿物的生成，促进另一矿物的形成，即产生定向矿化作用，达到有意识地控制熟料的矿物组成，借以获得高强、快硬的理想熟料矿物。

王勇等研究电解锰渣具有矿化剂的作用，当掺入 2%～8%的电解锰渣时，水泥烧成温度降低约 100℃，并且 $C_3\bar{S}$ 含量增加。其原因主要是，电解锰渣以 $CaSO_4 \cdot 2H_2O$ 为主要成分，而 $CaSO_4 \cdot 2H_2O$ 本身就是一种矿化剂，其作为矿化剂掺量为 3%～5%，共熔点温度降低 100～110℃。该研究结果对于加快循环经济建设和拓展工业固体废物锰渣的综合利用具有重要意义。

宁夏某锰业有限公司建立利用园区常年堆放的废渣来建设 2×4500t/d 的水泥熟料生产线及配套纯低温余热发电的项目，该项目位于宁夏中宁工业园区内。该项目形成水泥熟料的生产，并且利用余热发电，变废为宝，树立了绿色产业的典型。

2) 制备复合胶凝材料

电解锰渣可归属于硅酸盐材料，主要结晶矿物为二氧化硅、二水石膏以及赤铁矿，其中二氧化硅、二水石膏与钙、铝、铁的氧化物总量占电解锰渣质量的 80%以上。因此，电解锰渣为含二水石膏较高的工业废料，其部分或全部代替天然石膏配置生产水泥，技术上是完全可行的。

在水泥工业中，水泥熟料磨成细粉与水相遇后会很快凝固，致使无法施工，一般通过掺入天然石膏以调节凝结时间，故常添加硫酸钙作为水泥的缓凝剂使用，因为锰渣中 Ca 一般以 $CaSO_4 \cdot 2H_2O$ 形式存在，所以可以作为水泥的缓凝剂使用。贾天将[29]对电解锰渣用于水泥缓凝剂进行理论分析，研究电解锰渣替代石膏用作水泥缓凝剂的可行性，结果表明电解锰渣部分替代石膏用作水泥缓凝剂的凝结时间、安定性、放射性检验均符合国家标准要求。李坦平等开发出电解锰渣-生石灰-低等级粉煤灰复合掺合料，研究表明用复合掺合料配制混凝土的强度与复合掺合料中 CaO、SO_3 含量有密切关系，其中电解锰渣与生石灰的最佳配合比分别为 47.15%、52.85%，以此制得的激发料与低等级粉煤灰和 20%的配合料复合，可制得活性较高的混凝土胶凝材料。

电解锰渣部分替代石膏用作水泥缓凝剂对于节约石膏资源、利用工业废渣和保护环境等方面具有重要的现实意义。电解锰渣应用于水泥行业可以实现大规模的消耗，从而实现减量化、资源化和无害化。但电解锰渣应用在碱激发矿渣胶凝材料中的研究尚未报道，对电解锰渣中硫酸钙也缺乏深入的研究，因此还需对电解锰渣在水泥行业的应用进行进一步的深入研究，以拓展其有效的利用途径。

按一定比例将炉渣、矿渣等骨料掺入锰渣中，再使用预处理剂以及粉煤灰和水泥等物料，加水搅拌混合成型，可制成养护砖块和墙体物质材料等复合胶凝材料成品。向电解锰渣中掺入预处理剂为其提供碱性环境、除去 NH_4^+ 对环境的污染，同时，利用电解锰渣中的一部分硫酸盐与粉煤灰等材料发生水化反应，使制品产生较高的强度，并将 Mn^{2+} 等重金属固化在胶凝组分中。王智等以电解锰渣为矿化剂取代部分水泥制成胶凝材料、建筑材料等。研究表明，将电解锰渣在 750℃煅烧后与水调和能缓慢凝结，可制得效果良好的胶凝材料。

利用锰渣可制备地质聚合物，刘峥等利用锰尾矿渣代替部分偏高岭土制备地质聚合物，在自然条件下养护 3 天、7 天和 28 天的力学性能测试结果表明，当锰尾矿渣掺入比例为 30%、水玻璃模数为 1.4 时，地质聚合物具有最强的抗压强度，达到 70.3MPa。北方民族大学循环经济研究所将锰渣用来制备地质聚合物，如图 3.6 所示，其工艺流程如图 3.7 所示。

图 3.6　锰渣地质聚合物抗折试验后形貌

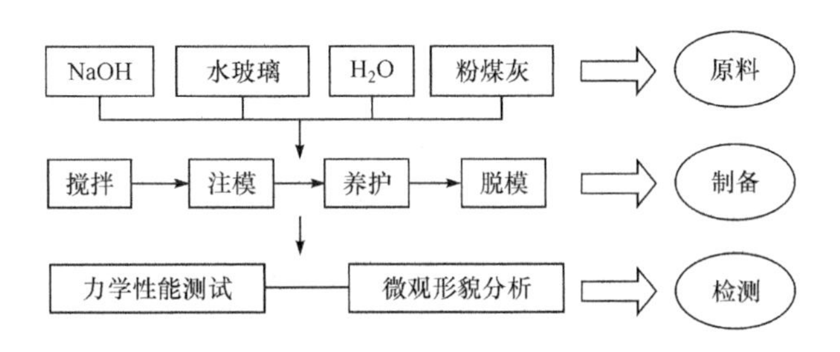

图 3.7　利用锰渣制备地质聚合物工艺流程图

研究结果发现:

(1) 利用电解锰渣制备地质聚合物的最佳工艺为:最佳组分配比为锰渣∶镁渣∶粉煤灰=8∶1∶1,煅烧高岭土含量为 30%,水灰比取 0.45,碱激发剂含量为 10%,地质聚合物 3 天平均抗压强度达 36.3MPa。

(2) 碱激发剂含量直接影响胶凝材料的凝结速率,并且对于胶凝材料的强度有明显的作用。在制备电解锰渣的地质聚合物过程中,应当控制锰渣的用量,锰渣的增加会增加材料的脆性,并且制备过程中吸水性能下降。

(3) 以电解锰渣为主体原料,共同利用粉煤灰和镁渣的过程中,粉煤灰∶镁渣=1∶1 左右较佳,粉煤灰和镁渣中都含有 Al、Ca、Si 等利于形成多维聚合物,一定程度上增加了制品的强度,同样可以利用其他工业废料联合制备地质聚合物。

3) 电解锰渣作墙体材料

由于电解锰渣中主要含 SiO_2、CaO、Fe_2O_3 和 Al_2O_3 等,所以较适合用作制砖原料。在制作黏土砖时添加 3%～10%的电解锰废渣,烧制的红砖不仅外形美观,而且强度可提高一个等级,该技术已在湖南省娄底市得到了应用。万军等[30]用锰渣、细集料、水泥、生石灰和石膏加水制备免烧的空心砌块砖,砌块强度达 5～25MPa,空心率大于 25%,锰渣用量高达 40%以上。刘胜利等利用选矿(预先磨矿、强磁粗选和强磁扫选)后的电解锰废渣与黏土混合制砖,尾矿与黏土质量比为 7∶3,烘干 4h,温度 100℃ 时制作的砖可达国家一级民用砖标准,抗压强度为 7.5MPa。但该方案需用到选矿设备,使制砖成本大大增加,因此并未投入使用。用电解锰渣制砖还存在许多问题,但相对而言,在制砖方面可掺加量相对较大。随着我国城镇建设的飞速发展,砖等建筑材料需求急剧增加,研究原材料来源广泛、电解锰废渣添加比例高、生产成本低、不添加黏土、产品质量高的制砖技术,最具开发前景。

3. 生产农用肥料

电解金属锰渣中含有 氮、磷、硫、锰、硅、硒、锌、铜、铁、钾等元素,这些都是植物生长发育所需的营养元素。电解锰渣的矿质营养含量见表 3.11[31]。

表 3.11 电解锰渣的矿质营养含量 (单位:g/kg)

元素	含量	元素	含量
氮	9.5～14	有效硅	4.6
磷	5.7～6.3	锰	30
钾	0.4～0.6	铁	23
钙	50	有机质	50～70
镁	30	碳	80
硫	80～110	黏土	450
锌	75～112	钴	42～64
硼	114～116	硒	31～33
钼	11～12	锗	0.22
铜	50～54	pH	606

农作物生长所需的中量元素、微量元素(电解锰生产的杂质)与硫酸反应,生成中溶和易溶的硫酸盐,此外矿粉制电解液过程中的废渣含大量有机质和农作物生长需要的营养基质,为作物生长需要提供有益元素。电解锰废渣有机质接近人类尿的下限,有机质矿化其黏结力仅为土壤黏粒的 1/11,可减少黏重土壤内聚力,改善宜耕性,增强保水能力。利用废锰渣生产的锰肥,对改善土壤肥力、增加产量、提高农作物品质具有明显的作用,是一种投入少、增产效益显著的肥料。蒋明磊等[32]对锰渣制备硅锰肥进行试验研究,通过高温煅烧和微波消解的方法活化锰渣中的 SiO_2,为植物提供必要的生长元素。王槐安[33]在锰渣中加入 5%～10%的生磷矿粉进行磷化处理,制作出富含各种农作物所需营养成分的全价肥料。研究表明,将锰渣+锰矸石混合施于小麦时,能增加小麦生长的后期营养,改善其株高、穗长、穗粒数和百粒重,并提高小麦的叶绿素含量[34]。

锰元素参与叶绿素和维生素 C 的合成,与水的光解和光合作用关系密切;锰有助于增加糖类在植物体内的积累,促进蛋白质合成,提高作物的呼吸强度,减少作物病害。同时,铁以及其他微量元素与 Mn^{2+} 共同对植物生长发育起着相辅相成的优良作用。电解锰渣中富含硒、锌等元素,可以开发富硒化肥用于农业。试验表明,在农作物地里施用一定量电解锰渣制成的富硒肥,可使农作物中有益元素硒的含量增加一倍,从而提高农产品品质。在我国有 30%土壤缺锰,20%土壤缺硫,还有许多土壤缺硒等微量元素,而锰渣中含有各种元素,从而对植物的生长发育起到抗病增产的作用。K. Junnichi 将锰渣与 CaO、$Ca(OH)_2$、$CaCO_3$ 混合,制得硅酸钙肥。A. S. Taichinova 开展锰矿渣对玉米、野豌豆和燕麦的肥效研究,结果表明三种农作物的产量均提高 25%左右。我国在锰渣制锰肥方面的研究起步较晚,钱发军等使用电解锰渣制备新型化肥，用连续三年的时间研究电解锰渣肥料对小麦试验的影响。试验结果表明，这种锰肥不仅对小麦根生长发育有促进作用，还可使茎秆的茎壁增厚，叶面积增大，并且小麦的成穗率大有提高，抗弯折、抗倒伏和抗灾害的能力明显增强。有人将锰渣加工处理成锰肥，通过试验结果验证锰肥可以促进农作物的生长发育并显著提高产物产量。有人研究电解锰的尾矿和锰对小麦、萝卜和辣椒三种农作物产量的影响，通过研究三种农作物的性状、锰质营养素以及植物叶绿素，试验证明锰渣可制备锰肥。

利用锰渣制备锰肥现如今仍处于实验室研究阶段，锰肥的效果未在实际中被充分证实，尚不能大规模推广应用，并且电解锰渣中其他重金属离子对农作物的影响还缺乏研究。随着我国化肥，特别是氮肥使用量的大幅增加，化肥的增产效益逐渐下降，为了更好地发挥 N、P、K 的作用，有必要对土壤增施微量元素，进行合理施肥和科学施肥，大力开发微量元素肥料。利用电解锰渣生产锰肥，对改善土壤肥力、增加产量、提高农作物品质具有明显作用，是一种投入少、增产效益显著的肥料。

4. 锰渣尾泥制砖

自很多地区禁止使用黏土制砖以来，电解锰渣能否成为新型制砖材料受到广泛关注。在回收锰之后仍有 80%左右的废渣排放，这部分废渣粒度细，难以堆存，会对环境产生污染。回收锰后的废渣中主要含 SiO_2、CaO、Fe_2O_3、Al_2O_3 等，较适合用作制砖原料。废渣的塑性指数为 11.6，同一稠度含水率为 18%，也较适合用作民用砖原料的条件。根据废渣的化学组成中含 Al_2O_3 等黏土矿物较低特性，有人进行了添加不同比例黏土的试验，试验表明，随黏土比例增加，抗压强度渐增，在黏土占 30% 时，抗压强度达 10.8MPa，占 50%时达 11.5MPa；根据国家一级民用砖标准，抗压强度为 $75kg/cm^2$，因此确定废渣与黏土比例为 7.3 即可，试验最终确定烘干 4h、温度 100℃最适宜。工业试验是用大样在制砖厂的生产线上进行的，所得出的试验结果均达到国家二级民用砖标准，耐久性达到国家一级民用砖标准，产品可直接进入建材市场。

电解锰渣中含有地壳中的常见元素如 Si、Ca、Fe、Al，满足制砖的基本条件，固体废物制砖可实现废物的资源化利用，利用尾矿渣、钢渣、沉积淤泥等废物烧结制砖的研究已取得一定成效。现有研究表明锰渣也可以用于制成免烧砖、烧结砖、陶瓷砖和蒸压砖。

1）免烧砖

已有将建筑废料、磷石膏废弃物、钻井泥浆和钢渣等用于生产成本低廉的免烧砖[35,36]。另外将电解锰渣、粉煤灰、石灰、水泥等胶凝材料按一定比例混合加工，掺入骨料，压制成型可以生产一种电解锰渣免烧砖，抗压强度可达到 10MPa 以上。

2）烧结砖

作为建筑材料，烧结砖具有保温隔热、调节湿度、隔音、防火等优点。可以将粉煤灰、水库污泥、金属矿渣等用于生产烧结砖，降低成本的同时保护环境。配合一定的电解锰渣、页岩、粉煤灰可制得烧结砖，其强度可达到22.64MPa，浸出锰含量也降至0.6763mg/L，结果优于国家标准限定值。若将上面三种材料与镉渣、铁渣、钙镁渣按一定配比混合，加入稳定剂腐殖酸钠后，可以降低烧结温度。

3）陶瓷砖

由于传统电解锰渣的利用途径不是锰渣利用量小就是容易造成二次污染，所以研究发现，除去干扰坯体白度的锰、铁后由电解锰渣制备陶瓷硅的方案是可行的，其中锰渣掺量为30%～40%。因此，有人将电解锰渣代替黏土配合废玻璃和高岭土制成陶瓷砖，对电解锰渣的掺量高达40%，且试样的“主晶相”为锰钙辉石，说明重金属锰离子进入了锰钙辉石的晶格中，实现了对锰的“解毒”，以解决锰对环境的污染问题；缺点是这个方案中废玻璃含量高，烧结过程中容易由固相快速转变为液相，烧结温度低，导致试样吸水率偏大，使其综合性能降低。利用高铝矾土代替上述方案中的废玻璃制造陶瓷砖，则可以提高烧成温度，且主要性能优越。

4）蒸压砖

有研究将电解锰渣用于制取蒸压砖，没掺入水泥的情况下，砖的强度最高只能达到11MPa左右，加入10%～20%水泥和5%～10%生石灰后，蒸压砖的抗压强度可以达到20～30MPa，抗折强度4.5～6.5MPa，此时的锰渣掺入量达到60%。Du[37]等研究利用电解锰渣制备蒸压砖，结果表明利用生石灰对电解锰渣砖块进行前处理，能够有效地稳定重金属离子。高质量锰渣砖的原料优化比例为：锰渣30%～40%，水泥10%～20%，细骨料40%～60%。有人以砂、石灰为主要原料，经胚料制备，压制成型，蒸压养护而成实心或空心砖，测试结果证明，蒸压灰砂砖既具有良好的耐久性能（抗冻性、耐水性、吸水性、耐高温性、耐化学腐蚀性、自然条件下强度变化），又具有较高的墙体强度。蒸压砖的浸出毒性符合《危险废物鉴别标准浸出毒性》标准的要求。

5. 电解锰渣用作铺路材料

有研究者用含锰废渣（苯胺法生产对苯二酚过程中产生的工业废渣）代替天然黏土作为公路路基回填土，将含锰废渣和消石灰按一定配比进行混合，结果表明含锰废渣完全能够代替一般黏土作为路基回填土，其抗冻、抗水性能较好，膨胀率低。含锰废渣的化学成分与电解锰废渣的化学成分相似，因此电解锰废渣有望在路基材料方面获得应用。王朝成等[38]研究石灰粉煤灰与磷石膏改性二灰对锰渣的稳定效果，证明锰渣用作路面基层材料的可行性，锰渣用量达55%～92%。锰渣中的重金属离子会通过雨水渗透到路基附近的土壤，影响其周边的作物生长，因此大规模地推广锰渣在公路路基材料方面的应用，还要考虑去除锰渣中重金属离子的“毒化”影响而降低其对环境的污染。

6. 电解锰渣用作硫黄水泥的填充材料

电解锰渣作为建筑材料时，明显的缺点是建筑材料本身有较高的硫酸铵的浓度和较高的湿度。较高的湿度能引起后期使用过程的钢筋混凝土的腐蚀和水泥材料本身的膨胀，降低锰渣建筑材料的质量。硫黄水泥及其水泥净浆具有较高的热塑性、优异的抗渗透性等优点，温度超过硬化温度(120℃)即可硬化。使用过程中能够出色地抑制一些酸、矿物盐的离子或者基团的渗透，并且能够在24h内硬化。吕晓昕等[39]将锰渣用于硫黄混凝土的生产，与普通硅酸盐水泥相比，硫黄混凝土具有极低的渗水率、超强的抗腐蚀能力以及优异的力学性能。Yang等[40]研究用富硫锰渣作填充材料的硫化水泥的微观结构、机械强度和溶出特性等，结果表明利用锰渣作为填充材料的硫黄水泥具有理论上的可行性，其抗压强度和抗折强度可达63.17MPa和9.47MPa。由于硫黄水泥有疏水性能，大部分酸性溶液和盐类离子不能渗透进入水泥内部。其溶出结果显示，所有溶出重金属离子完全低于国家污水排放标准值(GB 8978—1996)。

7. 电解锰渣制备微晶玻璃

微晶玻璃是经过高温熔化、成型、热处理而制成的一类晶相与玻璃相结合的复合材料，具有机械强度高、热膨胀性能可调、耐热冲击、耐化学腐蚀、低介电损耗等优越性能，被广泛用于机械制造、光学、电子与微电子、航空航天、化学、工业、生物医药及建筑等领域。

Qian等[41]进行了电解锰渣制备微晶玻璃的探索性试验，当电解锰渣的粒度为0.5μm左右时，电解锰渣粒子通过节能热处理过程被紧紧地包裹在晶体粒子表面，最主要的晶相为透辉石和钙长石，成核条件为750℃×2h，结晶条件为1100℃×2h。

8. 电解锰渣的其他应用

利用电解锰渣合成沸石分子筛，制备流程如图3.8所示[42]。合成过程分为两步，分别在NaOH和$NaAlO_2$溶液进行。最终合成的Na-A zeolite的表面积可达35.38m^2/g。但是，分子筛的合成可利用锰渣量有限，不能很好地解决大量锰渣的排放问题。

综上所述，目前我国固化处理锰渣的方法是将废渣与石灰按一定比例混合后进行填埋。锰渣的资源化再利用技术如今尚存在不足，吃渣量小，并且锰渣再利用技术处在试验研究阶段，相关技术仍有待完善。固体废物的资源化利用对于减少和消除固体废物带来的危害，以及对环境的保护和能源的节约具有重大意义。

图 3.8 电解锰渣制备沸石分子筛流程图

3.4 锰渣的国外治理和资源化利用情况

国际上，矿产资源高效清洁利用的发展趋势主要是向高回收率、低成本、节能、环保和健康安全方向发展。高回收率是通过技术创新提高矿产资源的利用率，低成本是要降低单位产量的成本，节能是要降低单位产量的能量消耗，环保是要降低单位产量的噪声、废气、废水、固体废物的排放，健康安全是提高工人的安全、降低工人有害物质的暴露。国外一些发达国家已基本实现工业固体废物的安全处理、处置与环境风险全过程控制，逐步将工业固体废物作为可循环利用的矿物资源，从简单的减量化、低值化的建材建工利用向高值化的有价资源梯级提取与协同利用方式转变，实现资源全组分利用与污染转移控制。

欧美等发达国家对电解锰生产环保及污染防治要求极其严格，技术准入门槛很高。对电解锰行业的环境保护主要有以下措施。

1）不允许使用含硒电解工艺

不允许电解锰企业在电解过程中使用二氧化硒作为添加剂，采用 SO_2 电解工艺，从源头上消除硒的污染。

2）不允许使用含铬钝化工艺

南非 MMC 公司采用无钝化工艺生产电解锰，在锰板上电解沉积的锰可达到相关标准要求，无需钝化，直接进行干燥、剥离，从根本上消除使用 Cr^{6+} 钝化工艺的环境风险。

3）对锰渣安全处置要求十分严格

（1）对锰渣的安全处置要求很高，包括：锰渣库底部全部用混凝土进行防渗处理，建有各种配套设施，80%～90%渗滤液可由渗透液回收装置回收。

(2) 新锰渣库底部采用四层防渗膜及沙子进行防渗，渣场周围进行填筑护坡，实行水平堆放，对渣尘使用机械洒水防扬散并压实。

(3) 锰渣运输车辆在出厂前必须进行冲洗，对冲洗液进行回收，对运输路线进行定时洒水并清扫，防止倾洒的锰渣形成扬尘。

(4) 严格控制电解锰企业废水中的 Mn^{2+} 浓度。我国对电解锰企业排放废水中 Mn^{2+} 浓度的限值为 2.0mg/L，而南非政府对电解锰企业废水中 Mn^{2+} 浓度的限值为 0.2mg/L，且在实际监管中要求十分严格。

3.5　锰渣综合治理及资源化利用发展前景

电解锰渣几乎属于我国特色渣，国外由于锰产量少或没有，对电解锰渣的研究成果基本为零。我国长期以来以牺牲环境为代价换取经济增长的发展模式注定对电解锰渣的研究极度缺乏，所以电解锰渣的无害化甚至资源化处理相对该产业的迅猛发展严重滞后。从产业发展角度，大量堆存的电解锰渣不符合我国作为电解锰生产大国的地位；从可持续发展、建设环境友好型社会的目的出发，电解锰渣的无害化处置、资源化利用应刻不容缓地被提到议事日程上。

由于电解锰渣是一种相对特殊的废渣，其黏度大、含水率高，基本属于惰性材料，一直缺少有效的利用方式。从现有资料分析，电解锰渣研究还处于基础起步阶段，对其基本性能，特别是从综合利用角度进行的性能研究显得很缺乏。

国外曾经生产电解锰的国家主要有美国、日本、乌克兰、南非。自 20 世纪 30 年代以来，电解锰生产技术取得较大进展，生产工艺由采用二氧化硒添加剂逐步发展为采用 SO_2 添加剂，1t 产品电耗从 1 万余千瓦时逐步下降到 7000kW · h。电解锰行业属于资源能源消耗高、环境污染严重的工业行业，欧美国家在污染控制方面的技术政策限制非常严格。目前，除南非还有一家电解锰企业（MMC 公司）仍在生产外，日本的东洋曹达（3600t/a）、中央电工（3600t/a）和三井公司（12000t/a），美国的福特矿物公司（12000t/a）和埃肯公司（10000t/a），以及乌克兰的电解锰企业均已先后关闭。南非 MMC 公司于 1985 年由 Nelspruit 和 Krugersdorp 联合组建，电解锰年生产能力 5 万 t，实际年生产量为 4.5 万～4.7 万 t，是目前世界上生产能力较大的电解锰厂家，主要生产 99.9%高纯度的金属锰，产品质量已经通过了 ISO 9001 和 ISO 2000 认证。

锰渣综合利用是解决锰渣污染和消除环境隐患的根本途径。现有的锰渣资源化利用技术由于用渣量少、应用不成熟等，未能大规模应用。研究开发将新增和堆存锰渣全部消化的大添加比、高附加值新型锰渣资源化技术是当今的重要任务。国内外学者对电解锰渣的综合利用进行了一系列研究，但迄今为止工业化利用方面却进展缓慢，还没有真正意义上的工业化利用实例。要真正实现电解锰渣的资源化利用，必须遵循以下原则：

（1）对电解锰渣特性进行深入研究。首先，进一步加强对电解锰废渣特性的研究，应有系统、科学的研究规划，为多途径利用（如物理方法、化学方法和生物方法等）奠定基础；其次，设立一些合理有效的科研项目（包括无铬钝化、无硒电解、严格控制水量的机械洗板、剥扳机械化、废水除氨氮处理、废渣安全有效利用等）；最后，研制新的节能、降耗工艺、设备、材料，如新的破碎机、磨粉机、搅拌装置、新型电解槽、新型阴、阳极板、剥扳机、洗板机、机上可洗的高压隔膜压滤机、磁选机、后序工序机械化以及还原和废渣的利用等新工艺等。

（2）利用电解锰渣的成本不能太高。对于企业，最重要的是实现利润最大化，即便有了最先进的技术，但综合成本过高，企业“入不敷出”，这样的技术毫无意义。

（3）市场需求量大或附加值高。废弃物的资源化利用可分为粗放型和精细型两种。粗放型利用所开发的产品，应该是成本低、工艺简单，尽管利润不高，但有较大的市场需求，这样才能从根本上解决大量废渣带来的环境问题。精细型工艺可复杂，成本可较高，但应有高的附加值、高的利益回报才能使企业加大投入。

实现矿产资源及其工业固体废物高效清洁利用对有效利用矿产资源和合理保护生态环境将发挥积极作用，对推动我国经济增长方式由“粗放型”向“集约型”转变，实现资源优化配置和经济可持续发展具有重要意义。因此，矿产资源高效清洁利用必将是我国经济发展的一项重大战略方针。当前我国矿产资源在高效清洁利用领域有了明显的成绩，但是矿产资源高效清洁利用是长远大计，要以高效利用为核心，基地建设和示范工程为主导，清洁发展和节能减排为前提，坚持矿产资源高效清洁利用的方针不变。因此，根据我国矿产资源特点和高效清洁利用现状，我国现阶段及未来矿产高效清洁利用的方向应该为：一是对传统矿石的高效利用；二是复杂共生、伴生矿石的高效利用；三是目前不能利用但将来可利用的低品位矿和“呆矿”的高效利用；四是矿山生态环境的优化。

1）完善相应的法律法规及政策机制

在《中华人民共和国宪法》和《中华人民共和国矿产资源法》的指引下，我国制定了一系列的政策和相关法规，初步建立了我国矿产资源的管理法律、法规体系框架，使矿产资源及其勘查开发与管理进入了有法可依的轨道。虽然矿产资源合理利用的规制建设已经越来越引起我国政府的关注，但这只是简要而抽象地规定一些鼓励开展矿产资源综合、合理利用的政策、方针，缺少可行、有力的措施和具体明确的执法主体，在执行中“打折扣”的现象时有发生。因此要健全矿产资源法律法规体系，加快矿产资源高效清洁利用法规体系建设，研究制定一系列的环境保护与资源综合利用法律法规，并完善《矿产资源法》和《中华人民共和国清洁生产促进法》等法规，使资源的高效清洁利用纳入法制化轨道，为矿产资源高效利用、发展循环经济提供法律保证；要设立矿产资源合理利用专项基金并建立监管机制，将国家用于扶持矿产资源综合利用包括税收在内的优惠经济政策真正落实到位，提高企业开展矿产资源综合利用的积极性；要强化对矿产资源综合利用的监督管理，加强对勘探和生产过程中的全面综合评价与考核监督；最后要完善矿产资源及矿业权有偿使用制度，加快出台矿业企业整合政策，建立重要矿产资源保护利用机制等。

2）加强新技术、新工艺的开发与应用

矿产资源高效利用的根本在于技术的进步，加强采选冶过程中新技术、新工艺的研究及推广，不断提高矿产资源的综合利用水平。实现矿产资源的高效利用，必须针对我国资源特点，借助每个单元的技术创新和设备革新，进一步创新适合我国资源特点的选矿新技术，如生物选矿技术、微细粒贫矿选矿技术、多金属共生矿综合利用技术、尾矿再利用技术等；在催化反应、装备、流程工艺等方面形成一批自主知识产权，综合利用资源的核心技术、先进装备等。

3）积极治理矿山“三废”，推广清洁生产模式

我国要摆脱“先污染，后治理”的模式，积极治理矿业三废，对已污染矿山的生态环境进行全面修复，不再新建破坏生态环境的开采项目，在新建矿山中积极推广清洁生产模式。在未来的几年里，着力突破以下技术难题：矿区重金属复合污染土壤的生物、物化联合修复技术，植物修复安全处置与资源化利用关键技术，重金属污染土壤联合修复集成技术，矿区重污染土壤的钝化技术，矿区有机物的微生物固化降解技术和生物表面活性剂强化修复技术，原位微生物修复技术，植物-微生物联合修复技术，放射性核素污染土壤控制与修复技术，矿山生态恢复与重建技术与方法等。

参考文献

[1] 吴敏．电解锰渣的胶结固化研究[D]．重庆：重庆大学，2014.

[2] 朱志刚．中国锰矿资源开发利用现状[J]．中国锰业，2016，34(2)：1-3.

[3] Mineral commodity summaries[EB/OL]. http://minerals.Usgs.gov/minerals/pubs/commodity/manganese/mcs-2015-manga.pdf[2015-3-1].

[4] 国土资源部．2013年全国矿产资源储量通报[Z]．北京：国土资源部，2013.

[5] 周长波，何捷，孟俊利，等．电解锰废渣综合利用研究进展[J]．环境科学，2010，(8)：1044-1048.

[6] 曾湘波．中国电解金属锰行业的发展趋势[J]．中国锰业，2014，32(1)：1-4.

[7] Araujo J A M, Castro M M R, Lins V D F C. Reuse of furnace fines of ferroalloy in the electrolytic manganese production[J]. Hydrometallurgy，2006，(84)：204-210.

[8] 刘胜利．电解金属锰废渣的综合利用[J]．中国锰业，1998，16(4)：34-36.
[9] 张蕾．锰渣性质的研究及无害化处理[D]．重庆：重庆大学，2012.
[10] Elsherief A E. A study of the electroleaching of manganese ore[J]. Hydrometallurgy, 2000, 55(3): 311-326.
[11] Tao C Y, Li M Y, Liu Z H, et al. Composition and recovery method for electrolytic manganese residue[J]. Journal of Central South University Technology, 2009, 16(s1): 309-312.
[12] 周长波，于秀玲，周爽，等．电解金属锰行业推行清洁生产的迫切性及建议[J]．中国锰业，2006，24(3)：15-18.
[13] 王夔，唐任寰，徐辉碧，等．生命科学中的微量元素[M]．北京：中国计量出版社，1996.
[14] 姜焕伟，谢辉，朱苓，等．电解金属锰生产中的废水排放与区域水质污染[J]．中国锰业，2004，22(1)：5-9.
[15] 胡南，周军媚，刘运莲．硫酸锰废渣的浸出毒性及无害化处理的研究[J]．中国环境监测，2007，23(2)：49-52.
[16] 沈华．湘西地区锰渣污染及防治措施[J]．中国锰业，2007，25(2)：46-49.
[17] Chidiac S E, Panesar D K. Evolution of mechanical properties of concrete containing ground granuated blast furnace slag and effects on the scaling resistance test at 28 days[J]. Cement and Concrete Composites, 2008, (30): 63-71.
[18] 李元海．固体废物固化处理技术的工业应用[J]．炼油与化工，2011，22(3)：13-16.
[19] 钟文毅，龙林景，钟道生．一种电解锰渣中的锰回收利用工艺[P]：中国，201210293976.3. 2012.
[20] 王星敏，徐龙君，胥江河，等．电解锰渣中锰的浸出条件及特征[J]．环境工程学报，2012，6(10)：3757-3761.
[21] 刘唐猛，钟宏，尹兴荣，等．电解金属锰渣的资源化利用研究进展[J]．中国锰业，2012，30(1)：1-4.
[22] Lu J P, Ma L J, Huang Y M, et al. Extraction of manganese from its slag by polyepoxysuccinic acid[J]. Huanjing Kexue Yu Jishu, 2011, 34(8): 101-103.
[23] Li H, Zhang Z H, Tang S P, et al. Ultrasonically assisted acid extraction of manganese from slag[J]. Ultrasonics Sonochemistry, 2008, 15(4): 339-343.
[24] Ouyang Y Z, Li Y J, Li H, et al. Recovery of manganese from electrolytic manganese residue by different leaching techniques in the presence of accessory ingredients[J]. Rare Metal Materials and Engineering, 2008, 37(z2): 603-608.
[25] Xin B P, Chen B, Duan N, et al. Extraction of manganese from electrolytic manganese residue by bioleaching[J]. Bioresource Technology, 2011, (102): 1683-1687.
[26] 段宁，周长波，彭晓成，等．一种利用电解锰渣制备建筑材料的方法[P]：中国，200910085791.1. 2009.
[27] Takahara T, Tokitaka S. Method for producing cement using manganese slag as raw material[P]: United States, US 5916362. 1999.
[28] Kumar S, García-Trinanes P, Teixeira-Pinto A, et al. Development of alkali activated cement from

mechanically activated silico-manganese(SiMn) slag[J]. Cement and Concrete Composites, 2013, 40(10): 7-13.

[29] 贾天将．一种利用电解锰渣作缓凝剂制备水泥的方法[P]:中国,201310558180.0.2014.

[30] 万军，甘四洋，王勇，等．电解锰渣制备的空心砌块及其制备方法[P]:中国,201010132307.2010.

[31] 周长波．电解锰渣处理处置技术与工程[M]. 北京：化学工业出版社,2014.

[32] 蒋明磊,杜亚光,杜冬云,等．利用电解金属锰渣制备硅锰肥的试验研究[J]. 中国锰业，2014,32(2): 16-19.

[33] 王槐安．电解金属锰废渣作为肥料的应用[P]:中国,95112500.1. 2011.

[34] 徐放,王星敏,谢金连,等．锰尾矿中锰对小麦生长的营养效应[J]. 贵州农业科学,2010,38(8): 56-61.

[35] 王勇,张乃从,叶文号,等．一种电解锰渣生产的加气混凝土以及制备方法[P]:中国，101644089 A. 2010.

[36] 卿富安．一种制备电解锰渣砖的新配方和工艺方法[P]:201110345175.2. 2012.

[37] Du B, Zhou C B, Duan N. Recycling of electrolytic manganese solid waste in autoclaved bricks preparation in China[J]. Journal of Material Wastes Manage, 2014, 16: 258-269.

[38] 王朝成,查进,周明凯．磷石膏二灰稳定锰渣基层材料的研究[J]. 武汉理工大学学报，2004,26(4): 39-41.

[39] 吕晓昕,田熙科,杨超,等．锰渣废弃物在硫黄混凝土生产中的应用[J]. 中国锰业,2010,28(2): 47-50.

[40] Yang C, Lv X X, Tian X K, et al. An investigation on the use of electrolytic manganese residue as filler in sulfur concrete[J]. Construction and Building Materials, 2014, (73): 305-310.

[41] Qian J S, Hou P K, Wang Z, et al. Crystallization characteristic of glass-ceramic made from electrolytic manganese residue[J]. Journal of Wuhan University of Technology, 2012, (27): 45-49.

[42] Li C X, Zhong H, Wang S, et al. A novel conversion process for waste residue: Synthesis of zeolite from electrolytic manganese residue and its application to the removal of heavy metals[J]. Colloids and Surfaces A: Physicochemical and Engineering Aspects, 2015, (470): 258-267.

第4章 铅锌冶炼污酸渣处置

4.1 概 述

有色金属是国家重要的战略资源，被广泛应用于机械、建筑、电子、汽车、冶金、包装、国防等重要行业和部门，不仅是支撑国民经济发展的重要物质基础，也是支撑国防现代化的基础材料，更是支撑国家重大战略工程的关键材料。因此，有色金属冶炼行业是经济社会发展的重要基础性产业，对国民经济发展和综合国力提升具有举足轻重的、不可替代的重大作用[1]。但有色金属冶炼属于重污染行业，冶炼废渣、尾矿渣产生量和堆存量大，据统计，每年我国有色行业冶炼废渣产生量上亿吨，尾矿产生量达10亿t。铅锌行业是有色金属冶炼的重要代表。我国是铅锌生产和消费大国，铅锌产量和消费量连续多年位居世界第一。以铅锌冶炼行业工业固体废物为例，其主要来源于冶金炉渣和酸性水处理渣(污酸渣)。每吨粗铅平均排放0.96t渣，每吨锌平均排放0.71t渣[2]，我国仅铅锌行业年产生的废渣估计超过600万t，历年堆存量近亿吨。这些工业废渣除较少部分被回收利用外，绝大部分以露天堆存为主。这些固体废物长期积累堆置不仅占用土地资源、污染环境，且存在安全隐患[3]，极大地制约了铅锌行业可持续健康发展和“两型社会”的建设。

鉴于重金属污染已经对我国环境和居民健康构成了严重的威胁，近年来全国掀起了重金属污染整治“风暴”，在全国范围开展重金属污染企业的排查和执法大检查活动。国务院和全国各省份相继出台了多份关于加强重金属污染防治工作的指导意见、防治规划和实施方案，对加快有色冶炼行业的转型升级，促进行业可持续发展起着重要的作用[4]。考察铅锌渣的主要污染物，研究其有害特征，探讨治理途径，对解决铅锌弃渣对环境污染具有重要的现实意义。

4.1.1 主要污染物

铅锌行业不仅是需要大量能源、矿产资源、原辅材料的高消耗资源行业，也是产生副产品较多的行业。铅锌冶炼行业生产工艺繁多，从选矿到最后产生成品，经过资源勘探、采矿、矿石处理、提炼有价金属、金属熔炼及处理、铸造、机加工、后序处理等多道程序。同时，我国冶炼企业的集中度不高，工艺技术及装备水平也参差不齐，有些企业已经跨入国际先进行列，但也有相当多的铅锌冶炼企业工艺落后，生产装备简单。因此，在不同的生产环节和不同的企业不可避免地出现不同程度的环境污染[5]。

我国硫化铅精矿炼铅普遍采用火法粗炼-电解精炼的生产工艺[6]，其工艺流程如图 4.1 所示[7]。

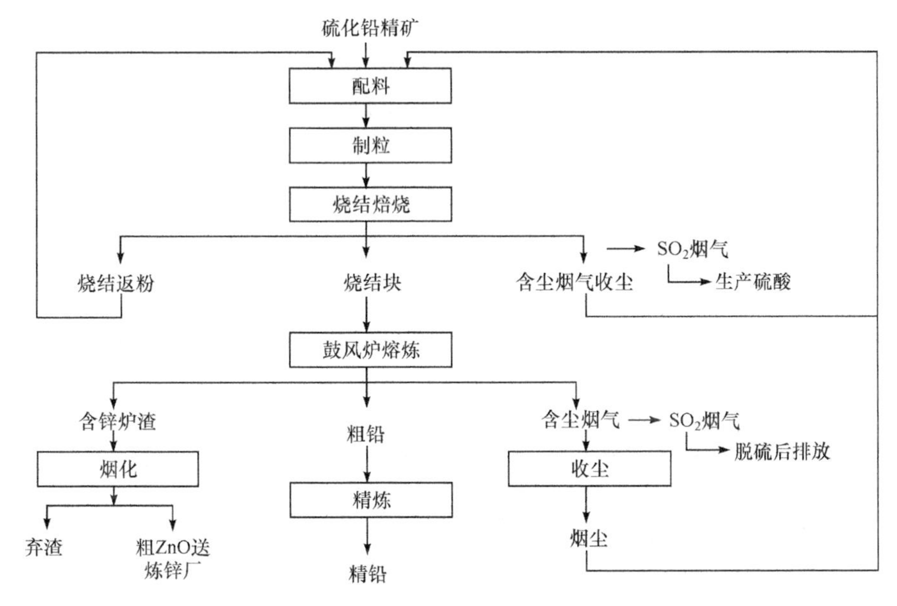

图 4.1　铅冶炼工艺流程

如图 4.1 所示，铅冶炼主要包括烧结焙烧、鼓风炉熔炼和精炼等过程。在烧结焙烧阶段，铅精矿中的 PbS 在高温下氧化为 PbO，化学反应式为

$$2PbS + 3O_2 = 2PbO + 2SO_2 \tag{4-1}$$

PbO 与其他配料一起烧结成块，其中烧结块含铅 40%～50%，含硫低于 2%。烧结过程中产生的焙烧烟气含有较高浓度的 SO_2，可以用于生产硫酸。将所得的烧结块配以 10%左右的焦炭装入鼓风炉进行熔炼，一般从炉的下部鼓入空气、预热空气或富氧空气，使焦炭燃烧，保持风口区的温度在 1300℃左右，由于焦炭的不充分燃烧而产生大量的 CO 气体，CO 高温烟气在炉内向上运动，在此过程中与高温焦炭一起将炉料中的氧化铅还原成铅，而氧化铁等形成炉渣。在此过程中的化学反应为

$$PbO + C = Pb + CO(g) \tag{4-2}$$

$$PbO + CO = Pb + CO_2(g) \tag{4-3}$$

所得铅液在向下流动过程中捕集金、银、铜、铋等金属，得到含铅约 98%的粗铅，随后精炼。炉渣经烟化处理后，含锌较高的部分可用于回收锌、铅，另一部分则为弃渣。粗铅经电解后产出精铅、阳极泥和浮渣。电解阳极泥主要富含金银等贵金属，可用于回收处理，在这些贵重金属的回收过程中，将会进一步产出高砷锑、铜铅渣等数量较少的待处理物料。粗铅在电解前熔化除杂和阴极片熔铸的过程中会产生浮渣，其主要成分为 Pb 和 Cu，此外还含有 Sb、Co、Ag、Au 及其他元素。

我国锌冶炼行业主要有火法冶炼和湿法冶炼两种，但湿法冶炼逐渐成为主流，约占锌冶炼行业的70%。湿法冶炼主要有焙烧、浸出、净化、电解沉积等工序步骤[2,8]。其工艺流程如图4.2所示。

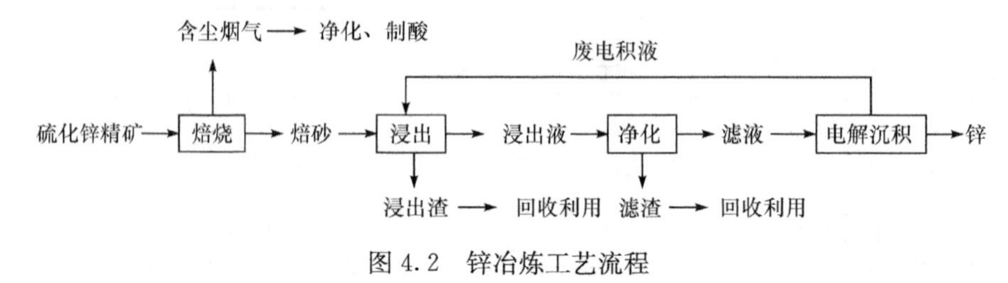

图4.2 锌冶炼工艺流程

湿法冶炼中焙烧的目的是使精矿中的硫化锌转变为可溶于稀硫酸的氧化锌，即酸溶锌。一般焙烧是在空气过剩的条件下、温度为850～900℃时进行。焙烧能使锌矿中的锌最大限度地溶解，尽量减少不溶于稀酸的铁酸锌($ZnO \cdot Fe_2O_3$)和难溶的硫化锌，正常情况下应使可溶锌占总锌量的90%以上。在随后的工序中采用硫酸体系对焙烧矿进行浸出，此过程也是产生锌渣的主要环节。按作业终点控制的酸度可分为中性浸出和酸性浸出。中性浸出采用电积锌的废液和各种过滤返回液配制的溶液浸出焙烧矿，可使大部分氧化锌溶解，得到含锌12%～17%的浸出液。中性浸出渣中残余的氧化锌可用酸性浸出液再次溶解，以便提高产率。浸出液中含有的某些杂质的标准电极电势比锌高，因此在下一步电解前必须净化除杂，在此过程中，通过不同的添加剂和温度控制，使硫酸锌溶液中的钴、铜、镉等杂质沉淀，形成富含有价金属的净化渣。以含有硫酸的硫酸锌水溶液为电解液，含银0.5%～1%的铅板为阳极，压延铝板为阴极，进行锌的电积。电积得到的锌片经熔铸后得到锌锭(或合金)，在此过程中，会产生阳极泥。另外，加入添加剂会产出一部分浮渣。

以年产万吨铅锌冶炼厂为例，废渣的产生环节及产生量如表4.1所示[2,7]。

表4.1 铅锌冶炼产生的各类渣

废渣来源	废渣名称	废渣产率(t/t干基)	所占比例/%
铅冶炼	粗炼还原炉渣	0.600	84.95
	粗炼浮渣	0.030	4.25
	精炼浮渣	0.065	9.20
	贵金属冶炼氧化还原渣	0.011	1.50
	其他渣料	0.0007	0.10
	总计	0.707	100

续表

废渣来源	废渣名称	废渣产率(t/t 干基)	所占比例/%
锌冶炼	锌浸出渣	0.900	93.63
	锌净化结晶渣	0.015	1.56
	浮渣	0.025	2.60
	其他渣料	0.021	2.21
	总计	0.961	100
铅锌三废处理综合渣	污酸滤渣	0.0025	3.31
	石膏渣	0.025	33.11
	废水中和渣	0.048	63.58
	总计	0.0755	100

由表 4.1 中可以看出，在火法粗炼-电解精炼的铅冶炼生产过程中主要产生粗炼还原炉渣、粗炼及精炼浮渣、贵金属冶炼废渣等。在湿法冶炼锌的过程中会产生大量的锌浸出渣，此类废渣是锌冶炼的主要废渣，约占锌冶炼系统总量的 94%。此外，还有在对锌浸出液进行除杂的过程中产生的净化渣以及锌电解沉积过程中产生的浮渣。

由于在矿物原生过程中，铅锌多以相互伴生的形式存在，所以大部分冶金企业会对铅锌进行联合冶炼。在处理铅锌联合冶炼中的三废问题时，还会产生大量的综合类渣[2]：①污酸滤渣，铅锌冶炼系统洗涤烟气的过程中产生污酸污水，过滤得污酸滤渣；②石膏渣，上述污酸污水初步采用石灰中和的方法进行处理，产出石膏渣；③废水中和渣，经初步中和后的废水，再次用石灰中和得到重金属含量较高的渣，也可称为富锌渣。

4.1.2　污酸渣的性质及危害

铅锌冶炼每年会产生大量的重金属污酸废渣，主要成分为石膏，有时含有 SiO_2、Al_2O_3、Fe_2O_3、MgO、Na_2O、Cl 等杂质。然而，围绕污酸渣的资源化途径及最终处理，目前还未有成熟可靠的处置方法，绝大部分就地堆存，成为重金属污染重大隐患。由于铅锌冶炼原料成分的不同，以及冶炼工艺的多样化，铅锌冶炼污酸渣的化学组成存在一定的差别。因此，在处理铅锌冶炼渣时首先要对其进行物理化学分析，确定其化学组成及性质，在此基础上进行进一步处理与利用。以下分析中试验样品污酸渣取自株洲冶炼集团股份有限公司。

1. 污酸渣的性质

1) 荧光分析

表 4.2 为污酸渣的荧光分析结果[9]。

表 4.2　污酸渣的荧光分析结果　　(单位:%)

化学组成	CaO	SO_3	Fe_2O_3	F	ZnO	SiO_2	Al_2O_3	As_2O_3	CdO	Cl
含量	43.07	34.1	5.6	5.16	5.05	2.79	1.68	0.67	0.55	0.41
化学组成	MgO	TiO_2	PbO	MnO	SnO_2	In_2O_3	CuO	P_2O_5	SrO	Cr_2O_3
含量	0.39	0.17	0.12	0.06	0.05	0.04	0.04	0.03	0.02	0.02

由表 4.2 可知,污酸渣中主要成分是石膏(CaO、SO_3),还含有部分氧化铁(Fe_2O_3)、氟化钙(CaF_2)以及少量重金属氧化物,共含有超过 20 种金属氧化物。

2) 粒度分析

在使用 X 射线衍射仪对污酸渣的主要物相进行测定及其他试验分析前,应对试样颗粒大小进行测定,以确定其符合 X 射线衍射分析试验对待测样品污酸渣的颗粒大小的要求。在对样品进行 X 射线衍射分析时也需测定参考物质(α-Al_2O_3)颗粒粒度。由测试结果可知,刚玉粉(α-Al_2O_3)的中位径(D_{50})为 22.33μm,污酸渣的中位径(D_{50})为 4.631μm,皆达到了 X 射线衍射 K 值法对参考物质(α-Al_2O_3)和测粉末(污酸渣)的颗粒要求。

3) X 射线衍射分析

X 射线衍射的具体测试方法可参见本书第 2 章。图 4.3 为污酸渣的 X 射线衍射谱。对此图谱进行定性分析可知,图中衍射线条大部分皆为 $CaSO_4$ 的衍射线条,由此可知污酸渣的主要成分是石膏,与荧光分析结果一致。

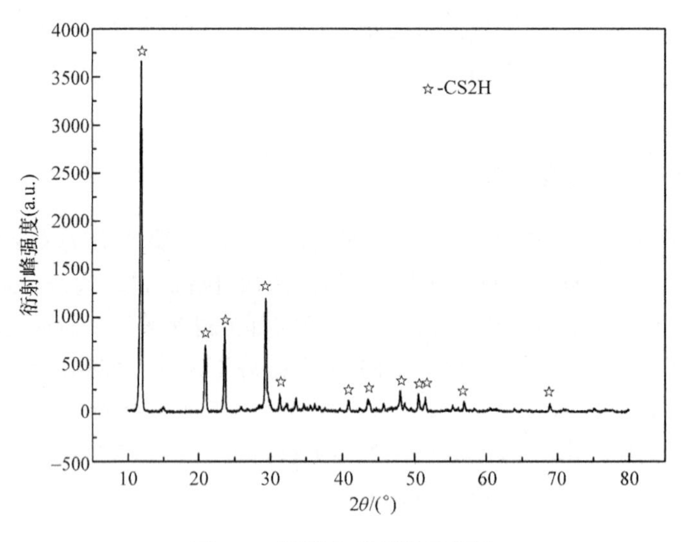

图 4.3　污酸渣 X 射线衍射谱

4) 含水率分析

将污酸渣置于 400℃烘箱中干燥 1h,失重率即污酸渣含水量,含水量与干燥前质量之比即含水率。取两份污酸渣样品进行含水率分析，1 号样品在空气中放置一定时间后测重，2 号样品烘干后直接测重。表 4.3 为两组样品测试结果，由表中可知，1 号样品比 2 号样品测出的含水率低，这是因为烘干后的无水硫酸钙在空气中极易吸水变成半水硫酸钙（$CaSO_4 \cdot 1/2H_2O$），质量增加，导致测出的含水率偏低，结果正好相差 6%，为半个水在半水硫酸钙的质量分数。因此，污酸渣的含水率约为 27%，但烘干后污酸渣在空气中易吸水，主要以半水硫酸钙形式稳定存在。

表 4.3　污酸渣含水率

样品	加热前/g	加热后/g	含水率/%
1 号	75.11	59.32	21.02
2 号	75.18	54.74	27.19

5) DSC-TG 分析

图 4.4 为污酸渣的热重（TG）分析和差热（DSC）分析。由 TG 图谱可知，在 100℃之前，曲线缓慢下降，质量稍减，主要是由污酸渣失去物理结合水所致；在 100～150℃温度区间内，污酸渣中 $CaSO_4 \cdot 2H_2O$ 失去部分结晶水，总质量减少，导致曲线稍微下降；在 150～450℃时，曲线出现一个失重平台，质量变化为 16.07%，这主要是由于污酸渣中 $CaSO_4 \cdot 2H_2O$ 失去大量的结晶水，质量变化与 500℃下污酸渣的烧失率比较接近；在温度升高至 800℃时，再次出现一个失重平台，质量变化为 2.57%。因此，在 800℃下污酸渣质量变化总共为 18.64%，这主要由 $CaSO_4 \cdot 2H_2O$ 失去所有结晶水引起；在接近 900℃时，曲线开始下降并持续至 1200℃之后，表明 $CaSO_4$ 从 900℃开始分解并在 1200℃时仍未完全分解。由 DSC 曲线可知，在加热过程中出现三个峰，在 121.4℃左右，出现一个明显吸热峰，

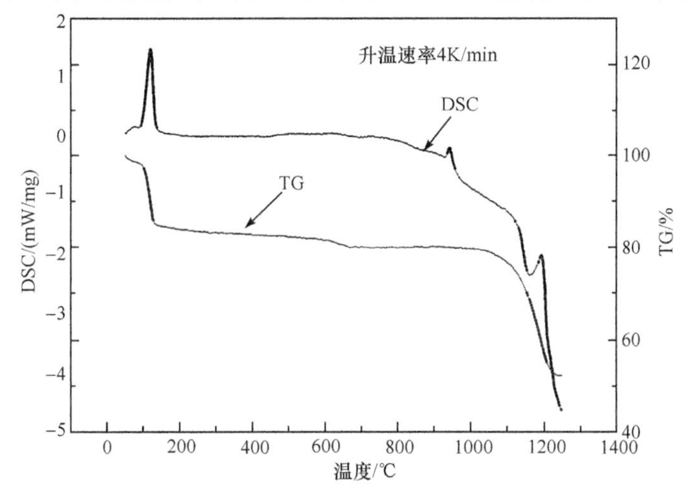

图 4.4　污酸渣的热重分析与差热分析

这主要是因为污酸渣吸热失去结晶水；在 940℃左右，出现一个小的吸热峰，这主要是由于有少量 $CaSO_4$ 开始分解，而 $CaSO_4$ 的分解是吸热反应。热重分析和差热分析结果能够很好地吻合，解释了污酸在加热过程中化学组分的变化情况。

6）浸出毒性分析

浸出毒性分析方法采用我国标准（HT/T 299—2007《固体废物　浸出毒性浸出方法　硫酸硝酸法》和 GB 5085.3—2007《危险废物鉴别标准　浸出毒性鉴别》）和美国环保部标准（SW-846）。

依据我国标准将质量比为 2∶1 的浓硫酸和浓硝酸混合液加入去离子水中，（1L 水中约加入两滴混合酸）将溶液 pH 调节为 3.2 左右，将此浸出液与污酸渣以液固比 10∶1 混合，翻转式振荡装置振荡（18±2）h，滤膜过滤，硝酸酸化至 pH＜2 后进行电感耦合等离子发射光谱测试。测试结果如表 4.4 所示。由此可知，采用我国标准 HJ/T 299—2007 得到的污酸渣的浸出毒性较低，要小于标准 GB 5085.3—2007 中所规定的浸出浓度。

根据美国 TCLP 浸出毒性标准，以醋酸缓冲溶液（pH＝2.88±0.05）作为浸出溶液，浸出液与污酸渣液固比为 20∶1，振荡 18h，滤膜（0.45μm）过滤，并用 1mol/L 的硝酸溶液酸化至 pH＝2，最后将酸化后的滤液进行电感耦合等离子发射光谱测试。测试结果同样见表 4.4。测试结果表明，污酸渣中 Cd 的浸出浓度（毒性）远远超出 TCLP 要求，并且锌的浸出浓度也很高，与标准限制接近。

表 4.4　污酸渣中各元素浸出毒性　　（单位：mg/L）

浸出毒性测试		Pb	Zn	Cd	As	Hg
测试方法：国标	HT/T 299—2007	0.189	1.830	0.208	0.378	0.005
标准限值	GB 5085.3—2007	5	100	1	5	0.1
测试方法：美标	TCLP	0.018	263.433	35.145	0.073	0.043
标准限值	SW-846	5	300	1	5	0

由此浸出毒性分析结果可知污酸渣是一种能引起重金属污染的潜在污染物，危害较大，重金属污染潜伏性很强。

7）重金属 Pb 化学形态分析

图 4.5 为采用 Tessier 连续提取方法提取各形态铅的工艺图。Tessier 连续提取方法把各种形态的铅从污酸渣中提取出来，即用含不同组分的提取剂连续提取程序对污酸渣进行提取。选取合适的试验条件分级提取出 8 种形态的铅，包括水溶态、可交换态、硫酸铅、碳酸盐结合态、弱有机结合态、铁锰氧化态、有机质硫化态和残渣态等，用强酸消解（湿法消解）污酸渣和残渣，溶出全铅和残渣态的铅，再用电感耦合等离子体发射光谱仪和原子吸收光谱仪测出各个形态的铅及全铅的含量。无论是总量铅还是各形态铅的含量对环境的污染都不容忽视。根据提取结果，分析比较各个形态的含量及其对环境的有害程度，并通过对提取的各个形态的铅的含量和

全铅的含量进行比较,分析连续提取方法的可靠性及试验中误差产生的可能性。

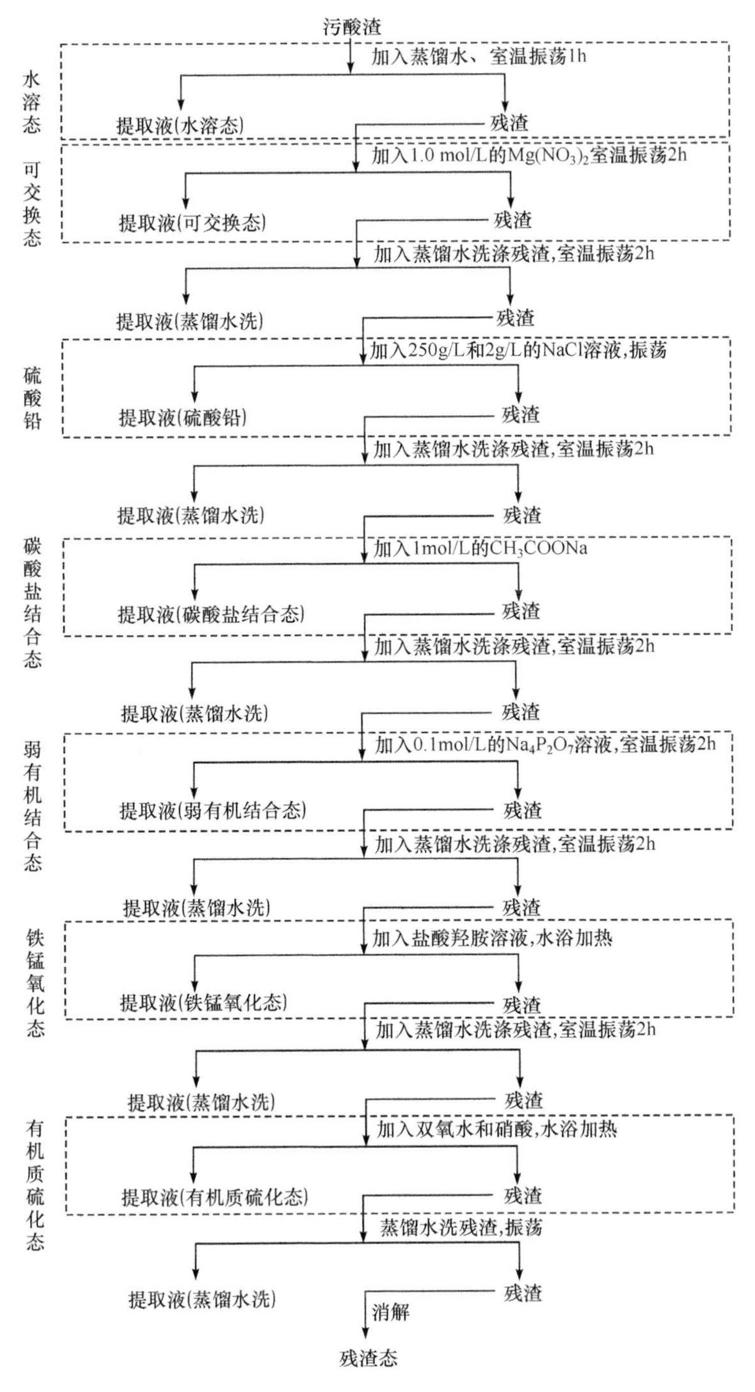

图 4.5　各形态铅提取工艺图

表 4.5 为 6 组试验样品所得各形态铅的含量与总铅含量的比较结果。

表 4.5 各形态铅的含量与总铅含量的比较

铅的形态/μg	1	2	3	4	5	6	平均
水溶态	0.045	0.365	0.215	0.240	0.420	0.470	0.230
可交换态	1.010	1.055	3.055	7.420	1.915	1.490	1.700
水洗可交换态	0.560	0.660	0.535	0.190	0.370	0.760	0.576
硫酸铅	138.660	143.00	133.79	131.525	117.05	112.065	129.336
碳酸盐结合态	11.275	10.205	8.110	9.390	20.930	8.935	9.590
弱有机结合态	11.100	12.755	13.045	8.250	4.635	11.685	11.160
铁锰氧化态	669.770	656.275	652.24	727.185	717.365	621.915	665.800
有机质硫化态	5.045	4.101	9.844	4.324	5.533	8.995	4.840
残渣态	234.695	180.054	287.206	164.120	18.462	319.255	269.850
各形态之和	1072.160	1008.47	1108.04	1052.61	886.680	1085.51	1093.082
总铅	1133.000	1133.00	1133.00	1133.00	1133.00	1133.00	1133.00
差值	60.840	124.530	24.960	80.390	246.320	47.490	39.920
校核率 α	94.63%	89.01%	7.80%	92.90%	78.26%	95.81%	996.47%

注：校核率 α=各形态铅含量之和/总铅的含量。

从表 4.5 中可以看出，在所有形态中，各形态的铅含量的大小依次是：铁锰氧化态>残渣态>硫酸铅>碳酸盐结合态>弱有机结合态>有机质硫化态>可交换态>水溶态。校核率的大小说明了 8 种形态的铅含量总和与铅的总量的吻合程度高低。

由表 4.5 总结所得各形态铅占总渣的含量如表 4.6 所示。

表 4.6 各形态铅在污酸渣中的含量 （单位：mg/kg）

各形态铅所占含量	1	2	3	4	5	6
水溶态	0.09	0.73	0.43	0.48	0.84	0.94
可交换态	3.14	3.43	7.18	15.23	4.57	4.49
硫酸铅	277.32	286.00	267.58	263.05	234.01	224.13
碳酸盐结合态	22.55	20.41	16.22	18.79	41.87	17.87
弱有机结合态	22.20	12.76	26.09	16.50	9.27	23.37

续表

各形态铅所占含量	1	2	3	4	5	6
铁锰氧化态	1333.57	1306.47	1398.96	1448.85	1428.94	1237.61
有机质硫化态	10.09	8.20	19.69	8.65	11.06	17.99
残渣态	453.80	338.50	555.00	311.50	20.10	610.30
总铅	2369.00	1785.00	2579.00	2113.70	1970.00	2415.50

表 4.6 中的 ω 是各形态铅含量占总量的比例，其公式为

$$\omega=\frac{(c-c_1)V}{m} \tag{4-4}$$

式中，c_1 为空白样的浓度；c 为样品浓度；$m=0.5\text{g}$；V 为体积。

由表 4.6 可知，水溶态和可交换态的铅含量虽然很少，但是积累起来也会对大自然造成危害。水溶态铅可直接溶于水中，极易被自然界吸收。可交换态在环境中也不是稳定态，影响环境的可能性较大。含量最高的铁锰结合态的铅能用盐酸羟胺溶解，表明它们能在富氧化合物的状态下释放和迁移到环境中。总之，除了残渣态的铅属于稳定相，其余各种形态的铅都属于不稳定相，特殊条件下都有可能释放到环境中，对环境造成危害。污酸渣中铅的存在形态以铁锰结合态最多，最高达到 1448.85mg/kg，硫酸铅最高也达到了 286.00mg/kg，这两种形态的总量达到了 2579.00mg/kg。对应 GB 5084—1992 可以看出，铁锰结合态、硫酸铅、碳酸盐结合态的含量都大大超过国家标准中对土壤中铅含量的限值，说明造成了污染。

2. 污酸渣的危害

随着近年来铅锌冶炼行业的快速发展，不可避免地产生数量巨大的冶炼废渣，受技术条件的制约，回收效率相对较低，导致大部分铅锌冶炼废渣露天堆积。这些堆置的铅锌冶炼废渣中除了含有大量的铅锌之外，还有很多重金属元素，如铬、砷、汞、镉，这些都是具有高度迁移性的重金属和有毒元素，其中部分还因为其含量较高而被列为危险固体废物行列。此外，这些铅锌冶炼废渣还具有成分复杂、不易被生物降解等特点，它们的长期堆放不仅大量侵占了原本就比较紧张的土地资源，而且也对周边的生态环境产生了严重的危害[10-12]。冶炼废渣的危害主要表现为以下几个方面：①侵占土地造成地质灾害及污染土壤。据估算，平均每堆积 1 万 t 废渣和尾矿，占地 670m^2 以上。占用大量土地的废渣严重破坏了地貌、植被和自然景观，很容易引起水土流失，甚至形成泥石流灾害。由于有毒废渣经过长期堆存，一旦经酸性雨水浸淋，便会使含有多种可溶成分的金属离子的酸性废水从地表向下渗透，向土壤转化，使土壤富集有害物质，当土壤中的重金属含量达到一定限值

时，便会造成土质酸化、碱化、硬化，甚至发生重金属型污染。由于重金属本身属于无机污染物，所以很难被土壤的微生物降解，重金属含量的超标会对土壤植物系统产生毒害和破坏作用，这不但会影响作物的正常生长，而且重金属元素还会经由食物链进入人体，引起健康方面的问题。②污染水体，影响水资源安全。重金属废渣除了通过土壤渗入地下水外，还会通过风吹、雨淋或人为因素进入地表水，造成水体严重污染与破坏。部分中小企业追求经济效益，降低废渣处理成本，将未经处理的冶金废渣直接倒入附近农田、河流、湖泊或沿海海域中，造成非常大的水域污染，严重影响了水资源的利用，破坏了水生生物系统。③造成空气污染，影响大气环境。除部分冶炼废渣含有有毒气体产生刺鼻的气味外，废渣中还包含重金属粉尘等细小颗粒物，这些粉尘在堆放和运输过程中容易随风飞扬进入大气，并且由于大气的扩散作用，飘荡至更大的范围，对周边及较远处的人群身体健康产生极大危害。

由此可见，含有重金属成分的污酸渣废渣对环境所造成的潜在威胁十分严重，由于重金属难以降解，所以这些威胁并不会随着时间的推移而消失。这些问题如果得不到妥善处置，将会对人类的生活和社会的稳定造成严重的影响。因此，必须对铅锌废渣污染问题进行有效治理，减少重金属污染物对环境造成的危害。

4.1.3 我国污酸渣的处置概况

1. 重金属废渣的资源化处理

随着人类资源短缺危机的加深，许多工业发达国家把工业废弃物作为二次资源，利用率已达60%以上。对固体废物进行了综合利用，使部分发达国家平安渡过了多次能源和资源危机。同发达国家相比，我国的工业固体废物产量大但利用率较低，在固体废物资源化方面存在很大差距。随着工业经济迅猛发展，工业副产物数量和品种急剧增加，开发工业废弃物资源化和再生循环化的高新技术已成为我国迫在眉睫的研究热点。铅锌冶炼渣作为工业废弃物的一种，同样具有双重性，一方面对环境存在直接或潜在的危害，另一方面含有大量有价金属，可以成为重要的二次资源。目前，国内外铅锌冶炼渣综合利用工艺主要有提取有价金属、生产建材等方法[10,13,14]。

1）提取有价金属

铅锌等有色冶炼废渣资源化利用的重要途径之一是提取各种有价金属。我国很多冶炼企业已经开发了从废渣中提取黄金、白银和钼族等贵重金属的方法。根据提取方式，重金属废渣中有价金属的回收方法可分为湿法提取、火法冶炼和选冶等。湿法提取技术是将金属废渣浸入特定溶液中，控制适当条件以有效地进行选择性分离不同元素。由于湿法提取技术对物料中有价成分综合回收利用率相对较高,所以铅锌冶炼过程中产生的废渣大多采用湿法提取的方式回收其中有价金属。火法冶炼由于其局限性,经常和湿法冶炼技术相结合来回收有价金属。一般过程为先将废渣进行焙烧与还原,得到的渣料用溶剂进行浸出,浸出液经萃取、溶解、沉淀和精炼等一系列工艺处理之后,可得到纯度较高的重金属或重金属氧化物。有价金属的选冶技术提取方式主要包括浮选、磁选、重选等,主要应用于有色金属浮选尾矿中有价金属的回收。表 4.7 为部分铅锌冶炼渣中回收金属的实例[15]。

表 4.7　铅锌冶炼渣中回收金属的实例

回收金属	回收方法	回收效果
砷	湿法提取	砷浸出率 90% 以上
镓	湿法提取	镓的回收率可达 98%
锌、铅、银	火法冶炼	锌、铅、银最大回收率为 82%、95% 和 70%
铜、银	选冶	铜和银的回收率也分别达到 65% 和 60%

2) 生产建筑材料

在多数情况下,利用工业固体废物生产建筑材料不会产生二次污染,是消除污染、化害为利的较好方式,因此是我国处理工业固体废物的重要途径[16,17]。铅锌冶炼渣的主要成分为 SiO_2、Fe_2O_3、Al_2O_3、CaO、C、S 等,与水泥生产原料成分近似,因此可作为原料替代部分黏土、铁粉和矿化剂,还能把其中的碳加以综合利用以及节省黏土和铁粉资源。以铅锌冶炼渣为原料进行水泥熟料配料的技术已经在洛阳明天水泥有限公司、深圳市中金岭南有色金属股份有限公司凡口水泥厂等多家公司运用。株洲冶炼集团股份有限公司与湖南有色金属研究院也合作进行了用污酸渣制备砖和水泥的探索试验,并进行了扩大试验和产品检测。试验表明:污酸渣加入水泥可以提高产品性能和降低能耗,其最大加入量可达 5%。扩大试验水泥产品检测结果显示初凝时间为 90min,终凝时间为 127min,水灰比为 0.5,流动度为 221mm,3d 抗折强度平均值为 6.2MPa,3d 抗压强度平均值为 33.2MPa,28d 抗折强度平均值为 8.6MPa,28d 抗压强度平均值为 63.8MPa。部分大样水泥强度达到国家标准《通用硅酸盐水泥》(GB 175—2007)中硅酸盐水泥的 625R 标准。在污酸渣制砖的探索试验中,将污酸渣和水泥、细砂、碎石等混合压块制砖,污酸渣最大加入量为 35%,强度可以达到 MU10 等级。也有研究者以污酸渣为原料,开展了污酸渣作为水泥缓凝剂应用于水泥和污酸渣制免烧砖的工业研究。污酸渣作为水泥缓凝剂的工业试验显示,将污酸渣添加到水泥熟料里,不影响水泥性能。污酸渣制免烧砖的试验结果也表明,污酸渣添加量为 10%时,抗压强度单块最小值为 12.5MPa,平均值为 15.6MPa,均符合标准《混凝土实心砖》(GB/T 21144—2007)中 MU15 等级的要求。

2. 重金属废渣的稳定化/固化处理

对于重金属固体废物的处理，除了一部分可以进行资源化处理以回收利用外，大部分需要加以稳定化/固化处理[18]，以保证后续处置的长期安全性。工业废渣的固化处理可有效地实现其中有毒有害成分的无害化和稳定化。稳定化是加入不同种类的、能起到稳定化作用的添加剂，将有毒、有害的污染物转变为低溶解度、低迁移性及低毒性的物质过程。固化则是在固体废物中添加固化剂，将有毒重金属包容，使其转变为不可流动的固体或形成紧密固体的过程。虽然稳定化和固化是两种不同的处理技术，但在实际应用中，这两者密不可分，通常结合使用来处理废渣中的重金属[7]。固化处理的特点是处理量大、对废物种类和性质适应性广，且固化产品可作为二次资源利用。目前，对重金属稳定化/固化处理的技术及方法主要有：水泥固化法、熔融固化法、化学药剂固化法、烧结固化法、沥青固化法等[10,19-23]。经过稳定化处理的重金属废渣，如满足浸出毒性标准或资源化利用标准，则可以按普通固体废物进行填埋处置或进行资源化利用。

1）水泥固化法

水泥固化是一种传统和常用的重金属废渣稳定化处理方法，它是将水泥和重金属废渣用水均匀混合起来，使重金属废渣中的有毒物质包容在水泥之中，同时重金属与Ca、Al进行置换反应形成固溶体，从而将其束缚在水泥硬化组织内，使重金属被固定，防止其中重金属等物质的渗出，从而达到稳定化、无害化的目的。水泥固化法因其成熟的技术性、可操作性、经济性和处理效果好等优点在重金属废渣的处理中具有很大的优势，并得到了广泛的应用。但是该方法也存在一些缺点，主要是其不适合处理Pb、Hg、Cr^{6+}等含量比较高的重金属废渣，难以对各类重金属废物都具有很好的束缚效果，而且在酸化作用下，固溶体中的重金属及盐类也会随着时间的推移被雨水溶出，对环境存在潜在的威胁。为了改善固化产品性能，从而获得更好的固化效果，水泥固化过程中需要视废物的性质添加适量不同种类的添加剂。此外，水泥固化法没有符合固废处理的减容减重原则，反而增加了固体废物的处理量，因此，它并不是一种可以长期使用的方法。

2）熔融固化法

熔融固化法又称玻璃固化，是以玻璃原材料为固化剂，将其与有害重金属废渣以一定的配料比混合后，在1300℃以上的高温下熔融成液态，再将液态熔渣经过气冷等处理形成稳定的玻璃质熔渣，从而使重金属被稳定地固溶于其中，玻璃的溶解度及其所含成分的浸出率都非常低，因此大大降低了重金属浸出的可能性，而重金属废渣中的二噁英等有机污染物也会在热分解的作用下被破坏，所以熔融固化法是一种有效的稳定化/固化处理方法。重金属废渣经过熔融固化后，密度大大增加，可以回收灰渣中的金属，而且稳定的熔渣可以资源化利用，作为路基材料。但是熔融固化技术能耗大、成本较高，一般只有在处理高剂量放射性废物或剧毒废物时，才会考虑使用。

3）化学药剂固化法

传统和常用的水泥固化技术存在着一些不可忽视的问题。首先，废渣经固化处理后其体积都会有不同程度的提高，甚至成倍增加，从而导致体积增容比过大。其次，随着环保新要求的不断提高，需要强化固化体稳定性和降低重金属的浸出率，因此在处理废物时需要使用更多的凝结剂，相应地也提高了稳定化/固化技术的处理费用。最后，水泥固化体的长期稳定性也是一个重要的问题。虽然目前认为水泥固化重金属主要是通过凝结剂和重金属之间的化学键合力、凝结剂对重金属的物理包胶和吸附等，但确切的包容机理还不明确。因此，当包容体破裂后，重金属可能会重新进入环境并造成不可预见的影响。

化学药剂固化法是针对传统水泥固化的缺点提出的重金属稳定化/固化的新方法。它是利用高效的化学稳定药剂与重金属的物理化学作用来进行无害化处理，使重金属废渣中有毒有害物质转变为低溶解性、低毒性、低迁移性物质的过程。这一方法具有在废物无害化的前提下，做到废物少增容或不增容的特性，逐渐成为重金属废物无害化处理领域的研究热点。根据废物中所含重金属种类的不同，目前常用于稳定化处理的化学药剂主要有石膏、漂白粉、磷酸盐类、铁氧化物、硫化物和高分子螯合剂等，如 Na_2S、EDTA 等。化学药剂固化法具有设备投资低、处理过程简单、减少处理量等优点，其对垃圾焚烧重金属废渣的重金属污染的稳定化处理效果是值得肯定的。

4）塑性材料固化法

塑性材料固定法属于有机性稳定化/固化处理技术，根据使用材料的性能不同，可以把该方法分为热固性塑料包容和热塑性材料包容两种。热固性塑料是指在加热时会从液体变为固体并硬化的材料，并且再加热和冷却仍能够保持其固体状态，不会再重新液化或软化，目前使用较多的材料是脲醛树脂、聚酯、聚丁二烯等。热固性材料固化的重金属废渣不仅强度高，而且耐腐蚀、高抗渗、抗冻性好。热塑性材料是指在加热和冷却时能反复软化和硬化的有机塑料，常用的有沥青、聚乙烯和石蜡等。这些材料在常温下为坚硬的固体，而在较高温度下具有可塑性和流动性，与重金属废渣混合均匀，再冷却硬化，从而使有害物质包容在材料中固化体达到稳定化。

表 4.8 为各种处理重金属废渣方法的优缺点。

表 4.8　重金属废渣无害化处理办法对比

处理办法	处理要点	优点	缺点
矿物质资源化法	回收矿山资源中重金属含量，在冶炼厂内精制回收有价金属	可将有价金属作为资源再利用，可用现有技术作稳定化、无害化处理	接受条件严，要求处理技术高，投资大

续表

处理办法	处理要点	优点	缺点
水泥固化法	为防止所含重金属的溶出与特殊混合剂的水泥混炼固化	操作简单，产物稳定	重金属不能完全固化，需消耗大量水泥，间接增加了烧制水泥熟料所产生的二氧化碳量
熔融固化法（玻璃化）	为防止所含重金属等溶出，与黏土、膨胀页岩等混炼成形，烧结成半熔融状	因高温烧结而成，产物强度高，稳定性好，可作为轻骨料、人造砾石再利用	高温处理中重金属产生挥发，铬等易氧化而变成不稳定，能耗很大，处理量有限
化学药剂固定法	通过化学稳定药剂与重金属的物理化学作用来改变重金属在土壤中的存在状态，从而降低其生物有效性和迁移性	具有设备投资低、处理过程简单、可做到处理后废渣少增容或不增容的特性	需要针对废渣中不同的重金属来选择合适的化学药剂
废有机物熔融固化法	为防止所含重金属的溶出，将废渣与废塑料一同熔融固化	可同时处理塑料等塑性有害物质	不能完全固化重金属

3. 受重金属废渣污染的土壤修复

土壤是人类获取食物和其他再生资源的物质基础，如何治理和改良修复受铅锌冶炼重金属元素污染的土壤，已成为近年来各学科的重要研究内容。目前，修复土壤重金属污染主要有以下几个途径[24-27]：一是改变重金属在土壤中的存在状态，降低其在环境中的迁移性和生物可利用性；二是利用生物或工程技术方法从土壤中去除重金属；三是改变种植制度，避免重金属通过食物链影响生物和人体健康。依据重金属污染的特点及改良修复技术的原理，重金属污染土壤的改良修复主要有化学修复和生物修复。化学修复就是利用一些改良剂，与污染土壤中的重金属发生化学反应，改变土壤的理化性质。例如，施用碱性物质法采用石灰、粉煤灰、钢渣、高炉渣或钙镁磷肥、硅肥等促进重金属生成沉淀物降低其危害；施用抑制剂、吸附剂法如用膨润土、沸石等铝硅酸盐、钢渣、高炉渣等铁锈质渣材料吸附固定重金属，降低其生物有效性；施用磷酸盐或磷肥与重金属形成难溶盐。生物修复法是利用微生物或植物的生命代谢活动，对土壤中的重金属进行富集或提取，通过生物作用改变重金属在土壤中的化学形态，使重金属固定或解毒，降低其在土壤环境中的移动性和生物可利用性，包括植物修复法和微生物修复法。植物修复法主要分为植物提取法、植物挥发法、根滤法、植物稳定法等。微生物修复法包括添加营养、接种外源降解菌、生物通气、堆肥式处理等。重金属污染土壤的微生物修复是利用微生物的生物活性对重金属的亲和吸附或转化为低毒产物，从而降低重金属的污染程度。在长土壤微生物本身及其代谢产物都能吸附和转化重金属。微生物对重金属的生物积累机理主要表现在胞外络合作用、胞外沉淀作用以及胞内积累三种形式。微生物可通过带电荷的细胞表面吸附重金属离子，或通过摄取必要的营养元素主动吸收重金属离子，将重金属离子富集在细胞表面或内部，从而达到累积和解毒的目的。

4.2　污酸渣中重金属的固化

铅锌冶炼污酸渣属于含重金属的固体废渣，是一种具有长期效应的环境污染物，随着我国铅锌行业的快速发展，此类废渣的数量巨大，如何妥善处理与处置已经成为决定铅冶炼企业可持续发展的重要因素。这些废渣除了其中一部分可作为二次资源回收利用外，其余大部分都需要进行稳定/固化处理，以达到无害化的目的。目前重金属污染的处置技术蓬勃发展，国内外学者对重金属污染已做了大量研究，并提出了一系列治理措施。用于稳定化/固化技术的固化剂包括水泥、玻璃和化学药剂等。本节主要讨论镁渣和地质聚合物作为固化剂对污酸渣中重金属的固化效果。

4.2.1　镁渣固化污酸渣中的重金属

金属镁生产时会排出大量的工业镁渣，很多镁厂都将其作为废物丢掉。随着镁渣的大量排放堆积，不但占用大量的土地资源，而且镁渣随着雨水的冲淋汇入河流湖泊对农作物和周围环境造成了极大的影响，严重危及人类的身体健康及农作物的生长。近几年国内外许多学者对镁渣的资源化进行了研究，如将镁渣作为水泥原材料和水泥熟料矿化剂、硅酸盐水泥的混合材料、节能墙体材料和环保陶瓷滤料等。另据报道，镁渣本身具有很高的水化活性，水化后生成水化硅酸钙凝胶（C-S-H 凝胶），其中 C-S-H 凝胶具有极高的比表面能和离子交换能力，可通过吸附、共生和层间位置的化学置换等方式固化外来离子。针对镁渣的高水化活性来稳定化/固化污酸渣中的重金属铜、镉和铅等重金属离子[28]，可更充分利用镁渣，实现资源综合利用，减少污染，保护环境，达到以废治废的目的。这将对促进节能减排，加快构建可持续的生产方式发挥重要的作用，同时可以全面提升我国的资源综合利用水平。

1. 镁渣固化污酸渣中的重金属 Cu 和 Cd

1）试验部分

试验用的污酸渣和镁渣分别来自湖南株洲冶炼集团股份有限公司与宁夏惠冶

镁业集团有限公司，化学组成见表 4.9。Cu、Cd 以纯的化合物 $CuSO_4 \cdot 5H_2O$ 和 CdO 形式引入。

表 4.9　镁渣和污酸渣的主要成分　　(单位:%)

镁渣	组成	CaO	MgO	SiO_2	Fe_2O_3	其他
	含量	51.6	1.13	41.78	4.67	0.82
污酸渣	组成	$CaSO_4 \cdot 2H_2O$	CaF_2	SiO_2	Al_2O_3	其他
	含量	80.84	11.58	1.68	1.37	4.53

将污酸渣和镁渣分别放入 100℃的烘箱进行烘干，时间为 24h 左右。镁渣烘干后放入型号为 HF-ZY-EPX 的颚式破碎机先行粉碎；再分别将粉碎的镁渣和烘干的污酸渣放入型号为 HFZY-B3 的密封式制样粉碎机中进行干法研磨，时间为 3～10min，直至磨料降低到粒度 100 目以下；将研磨后的镁渣与污酸渣按 3∶2 的质量比例充分混合的配料作为空白渣料，在此基础上掺杂总量为 1%、2%、4%、6%和 8%的重金属配制掺杂渣料(其中两种重金属分别以等质量分数掺入。如总掺杂量为 1%时，Cu 和 Cd 两种重金属的质量分数均为 0.5%)，不同重金属掺量样品的编号见表 4.10(其中 A 为未掺杂重金属的空白渣料)。配制好的渣料样品经三维运动高效混合机混合均匀后贴好标签以待下步试验使用。

表 4.10　试验样品

样品编号	A	B	C	D	E	F
重金属掺杂量/%	0	1	2	4	6	8

为分析上述配制好的渣料在不同酸性条件下的浸出毒性，试验中用不同体积分数的 HNO_3 和 H_2SO_4 的浸提剂进行毒性浸出试验。浸提剂中 HNO_3 和 H_2SO_4 的体积分数分别为 1%、2%、3%、4%、5% 。浸出方法如下：每个待测样品取 200g 倒入滚瓶中并做好标记；按固液比 1∶10 向每个滚瓶中倒入相应的浸提剂，密封好后将其放入翻转式振荡装置，在常温 23℃下以 30r/min 的转速进行翻滚振荡，18h±2h 后取下滚瓶，静止 1.5～2.0h 后用移液管将上清液过滤到 100mL 的容量瓶中得到浸取液。

为测量渣料 A、B、C、D、E、F 中重金属的含量，需要对其进行消解处理。消解方法如下：均称取两个 0.5g 的 A、B、C、D、E、F 渣料样品于瓷坩埚中，并用两个空白(不加任何渣料)做对比样；每个坩埚中加一瓶盖左右的 HF 和 1mL $HClO_4$ 后用电热板加热；待坩埚内白烟冒尽后，取下坩埚稍冷却后再加一瓶盖左右的 HF 和 1mL $HClO_4$ 继续加热；加热至坩埚中的白烟冒完后，取下坩埚稍冷却后向其中加 15mL 浓 HCl 和 5mL 浓 HNO_3(即王水)后继续用电热板加热；待瓷坩埚中的液体达到小体积时，取下坩埚稍冷却，再向其中加(1+1)HNO_3 溶液 2mL，用蒸馏水冲洗坩埚内壁，然后将坩埚放置在电热板上继续加热待沸腾后取下坩埚；用快速滤纸将坩埚中的溶液过滤至50mL容量瓶，用蒸馏水冲洗坩埚壁内壁并滤至容量瓶中定容，塞上瓶塞，摇匀后即可。

采用电感耦合等离子发射质谱仪(ICP-7000)对经毒性浸出试验得到的浸取液和经消解处理的A、B、C、D、E、F渣料中的重金属Cu和Cd含量进行测定。采用日本岛津的X射线衍射仪(XRD6000)对纯污酸渣、镁渣和A进行分析。试验测试条件：铜靶，管压为40kV，管流为30mA，步长值为0.02，扫描速度为4°/min，扫描范围为10～80。

2) 结果与讨论

(1) 渣料中重金属含量。经消解处理的A、B、C、D、E、F样品渣料中的重金属Cu和Cd含量进行测定结果如表4.11所示。从中可以看出，渣料中Cu的测量结果与实际掺杂量基本相同，但Cd的实际掺杂的重金属含量与测量结果有偏差，渣料中检测出来的Cd低于实际掺杂的Cd含量。原因可能是渣料中的Cd没有完全消解出来。

表4.11　渣料中Cu和Cd含量(样品消解后测定)　(单位：%)

样品	A	B	C	D	E	F
Cu	0.04	0.63	1.10	2.20	3.10	4.10
Cd	0.12	0.52	0.56	0.91	0.99	1.40

(2) 重金属Cu和Cd的浸出毒性。固体废物的浸出毒性是判别废物是否有害的重要判据。用体积分数分别为1%、2%、3%、4%、5%的HNO_3和H_2SO_4与蒸馏水混合溶液为浸提剂时，分别对A、B、C、D、E、F做毒性浸出试验，经ICP-7000检测得到的浸取液中重金属Cu和Cd的含量如表4.6和表4.7所示。

由图4.6可以看出，当重金属Cu的掺杂量从0.04%增加到4.1%(样品A～F)、用体积分数为1%、2%、3%、4%、5%的HNO_3溶液为浸提剂时，浸取液中Cu的最高含量仅约为0.5mg/L，由此可见镁渣固化污酸渣中的重金属Cu的效果比较好，可以使Cu稳定而不易被硝酸溶液浸出；当用体积分数为1%、2%、3%和4%的H_2SO_4溶液为浸提剂时，浸取液中的Cu的含量较少，用5%的H_2SO_4溶液浸取时Cu最容易被浸出，浸出量可达约2000mg/L。因此，综合来看，用HNO_3溶液浸取时重金属Cu在渣料中的稳定性大于用H_2SO_4溶液浸取。

由图4.7可以看出，用HNO_3溶液为浸提剂时重金属Cd同样比用H_2SO_4溶液为浸提剂时更稳定存在于渣料中而不宜被浸出。总体而言，当掺入重金属Cd含量低于0.91%时(样品A～D)，用体积分数为1%、2%、3%、4%、5%的HNO_3溶液为浸提剂时，浸取液中重金属Cd的含量均较低，说明固化效果比较好；当掺入重金属Cd含量达到1.4%时(样品F)，用同样的HNO_3溶液浸提，浸出液中的

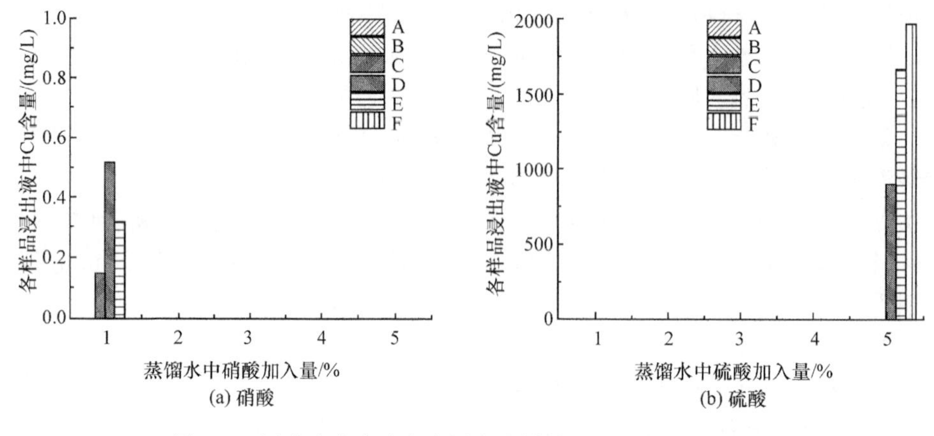

图 4.6　用硝酸或硫酸溶液浸取渣料时浸取液中 Cu 的含量

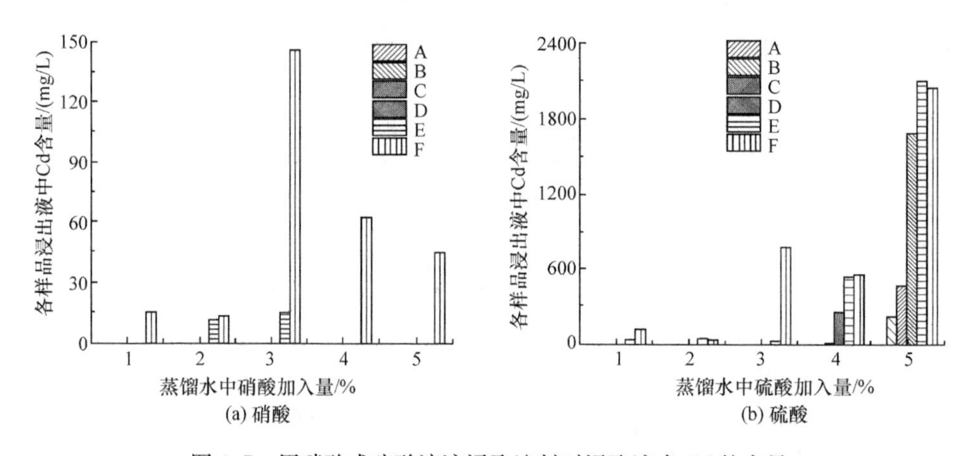

图 4.7　用硝酸或硫酸溶液浸取渣料时浸取液中 Cd 的含量

Cd 易被浸出，最高可达 150mg/L；当用体积分数为 1%、2%、3%、4%、5% 的 H_2SO_4 溶液为浸提剂时，渣料中的 Cd 溶液被浸出，且随着样品中掺入的 Cd 含量越多(样品 A～F)而呈现显著增加的趋势。Cd 的浸出量最高也可达约 2000mg/L。综合图中趋势可以得出，用 HNO_3 溶液浸取时重金属 Cd 在渣料中的稳定性大于用 H_2SO_4 溶液浸取。

镁渣属于介稳的高温型结构，结构中存在活性的阳离子，所以镁渣本身具有很高的水化活性，水化后生成水化硅酸钙凝胶(C-S-H 凝胶)。水化过程中水化产物的物理固定(宏观包容和微观包容)、化学吸附效应可将重金属 Cu 和 Cd 包裹于 C-S-H凝胶中，高碱性环境下重金属在固化体的微孔隙中发生复分解沉淀以及同晶置换反应，这些作用均使废渣的浸出毒性减小，废渣中的重金属 Cu 和 Cd 得到很好的稳定，从而有效抑制了重金属的浸出，达到固化/稳定重金属的效果。所以，镁渣可以有效地固化污酸渣中的重金属铜和镉，抑制其在酸性条件下的浸出。

(3) XRD 结果。图 4.8 为镁渣、污酸渣及 A 渣料(镁渣与污酸渣的混合渣料)的 XRD 图谱。图中显示，相比于单纯的镁渣及污酸渣，A 渣料中 $CaSO_4 \cdot 2H_2O$ 的衍射峰较纯污酸渣的越来越弱，一方面可能是因为随着镁渣的混入影响了污酸渣中的 $CaSO_4 \cdot 2H_2O$ 晶体的生长，另一方面可能是因为随着镁渣的加入混合渣料中污酸渣的比例减小而使 $CaSO_4 \cdot 2H_2O$ 的含量减小。从 A 与污酸渣的 XRD 图谱对比可以看出，污酸渣中添加镁渣后并没有明显的新相的生成，只是引起峰强弱的变化，或即使有新相的生成，含量也非常少。因此，镁渣的加入并没有显著影响渣料的物相变化。

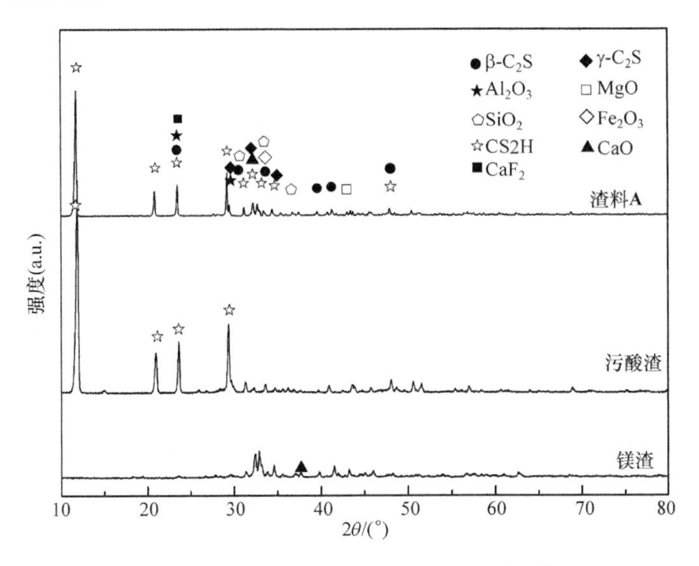

图 4.8　渣料 A、镁渣、污酸渣的 XRD 谱

3) 结论

重金属 Cu 的掺杂量从 0.04%到 4.1%时，用 1%～5%的 HNO_3 溶液为浸提剂时，浸取液中 Cu 的最高含量为 0.52mg/L，因此用 HNO_3 溶液浸取时 Cu 可以稳定于渣料中而不宜被浸出；但用 1%～4%的 H_2SO_4 溶液为浸提剂时，浸取液中的 Cu 的最高含量为 3.06mg/L，用 5%的 H_2SO_4 溶液为浸提剂时 Cu 更容易被浸出；当重金属 Cd 的含量达到 0.91%时，用 1%～5%的 HNO_3 溶液为浸提剂时，浸取液中 Cd 的最高含量为 0.32mg/L，固化效果比较好；当 Cd 的含量达到 1.4%时，即使用较小体积分数的 HNO_3 溶液为浸提剂时，Cd 也易被浸出；当用体积分数为 1%～3%的 H_2SO_4 溶液为浸提剂对 Cd 掺杂量为 2%的渣料提取时，浸取液中 Cd 的最高含量为 2.9mg/L，Cd 可以稳定于渣料中而不宜被浸出；当 Cd 含量为 0.99%和 1.4%时，用 H_2SO_4 溶液为浸提剂时 Cd 易被浸出；综合分析可知，镁渣

可以有效地固化/稳定污酸渣中重金属 Cu 和 Cd，用 HNO_3 溶液做毒性浸出试验时 Cu 和 Cd 在渣料中的稳定性大于用 H_2SO_4 溶液做毒性浸出试验；从不同渣料的 XRD 图谱中可知，污酸渣中添加镁渣后只是衍射峰的强弱发生了变化，并没有引起渣料的物相变化。

2. 镁渣固化污酸渣中的重金属 Pb[29]

1）试验部分

铅锌冶炼污酸渣取自湖南株洲冶炼集团股份有限公司，其含有 $CaSO_4 \cdot 2H_2O$、CaF_2、SiO_2、Al_2O_3 的量分别为 80.84%、11.58%、1.68%、1.37%；镁渣来自宁夏惠冶镁业集团有限公司，其中 CaO、SiO_2、Fe_2O_3、MgO 的含量分别为 51.6%、41.78%、4.67%、1.13%。镁渣与污酸渣中重金属含量见表 4.12。镁渣与污酸渣使用前需烘干、粉碎、研磨过 100 目筛以备用。$Pb(NO_3)_2$、$Cd(NO_3)_2 \cdot 4H_2O$、$CuSO_4$ 为化学纯试剂。

表 4.12 镁渣和污酸渣中重金属含量 （单位：%）

样品	Pb	As	Cd	Cr	Cu	Zn	Co	Ni
镁渣	0.02	—	—	0.01	0.02	—	0.0004	0.010
污酸渣	0.995	0.17	0.314	0.006	0.023	1.38	—	0.0006

注：—表示未检出。

将不同质量的 $Pb(NO_3)_2$ 溶解在一定量的蒸馏水中得到不同浓度 $Pb(NO_3)_2$ 溶液，将其分别倒入纯污酸渣和质量比为 1∶4、4∶1、9∶1 的污酸渣与镁渣的混合渣中搅拌使其充分混合，液固比为 0.5 左右。经烘干、干法研磨后得到 A1、B1、C1、D1、E1、F1（对比参照）原样，A2、B2、C2、D2、E2、F2 原样，A3、B3、C3、D3、E3 原样，A4、B4、C4、D4、E4 原样。

将不同质量的 $Pb(NO_3)_2$、$Cd(NO_3)_2 \cdot 4H_2O$、$CuSO_4$ 溶解在一定量的蒸馏水中得到不同浓度的含 Pb、Cd 和 Cu 溶液，将其与质量比为 3∶2 的镁渣与污酸渣混合均匀至黏稠状。经烘干、干法研磨后得到 A5、B5、C5 原样。

将镁渣与污酸渣按 3∶2 的质量比例充分混合的配料方案制备空白渣料记为 G1，在此基础上掺杂不同质量分数的 Pb，分别记为 H1、I1、J1 和 K1。取 1kg 的 G1、H1、I1、J1 和 K1 用四柱式万能液压机将其压成 2cm×2cm×2cm，于烧结炉中 1150℃下保温 6h 后放入振动磨机中进行干法研磨 3～10min，分别标记为 G2、H2、I2、J2 和 K2。

浸出试验按照《固体废物浸出毒性浸出方法　硫酸硝酸法》（HJ/T 299—2007）进行。用电感耦合等离子体原子发射光谱仪（Optima 4300DV ICP-AES）测定浸出试验完成后浸出液中各重金属离子的浓度。

采用 HCl-HNO_3-HF-$HClO_4$ 四元酸消解体系对渣料进行全溶试验，分别获得相应的全溶液。用 ICP-AES 检测消解后溶液中重金属离子浓度，确定渣料中重金属的含量。

2）结果与讨论

（1）重金属的浸出毒性。固体废物的浸出毒性是判别废物是否有害的重要判据。用 ICP-AES 检测经硫酸硝酸法做毒性浸出试验后的浸取液中重金属 Pb、Cd、Cu 的含量。污酸渣 A1、B1、C1、D1、E1 和 F1 及质量比为 1∶4 的污酸渣与镁渣的混合渣 A2、B2、C2、D2、E2 和 F2 经毒性浸出试验后的浸取液中 Pb 的含量如图 4.8 所示。经消解处理的数据可知 A1、B1、C1、D1、E1 和 F1 中 Pb 含量分别为 0.97%、1.4%、1.81%、2.46%、3.14%和 4.09%；A2、B2、C2、D2、E2 和 F2 中 Pb 含量分别为 0.093%、0.462%、0.88%、1.74%、2.25%和 2.65%。由图 4.9 及原渣的消解数据可以看出污酸渣中铅不稳定易被浸出，当污酸渣中 Pb 的含量达到或超过 1.81%（C1 中 Pb 含量）时，则浸出液中 Pb 的浓度则大于 5.34mg/mL，已经超过国家标准《危险废物　鉴别标准　浸出毒性鉴别》（GB 5085.3—2007）的标准（≤5.0mg/L）；而当掺杂 80%镁渣后，如图中 A2、B2、C2、D2、E2、F2 数据显示，所有样品经浸出试验后浸出液中 Pb 浓度均不超过 1.68mg/mL，Pb 含量值均优于 GB 5085.3—2007 的标准，说明掺杂 80%镁渣后污酸渣中的 Pb 可以稳定存在而不易被浸出。

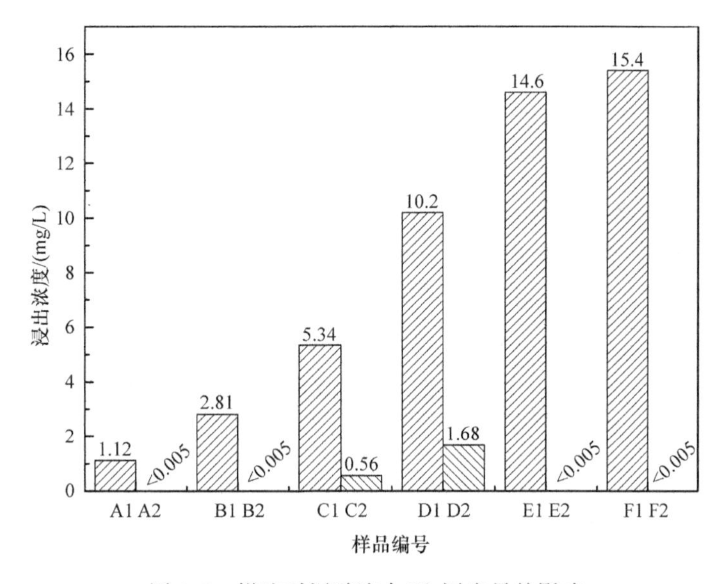

图 4.9　镁渣对污酸渣中 Pb 浸出量的影响

质量比为 4∶1 与 9∶1 的污酸渣与镁渣的混合渣 A3、B3、C3、D3、E3 和 A4、B4、C4、D4、E4 原渣及浸取液中重金属 Pb、Cu 和 Cd 的含量如表 4.13 所示。由表可以看出，污酸渣中掺杂10%与20%的镁渣时Cd和Cu皆可稳定存在于渣料中不宜被浸出（含量低于检测线）；根据浸出液中Pb含量对比可知，掺杂20%镁渣对Pb的固化效果优于掺杂10%镁渣。同时由表中数据可知，无论是掺杂10%与20%的镁渣于污酸渣中，浸出液中Pb、Cu和Cd的浓度均优于标准《危险废物 鉴别标准 浸出毒性鉴别》(GB 5085.3—2007)中相应规定。

表4.13 A3、B3、C3、D3、E3、A4、B4、C4、D4和E4原渣及浸取液中重金属含量

样品	Cd		Cu		Pb	
	原渣中含量/%	浸取液中含量/(mg/L)	原渣中含量/%	浸取液中含量/(mg/L)	原渣中含量/%	浸取液中含量(mg/L)
A3	0.177	—	0.009	—	0.021	0.39
B3	0.248	—	0.017	—	0.128	0.41
C3	0.278	—	0.017	—	0.215	0.55
D3	0.295	—	0.018	—	0.253	1.17
E3	0.287	—	0.017	—	0.259	1.58
A4	0.187	—	0.018	—	0.048	—
B4	0.215	—	0.018	—	0.098	0.21
C4	0.244	—	0.019	—	0.142	0.23
D4	0.272	—	0.019	—	0.152	0.40
E4	0.285	—	0.019	—	0.169	0.52

注：—表示未检出。

表4.14为掺杂60%镁渣的混合渣A5、B5和C5原渣及浸取液中重金属含量。由表中数据可知，即使原渣中Cd、Pb、Cu含量均为最大值1.02%、0.85%、0.84%时，浸出液中Pb、Cu和Cd的浓度也均低于标准《危险废物 鉴别标准 浸出毒性鉴别》(GB 5085.3—2007)中相应规定。

表4.14 A5、B5、C5原渣及浸取液中重金属含量

样品	Cd			Cu			Pb		
	A5	B5	C5	A5	B5	C5	A5	B5	C5
原渣中含量/%	0.13	1.02	0.76	0.84	0.04	0.48	0.07	0.76	0.85
浸取液中含量/(mg/L)	—	—	—	0.394	—	—	—	—	—

注：—表示未检出。

对比图4.9、表4.13和表4.14可知，依据原渣中Pb含量相近，浸取液中Pb含量越少固化效果越好，掺杂不同质量镁渣对污酸渣中Pb的固化效果：80%和

60%优于20%,20%优于10%,10%优于0%,即掺杂镁渣的量越多,固化效果越好。

由原渣中Pb的消解数据与图4.10中浸出数据可知,未经烧结处理、掺杂60%镁渣、原渣中Pb含量不超过1.97%(J1样品)时,Pb浸出浓度小于等于1.82mg/L,因此说明Pb可稳定存在于渣料中而不易被浸出;但当Pb含量达到2.80%时,浸出液中Pb浓度为8.98mg/L,要超过标准GB5085.3—2007中相应Pb浓度标准限值;经1150℃烧结6h处理后,只要渣中Pb含量未超过2.70%,浸取液中Pb含量均低于0.126mg/L,要远远低于标准GB 5085.3—2007,说明经过烧结工艺,掺杂镁渣的污酸渣中的Pb可以稳定存在不易被浸出,烧结后的固化上线高于烧结前。

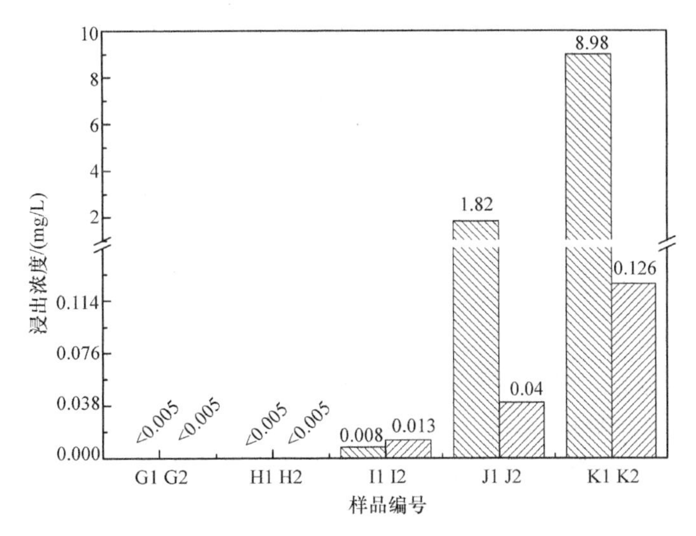

图4.10 烧结工艺对污酸渣中Pb浸出量的影响

通过比较掺杂不同质量的镁渣的污酸渣的原渣与浸出液中Pb的含量可知,镁渣对污酸渣中Pb有良好的稳定化/固化效果,且随着镁渣掺杂量的增加稳定化/固化效果越好。

(2) SEM结果。图4.11为B5样品经毒性浸出试验后在500倍下的微观形貌,对图中的P1、P2和P3区域做EDX分析,分析结果见表4.15。

从表4.15中的数据可以看出,经过毒性浸出后B5,样品中仍然有重金属Pb、Cd和Zn等,说明包括B5在内的所有镁渣稳定的样品中的重金属不是附着在样品表面,而是被稳定在样品之内,因此重金属难以被浸出。

(3) XRD物相分析。有关文献利用X射线光电子能谱及物理化学的方法验证了Pb在水泥基熟料中主要以+2价和+4价存在,Cd主要以+2价存在,且Cd^{2+}和Pb^{2+}的离子半径与Ca^{2+}接近,可以取代Ca^{2+}形成置换固溶体不会改变混

图 4.11　B5 的 SEM 显微照片

表 4.15　图 4.11 中各取点位置的 EDX 分析结果　　(单位:%)

区域	Ca	O	Si	S	Al	Mg	Fe	Pb	Cd	Zn	Cr
P1	26.17	45.16	6.37	2.81	0.52	1.44	1.28	13.2	2.18	0	0.87
P2	9.07	75.81	4.05	2.48	0.58	2.63	0.82	1.55	2.04	0.97	0
P3	10.05	74.7	2.66	3.46	0.63	3.09	0.98	1.45	2.34	0.64	0

合物中各种结晶体的晶格结构,大部分 Pb 可以硫酸盐的形式固化在矿物中。图 4.12为质量比为 2∶3 的污酸渣与镁渣的混合渣 B5 的 XRD 图谱,由图谱分析可知,在 B5 中有胶凝相 $3CdO \cdot Al_2O_3 \cdot 3SiO_2$,其中有 Cd^{2+} 存在,Pb 以 $PbSO_4$、PbO 和 $CdO \cdot PbO_2$ 形式存在,这与文献中的结论相一致。

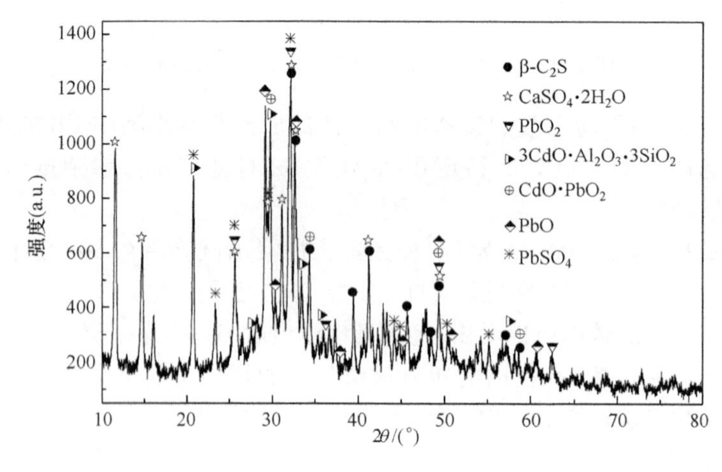

图 4.12　样品 B5 的 XRD 图谱

图 4.13 为镁渣与污酸渣的混合渣料烧结前 K1 及 K2 后的 XRD 图谱。由图中可以看出，K1 与 K2 都出现 β-C_2S，二价重金属 Pb 可以取代 β-C_2S 中 Ca 的位置而在渣料中稳定存在。K1 中 $CaSO_4 \cdot 2H_2O$ 的衍射峰比较明显，而 K2 中没有显示出 $CaSO_4 \cdot 2H_2O$ 的存在，这是因为经高温处理后其失掉结晶水且反应生成 CaO，与镁渣中 CaO、Al_2O_3 和 SiO_2 结合生成 $CaO \cdot Al_2O_3 \cdot SiO_2$ 的胶凝体系。这种凝胶体系可以将重金属镶嵌或包覆在内部从而起到稳定化/固化的效果。经过烧结处理的 K2 的衍射图谱中出现了 C_3A，重金属可以分布在渣料的 C_3A 中而达到稳定效果。故经过烧结处理后镁渣可以更好地稳定化/固化污酸渣中的重金属 Pb。

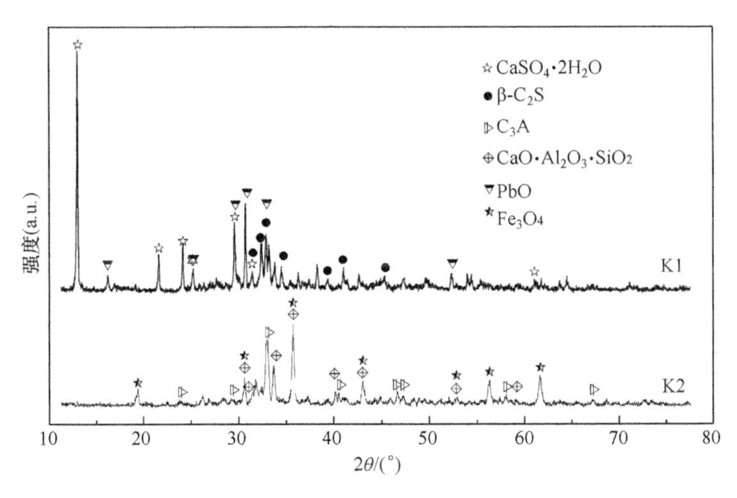

图 4.13　样品 K1 和 K2 的 XRD 图谱

3）结论

铅锌冶炼排出的污酸渣中含有一定量的重金属 Pb，Pb 以不稳定的状态存在，容易被浸出液浸出。在污酸渣中加入镁渣，可以对污酸渣中的 Pb 进行稳定化/固化，且有良好的固化效果，另外随着镁渣掺杂量的增加，稳定化/固化效果变好。掺杂 60%镁渣的污酸渣中 Pb 主要以 $PbSO_4$、PbO 和 $CdO \cdot PbO_2$ 形式存在；经过烧结处理后，样品中产生了 $CaO \cdot Al_2O_3 \cdot SiO_2$ 的胶凝体系及 C_3A 相，这些新产生的物相优化了稳定化/固化重金属 Pb 的效果。

4.2.2　地质聚合物固化污酸渣中的重金属

法国科学家 Davidovits 教授[30]于 20 世纪 80 年代初首先发现在碱激活的条件下以煅烧黏土为主要原料合成的新材料具有优异的性能并进行了系统的研究。在向工业界推介这类材料的过程中，为强调其与水泥的根本区别，他提出了 geopolymer（地质聚合物）一词。geo-表示这类材料以铝-硅酸盐为主（类似于黏土的主要成分);-polymer 则表示这类材料在结构上有与有机聚合物相类似的网络结构,以致其具有如有机聚合物一样的胶黏性质。因此,其原意仅指铝硅酸盐矿物聚合物,但随着近年来的发展,这一概念得到拓展,现在包括所有采用天然矿物或固体废物制备而成、以硅氧四面体与铝氧四面体聚合而成的具有非晶态和准晶态特征的三维网络凝胶体[31]。

地质聚合物在阻止重金属溶出方面具有非常优异的性能。合成的地质聚合物中含有大量的活性铝硅酸盐细粉,因此能够吸纳大量的碱金属离子,这种吸纳过程可以不断地进行下去,直至活性成分耗尽。另外,地质聚合物具有类沸石结构特征,这些特点使其可以很好地固定有毒金属离子和对抗核废料的侵蚀。J. Davidovits 的研究表明,地质聚合物基质对 Hg、As、Fe、Mn、Ai、Co、Pb 的固定率大于 90%。并且即使在核辐射下,其性能仍然稳定,因此可固定放射性核废料。J. G. S. van Jarsveld 等在地质聚合物中加入 0.1% Pb(以 $Pb(NO_3)_2$ 形式),然后将地质聚合物粉碎为粒度为 212~600μm 的颗粒后,使用 pH 为 3.3 的乙酸溶液按 1∶25 的固液比在 30℃的温度条件下进行浸出试验。以 200r/min 的转速搅拌,系统经 1400min 的浸出后基本达到平衡,浸出液中 Pb 的浓度只有 9mg/L。很多研究者认为地质聚合物对重金属离子主要为物理固着,其次为化学固着。重金属离子能够进入聚合物网络内部像碱金属离子一样起电价平衡作用是其重要作用机制之一。工业固体废物制成地质聚合物以后,其中的有毒元素或化合物即被固化于材料内部,这对于处置和利用各种工业废渣极为有利。

鉴于地质聚合物在阻止重金属溶出方面优异的性能,本节简单介绍利用污酸渣、烟化渣和粉煤灰作为主要原料,在碱性激发剂溶液的作用下制备地质聚合物浆体,经成型、养护等工序制备地质聚合物胶凝材料,用以固定污酸渣及烟化渣中的有毒金属离子。同时探索地质聚合物固化技术对污酸渣和烟化渣的固化效果及废渣的加入对地质聚合物胶凝材料的强度的影响。图 4.14 为制备地质聚合物胶凝

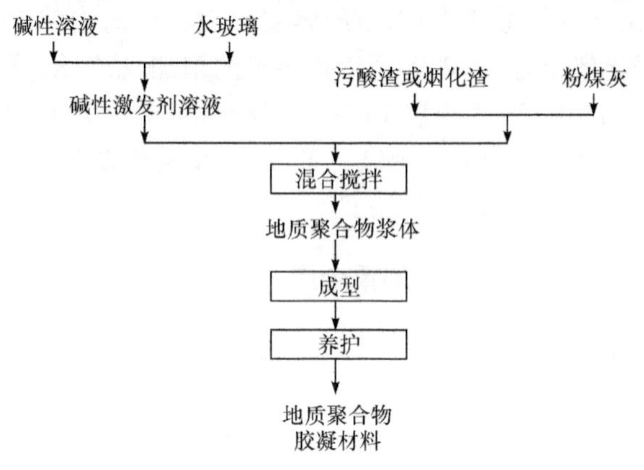

图 4.14 制备地质聚合物胶凝材料的工艺流程图

材料的工艺流程图。

1. 污酸渣的地质聚合物固化

污酸渣的地质聚合物固化的总体思路是将污酸渣预先与粉煤灰混合，再加入适当配比的激发剂，经搅拌、成型、养护等工序制备得到地质聚合物试块，测其7d抗压强度和浸出毒性。制备地质聚合物过程中，污酸渣的添加量可以改变。图 4.15 为制备得到的地质聚合物，由上至下污酸渣的添加量分别为 0%、10%、15%、20%，由图可知，添加不同含量的污酸渣制备得到的地质聚合物在外观形貌上并无差别。但由表 4.16 地质聚合物的抗压强度可知，随着污酸渣加入量的增加，地质聚合物的抗压强度呈显著下降趋势，原因可能是加入的污酸渣中含有的硫酸根抑制了地质聚合反应。对污酸渣添加量为 10%的地质聚合物试块做浸出毒性测试，测试方法采用美国 TCLP 浸出法，结果如表 4.17 所示。由表中数据可知，浸出液中 Zn、Cd 的浸出浓度分别为 6.81mg/L 和 0.88mg/L，均低于美国相关标准的 300mg/L 及 1mg/L，说明制备的地质聚合物能够很好地固定污酸渣中的相关金属离子[9]。

图 4.15　由上至下污酸渣添加量分别为 0%、10%、15%、20%时制备得到的地质聚合物

表 4.16　污酸渣添加量的地质聚合物的抗压强度

试样编号	污酸渣含量/%	7d 抗压强度/MPa
1	0	92.64
2	10	42.26
3	15	13.42
4	20	14.39

表 4.17　10%污酸渣添加的地质聚合物 TCLP 浸出液中 Zn、Cd 的浓度（单位：mg/L）

离子	Zn	Cd
浸出浓度	6.81	0.88
SW-846(美国标准限值)	300	1

图 4.16　烟化渣添加量分别为 0%、10%、20%、30%、40%时制备得到的地质聚合物

2. 烟化渣的地质聚合物固化[9]

为利用地质聚合物固化烟化渣，首先将烟化渣预先与粉煤灰混合，再加入适当配比的激发剂，经搅拌、成型、养护等工序制备得到地质聚合物试块，测其 7d 抗压强度和浸出毒性。烟化渣的添加量可为 10%、20%、30%、40%、55%、70%、85%、100%。图 4.16 为制备得到的部分地质聚合物，由上至下烟化渣的添加量分别为 0%、10%、20%、30%、40%。从图中可以看出，所有制备得到的地质聚合物均为结构致密的方块，形状结构外观无差异。地质聚合物的抗压强度如表 4.18 所示，表中数据表明随着烟化渣加入量的增加，地质聚合物的 7d 抗压强度呈先上升后下降的趋势，当烟化渣添加量为 40%时试块的 7d 抗压强度达到最大，为 82.21MPa。因此，选取烟化渣添加量为 40%的地质聚合物试块做浸出毒性测试，测试采用中国国家标准硫酸硝酸法和美国 TCLP 浸出法，表 4.19 为浸出液中各重金属离子的浸出浓度，由表可知浸出液中各重金属离子的浸出浓度均远低于国标和美标规定的限值，如即使烟化渣加入量为 70%时，按中国国家标准得出的浸出液中 Zn、Pb、Cd 的浓度分别为 18.76mg/L、0.01mg/L、0.095mg/L，这些浓度值均低于国家标准的 100mg/L、5mg/L、1mg/L，因此粉煤灰基地质聚合物也能很好地固化烟化渣中的重金属离子。

表 4.18　烟化渣添加的地质聚合物的抗压强度

试样编号	烟化渣含量/%	7d 抗压强度/MPa
1	0	81.90
2	10	68.73
3	20	75.30
4	30	79.19

续表

试样编号	烟化渣含量/%	7d抗压强度/MPa
5	40	82.21
6	55	76.08
7	70	69.35
8	85	58.51
9	100	36.40

表4.19　烟化渣添加的地质聚合物的浸出毒性测试　(单位:mg/L)

离子		Zn	Pb	Cd
美标	40%烟化渣	0.078	0.02	0.007
	70%烟化渣	0.144	0.009	0.01
	SW-846(美国标准限值)	300	5	1
国标	40%烟化渣	6.258	0.023	0.042
	70%烟化渣	18.76	0.01	0.095
	GB 5085.3—2007	100	5	1

3. 污酸渣和烟化渣的地质聚合物固化

根据之前的试验结果,固定烟化渣的添加量为40%,将污酸渣的添加量作为掺入变量。表4.20为用污酸渣和烟化渣混合物制备的地质聚合物的7d和28d的力学性能测试结果。在添加的污酸渣含量小于4%时,制备的地质聚合物的强度没有因污酸渣加入量的增加而降低,说明烟化渣的加入可以抑制污酸渣对地质聚合物力学性能的负面作用。表4.21为污酸渣添加量为4%时地质聚合物的浸出毒性测试,由表可知,无论是根据美国标准还是中国标准,地质聚合物的各种重金属的浸毒性都在这两个标准限值之内。

表4.20　污酸渣和烟化渣添加的地质聚合物的抗压强度

试样编号	污酸渣添加量/%	烟化渣添加量/%	7d抗压强度/MPa	28d抗压强度/MPa
1	0	40	74.74	74.15
2	1	40	68.28	65.70
3	2	40	81.85	73.97
4	4	40	72.06	82.20

表 4.21　4%污酸渣、40%烟化渣添加的地质聚合物的浸出毒性测试　(单位:mg/L)

	离子	Zn	Pb	Cd
美标	4%污酸渣+40%烟化渣	0.074	0.005	0.04
	SW-846(美国标准限值)	300	5	1
国标	4%污酸渣+40%烟化渣	12.52	0.085	0.19
	GB 5085.3—2007	100	5	1

4. 总结

粉煤灰基地质聚合物对污酸渣和烟化渣都有很好的固化效果,但两者对地质聚合物的力学性能起着截然不同的作用。烟化渣有一定的活性,可在激发剂的作用下参与地质聚合反应,单独添加时可提高地质聚合物的力学性能。而单独添加污酸渣时会使地质聚合物的力学性能显著降低。将污酸渣和烟化渣以一定比例同时加入地质聚合物可起到取长补短、优势互补的作用。制备得到的地质聚合物的抗压强度堪比超高强混凝土。试验结果表明,采用美国和中国对重金属浸出的测试方法,无论是用污酸渣或烟化渣单独制备还是将两者混合制备地质聚合物,浸出液中各重金属离子的浸出毒性均低于这两个标准规定的限值,因此可以说明地质聚合物能很好地固化污酸渣及烟化渣中的重金属离子。利用类似于粉煤灰这些固体废弃物制备地聚合物胶凝材料,不仅固化稳定化了废渣中的重金属,为固体废物的综合利用提供了新途径,达到"以废治废"的目的,还可以获得一种可替代普通水泥的高强度的低碳环保新型胶凝材料。

参考文献

[1] 王晓齐. 中国铅锌工业发展的环境、政策与趋势. 中国国际铅锌年会,2002.
[2] 侯晓波. 铅碎冶炼澄处理的系统分析及研究[J]. 云南冶金,2011,40(3):42-46.
[3] 李秀金. 固体废物工程[M]. 北京:中国环境科学出版社,2003.
[4] 李飒,张希柱,李时蓓. 我国铅锌冶炼行业环境问题探讨[J]. 环境保护,2013,(7):53-54.
[5] 姚莉. 试论有色铅锌行业的环保问题及解决对策[J]. 市场周刊(管理探索),2005,(4):93-94,79.
[6]《铅锌冶金学》编委会. 铅锌冶金学[M]. 北京:科学出版社,2003.
[7] 梁彦杰. 铅锌冶炼渣硫化处理新方法研究[D]. 长沙:中南大学,2012.
[8] 李若贵. 我国铅锌冶炼工艺现状及发展[J]. 中国有色冶金,2010,(6):13-20.
[9] 窦传龙. 有色金属资源基地重金属减排与废物循环利用技术及示范[R]. 科技报告,2014.
[10] 赵由才. 实用环境工程手册——固体废物污染控制与资源化[M]. 北京:北京化学工业出版社,2002.
[11] 金延才,李卫东,董安君. 浅议固体废弃物的污染现状及防治对策[J]. 中国科技信息,

2008,(7):22.
[12] 吴攀,刘丛强,杨元根,等．炼锌固体废渣中重金属(Pb、Zn)的存在状态及环境影响[J]．地球化学,2003,32(2):139-145.
[13] 董保澍．我国工业固体废弃物现状和处理对策[J]．中国环保产业,2001,(5):20-21
[14] 王明玉,刘晓华,隋智通．冶金废渣的综合利用技术[J]．矿产综合利用,2003,(3):28-32.
[15] 刘凯凯,周广柱,周静．铅锌冶炼渣性质及综合利用研究进展[J]．山东化工,2013,42(7):58-60.
[16] 范文虎．我国工业固体废物现状及管理对策研究[J]．科技情报开发与经济,2007,17(33):93-94.
[17] 周洪平．工业废渣在水泥生产中的具体应用[J]．江西建材,2000,(4):15-17.
[18] Palomo A,Fuente J I L D. Alkali-activated cementitous materials: Alternative matrices for the immobilization of hazardous wastes : Part I. Stabilization of boron[J]. Cement and Concrete Research,2003,33(2):281-288.
[19] 袁玲,施惠生．焚烧灰中重金属溶出行为及水泥固化机理[J]．建筑材料学报,2004,7(1):76-80.
[20] Gougar M L D,Scheetz B E,Roy D M. Ettringite and C-S-H portland cement phases for waste ion immobilization: A review[J]. Waste Management,1996,16(4):295-303.
[21] 李国鼎．固体废物处理与资源化[M]．北京:清华大学出版社,1990.
[22] 蒋建国,吴学龙,王伟,等．重金属废物稳定化处理技术现状及发展[J]．新疆环境保护,2000,22(1):6-10.
[23] 杨少辉．铅锌冶炼污酸体系渣硫固定/稳定化研究[D]．长沙:中南大学,2011.
[24] 王永强,蔡信德,肖立中．多金属污染农田土壤固化/稳定化修复研究进展[J]．南方农业学报,2009,40(7):881-888.
[25] 郝汉舟,陈同斌,靳孟贵．重金属污染土壤稳定/固化修复技术研究进展[J]．应用生态学报,2011,22(3):816-824.
[26] 赵述华,陈志良,张太平,等．重金属污染土壤的固化/稳定化处理技术研究进展[J]．土壤通报,2013,(6):1531-1536.
[27] Environment Agency. Guidance on the use of stabilisation/solidification for the treatment of contaminated soil[R]. Bristol: UK Environment Agency,2004.
[28] 陈玉洁,韩凤兰,罗钊．镁渣固化/稳定污酸渣中重金属铜和镉[J]．无机盐工业,2015,47(7):48-51.
[29] 陈玉洁,韩凤兰,罗钊．镁渣固化/稳定污酸渣中重金属 Pb[J]．环境工程学报,2016,10(6):3229-3233.
[30] Davidovits J. Mineral polymers and methods of making them[P]: US Patent, 4349386. 1980.
[31] 彭佳,颜子博．地质聚合物的研究进展[J]．中国非金属矿工业导刊,2014,(1):16-19.
[32] 翁履谦,宋申华．新型地质聚合物胶凝材料[J]．材料导报,2005,19(2):67-68.
[33] 孙道胜,王爱国,胡普华．地质聚合物的研究与应用发展前景[J]．材料导报,2009,23(7):61-65.

第 5 章　粉煤灰的循环利用

粉煤灰是从煤燃烧后的烟气中收捕下来的细灰，是燃煤电厂排出的主要固体废物，也是一种人工火山灰质材料，其自身仅具有微弱的胶凝性或不具有胶凝性，但当以粉状及有水存在时能在常温下与氢氧化钙反应形成具有胶凝性的化合物。在传统生产方式下，粉煤灰的堆积不仅占用大量土地，而且还给周围环境造成巨大污染，破坏生态平衡。现代燃煤发电厂的燃煤锅炉，都以磨细煤粉为燃料，当煤粉喷入炉膛内，就以细颗粒或团的形式进行悬浮燃烧。由于炉内温度高达 1200～1600℃，煤灰受高温作用呈熔融状态，煤中大部分可燃物在炉内燃尽，而未燃碳及无机矿物组分多数则随高温气流上升，在引风机抽气作用下，沿烟道流至空气预热器时温度骤降，熔融灰由于凝缩而使其内部气体受到压缩，成为中空球状灰。在表面张力的作用下，大部分灰粒表面呈光滑球状，也有一部分灰粒在熔融状态下相互碰撞，产生表面粗糙、棱角较多的蜂窝状颗粒。在引风机将烟气排入大气之前，上述颗粒经除尘器被分离、收集，即粉煤灰。

近年来，我国粉煤灰综合利用[1-3]不断向精细化、高技术化发展，综合利用量和利用率稳步增长，在我国东部部分经济发达地区竟出现粉煤灰供不应求的局面。粉煤灰综合利用方式逐步从粗放型转变为集约型，但就整体而言，粉煤灰的利用总量远远达不到粉煤灰的排放总量。2016 年我国排放的粉煤灰近 6 亿 t，利用率只有排放量的 40％～60％[4]。而发达国家粉煤灰资源化利用率相当高，如日本100％、荷兰 100％、意大利 92％、丹麦 90％、德国 79％、比利时 73％、法国 65％[5]。在发展循环经济的新生产方式下，粉煤灰作为可持续利用资源，经综合利用，既能消除其对生态环境的威胁，还可创造出良好的经济效益。因此，加大对粉煤灰综合利用的研究，对我国治理环境污染、节约土地资源、提高固废资源综合利用率、促进资源节约型和环境友好型社会的建设显得十分重要。

5.1　粉煤灰的组成和物化特性

5.1.1　粉煤灰的化学组成

煤炭由有机物及无机物共同组成。有机物主要成分为碳、氢及氧；无机物主要成分为高岭石、方解石和黄铁矿。无机物经燃烧后成为灰渣，其主要成分为硅、铝、铁的氧化物及一定量的钙、镁、硫的氧化物。煤的来源、燃烧方式和收集方式等因素直接决定着粉煤灰的化学组成，一般而言，主要元素包括 Si、Al、Fe、Ca 等(表 5.1)，还有少量 Mg、Ti、S、K 和 Na；此外，伴随煤中无机组分向粉煤灰的转化，伴生元素也会富集，这些元素包括有毒、有害元素(表 5.2 为南京某电厂五种粉煤灰的微量元素含量)，如 As、Pb、Ni、Cr、Cd、Be、Hg，放射性元素 Th 及稀有元素 Ga、Ge、U 等[6]。

表 5.1　粉煤灰的化学组成　(单位：%)

样品	SiO_2	Al_2O_3	CaO	MgO	Fe_2O_3	SO_3	K_2O	N_2O	烧失量
中国	46.74	25.01	5.58	1.28	8.46	0.53	1.80	0.67	10.37
日本	57.96	25.86	3.98	1.58	4.31	0.34	2.15	1.49	0.73
美国	44.11	20.81	4.75	1.12	17.49	1.19	1.97	0.73	7.83
英国	46.16	26.99	3.06	1.96	10.44	1.53	3.36	0.90	3.86
德国	41.13	24.39	5.06	1.85	13.93	0.77	—	—	—
法国	50.00	30.00	3.00	2.00	7.00	0.60	3.50	0.70	—
捷克	51.30	27.20	4.30	0.63	7.40	0.59	1.86	0.32	4.63

表 5.2　不同粉煤灰中微量元素含量　(单位：mg/kg)

类别	As	Ba	Co	Sc	Cu	Ga	Ge	Hf	Mo	Nb	Ni	Pb	Rb	Th
H1	3.2	782	24	10.5	91	42	8.8	18	6.5	36	41	68	46.5	44
H2	6.9	971	30	22.0	104	52	10.4	20	6.4	37	49	82	45.0	51
H3	9.2	1000	34	25.4	120	69	12.8	24	9.7	43	59	112	47.1	56
H4	13.4	683	44	29.9	146	92	15.8	32	10.2	54	75	164	44.7	74
H5	23.3	1222	46	32.1	155	105	16.7	31	14.5	54	79	181	45.6	76

类别	Sr	Li	U	V	Mn	W	Zr	Y	Zn	Be	Cr	Se	Σ
H1	924	325.1	6.9	137	160.8	12	437	59	50	6.0	32	20.3	3391.6
H2	1127	400.7	8.3	170	257.7	12	473	69	63	7.0	32	29.2	4135.6
H3	1356	440.0	10.5	210	222.6	12	541	80	82	8.0	24	51.4	4658.7
H4	1814	615.8	11.6	221	167.6	16	683	98	102	9.5	23	63.9	5303.4
H5	1799	613.9	15.0	267	239.8	16	707	98	153	9.9	17	111.0	6127.8

粉煤灰的含钙量对粉煤灰的利用有很大影响，通常含钙量小于 10%的粉煤灰称为低钙灰，含钙量 10%～20%的称为中钙灰，含钙量大于 20%的称为高钙灰[7]。根据胶凝性能的不同，粉煤灰可分为强胶凝性灰(15min 内凝结)、中等胶凝性灰(60min 内凝结)和低胶凝性灰(不凝结)。

5.1.2　粉煤灰的矿物组成

煤粉各颗粒的化学成分并不完全一致，因此形成的粉煤灰在排出冷却过程中形成了不同的物相[8,9]，例如，氧化铝和氧化硅含量较高的玻璃珠在高温冷却过程中逐渐析出石英和莫来石，氧化铁含量高的玻璃珠则析出磁铁矿或赤铁矿。可见，粉煤灰的矿物组成中既有矿物晶体，又有非晶态玻璃，其中非晶态玻璃占粉煤灰总量的50%～80%。矿物晶体主要有莫来石、石英、磁铁矿、赤铁矿和少量石膏、方镁石、方解石等，在所有晶体相物质中莫来石占最大比例，可达到总量的6%～15%[10,11]。矿物晶体的含量与粉煤灰冷却速度有关，当冷却速度较快时，玻璃体含量较多，反之玻璃体容易析晶，具体含量与煤粉中的氧化铝含量及煤粉燃烧时炉膛温度等因素有关；粉煤灰是结晶体、玻璃体及少量未燃烧碳组成的结构复杂的混合体。在干燥状态时呈灰色或灰白色，略有或者没有水硬胶凝性，含水量大的粉煤灰呈灰黑色。表5.3是McCarthy等对北美地区一些粉煤灰中晶体矿物相的分析结果，表5.4是刘巽伯等对我国一些地区粉煤灰中矿物相分析的结果[12]。确切地说，根据粉煤灰中的矿物相确定粉煤灰的品质更合适，而粉煤灰的化学成分只能作为一种参考。

表5.3　北美地区部分粉煤灰中矿物相成分　(单位：%)

粉煤灰类别	硬石膏	莫来石	石英	黄长石	赤铁矿	铝酸三钙	钙镁石	尖晶石	石灰	方镁石	总和
低钙	0.8	11.8	8.0	—	1.9	—	—	2.0	—	—	24.5
中钙	1.0	7.6	8.6	—	—	0.8	3.7	2.7	0.7	1.3	26.4
高钙	1.5	5.6	6.5	1.7	—	3.2	6.9	1.9	1.2	2.7	31.2

表5.4　我国粉煤灰的矿物组成范围　(单位：%)

矿物名称	低温型石英	莫来石	高铁玻璃珠	低铁玻璃态	含碳量	玻璃态 SiO_2	玻璃态 Al_2O_3
平均值	6.4	20.4	5.2	59.8	8.2	38.5	12.4
含量范围	1.1～15.9	11.3～29.2	0～21.1	42.1～70.1	1.0～23.5	26.3～45.7	4.8～21.5

5.1.3　粉煤灰的物理性质

粉煤灰外观类似于水泥，颜色随煤源和未燃碳含量有所差别；一般随未燃碳含量的增加，粉煤灰依次呈现浅灰色、灰色、深灰色、暗灰色、黄土色、褐色及灰黑色；含碳量越高，粉煤灰的粒度越粗，可循环利用的质量越差[13,14]。粉煤灰的密度与其化学成分密切相关，低钙灰密度一般为1800～2800kg/m^3，高钙灰密度可达2500～2800kg/m^3。粉煤灰的松散干密度在600～1000kg/m^3范围内，其压实密度为1300～1600kg/m^3；湿粉煤灰的压实密度随含水率增加而增加。粉煤灰粒径范围为0.5～300μm，粉煤灰的细度为45μm方孔筛，其筛余量一般为10%～20%，比表面积为2000～5000cm^2/g。粉煤灰通常呈酸性，pH与CaO含量呈正相关性，

与碱性氧化物 Na_2O 和 K_2O 含量间的关系不明显，这些物理特性直接影响粉煤灰应用时的各种性能。表 5.5 为粉煤灰细度与其活性指数的关系[15]。

表 5.5　粉煤灰细度与其活性指数之间的关系　（单位：%）

编号	1	2	3	4	5	6	7	8	9
细度	45.1	39.8	35.2	30.1	24.9	20.1	14.8	9.8	5.1
活性指数	14.5	17.0	19.5	22.7	26.4	30.5	35.6	41.3	47.5

5.1.4　粉煤灰的颗粒组成

粉煤灰的颗粒主要是由各种颗粒机械混合组成的，因此粉煤灰质量的优劣和波动在很大程度上取决于各种颗粒的组成及其组合的变化[16]。采用扫描电子显微镜观察显示，从形貌上可将粉煤灰中的颗粒大概分为球状颗粒、渣状颗粒、钝角颗粒、碎屑及黏聚颗粒，其中类球形颗粒占总量的 60%以上。

1. 空心微珠（漂珠）

空心微珠的总体外观呈白色，球状，中空，多为单个的球体，也有少数单体的复珠，置于水中能浮在水面上，故称漂珠。漂珠是薄壁的空心玻璃微珠，有的壳壁上还有极小的针孔状洞穴。漂珠的物相主要有两种，一种为非晶态的玻璃相；另一种为析晶的莫来石，分布在珠壁上。漂珠的粒径在珠状颗粒中是比较粗的，直径一般为 30～100μm，壁厚 0.2～2μm。漂珠壁薄易碎，往往在粉煤灰样品中发现少量漂珠碎片，漂珠的含量为 0.5%～1.5%。

2. 实心微珠（沉珠）

此类微珠外观呈灰色，其形态与空心微珠的形态相同，珠壁上常有莫来石析晶，常因壁厚和莫来石析晶过多而比重增大，沉于水底，故称沉珠。珠壁密实无孔，厚度约为直径的 30%，颗粒密度接近 $2g/cm^3$，不能漂浮，具有很高的强度。其物相为玻璃相和莫来石。实心微珠不具中空现象，无色透明者较多，也有少量因含杂质而呈黄褐色至褐红色。其物相主要是玻璃相和鳞石英等。这两类微珠的粒径大多比漂珠小，沉珠的含量约占粉煤灰的 90%。

3. 铁珠（磁珠）

铁珠的外观多呈黑色，具有弱金属光泽，球形，可由磁选法选出，又称磁珠。粒径在 50μm 左右，表观密度大于 $3.4g/cm^3$，比表面积很小。铁珠的物相组成较复杂，主要有磁铁矿、赤铁矿、褐铁矿、玻璃相等。粉煤灰中的氧化铁大多数富集其中。SEM（扫描）下其形状不易与其他微珠区分，可用 EDA（能谱）进行分析。反光显微镜下呈黑色球状的是铁珠。

4. 碳粒

碳粒呈黑色，弱金属光泽，其外表有数种形态。大颗粒以半浑圆状、蜂窝状和多空状为主，小颗粒以片状为主，其他还有少量角砾状等。碳珠内部多孔，结构疏松；容易碾碎，孔腔吸水性高，粒径偏粗，在 0.2～5mm 范围内。碳粒有无定形碳、石墨和含有硅铝的玻璃质三相组成。多空状的碳粒燃烧得比较充分，属于无定形碳；颗粒状和角砾状碳由于没有燃烧，属于石墨状原生煤态。

5. 不规则玻璃体和多空玻璃体

不规则的玻璃体是粉煤灰中较多的颗粒之一，大多由似球和非球形的各种浑圆度不同的粘连体颗粒组成。有的粘连体断开后，外观及性质与各种玻璃球形体相比，化学成分含量略有不同。多空玻璃体外形似蜂窝，具有较大的比表面积，易黏附其他碎屑，比重较小，熔点比其他微珠偏低，呈乳白色至灰色，一般硅、铝、铁的含量分别为 73%、21%、3.1%左右。图 5.1 为北方民族大学循环经济技术研究所拍摄的宁夏某电厂粉煤灰的扫描电镜图像。

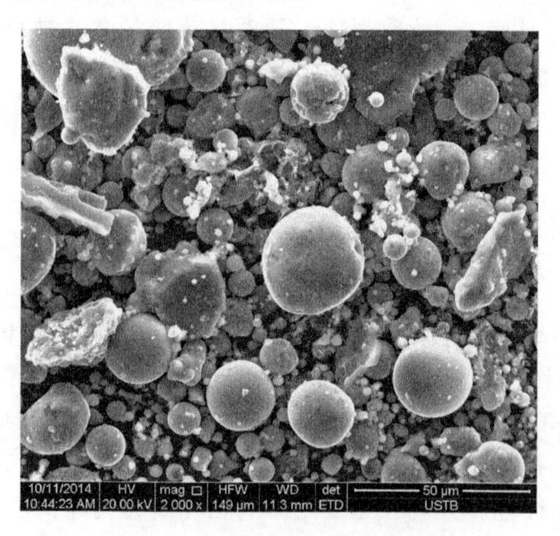

图 5.1 粉煤灰形貌 SEM 图谱

5.1.5 粉煤灰的分类

1. 按化学成分划分

受煤源、燃烧方式及炉型等因素的影响，产生的粉煤灰也有很大差异，其组

成一般为 SiO_2、Al_2O_3 和 Fe_2O_3 等。中国台湾地区、美国及日本粉煤灰的分类标准如表 5.6 所示。粉煤灰大体分为 F 级和 C 级，其中 $SiO_2+Al_2O_3+Fe_2O_3>70\%$，为 F 级；$SiO_2+Al_2O_3+Fe_2O_3>50\%$，为 C 级；烧失量 F 级为 12%，C 级为 6%，其余参数在标准上基本相同。F 级粉煤灰主要为燃烧无烟煤或烟煤产生，$CaO<10\%$且具有波索兰活性。C 级粉煤灰则为燃烧褐煤或次烟煤产生，$CaO>10\%$以上，除具有波索兰活性及水泥水化特性外，在空气中易自行硬化。

表 5.6　粉煤灰分类标准　（单位：%）

国家或地区	中国台湾			美国		日本
	CNS3036		CNS 11271	ASTM C618-80		JIS A6201
	C 级	F 级		C 级	F 级	
SiO_2（最小值）	—	—	45	—	—	45
$SiO_2+Al_2O_3+Fe_2O_3$（最小值）	50.0	70.0	—	50.0	70.0	70.0
CaO（最大值）	—	—	—	—	—	6.0
MgO（最大值）	5.0	5.0	—	5.0	5.0	5.0
SO_3（最大值）	5.0	5.0	—	5.0	5.0	5.0
有效减（Na_2O）（最大值）	1.5	1.5	—	1.5	1.5	—
烧失量（最大值）	6.0	12.0	—	6.0	12.0	10.0
含水量（最大值）	3.0	3.0	1.0	3.0	3.0	3.0

2. 按排放方式划分

粉煤灰按其排放方式的不同可分为干排灰和湿排灰。干排灰的排放方式为干收干排，而湿排灰的排放方式又分为干收湿排和湿收湿排两种方式。干收干排一般是指通过静电收尘器、布袋收尘器或机械收尘等设备收尘后，再采用正压、微正压、负压或机械式等干除灰系统将粉煤灰排出。干收湿排是指利用干式除尘器收集粉煤灰后，再利用高压水力将其冲排到储灰池。湿收湿排是利用湿式除尘器收集粉煤灰后，直接将其以灰浆的形式排到储灰池。

3. 按品质标准划分

国家标准 GB/T 1596—2005《用于水泥和混凝土中的粉煤灰》对粉煤灰的细度、需水比、烧失量、含水量、三氧化硫含量和游离氧化钙等指标都有具体要求，并将粉煤灰划分为Ⅰ、Ⅱ和Ⅲ级，如表 5.7 所示。不同等级粉煤灰的适用范围为：Ⅰ级粉煤灰适用于钢筋混凝土和跨度小于 6m 的预应力钢筋混凝土；Ⅱ级粉煤灰适用于钢筋混凝土和无筋混凝土；Ⅲ级粉煤灰主要用于无筋混凝土，但大于 C30 的无筋混凝土宜采用Ⅰ、Ⅱ级粉煤灰。

表 5.7　粉煤灰的分级指标

分级指标		技术要求		
		Ⅰ级	Ⅱ级	Ⅲ级
细度(不大于)/%	F类粉煤灰	12.0	25.0	45.0
	C类粉煤灰			
需水量比(不大于)/%	F类粉煤灰	95.0	105	115
	C类粉煤灰			
烧失量(不大于)/%	F类粉煤灰	5.0	8.0	15.0
	C类粉煤灰			
含水量(不大于)/%	F类粉煤灰		1.0	
	C类粉煤灰			
三氧化硫含量(不大于)/%	F类粉煤灰		3.0	
	C类粉煤灰			
游离氧化钙(不大于)/%	F类粉煤灰		1.0	
	C类粉煤灰		4.0	
安定性 雷氏夹沸煮后增加距离(不大于)/mm	F类粉煤灰		5.0	
	C类粉煤灰			

4. 按细度指标划分

粉煤灰细度是决定粉煤灰质量最重要的因素，可以根据它对粉煤灰进行级别分类，用于判断粉煤灰的质量，见表 5.8。

表 5.8　根据细度对粉煤灰的级别分类

等级	细度/%	用于混凝土中的效应
优级	<5	性能优良
1	5～20	性能良
2	20～35	性能良或尚可
3	>35	耐久性存疑

5.2　粉煤灰在建筑材料中的应用

粉煤灰属于火山灰性质的混合材料，其主要成分是硅、铁、钙、镁的氧化物，具有潜在的化学活性，即粉煤灰单独与水拌合并不具有水硬性，但在一定条件下，能够与水反应生成类似于水泥凝胶体的胶凝物质，并具有一定的强度。粉煤灰的活性取决于粉煤灰中火山灰的反应能力，即粉煤灰中具有化学活性的 SiO_2 和 Al_2O_3 与 $Ca(OH)_2$ 反应，生成类似于水泥水化产生的水化硅酸钙和水化硅铝酸钙等矿物的能力。这些水化物作为胶凝材料的一部分起到增强作用，过程一直可延续到 28d 及以后相当长的时间内，而且加强了薄弱的过渡区，对改善混凝土的各项性能有显著作用。粉煤灰用作建筑材料有如下优点：节约水泥，降低生产成本和工程造价；提高混凝土后期强度、抗渗性和抗化学侵蚀能力，具有轻质、绝热、耐火、抗冲击等优良性能，改善混凝土的和易性，便于泵送、浇筑和振捣；抑制碱骨料反应的不良影响；降低水泥水化热，抑制温度裂缝的发生与发展。粉煤灰的这些特性，使其在建筑材料中的应用越来越广泛。

5.2.1　粉煤灰在水泥混合材料中的应用

在生产水泥的过程中，用于改善水泥性质，调节水泥强度而加入水泥中的人工或天然矿物材料，称为水泥混合材料。水泥混合材按其活性的不同，分为活性混合材料和非活性混合材料，粉煤灰、炉渣属于常用活性材料。

对粉煤灰用作水泥混合材进行研究，无论在宏观上还是微观上都有极其重要的现实意义。粉煤灰作为废渣用于水泥混合材，既能减少对环境的污染，又可有效地降低成本，而且当前对粉煤灰等量和超量取代水泥均有较为成熟的研究结果[17]。由于粉煤灰掺量不同，掺配成的水泥具有不同的名称和性能。用粉煤灰配置水泥，抗裂性好。粉煤灰比表面积小，且呈玻璃质球状，因此水泥需求量少，砂浆或混凝土的流动性好，易于浇灌，干缩性也小，抗硫酸盐侵蚀性好，水化热低，是大体积混凝土和地下工程的理想水泥品种。

粉煤灰、炉渣作为建筑材料已经在实际生产中得到广泛的应用，取得了显著的社会、环境和经济效益。但如何优化地将粉煤灰、炉渣用作水泥混合材，如何更加合理地将粉煤灰用于混凝土掺合料，仍需要结合实际情况进行更加系统而深入的研究。张超利用粉煤灰和炉渣作为普通硅酸盐水泥和复合硅酸盐水泥混合材开展试验研究，如表 5.9 和表 5.10 所示[17]。

表 5.9　不同混合材掺量对所配置的 P.O42.5R 水泥强度的影响

编号	粉煤灰掺量/%	炉渣掺量/%	3d 强度/MPa		7d 强度/MPa		28d 强度/MPa	
			抗压	抗折	抗压	抗折	抗压	抗折
P1	10	0	23.3	4.1	32.1	6.7	49.8	8.2
P2	15	0	22.2	4.6	30.5	5.7	49.8	8.0
P3	20	0	23.4	4.4	28.2	5.4	48.5	8.7
P4	0	10	25.6	5.4	35.4	7.1	45.7	8.9

续表

编号	粉煤灰掺量/%	炉渣掺量/%	3d强度/MPa		7d强度/MPa		28d强度/MPa	
			抗压	抗折	抗压	抗折	抗压	抗折
P5	0	15	23.5	5.0	32.2	6.0	45.8	8.5
P6	0	20	21.9	4.7	30.8	5.7	44.4	8.6
P7	5	10	22.9	4.2	33.3	6.2	44.6	8.7
P8	10	10	20.4	4.2	28.8	5.4	45.4	7.9

由表5.9可知，单掺炉渣配制的水泥，其早期强度明显高于单掺粉煤灰配制的水泥，但后期强度低于掺粉煤灰的后期强度，说明炉渣的早期活性优于粉煤灰的早期活性；单掺粉煤灰或炉渣用作混合材，掺量均为10%；考虑综合利用，优化配方选取二者混合使用作混合材，掺量约为15%。

表5.10　不同混合材掺量对所配置的P.C42.5R水泥强度的影响

编号	粉煤灰掺量/%	炉渣掺量/%	3d强度/MPa		7d强度/MPa		28d强度/MPa	
			抗压	抗折	抗压	抗折	抗压	抗折
F1	20	0	23.4	4.4	28.2	5.4	48.2	8.7
F2	22	0	22.8	4.3	27.2	4.8	47.5	9.2
F3	25	0	19.0	3.9	21.3	4.5	47.9	8.9
F4	0	20	21.9	4.7	30.8	5.7	45.4	8.6
F5	0	22	21.3	4.4	25.2	5.4	44.0	8.1
F6	0	25	20.1	3.8	22.7	5.2	43.9	7.9
F7	8	14	21.4	4.4	28.2	5.4	46.5	8.7

由表5.10可知，单掺炉渣配制的水泥，其早期强度明显高于单掺粉煤灰配制的水泥，但后期强度低于掺粉煤灰的后期强度；单掺粉煤灰或炉渣用作混合材，掺量均为20%；考虑综合利用，优化配方选取二者混合使用作混合材，掺量约为22%。

我国粉煤灰中大部分是低等级的湿排灰，而湿排灰玻璃体活性低、反应慢、不易脱水、处理成本高，限制了它的推广应用。李坦平通过对低活性的湿排粉煤灰改性处理，并与水泥熟料一起粉磨，制成掺湿排粉煤灰的水泥，其试验结果如表5.11所示[18]。

表 5.11　湿排灰改性配合比试验方案及结果

编号	配合比/%			改性料 28d 抗压强度/MPa	改性料抗压强度比 R	SO_3/%	烧失量/%
	粉煤灰	生石灰	激发剂				
A0	100	0	0	2.13	0.53	1.64	11.73
A1	55	45	0	8.43	0.98	1.44	6.70
A2	54	45	1.0	9.11	1.09	1.62	6.59
A3	53	45	2.0	10.30	1.26	1.84	6.51
B1	60	40	0	9.00	1.15	1.43	7.31
B2	59	40	1.0	9.88	1.22	1.64	7.17
B3	58	40	2.0	10.75	1.34	1.90	7.07
C1	65	35	0	8.66	1.04	1.49	7.87
C2	64	35	1.0	9.24	1.24	1.68	7.78
C3	63	35	2.0	10.80	1.37	1.93	7.69
D1	70	30	0	8.05	0.91	1.53	8.45
D2	69	30	1.0	8.91	1.13	1.70	8.35
D3	68	30	2.0	9.57	1.35	1.97	8.24
E	90	10	0	3.54	0.61	1.67	10.83
F	93	5	2.0	3.61	0.52	2.35	11.19

湿排灰虽具有一定活性，但活性较低，凝胶性能较差，28d 抗压强度仅 2.13MPa，抗压强度比 R=0.53，不可作为活性混合材直接掺入水泥熟料生产水泥。湿排灰经生石灰和激发剂处理后，水化活性明显提高，当激发剂掺量为 2%、生石灰掺量为 35%时，其抗压强度比为 1.37，可作为水泥活性混合材，以此配制的粉煤灰水泥性能、强度均符合国家标准要求；同时，28d 抗压强度达 10.8MPa，还可直接作为抹面和砌筑砂浆等胶凝材料。

5.2.2　粉煤灰在混凝土中的应用

混凝土是建筑工程中用量最大的建筑材料，水泥作为混凝土的重要组分，在生产过程中会向大气中排放大量的 CO_2。目前全世界每年 CO_2 排放量约为 323 亿 t，水泥生产就占 10%左右，造成环境污染、温室效应和全球变暖等不利影响。混凝土中掺入粉煤灰不仅能改善混凝土性能，提高工程质量，节省水泥，降低混凝土成本，也是消纳粉煤灰经济有效的途径之一，可以减轻环境负荷。

大掺量粉煤灰混凝土中粉煤灰含量较高，火山灰反应较慢，与水泥混凝土相比，早期强度较低，随着龄期的延长，火山灰反应不断进行，后期强度有较大程度的发展，耐久性也相应得到改善。因此，利用 28d 龄期的性能指标并不能很好地反映大掺量粉煤灰混凝土的真实性能。汪潇等重点研究了长龄期养护条件下，大掺量粉煤灰对混凝土的力学性能、抗碳化性能和收缩性能的影响[19]。当养护28d、粉煤灰掺量为10%时，混凝土强度较基准混凝土略有增长；随粉煤灰掺量的增加，其强度逐渐减小。当龄期增加到60d、粉煤灰掺量在30%以内时，粉煤灰混凝土的强度均大于同龄期的基准混凝土强度，且在粉煤灰掺量为20%时达到最大值；当粉煤灰掺量为40%～60%时，其强度均小于同龄期的基准混凝土强度，且随粉煤灰掺量的增加，强度逐渐减小。随龄期增加到180d，粉煤灰掺量为0%～30%时，粉煤灰混凝土的强度继续升高，在粉煤灰掺量为30%时达到最大值，与28d龄期强度相比，增长了54%；当龄期增加到365d时，粉煤灰混凝土的强度继续增加，其变化趋势与龄期为180d时基本一致。当粉煤灰掺量为40%，养护龄期达60d及以上的粉煤灰混凝土，强度与基准混凝土强度相当。对于粉煤灰掺量为50%和60%的粉煤灰混凝土，当养护龄期为28d时，碳化深度分别为9.3mm和13.7mm；随养护龄期增加到365d，相应的碳化深度分别降至6.7mm和9.0mm。对于粉煤灰混凝土，在激发剂作用下，粉煤灰的活性得以改善，随养护龄期的延长，火山灰反应将加快且进行得更加彻底，"细化孔隙"、"活性充填"和改善过渡区结构的作用更加明显，使混凝土的致密性进一步提高。随着空隙的减少和孔结构的改善，CO_2气体的渗入变得更加困难，从而提高了混凝土的抗碳化能力。

轻骨料混凝土采用轻粗骨料、轻砂或普通砂、水泥和水配制而成，与普通混凝土相比，轻骨料混凝土的质量可减轻20%～40%，而且具有更好的保温性能。轻骨料具有容重变化大、强度较低、吸水率较高等特点，这些结构与物理性能特点为其大量推广应用带来一定的阻力。粉煤灰的掺入可以在一定程度缓解其缺点，粉煤灰对轻骨料的包裹性可以减少用水量，从而在一定程度上增加混凝土的强度、和易性和耐久性，也可提高轻骨料混凝土的抗冻性。王萧萧针对不同掺量粉煤灰对轻骨料混凝土的强度影响开展试验研究[20]，结果如表5.12所示。

表5.12 轻骨料混凝土试验结果

粉煤灰掺量/%	抗压强度/MPa										
	3d	7d	14d	21d	28d	90d	0次	25次	50次	75次	100次
0	28.66	32	34.34	36.74	45.68	46.23	45.68	35.43	33.34	31.74	30.68
15	25.89	30.03	32.42	35.89	44.63	47.16	44.63	42.68	40.05	38.16	35.35
20	30.51	32.42	35.89	44	46.78	52.95	46.78	44.63	42.37	40.32	38.74
30	23.04	27.16	31.05	34.79	43.79	45.89	43.79	37.05	36.11	35.05	32.01
45	19.16	22.94	28.5	33.65	39.05	42.37	39.05	32.63	30.11	28.58	25.26
60	17.28	21.84	26.74	29.05	32.11	33.47	32.11	28.32	26.53	24.25	20

不同掺量的粉煤灰在轻骨料混凝土中的作用不同，抗压强度增长规律也不相

同。当粉煤灰掺量在 0%～20%时，尤其在掺量为 15%和 20%，早期强度与不掺粉煤灰的轻骨料混凝土强度相差不大，因为粉煤灰取代部分水泥，降低了水泥的浓度，减缓了前期水泥水化强度；由于粉煤灰水化反应一般在 14d 左右，即与水泥的水化产物 CH 产生二次水化反应，使混凝土水化过程均衡、平稳，并且粉煤灰可以将轻骨料混凝土中的轻骨料包裹住，粉煤灰中活性成分反应生成的水化硅酸钙 C-S-H 凝胶，能够填充轻骨料的孔隙，从而增强轻骨料混凝土的密实度，使后期强度增长较大。随着粉煤灰掺量和龄期的增加，轻骨料混凝土的抗压强度的发育趋于对数关系。当粉煤灰掺量大于 20%时，随着掺量的增加，轻骨料混凝土的抗压强度反而降低，这是由于粉煤灰掺量过大，超过了轻骨料混凝土的包裹量，在二次水化作用后，多余的粉煤灰颗粒形成一层界面覆盖在浆体周围，造成混凝土内部产生多层界面，使内部稳定性变差，造成掺量与强度成反比，并且使后期抗压强度增长相对 15%～20%掺量的比较小，强度发育比较平缓，呈现非线性的二次多项式关系。

粉煤灰具有活性效应、形态效应和微集料效应，能够明显提高混凝土的工作性、降低早期水化热、提高耐腐蚀性能，在抵抗各种变形的能力上尤为突出。赵庆新等[21]研究了粉煤灰掺量和水胶比对高性能混凝土徐变性能的影响，在(20±1)℃、相对湿度为(60±5)%的条件下，测试 40%载荷水平下粉煤灰等量取代水泥量为 0%、12.5%、25%、40%和 60%，水胶比分别为 0.31、0.35 和 0.40 时高性能混凝土的徐变度，结果如图 5.2 所示。

粉煤灰掺量不变时，混凝土的徐变度随水胶比的减小显著下降。水胶比固定时，混凝土抵抗徐变的能力与粉煤灰掺量密切相关。对于不同的水胶比，粉煤灰掺量对混凝土徐变的影响规律明显不同，水胶比为 0.31 时，粉煤灰掺量越大，抑制混凝土徐变的能力越强；当水胶比为 0.4 时，混凝土的徐变度随粉煤灰掺量的增加先减小后增大。

目前，粉煤灰混凝土已广泛应用于混凝土工程中。在高效应用粉煤灰的产品开发、技术开发及高性能粉煤灰混凝土的制备等许多领域，专家学者进行了大量的理论研究和工程实践。

1. 粉煤灰活化技术

粉煤灰活化方法主要有加钙处理、单掺碱激发（石灰、水玻璃等）、硫酸盐激发（$CaSO_4$、Na_2SO_4 等）、物理细磨或物理细磨与化学激发剂相结合等。高风岭采用风选方法获得了粒度小于 45μm 的细灰，能够提高混凝土强度和改善其工作性能[22]。王爱勤等的研究表明，通过机械活化作用，可有效提高粉煤灰的水化能力[23]。钱觉时等的研究结果表明，采用化学外加剂激发粉煤灰活性，可以明显提高粉煤灰混凝土的强度[24]。孟志良等的研究显示，采用复合活化机械活化加化学

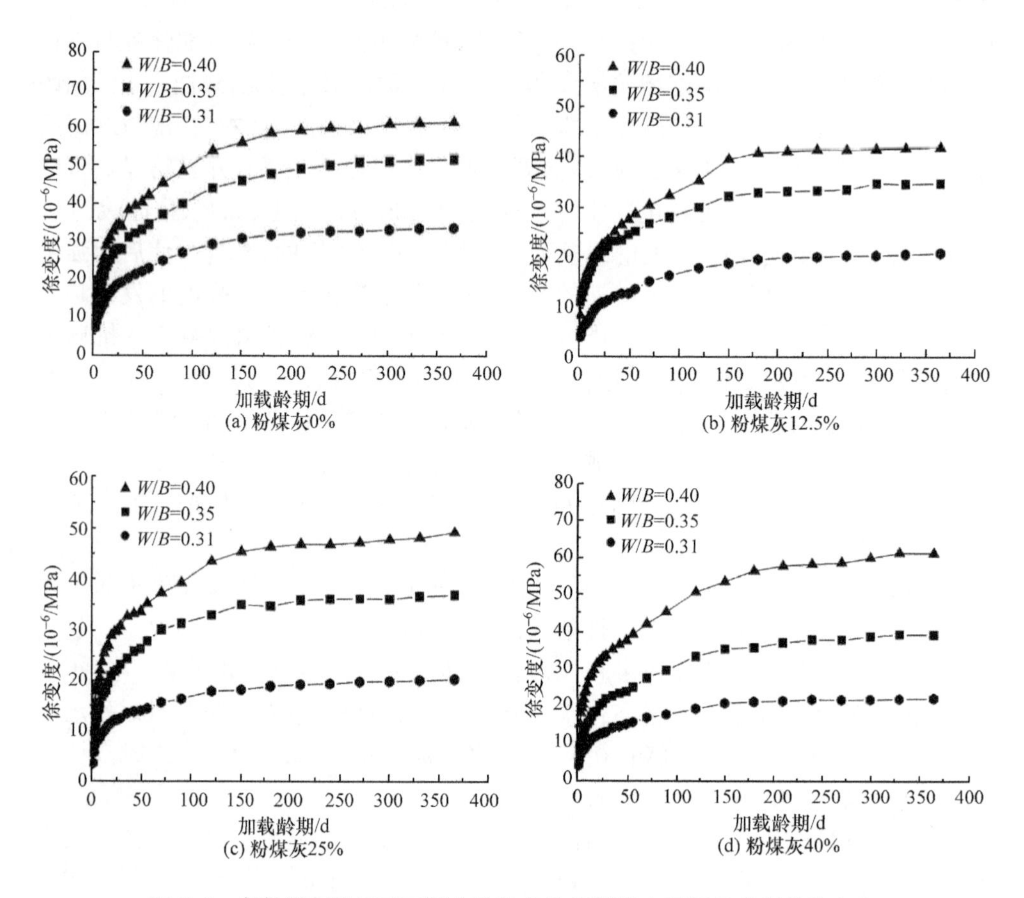

图 5.2　各粉煤灰掺量下不同水胶比高性能混凝土不同载荷期的徐变度

激发剂方法对粉煤灰活性的增强效果更加显著[25]。

2. 粉煤灰-水泥体系水化过程的研究

水泥的水化反应是一个复杂的溶解沉淀过程，在此过程中，与单一成分的水化反应不同，各组分以不同的反应速度同时进行水化反应，而且不同的矿物组分彼此之间会互相影响。王培铭等对粉煤灰-水泥浆体的界面进行了研究，发现粉煤灰的掺加对混凝土的界面结构有改善作用，这是混凝土性能提高的主要原因[26]。蒋林华研究了粉煤灰-水泥体系中 SiO_4^{4-} 四面体聚合结构，并进行了反应界面的分形几何研究，结果显示，粉煤灰的化学组成和结构决定了粉煤灰的潜在活性，在粉煤灰-水泥浆体中，粉煤灰的水化是 SiO_4^{4-} 阴离子的解除、聚合过程，加入激发剂有利于提高粉煤灰活性，加快水化速度[27]。

3. 粉煤灰对混凝土力学性能的影响

采用效率因数能够评价粉煤灰混凝土的早期强度性能。当粉煤灰掺量 10%以下时，总效率因数有一定增长，超过 10%开始急剧下降，当粉煤灰掺量 35%以上时总效率因数的下降趋于平缓。戴镇湖对粉煤灰混凝土的后期强度进行了研究，发现混凝土后期强度增长率随水灰比和粉煤灰掺量增加而提高，水泥强度和粉煤灰品质对后期强度也有一定影响。余学芳等对粉煤灰混凝土抗裂性研究的结果表明，粉煤灰掺入混凝土可以提高其抗裂性，大体积混凝土中可以大量掺入粉煤灰[28]。

4. 粉煤灰对混凝土耐久性的影响

混凝土的耐久性是指混凝土在实际使用条件下抵抗各种破坏因素的作用，以及长期保持强度和外观完整性的能力，一般包括抗冻性、抗渗性、抗侵蚀性、碳化等指标。田倩等研究了掺加粉煤灰对混凝土抗冻性的影响，发现采用优质粉煤灰可提高混凝土的抗冻性[29]。贺鸿珠等对粉煤灰混凝土的抗海水侵蚀性能的研究发现，粉煤灰混凝土在强度增长、抗渗性、抗氯离子扩散能力及抗钢筋锈蚀等方面的性能，均优于普通混凝土[30]。迟培云等的试验结果显示，掺入粉煤灰可以有效抑制混凝土的碱-集料反应[31]。

5.2.3　粉煤灰在制备泡沫玻璃中的应用

泡沫玻璃是指在各种矿物废渣中通过添加适量的发泡剂、助溶剂及各种改性添加剂等混合形成均匀的配合料，然后放入特定的模具中，经过预热、溶融、发泡、冷却等工艺制成的多孔玻璃材料。泡沫玻璃内部充满无数微小、均匀、连通或封闭的气孔，是一种均匀的气相和固相体系。气孔体积占材料总体积的 50%～95%，气孔直径大小为 0.5～5mm。泡沫玻璃具有密度低、闭气孔量较多、热膨胀系数低、导热系数小、热学性能稳定、不燃烧、工作温度范围宽、使用寿命长、不受虫害、耐腐蚀性能强、易机械加工、施工方便等各种优点，是一种性能优越的隔热、吸音、防潮、防火的轻质建筑材料和装饰材料[32-35]。

粉煤灰泡沫玻璃是以废玻璃和粉煤灰为主要原料，掺入适当的发泡剂、助熔剂、改性剂等添加剂，粉碎混匀后，放在特定的模具中经预热、熔融、发泡、退火而成，内部充满微小均匀的连通或者封闭气孔，气孔率可达到 80%～95%，具有容重低、强度高、导热系数小、不燃烧、不透气、不吸湿、防啮防蛀、无毒无害、耐酸耐碱（氢氟酸除外）、化学性能稳定等特点，容易加工且不易变形，是保温材料，同时又是保冷材料，在各种恶劣环境下（低温、超低温、高温、高低温交替变换、潮湿环境）均可使用，安全可靠，经久耐用[36,37]。

1. 粉煤灰泡沫玻璃的制备方法

粉煤灰泡沫玻璃的制备方法有很多，目前较为常用的方法主要是粉末烧结法、有机浆料浸渍法、凝胶注模法等。在这些方法中，有的易形成开口型气孔，有的易形成闭口型气孔。根据孔隙形态的不同，可分别用于隔热保温、吸声降噪、电磁屏蔽等方面[38]。

1）粉磨烧结法

粉末烧结法是制备泡沫玻璃最常见的方法，并且简单易行。将制备泡沫玻璃的主要原料经过破碎，粉磨至一定细度后，与按配方称量后的发泡剂、助熔剂、改性剂、稳泡剂等添加剂均匀混合后放入模具中，将模具再置入加热炉中，按照一定的温度制度，由于发泡剂分解放出气体，软化的玻璃发泡，发泡后即迅速冷却后使泡沫结构固定在硬化的玻璃内部，从而形成泡沫玻璃，最后经过退火以消除应力形成稳定结构的泡沫玻璃。

2）有机浆料浸渍法

有机浆料浸渍法是将废玻璃等主要原料研磨成细粉后[39]，制成料浆（料浆载体可以是有机溶剂或水），将有机泡沫体切割成所需形状作为泡孔形成剂，浸泡在浆料中，然后干燥浸浆泡沫体，除去溶剂。将形成的坯体放入电阻炉中，在一定温度下加热，使有机泡沫体分解或热解，之后继续升高温度，对剩下的玻璃体进行烧结，冷却退火后即可得到具有高连通气孔率的开孔型泡沫玻璃。有机浆料浸渍法的优点是：适合制取气孔相互贯通、孔隙率高的制品，制备工艺简单，制品整体的气孔孔径分布均匀性好，并且成本较低，易于工业化生产；缺点在于：制品的形状受有机泡沫体的限制，密度不易控制，难以生成小孔径的闭气孔，同时所用料浆浸泡在有机泡沫体中导致制品强度较低。

3）凝胶注模法

凝胶注模法是一种低温合成的新工艺，将主要原料与适当的有机化合物或无机化合物添加剂制成高固相低黏度的浆料，搅拌后注入模具，形成前驱物熔胶，熔胶会在一定温度下发生凝胶化现象，此过程中前驱物离子相互侨联，会形成三维的网状结构，后续的热处理会把填充在网状间隙里的溶液蒸发，最终形成微孔状结构。凝胶注模法的优点为：气孔孔径大小易于控制，制品均一性好，气孔分布均匀。前驱物离子侨联所得的网状结构尺寸小，适于制取微孔制品；缺点是：对原料质量要求高，原料受限制，工艺条件不易控制，难以实现规模化生产，并且生产周期长，生产效率低。

2. 粉煤灰泡沫玻璃的性能优点

粉煤灰泡沫玻璃的原材料均取自废弃物，降低建筑物采暖和制冷能耗的同时实现固体废物的资源化利用，有利于环境保护，具有良好的经济效益和社会价值。粉煤灰泡沫玻璃自身的物理特性和结构特性，注定了其诸多优良性能[40,41]。

1）良好的保温隔热性能

泡沫玻璃内部充满无数相对独立的封闭气泡，空气是热量的不良导体，因此泡沫玻璃具有较低的导热系数。由于泡沫玻璃材料属于玻璃体，几乎不吸水，该保温层在潮湿环境下不会因为出现水汽的凝结而降低材料的保温隔热性能，更不会因严寒天气出现吸水结冰的现象导致材料结构组织破坏，从而影响材料的导热系数。

2）良好的耐久性

有机保温隔热材料的使用寿命一般仅为10～20年，在一般建筑物的生命周期内至少需要更换2～3次，泡沫玻璃的制备原料均为无机材料，具有较长的使用寿命，与黏土砖、混凝土等墙体材料相当，基本与建筑物主体同寿命，避免后期繁杂的维护程序，还可以节约成本。

3）良好的抗冻性

泡沫玻璃具有良好的抗冻性，在－15～20℃的水中进行冻融试验，经过25次循环，抗压强度和其他性能都无明显变化。同时，泡沫玻璃能耐多种化学腐蚀，在酸雨、酸雾、大气碳化等自然条件下，性能影响较小。泡沫玻璃具有良好的耐候性，用作隔热材料，性能可长期不变，不易脆化，具有良好的稳定性、适用性和耐久性。

4）良好的抗裂性能

泡沫玻璃的膨胀系数较小，与硅酸盐类无机建筑材料十分接近，相当于有机保温材料的1/10～1/5，当与墙体的其他材料层黏结在一起时，随着室外温度、环境的变化，泡沫玻璃材料自身所受影响较小，不会因为缩胀、变形而产生裂缝。同时，由于泡沫玻璃的外表面呈孔径不一蜂窝状，可以通过黏结砂浆与饰面层紧密的黏结在一起，提高饰面层的抗裂性。

5）机械强度高

泡沫玻璃机械强度与有机保温材料相比，具有良好的抗压性能，更能经受住外部环境的侵蚀和负荷。优良的抗压性能与阻湿性能相结合，使泡沫玻璃成为地下管道和槽罐地基最理想的绝热材料。

泡沫玻璃是一种隔热保温材料，具有强度高、导热系数小、耐腐蚀等优良性能，可用于地下输油管道、冷库及各类建筑物的墙体和顶棚，起隔热保温作用。如果在生产时加入一些着色剂，还可以产生出各种颜色的泡沫玻璃，有很好的装饰性能。刘阳等以粉煤灰和玻璃粉为主要原料[42]，添加适量的发泡剂、稳泡剂，研制出了性能较好的粉煤灰泡沫玻璃，如表5.13所示。

表 5.13 粉煤灰泡沫玻璃试验方案及测试结果

编号	粉煤灰掺量/%	玻璃粉掺量/%	碳粉含量/g	体积密度/(g/cm³)	表观密度/(g/cm³)	孔隙率/%	吸水率/%
A1	10	90	0.3	0.832	0.852	2.31	6.43
A2	15	85		0.921	0.920	3.10	5.50
A3	20	80		0.907	0.964	5.80	5.05
A4	25	75		0.930	1.01	7.97	5.18
B1	10	90	0.5	0.823	0.849	3.03	5.15
B2	15	85		0.860	0.895	3.88	4.50
B3	20	80		0.892	0.955	6.63	4.28
B4	25	75		0.914	0.987	8.35	5.68
C1	10	90	0.7	0.810	0.823	4.04	7.61
C2	15	85		0.837	0.872	4.66	7.00
C3	20	80		0.880	0.930	6.96	6.81
C4	25	75		0.906	0.965	8.94	7.67

粉煤灰掺量及其他条件一定时，随着发泡剂碳粉掺量从 0.3g 增加到 0.7g，反应放出的气体量也随之增大，而且气泡明显增大，直径从 0.5～1.0mm 增加到 2.0～3.0mm，同时体积密度、表观密度随之下降，开孔率则会随着发泡剂的掺量增多而增加。粉煤灰掺量增多可以降低泡沫玻璃的吸水率，但粉煤灰掺量过高，吸水率反而会增大，导致泡沫玻璃的表面及内部出现瓷化的趋势，在坯体发泡过程中增加发泡阻力，造成体积膨胀小，使制品的容重过大，且在混合料时不易混合均匀，影响发泡效果。考虑生产成本、泡沫玻璃的各种性能及发泡效果，以碳粉为发泡剂时，其最佳掺入量为 0.3g，粉煤灰掺量为 20%。

泡沫玻璃外墙保温系统具有不燃烧、不霉变、不老化、遇火不会释放有毒气体、无放射危害等特点，使用性能稳定，经多年的使用实践证明，泡沫玻璃在各种恶劣环境下都能保持较高的强度和良好的保温隔热性能，具有广泛的适应性和良好的耐久性。其本身又能起到防火抗震的作用，故被广泛应用于石化、轻工、造船、冷藏、建筑、环保、国防军工等领域。

5.2.4 粉煤灰在制备砖及砌块中的应用

1. 粉煤灰砖

粉煤灰砖是以粉煤灰、石灰为主要原料，掺加适量石膏、外加剂和集料等，经配制、轮碾碾练、机械成型、水化和水热合成反应制成的，养护过程中，$Ca(OH)_2$ 与粉煤灰及其他掺料中的 SiO_2 和 Al_2O_3 发生化学反应，生成水化硅酸钙和水化铝酸钙，在粉煤灰及其他掺料表面形成的这一层水化产物把粉煤灰及其他掺料胶结起来，形成具有一定力学性能的整体材料[43,44]。按照养护方式的不同，粉煤灰砖主要有蒸压粉煤灰砖和烧结粉煤灰砖[45,46]。蒸压粉煤灰砖是一种含有潜在活性的水硬性材料，研究表明，蒸压粉煤灰砖强度高、性能稳定、生产周期短，适于大批量生产，能替代黏土实心砖用于 6 层以下民用建筑和厂房承重墙的建造；烧结粉煤灰砖产品尺寸标准，棱角整齐，外观较美，而且耐久性好，力学性能与普通黏土砖相当，保温隔热性能优于普通砖，表观密度比普通砖小。合理配比的粉煤灰砖有以下特点：抗压强度高，容重小，从而墙体自重轻，降低了建筑荷载的同时也降低了工程造价，高掺量粉煤灰砖砌体可使墙体荷载降低 10%～15%，造价可降低 4%～8%。

1）蒸压粉煤灰砖

蒸压粉煤灰砖作为新型墙体材料的一种，具有重量轻、可降低环境污染、节土利废、改善建筑功能等特点，在很大程度上缓解了由于粉煤灰的大量堆积和黏土砖的全面禁用造成的压力[47]。蒸压粉煤灰砖以煤渣、煤灰作为主要原材料，量大面广，适用性能好，持续性强；与黏土实心砖相比，蒸压粉煤灰砖不仅具有强度大、保温性好、质量轻等特点，在工程应用上完全可以代替实心黏土砌墙砖[48]。

蒸压粉煤灰砖存在着一些制约其发展的问题，如抗裂性差、脆性破坏、破坏时延性不足等，因此在工程应用中急需改善和提高粉煤灰砖性能。钢纤维对混凝土有着良好的增强增韧性能。李海涛[43]为改善蒸压粉煤灰砖和砌块的力学性能，在蒸压钢纤维粉煤灰砖和砌块中加入钢纤维，通过对普通蒸压粉煤灰砖和钢纤维体积掺量为 0.4%、0.6%、0.8%的蒸压钢纤维粉煤灰砖分别进行抗压强度、抗折强度和抗冻性能试验，结果如表 5.14～表 5.16 所示。

表 5.14　蒸压粉煤灰砖抗压强度测试结果

试件编号	长/mm	宽/mm	宽平均值/mm	抗压强度/MPa			
				0.0%	0.4%	0.6%	0.8%
A1	100	114/115	114.5	8.08	9.39	10.26	7.55
A2		115/116	115.5	8.23	9.05	9.52	8.09
A3		116/114	115	9.17	9.00	8.39	9.84
A4		115/116	115.5	8.70	9.70	9.22	9.13
A5		116/116	116	8.53	7.76	9.90	8.78
A6		115/116	115.5	9.26	8.26	8.52	8.39
A7		115/116	115.5	8.78	7.78	7.64	8.39
A8		114/115	114.5	9.43	10.48	10.61	7.14
A9		116/115	115.5	7.60	7.50	10.09	8.66
A10		116/116	116	9.40	10.52	9.74	9.52

表 5.15　蒸压粉煤灰砖抗折强度测试结果

试件编号	长/mm	宽/mm	宽平均值/mm	高/mm	平均值/mm	抗压强度/MPa			
						0.0%	0.4%	0.6%	0.8%
A1	200	116/116	116	53/53	53	1.32	1.48	1.43	1.42
A2		114/116	115	52/54	53	1.33	1.78	1.47	1.15
A3		114/114	114	52/52	52	1.07	1.36	2.88	1.47
A4		115/116	115	53/51	52	1.18	1.36	1.40	1.82
A5		116/116	115	51/53	52	1.22	1.39	1.37	1.46
A6		115/116	116	53/53	53	1.24	1.34	1.89	1.31
A7		115/116	116	52/52	52	1.10	1.24	2.02	2.40
A8		114/115	115	53/53	53	1.14	1.25	1.46	1.24
A9		116/115	115	54/52	53	1.23	1.28	1.54	1.67
A10		116/116	115	53/53	53	1.16	1.40	1.75	1.43

表 5.16　蒸压粉煤灰砖冻融质量损失率

试验编号			E1	E2	E3	E4	E5	E6	E7	E8	E9	E10
0.0%	干质量/g	冻融前	1939	1973	1966	1913	1998	1935	2000	1976	2008	1974
		冻融后	1916	1950	1940	1891	1974	1910	1976	1950	1988	1953
	损失率/%		1.19	1.17	1.32	1.15	1.20	1.29	1.20	1.32	1.01	1.06
0.4%	干质量/g	冻融前	1814	1748	1843	1723	1767	1777	1745	1771	1761	1715
		冻融后	1785	1721	1818	1699	1742	1754	1728	1745	1738	1694
	损失率/%		1.60	1.54	1.36	1.39	1.41	1.29	0.97	1.47	1.31	1.22
0.6%	干质量/g	冻融前	1711	1738	1758	1761	1808	1758	1762	1786	1839	1703
		冻融后	1689	1717	1735	1744	1780	1736	1740	1763	1812	1675
	损失率/%		1.29	1.21	1.31	0.97	1.55	1.25	1.25	1.29	1.47	1.58
0.8%	干质量/g	冻融前	1744	1732	1758	1721	1732	1779	1796	1835	1728	1752
		冻融后	1720	1705	1720	1689	1704	1751	1765	1806	1685	1722
	损失率/%		1.38	1.56	2.16	1.86	1.62	1.57	1.73	1.58	2.49	1.71

在自然环境下放置1000d后，随着钢纤维掺量的增加，砖的平均抗压强度呈现先增大后减小的趋势。对比蒸压粉煤灰砖，钢纤维体积掺量为0.4%和0.6%的蒸压钢纤维粉煤灰砖平均抗压强度分别提高了2.3%和8.1%，掺量为0.8%时强度则降低了2.3%。钢纤维体积掺量为0.6%时的平均抗压强度比另外两种掺量蒸压钢纤维粉煤灰砖和普通粉煤灰砖都要高，表明0.6%体积掺量时的蒸压粉煤灰砖的平均抗压强度相对较好。

在自然环境下放置 1000d 后，添加钢纤维的粉煤灰砖，破坏时荷载都有不同程度的增加。随着钢纤维掺量的增加，平均抗折强度呈先增大后减小的趋势。0.4%、0.6%和 0.8%掺量时，抗折强度呈现先增大后减小的变化趋势，但每种掺量下平均抗折强度均较普通蒸压粉煤灰砖有所提高，分别提高 16.1%、38.7%和24.2%，这说明钢纤维的掺入，长龄期下对抗折强度的提高更为突出，明显高于抗压强度。

在自然环境下放置 1000d 后，经过抗冻试验，四组试件的干质量都有不同程度的损失。普通粉煤灰砖的平均干质量损失率为 1.19%、0.4%、0.6%和 0.8%；钢纤维体积掺量粉煤灰砖的干质量损失率分别为 1.41%、1.43%和 1.54%；呈现出随着钢纤维体积掺量的增多，经过冻融试验后，干质量损失率逐渐增大的趋势，但均小于 2.0%，满足粉煤灰砖抗冻性中有关干质量损失的要求。

2) 烧结粉煤灰砖

烧结粉煤灰砖是以粉煤灰和黏土(页岩、淤泥等)为主要原料[49,50]，再辅以化工业废渣，经配料、混合、成型、干燥及焙烧等工序而成的一种新型墙体材料。其特点是可以节省黏土，节约燃料，保护环境，而其材性与烧结黏土砖完全相同。烧结粉煤灰砖烧成周期短、产量高，砌筑施工速度快，节约砂浆并可减少运输费用。但其自身烧结能力较差，不能单一使用；而且表观密度轻，搅拌时容易黏附在黏土颗粒表面，使两者无法均匀混合；塑性差，成型困难且强度低，在外力作用下很容易松散破坏；干燥过程中易出现风裂，使焙烧后强度降低；热工性能不高，建筑节能效果稍差。

利用煤矸石和粉煤灰烧结砖可减少固体废物的排放和创造可观的经济效益。海龙等利用阜新本地煤矸石和粉煤灰，经原料制备、原材料处理、砖坯成型和烧结等工艺，生产出了满足国家质量标准的烧结砖，如表 5.17 所示[51]。

表 5.17　粉煤灰烧结砖正交试验方案及测试结果

试验编号	粉煤灰：煤矸石	升温速率/(℃/h)	烧结温度/℃	保温时间/min	助熔剂/2%	抗压强度/MPa
1	30：70	80	1050	60	碎玻璃	6.5
2	30：70	100	1100	80	珍珠岩	21.3
3	30：70	120	1150	100	钾长石	20.4
4	35：65	80	1050	80	钾长石	2.6
5	35：65	100	1100	100	碎玻璃	17.1
6	35：65	120	1150	60	珍珠岩	18.9
7	40：60	80	1100	60	钾长石	13.1
8	40：60	100	1150	80	碎玻璃	18.2
9	40：60	120	1050	100	珍珠岩	10.7

续表

试验编号	粉煤灰：煤矸石	升温速率/(℃/h)	烧结温度/℃	保温时间/min	助熔剂/2%	抗压强度/MPa
10	30：70	80	1150	100	碎玻璃	24.4
11	30：70	100	1050	60	珍珠岩	12.5
12	30：70	120	1100	80	钾长石	14.6
13	35：65	80	1100	100	珍珠岩	14.9
14	35：65	100	1150	60	钾长石	17.5
15	35：65	120	1050	80	碎玻璃	9.8
16	40：60	80	1150	80	珍珠岩	12.5
17	40：60	100	1050	100	钾长石	6.8
18	40：60	120	1100	60	碎玻璃	14.1

粉煤灰：煤矸石＝30：70，升温速率 100℃/h，烧结温度 1100℃，保温时间 80min，助熔剂为珍珠岩；粉煤灰：煤矸石＝30：70，升温速率 120℃/h，烧结温度 1150℃，保温时间 100min，助熔剂为钾长石；粉煤灰：煤矸石＝30：70，升温速率 80℃/h，烧结温度 1150℃，保温时间 100min，助熔剂为碎玻璃；该三组粉煤灰砖制品抗压强度相对较高。通过方差分析可知，在助熔剂的掺量均为 2%的情况下，制品抗压强度基本相同，即助熔效果基本相同，综合考虑成本，选用碎玻璃为助熔剂。研制的烧结砖呈粉红色至砖红色，与普通黏土砖基本相同，外观规整，无裂纹和大的缺陷且无石灰爆裂现象，产品从制坯到烧成的过程中各方向的变形均满足质量要求，即利用煤矸石和粉煤灰研制烧结砖不但减少了固体废物的排放，减轻了煤矸石和粉煤灰排放对环境的危害，还可创造可观的经济效益。

2. 粉煤灰砌块

粉煤灰砌块是指以粉煤灰、水泥、各种轻集料、水为主要组分拌和制成的砌块[52,53]。与其他砌块相比，粉煤灰砌块的特点是以粉煤灰作为主要原材料，用量最高可以达到 80%，是粉煤灰消耗量最大的新型墙体材料，属大掺量粉煤灰建筑材料及其制品。小型混凝土空心砌块的大量生产和成功应用，为粉煤灰砌块的开发创造了有利条件。粉煤灰砌块种类较多，根据制作工艺，可分为钢渣粉煤灰免烧砖、粉煤灰免烧免蒸无水泥砖、粉煤灰混凝土免烧砖等。根据原材料中是否使用水泥，粉煤灰砌块又可分为无水泥砌块与有水泥砌块，无水泥粉煤灰砌块强度较低，一般不宜作为承重砌块。

为了将粉煤灰、炉渣等工业废渣变废为宝，结合目前建筑节能应用广泛的节能砌块的研究，刘鸽等开展了炉渣粉煤灰混凝土砌块的基本性能试验研究[54]，设计了 6 种不同试验配合比的炉渣粉煤灰混凝土砌块，分别进行密度、抗压强度、冻融及导热系数试验，得出炉渣粉煤灰混凝土砌块在不同配合比下的各基本性能指标，试验数据如表5.18所示。

表5.18 炉渣粉煤灰混凝土砌块试验配比及测试结果

编号	砌块配比/(kg/m³)					抗压强度/MPa	密度/(kg/m³)	冻融损失率/%	
	水泥	粉煤灰	炉渣	水	减水剂			强度	质量
1	180	120	1200	120	3	12.5	1606	6.65	3.42
2	200	100				13.6	1674	7.41	3.59
3	220	80				14.7	1701	3.98	3.40
4	240	60				15.6	1698	5.99	2.95
5	260	40				17.4	1737	4.99	2.76
6	280	20				19.4	1755	4.91	2.07

针对配合比4，制作规格为390mm×190mm×190mm的试块，标准养护28d后烘干，用JTRG-Ⅱ建筑热工温度热流自动测试系统对炉渣粉煤灰混凝土砌块进行传热系数的测试，测试时间内炉渣粉煤灰混凝土砌块的传热系数的平均值为1.566W/(m²·K)，则炉渣粉煤灰混凝土砌块的导热系数为0.298W/(m·K)。试验结果表明，炉渣粉煤灰混凝土砌块的密度约为1700kg/m³，抗压强度大于10.0MPa，导热系数约为0.298W/(m·K)，冻融试验结果满足GB/T 15229—2002的要求。炉渣粉煤灰混凝土砌块具有质量较轻、强度高、保温效果好、耐久性强等特点，因此该种砌块作为建筑墙体的一种新型材料，强度满足要求，导热系数小，是一种很好的节能、环保型材料。

5.2.5 粉煤灰在制备陶粒材料中的应用

陶粒是一种新型建筑材料，它是利用黏土、泥质岩石、工业废料为主要原料，掺合少量黏结剂、添加剂等，经加工成粒或原料粉磨后成球最后通过煅烧等工艺过程而制成的一种人造轻骨料。陶粒的外观特征大部分呈圆形或椭圆形球体，它的表面是一层坚硬的外壳，这层外壳呈陶质或釉质，具有隔水保气作用，并且赋予陶粒较高的强度。陶粒的粒径一般为5～20mm，最大粒径为25mm。由于其表观密度小，孔隙较多，形态、成分较均一，因此具有质轻、耐腐蚀、抗冻、抗震和良好的隔绝性等特点，被广泛应用于建材行业[55,56]。

陶粒按制备原料可划分为黏土陶粒、页岩陶粒和粉煤灰陶粒等。黏土和页岩属于不可再生资源，国家已出台禁采和限采等政策。大量开采黏土或页岩等资源制备陶粒不符合我国国情。部分工业固体废物的化学组成与制备陶粒的原料较为相近，利用工业固体废物替代黏土或页岩等不可再生资源制备陶粒适合我国当前可持续发展的需要[55,57]。

粉煤灰陶粒的制备方法主要有两种:烧结法和养护法[58-60]。烧结法是以粉煤灰为主要原料,加入适量外加剂经混合、成球、高温焙烧(1200～1300℃)等过程制备陶粒的方法,陶粒内部及表面形成大量孔隙;烧结的粉煤灰陶粒性能最好,对原料的适用好,操作方便、产量高、质量较好、工艺技术成熟。养护法是以电厂干排粉煤灰为主要原料,加入石膏、水泥等作为激发剂,经造粒、养护等过程制备陶粒的方法。与烧结粉煤灰陶粒相比,养护法不用烧结,工艺简单,成本低,而且可以解决烧结粉煤灰陶粒散粒的问题,因而具有较强的竞争能力和社会经济效益。一般来说,烧结法多用于生产多孔陶粒,养护法多用于生产致密陶粒。

1. 烧结粉煤灰陶粒

烧结法制备粉煤灰陶粒的工艺具有操作方便、陶粒产量高、粉煤灰用量大、对原材料要求不严格及机械化程度高的优点。首先,将粉煤灰与外加剂按照一定比例进行配料,经球磨机研磨均匀,或者直接将磨成一定细度的粉煤灰和外加剂按照一定比例混合均匀;然后,原料中加入适量水,经造粒机制成生料球,并放入高温焙烧设备中进行焙烧;最后,按照不同的用途用筛分装置进行不同粒径陶粒进行筛选。在粉煤灰陶粒的高温焙烧过程中,原料中的玻璃体熔融产生液相,同时发生一系列的产气反应[61]。

(1) 在400～800℃,快速升温或缺氧条件下:

$$C+O_2 = CO_2\uparrow,\quad 2C+O_2 = 2CO\uparrow(缺氧),\quad C+CO_2 = 2CO\uparrow(缺氧) \tag{5-1}$$

(2) 碳酸盐分解

$$CaCO_3 = CaO+CO_2\uparrow(850\sim900℃),\quad MgCO_3 = MgO+CO_2\uparrow(400\sim500℃) \tag{5-2}$$

(3) 硫化物的分解与氧化

$$FeS_2 = FeS+S\uparrow(900℃左右),\quad S+O_2 = SO_2\uparrow,$$

$$2FeS+3O_2 = 2FeO+2SO_2\uparrow \tag{5-3}$$

$$4FeS+11O_2 = 2Fe_2O_3+8SO_2\uparrow(1000\pm50℃) \tag{5-4}$$

(4) 氧化铁的分解与还原(1000～1300℃)

$$2Fe_2O_3+C = 4FeO+CO_2\uparrow,\quad 2Fe_2O_3+3C = 4Fe+3CO_2\uparrow \tag{5-5}$$

$$Fe_2O_3+C = 2FeO+CO\uparrow,\quad Fe_2O_3+3C = 2FeO+3CO\uparrow \tag{5-6}$$

由于粉煤灰中缺少活性组分,成型性能也较差,常规工艺中需加入黏结剂、增塑剂、烧结剂及助熔剂等组分,在较高的温度下烧成陶粒,陶粒制品的强度较低,磨耗率较高。刘雪梅等[62]采用一种简便的无黏结剂添加的粉煤灰陶粒制备方法,在碱性溶液中水热处理粉煤灰,生成少量 Na_2SiO_3,使黏性和塑性得到加强,随后造粒成型、高温煅烧制备出高强膨胀陶粒。利用该方法制备的粉煤灰陶粒基本性能如表 5.19 所示。

表 5.19　粉煤灰陶粒的基本性能

烧结温度/℃	NaOH 浓度/(mol/L)	表观密度/(g/cm^3)	强度/MPa	吸水率/%	磨损率/%	膨胀率/%
900	2	1.38	20	11.2	3.2	−0.91
	3	1.43	26	3.7	1.6	−0.95
	4	1.49	28	3.2	1.2	−0.94
950	2	1.66	25	8.9	1.4	−1.87
	3	1.71	31	2.5	1.0	−1.82
	4	0.96	27	0.3	0.8	1.95
1000	2	1.76	26	6.7	1.1	−1.43
	3	1.02	28	0.2	0.6	2.21
	4	0.87	25	0.2	0.6	3.56

1000℃下煅烧浓度为 3mol/L 的 NaOH 活化的粉煤灰所得的陶粒为膨胀陶粒，其强度最高，吸水率最小。制备膨胀陶粒合适的焙烧温度为 1000℃，在该温度下焙烧浓度为 3mol/L 的 NaOH 水热活化的粉煤灰可制备性能优异的高强膨胀陶粒。

原料粉煤灰中主要产气组分 Fe_2O_3 为 7.10%，足以满足陶粒制备中膨胀产气的需要，使粉煤灰陶粒具有很好的膨胀性。在焙烧过程中，粉煤灰中的 SiO_2 包括石英继续与 NaOH 生成 Na_2SiO_3，使粉煤灰壳层黏性增大，形成致密的外壳；另外，体系中存在的大量 Na^+ 与莫来石中电负性较强的 O^{2-} 发生反应，生成霞石矿物。Na_2SiO_3 和霞石矿物共熔体的生成显著降低了粉煤灰体系的熔点，提高了陶粒的强度。

2. 养护粉煤灰陶粒

为克服烧结工艺的种种弊端，人们开始免烧陶粒的探索。免烧工艺是指不经烧结，只通过养护过程，实现陶粒成硬的方法。自然养护、蒸汽养护和蒸压养护是研究最多的几种养护方法。利用配料本身的化学性质，一定条件下使各物料颗粒间发生水化反应，生成具有一定水硬性的水化产物，制得陶粒具有强度。免烧工艺的重点是选择合适的黏结剂和外加剂[63,64]。

免烧粉煤灰陶粒就是以粉煤灰为主要原料，掺入少量的胶结材料，补充适量的化学元素经养护而成为陶粒产品[64]。其生产的一般工艺可以总结为粉煤灰的分筛、添加无机胶结材料、添加化学试剂、加水搅拌、成球、养护。

邹志祥等采用正交试验法(图 5.20)，研究了激发剂、外加剂和水固比等因素及工艺条件对免烧陶粒筒压强度等性能的影响，并根据研究结果制备出高粉煤灰掺量的免烧陶粒[65]。

表 5.20 正交试验结果[65]

序号	石灰∶粉煤灰	二水石膏/%	硅酸钠/%	水固比/%	28d 筒压强度/MPa
1	5∶95	1	0	25	3.54
2	5∶95	3	1.5	30	4.56
3	5∶95	5	3	35	4.67
4	10∶90	1	1.5	35	4.34
5	10∶90	3	3	25	6.52
6	10∶90	5	0	30	7.09
7	15∶85	1	3	25	4.98
8	15∶85	3	0	35	6.87
9	15∶85	5	1.5	30	7.72

随着石灰掺量的增加，陶粒筒压强度显著升高；二水石膏显著影响陶粒筒压强度，加入量过多时会导致硫酸盐含量超标，影响陶粒的质量；硅酸钠的加入一方面能够激发粉煤灰的潜在活性，另一方面便于粉煤灰成球，特别是当粉煤灰颗粒较粗时，作用更明显，但硅酸钠价格较高，掺入量大时会增加粉煤灰陶粒的生产成本。粉煤灰细度、养护方式、蒸养时间、蒸养温度、养护时间等陶粒制备工艺会影响粉煤灰免烧陶粒的力学性能，灵活改变工艺条件制备出不同强度等级和不同用途的免烧粉煤灰陶粒。

5.2.6 粉煤灰在地质聚合物材料中的应用

地质聚合物是一类新发展起来的具有独特优异性能的新型凝胶材料，被认为是 21 世纪最具发展潜力的绿色凝胶材料[66]。它是近年发展起来的一种由硅酸盐固体与碱激发剂通过混合、搅拌、成型、养护等工艺过程，得到以 Si—O 四面体（$[SiO_4]^{4-}$）和 Al—O 四面体（$[AlO_4]^{5-}$）聚合而成的无定形到半结晶态的硅铝酸盐聚合物。其机理其实就是一个解聚的过程。在碱或酸的激发条件下，硅酸盐的 Si—O 键和 Al—O 键断裂，形成低聚硅铝四面体；然后再进行一个缩聚过程，即低聚硅铝酸盐以水为介质，重新组合，排出多余的水，生成的 Si—O—Al 网络结构体系。硅酸盐与碱激发剂之间发生的化学反应如下：

$$
\begin{aligned}
&(Si_2O_5, Al_2O_3)_n + wSiO_2 + H_2O \xrightarrow{KOH+NaOH} \\
&(Na,K)_{2n}(OH)_3\text{—}Si\text{—}O\text{—}\underset{\substack{|\\(OH_2)}}{Al}\text{—}Si\text{—}(OH)_3 \qquad (5\text{-}7)\\
&n(OH)_3\text{—}Si\text{—}O\text{—}\underset{\substack{|\\(OH_2)}}{Al}\text{—}O\text{—}Si\text{—}(OH)_3 \longrightarrow
\end{aligned}
$$

$$(Na,K)\left\{\begin{array}{c}-\underset{|}{\overset{}{Si}}-O-\underset{|}{Al}-O-\underset{|}{Si}-O-\\ \ \ O\qquad\quad O\qquad\quad O\end{array}\right\}+nH_2O \tag{5-8}$$

1. 地质聚合物的分类

1）按照激发方式分类

激发剂主要有碱金属氧化物、碱土金属氧化物、磷酸盐、硫酸盐、氟化物、卤化物，以及铵的碱性物质特别硅酸盐与铝酸盐。目前常见的激发方式主要包括碱激发和酸激发两种方式，其中碱激发反应主要是指利用 NaOH、KOH 等碱性溶液与硅铝质材料进行激发反应来制备地质聚合物材料；酸激发反应主要是利用磷酸等酸性溶液作为酸性激发剂来合成地质聚合物材料，这种方法研究得比较晚，特别是在国内。

2）按照原料分类

目前，生活中常见的硅铝质物质均可以作为地质聚合反应的原料，如火山浮石、珍珠岩、火山灰、玄武岩、粉煤灰、水泥窑灰、硅灰、平炉废渣、镍铁废渣、高岭土、伊利石、蒙脱石、锰铁废渣、电热磷酸废渣、富矿灰质。常见的地质聚合物产品主要包括原料为工业废物类地质聚合物和原料中不含工业废物地质聚合物。其中工业废物类地质聚合物主要是指以粉煤灰、煤矸石、矿渣等工业废弃物为主要原料合成的地质聚合物；而另外一种地质聚合物是指利用不包括任何工业废物的硅铝质材料(如高岭土制备的地质聚合物)。

3）按照硅铝比分类

地质聚合物的结构主要是由硅氧四面体和铝氧四面体随机分布组成的三维网络结构，根据硅铝比值不同，地质聚合物材料分为以下四种类型：单硅铝地质聚合物(Si/Al=1)、双硅铝地质聚合物(Si/Al=2)、硅铝化合物-二硅氧体(Si/Al=3)、聚硅铝化合物-多硅氧体(Si/Al>3)。

2. 地质聚合物材料的性能

根据地质聚合物材料的基本定义可以判定其属于一种无机高分子材料，具有有机高分子聚合物和陶瓷、水泥等一些无机材料的基本性能。

1）绿色环保

传统的波特兰水泥的生产需要经过繁杂的“两磨一烧”过程，这不仅是一个高能耗的过程，而且是一个高污染的过程。地质聚合物主要以煤系高岭土、粉煤灰、矿物废渣、煤矸石等固体废物为原料，可以大大降低 CO_2 的排放量。同时，生产工艺中不需要高温煅烧，显著降低了生产能耗；生产地质聚合物相对于硅酸盐水泥能减少约 80%的 CO_2 排放，对于生态平衡、维持环境协调具有重要意义。

2）硬化速度快、强度高

地质聚合材料中的聚合反应速度非常快，三维网络结构非常容易形成。室温下养护 4h，其抗压强度即可达到 15～30MPa，地质聚合物材料的抗压强度随着养护时间的延长不断增大。如果将地质聚合物材料与其他材料复合在一起，抗压强度可达 300MPa 左右。

3）界面结合能力强

传统硅酸盐水泥在与骨料结合的界面处容易出现氢氧化钙的富集和择优取向的过渡区，造成界面结合力薄弱。地质聚合物不存在硅酸钙的水化反应，其最终产物主要是以共价键为主的三维网络凝胶体，与骨料界面结合紧密，不会出现类似的过渡区。与水泥基材料相比，当抗压强度相同时，地质聚合物具有更高的抗折强度。

4）耐高温、隔热效果好

地质聚合物材料具有优于轻质耐火黏土砖（0.3～0.4W/(m·K)）的导热系数，其导热系数可达到 0.1～0.38W/(m·K)。地质聚合物材料生产所用的原料主要是一些天然硅铝酸盐矿物或工业废物，具有非常好的防火性能。酸激发的地质聚合物材料在 1000℃高温下物理和化学性质基本保持不变，表现出良好的高温力学性能。

3. 地质聚合物材料的制备方法

1）浇筑法

制备地质聚合物最常用的方法是浇注法[67]，这种成型方式需水量较高，一般水含量占总质量的 20%～40%，原料混合后成浆体，可流动，能够制备复杂形状的制品，所得成品抗压强度一般在 100MPa 以下。

2）压制成型法

压制成型法由王鸿灵等[68]发明，将铝硅酸盐固体成分与碱性液体成分（NaOH 或 KOH 与硅酸钠混合液）混合后在 5～10MPa 下压制成型，原料混合后成胶体状，难流动，所得样品抗压强度最高达 74MPa。

3）超声波辅助法

Feng 等[69]利用超声波振荡辅助制备地质聚合物，发现超声波不仅能加速并提高煅烧高岭土和粉煤灰中硅铝在激发剂中的溶解，促进地质聚合反应的进行，还能提高固体颗粒表面与地质聚合物胶的键合，所以利用超声波振荡使地质聚合物的抗压强度大幅度提高，分别以粉煤灰和煅烧高岭土为原料在超声波振荡下制备地质聚合物，样品抗压强度均比对比样增高 50%以上，并在一定时间范围内，超声波振荡时间越长，抗压强度也越高。

粉煤灰作为地质聚合物原料被开发研究后，对地质聚合物技术的发展起到了很大的推动作用，特别是当 van Deventer 的研究小组对粉煤灰地质聚合物固化处理有毒害重金属离子进行研究后，利用粉煤灰为原料制备地质聚合物引起了很多研究者的兴趣[67]。

朱国振[66]使用粉煤灰、偏高岭土为主要原料，通过碱激发法制备出地质聚合物材料，并研究了粉煤灰颗粒大小、粉煤灰的加入量、浆料的液固比对粉煤灰偏高岭土地质聚合物材料的影响，试验结果表明，地质聚合物材料的抗压强度值随着粉煤灰颗粒尺寸的减小先增加后减小，过 60 目筛的粉煤灰颗粒制备得到的地质聚合物样品具有较高的抗压强度值；地质聚合物材料的抗压强度值随着粉煤灰掺杂量的增加逐渐减小，无掺杂时，材料的抗压强度值为 80.36MPa，当粉煤灰的掺杂量增加到 100%时，制备出来的地质聚合物材料的抗压强度值还不到 10MPa，地质聚合物材料的抗压强度值减幅超过了 88%，这是因为粉煤灰中的球状中空微珠大部分不参与地质聚合反应，阻碍了地质聚合物基体的形成；材料的抗压强度值随着液固比值增加先增加后减小，当液固比为 0.2 时，地质聚合物材料的抗压强度值达到最大值；当液固比值较小时，此时浆料较稠，较难成型，且浆料中碱含量过多，多余的碱与空气中的二氧化碳和水反应形成碳酸钠晶体析出在材料表面，抗压强度值较低；当液固比较大时，材料固化所需要的时间较长且浆料容易溢出模具，浆料中碱的含量较少，不足以提供地质聚合反应所需的碱性环境，地质聚合过程进行得不够完全，抗压强度值较低。

为拓展粉煤灰的利用途径，北方民族大学循环经济研究所陈玉洁等利用宁夏某发电厂排放的粉煤灰为原料，以 NaOH、水玻璃为激发剂，采用单因素不变法研究搅拌时间、养护温度、养护时间及激发剂配比等因素对地质聚合抗压强度的影响，试验结果如图 5.3 所示。

结果表明，当搅拌时间低于 15min 时，粉煤灰基地质聚合物 3d 和 7d 抗压强度随着搅拌时间的延长而呈明显上升趋势，当搅拌时间为 15min 时，粉煤灰基地质聚合物的 3d 抗压强度达到最高值，7d 抗压强度在搅拌 10min 时最高，搅拌时间主要对被搅拌物质间的接触及反应程度产生影响，当搅拌时间处于低值段时，液体激发剂与固体粉煤灰原料的接触及反应程度会随搅拌时间的提高而逐渐增加，因此抗压强度逐渐升高。当搅拌时间达到一定值时，激发剂与粉煤灰的接触及反应程度会达到最大值，此时再延长搅拌时间不会促进有利反应的继续进行，反而会破坏已经生成的胶体物质，因此导致聚合物的抗压强度下降；随着养护温度的提高，制备出的粉煤灰基地质聚合物样品的 3d 和 28d 抗压强度都在呈明显上升趋势。在 40℃以下养护得到的样品的 3d 抗压强度比较低，40℃条件下养护的 28d 抗压强度上升很多，60℃和 80℃条件下养护得到的样品的后期抗压强度有增长趋势，但增加量比较缓慢。随着养护温度的增加，反应速率增大，扩散速率加快，胶体快速增长，从而使 Na^+ 凝结硅酸盐单体的能力提高，样品中的大孔减少，微孔增多，样品

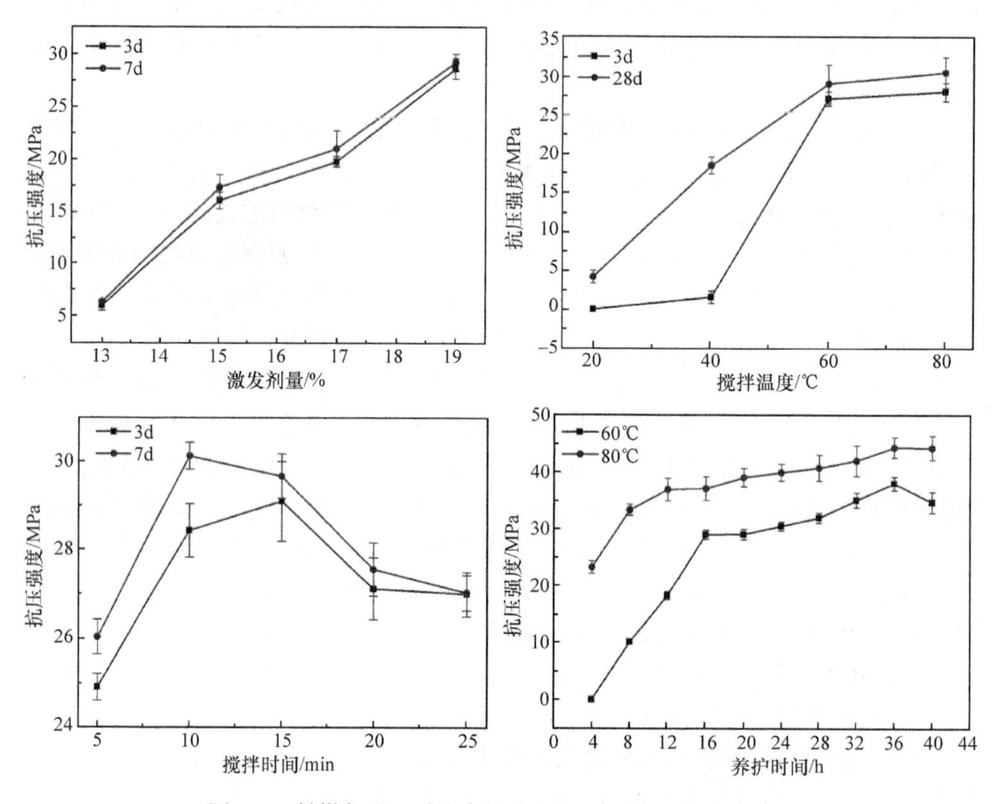

图 5.3　粉煤灰基地质聚合物抗压强度与各影响因素曲线

更加致密，抗压强度增加；在 60℃和 80℃下养护，养护时间从 4h 延长至 36h，得到的样品的抗压强度皆随养护时间的延长而提高，但继续养护至 40h，抗压强度下降。60℃下养护，养护时间从 4h 延长至 16h 时，样品的抗压强度提高显著；养护时间从 16h 延长至 36h 时，样品的抗压强度有增大的趋势，但是增长量缓慢；80℃下养护，养护时间从 4h 延长至 8h 时，样品的抗压强度提高显著；养护时间从 16h 延长至 36h 时，样品的抗压强度有增大的趋势，但增长量缓慢；在保证激发剂中 NaOH 与水玻璃的质量比不变的情况下，激发剂添加量在一定范围内，随着激发剂中碱含量的增加，制备出的地质聚合物样品的 3d 和 7d 抗压强度都在增加，7d 抗压强度较 3d 抗压强度有增长趋势，但增加量比较缓慢；当加碱量由 13％增至 19％时，样品的 3d 抗压强度由 5.99MPa 增至 28.64MPa。将地质聚合物大规模应用于工业时，对地质聚合物抗压性能要求不高的情况下，可以适当减少激发剂中碱用量来降低工业成本。

5.3　粉煤灰在矿山充填中的应用

矿山充填技术是将采集和加工的细砂等惰性材料(在充填过程及形成充填体后,性质不发生变化的材料)掺入适量的胶凝材料,加水混合搅拌制成胶结充填料浆,在沿钻孔、管等向采空区输送和堆放料浆,然后使浆体在采空区中脱去多余的水(或不脱水),形成具有一定强度和整体性的充填体。低成本开采和循环经济、节能减排与环境保护是矿业开发研究的两大主题,科技创新是实现这两大主题的有效途径。充填法采矿[70-72]是目前国内外矿山开采的必由之路,而提高充填采矿效益和保护矿山环境,是充填法采矿最重要的研究主题。

采用充填法采矿,并利用固体废料作为充填材料的来源,不仅对保护矿山环境、节能减排、安全高效开采以及提高采矿经济效益和社会效益具有重大意义,而且对于矿山现有的大量贫矿床开采具有重要作用。

5.3.1　矿山充填技术的基本概述

依据充填材料的不同,充填采矿法的研究进展大致经历了废石干式充填、分级尾砂和碎石为集料的水砂充填、全尾砂高浓度胶结充填、高水速凝全尾砂固化胶结充填和块石胶结充填工艺、膏体泵送充填工艺等四个发展阶段[73-80]。

1. 废石干式充填

在20世纪50年代左右,国内矿山都是采用以处理废弃物为目的的废石干式充填工艺。但随着回采技术的发展和先进装备的出现,废石干式充填因其效率低、生产能力小和劳动强度大,已逐渐满足不了采矿工业发展的需要。从1956年开始,国内废石干式充填比例逐渐下降,至1963年,采用废石干式充填矿山的比例已降至0.7%左右。

2. 水砂充填

从20世纪60年代左右开始,采用水砂充填工艺。1960年,湘潭锰矿有限公司为了防止矿坑内发生火灾,采用了碎石水力充填技术,取得了良好的效果。1965年,锡矿山南矿为了控制采场大面积地压,使用了尾砂水力充填工艺;1968年,凡口铅锌矿为了满足采矿工艺要求,首次采用分级尾砂和水泥胶结充填工艺;随后,20世纪80年代,国内60余座有色、黑色和黄金等金属矿山的开采中,广泛应用了分级尾砂充填技术。但是水砂充填工艺较为复杂,排水费用高、充填量小,充填体强度不高,应用范围受到很大限制。

3. 胶结充填

20 世纪 60～70 年代开始开发和应用尾砂胶结充填技术。由于非胶结充填体无自立能力，难以满足采矿工艺高回采率和低贫化率的需要，因此在水砂充填工艺得以发展并已推广应用后，就开始发展采用胶结充填技术。随着胶结充填技术的发展，在这一阶段已开始深入研究充填料的性质、充填料与围岩的相互作用、充填体的稳定性和充填胶结材料。我国这一时期的胶结充填均为传统的混凝土充填，即完全按建筑混凝土的要求和工艺制备和输送胶结充填料。20 世纪 80 年代末，凡口铅锌矿和金川有色金属公司开始试验全尾砂充填，同时高水速凝充填技术在煤矿开始应用，1988 年大厂铜矿坑采用了块石胶结充填工艺；但是由于这种传统的粗集料胶结充填输送工艺复杂，对物料组配的要求较高，因此一直未得到大规模推广使用。

4. 高浓度充填

20 世纪 80～90 年代，随着采矿工业的发展，原充填工艺已不能满足回采工艺和进一步降低采矿成本或环境保护的需要，因此发展了高浓度充填、膏体充填、废石胶结充填和全尾砂胶结充填等新技术。高浓度充填是充填料到达采场后，虽有多余水分渗出，但其多余水分的渗透速度很低、浓度变化较慢的一种充填方式。制作高浓度的物料包括天然集料、破碎岩石料和选矿尾砂。对于天然砂和尾砂料的高浓度，一般是指质量浓度达到 75%的充填料浆。膏体充填是指充填料浆呈膏状，在采场不脱水，其胶结充填体具有良好的强度特性。废石胶结充填是指以废石作为充填集料，以水泥浆或料浆作为胶结介质的一种在采场不脱水的高质量充填技术。全尾砂胶结充填是指尾砂不分级，全部用作矿山充填料，这对于尾砂产率低和需要实现零排放目标的矿山是十分有价值的。这些技术分别在凡口铅锌矿、济南张马屯铁矿、湘西金矿、大厂铜锡矿、丰山铜矿和铜绿山铜矿等矿山投产使用。

5.3.2 粉煤灰在充填材料中的应用

粉煤灰是一种火山灰质材料，具有潜在的水化反应活性。粉煤灰的主要化学成分是 SiO_2、Al_2O_3、CaO、Fe_2O_3 和少量未燃的炭粒，主要物相为铝硅玻璃体和少量的石英、莫来石等矿物，其中大量的玻璃体物质是粉煤灰胶凝活性的主要来源。因此，能够与水泥水化过程中析出的氢氧化钙缓慢进行“二次反应”，在表面形成火山灰质反应生成物，并与水泥硬化体晶格坚固地结合，进而增加充填体龄期强度，提高充填体的抗渗性和耐久性。

粉煤灰通常与水泥、石灰、石膏等配合使用，根据粉煤灰和不同的胶结料配合，可把粉煤灰在胶结充填中的主要应用研究分为：粉煤灰＋水泥胶结充填、粉煤灰＋

其他胶结料胶结充填、粉煤灰＋水泥＋激发剂胶结充填，其中以粉煤灰＋水泥胶结充填的研究最多。

1. 粉煤灰＋水泥胶结充填

胶凝材料是胶结充填采矿成本的重要组成部分，在很大程度上影响充填法采矿的经济效益。目前水泥胶凝材料仍是大多数充填采矿法的首选胶结材料，其中普通硅酸盐水泥是主要产品。根据充填矿山的充填采矿成本核算，以水泥作为胶结材料，充填费用一般占充填成本的1/3～1/2。为了降低充填成本，大多数矿山选择粉煤灰部分、甚至全部替代水泥充填材料。粉煤灰在常温常压下的胶凝作用，首先是水泥成分的水化反应，然后是粉煤灰中的活性SiO_2与水泥矿物水化所析出的$Ca(OH)_2$发生物理吸附和化学吸附，同时产生了化学反应，生成胶状水化硅酸钙和水化铝酸钙。

金川镍矿是我国目前生产能力最大的充填法开采的有色金属矿山。2010年金川镍矿矿石产量达1000万t，年充填数量超过300万m^3，胶凝材料主要是硅酸盐水泥。为利用粉煤灰废弃物，减小水泥用量和提高采矿效益，金川镍矿于2010年开始掺入部分粉煤灰替代水泥的试验研究取得成功，见表5.21。

表5.21　粉煤灰替代水泥试验方案(料浆质量分数77%)

编号	粉煤灰质量分数/%	单位材料用质量/kg				稠度/cm	单轴抗压强度/MPa		
		棒磨砂	水泥	水量	粉煤灰		3d	7d	28d
1	0	5.997	1.55	2.255	0	14.6	2.9	4.2	6.5
2	5	5.997	1.4725	2.255	0.0775	13.8	2.4	4.33	6.3
3	10	5.997	1.395	2.255	0.155	13.7	1.8	3.33	6.2
4	15	5.997	1.3175	2.255	0.2325	14.5	0.77	3.17	5.4
5	20	5.997	1.24	2.255	0.31	15.0	0.53	2.87	4.8
6	25	5.997	1.1625	2.255	0.3875	13.3	0.6	2.3	4.5
7	30	5.997	1.085	2.255	0.465	13.5	0.37	2.37	3.9
8	35	5.997	1.0075	2.255	0.5425	13.6	0.23	1.6	3.7
9	40	5.997	0.93	2.255	0.62	13.8	0.2	1.37	3.5

采用粉煤灰替代水泥进行胶结充填时，充填体强度随着替代比例的增加呈现降低趋势。其中充填体的强度3d极为显著，呈指数下降趋势；而7d和28d的强度下降趋势相对较为缓和，基本上呈线性递减规律。由此表明，粉煤灰对充填体的早期强度影响显著，对充填体的后期强度影响不严重，粉煤灰的掺入能够改善砂浆的流动性能。

2. 粉煤灰＋石膏（石灰）等胶结充填

为了充分利用工业固体废物，减少此类废物排放、堆存对环境的污染，释放土地资源和实现绿色开采，开展利用粉煤灰、石膏、石灰等固体废弃物充填胶凝材料的试验研究，其本质是采用碱、盐类或复合激发剂，对矿渣、粉煤灰等潜在活性的火山灰质物质激发，具有水硬性的一种胶凝材料。这种胶凝材料在国外称为无机高聚合胶凝材料或地质聚合物。

为提高粉煤灰的利用率，实现粉煤灰的资源化利用，刘瑞成等[81]通过分析棒磨砂、粉煤灰、矿渣等材料的物化性质，并在早强剂的优化配比基础上，开展了粉煤灰替代矿渣试验研究，结果如表 5.22 所示。

表 5.22　充填体抗压强度及沉缩率试验结果

编号	胶凝材料/%						抗压强度/MPa			沉缩率/%		
	生石灰	脱硫灰渣	芒硝	亚硫酸钠	粉煤灰	矿渣	3d	7d	28d	3d	7d	28d
A1					0	73	1.963	3.941	4.757	13.54	11.68	9.94
A2					5	68	1.880	3.866	6.094	13.11	12.99	9.83
A3					10	63	1.789	3.812	5.620	9.99	9.61	10.25
A4					15	58	1.561	3.424	3.651	11.05	12.08	10.72
A5	5	17.5	3	1.5	20	53	1.504	3.147	5.123	12.91	10.92	8.68
A6					25	48	1.135	2.959	4.246	13.09	9.37	8.58
A7					30	43	1.023	2.405	4.590	13.09	9.37	8.58
A8					35	38	0.945	2.217	4.291	11.60	12.09	8.21
A9					40	33	0.735	1.604	3.620	13.83	12.27	7.92

粉煤灰具有一定的活性，既能提高充填体的力学强度，又能改善充填体的接顶性能。采用生石灰 5%、芒硝 3%和亚硫酸钠 1.5%的复合早强剂，粉煤灰添加量为 37.5%的 3d 充填体强度达到 1.504MPa，28d 充填强度达到 5.123MPa，无论是早期强度还是后期强度都满足金川矿山对充填体强度的要求。充填体的 28d 沉缩率随着粉煤灰的增加逐渐降低。对于满足金川充填体强度的最大粉煤灰掺量为 37.5%时，28d 沉缩率为 8.68%，小于相同条件下的水泥胶结充填体。粉煤灰替代矿渣微粉的棒磨砂充填料新型充填胶凝材料配比，按照生石灰 330 元/t、芒硝成本 500 元/t、亚硫酸钠成本 1000 元/t 和矿渣微粉成本 140 元/t 计算，粉煤灰基的新型胶凝材料的成本为 5%×330＋3%×500＋1.5%×1000＋53%×140≈121 元/t，较原来 187 元/t 的充填成本每吨减少了 66 元，减少率为 35.29%。

在尾矿胶结充填过程中，加入一定量的粉煤灰或者以粉煤灰为主的充填胶凝材料，既可以增加充填体的龄期强度，又可以提高充填体的抗渗性和耐久性。此外，由于粉煤灰在充填体中具有超出火山灰活性的特殊物理功能，如粉煤灰的减水功能、增加浆体的体积功能、填充浆体粗骨料空隙功能、调节胶凝量和胶凝过程的功能，以及与水泥整体的协和功能等，起到了使充填体性能改善和质量提高的作用。

3. 粉煤灰＋水泥＋激发剂胶结充填

粉煤灰具有潜在的火山灰活性是其作为建筑材料资源的价值所在，其潜在的火山灰活性需要激发才能得以发挥。简单的粉煤灰和水泥混合并不能完全激发出粉煤灰的所有潜能，尤其是充填体的早期强度不高，限制了粉煤灰的广泛利用。为了解决粉煤灰＋水泥胶结充填早期强度不高的问题，需要添加激发剂的方法激发粉煤灰的活性。粉煤灰活性激发方法大致有碱激发、酸激发和盐激发几种。盐类激发剂常用的主要有硫酸钠、石膏类和氯化钙等，碱激发常见的有 NaOH、$Ca(OH)_2$、硅酸钠等。

何廷树等采用硫酸钠、二水石膏、氯化钙、硅酸钠和硬石膏等激发剂对不同掺量的粉煤灰胶砂试块强度进行了试验研究[82]，结果见表 5.23。

表 5.23　激发剂种类对 20%粉煤灰胶砂强度试验结果

种类	激发剂掺量/%	3d 强度/MPa		7d 强度/MPa		28d 强度/MPa	
		抗压	抗折	抗压	抗折	抗压	抗折
无激发剂	0	16.8	4.3	22.2	6.5	33.1	8.2
硫酸钠	0.5	18.1	4.8	24.7	6.5	33.4	8.3
	1.0	18.7	4.7	24.9	6.7	33.8	8.6
	1.5	19.2	5.4	25.1	6.8	34.9	8.8
	2.0	20.8	5.6	25.4	6.8	35.1	8.8
二水石膏	0.5	18.4	4.3	27.2	6.5	34.3	8.2
	1.0	18.5	4.7	27.8	6.5	34.7	8.5
	1.5	18.7	5.4	28.2	6.7	35.3	8.3
	2.0	19.4	4.9	28.5	7.0	35.8	8.2
氯化钙	0.5	16.3	4.5	22.1	6.2	36.6	8.6
	1.0	17.1	4.6	23.7	6.0	37.6	8.8
	1.5	17.5	5.0	24.6	6.4	40.1	8.9
	2.0	18.2	5.1	23.7	6.5	41.4	8.9

续表

种类	激发剂掺量/%	3d强度/MPa		7d强度/MPa		28d强度/MPa	
		抗压	抗折	抗压	抗折	抗压	抗折
硅酸钠	0.5	16.1	4.1	22.2	6.8	33.1	7.8
	1.0	16.4	4.5	22.8	6.1	33.6	8.2
	1.5	16.7	4.7	23.1	6.0	34.3	8.5
	2.0	17.5	4.8	23.6	6.2	34.7	8.7
硬石膏	0.5	16.8	4.2	22.1	5.2	33.9	7.9
	1.0	17.3	4.4	22.5	5.3	34.2	8.3
	1.5	17.6	4.6	23.5	5.4	34.8	8.4
	2.0	18.3	4.5	24.2	5.6	35.8	8.5

掺入激发剂能普遍提高试块的胶砂强度，3d抗压强度、7d抗压强度和28d抗压强度最大提高了4.0MPa、6.3MPa和8.3MPa，提高率分别为25%、28.4%和25.1%；抗折强度最大提高了1.1MPa、0.5MPa和0.7MPa，提高率分别为25.6%、7.7%和8.5%。不同激发剂对粉煤灰的活性激发效果不同，激发剂对胶砂早期强度(3d和7d)效果好于后期强度，二水石膏最为明显，其次是硫酸钠和硫酸钙，硅酸钠和硬石膏激发效果较差；对于胶砂后期强度(28d)，氯化钙的激发效果最为明显，其次是二水石膏，而硫酸钠、硬石膏和硅酸钠的激发效果较差。这说明，在粉煤灰掺量较低时，除硬石膏外，钙盐和硫酸盐对胶砂试块的激发效果较好，而硅酸钠几乎无激发效果。28d以前，硬石膏的激发较差，是由于其溶解速度慢。说明选择合适的激发剂，能够最大限度地激发粉煤灰的活性，从而最大限度地利用粉煤灰，实现粉煤灰的资源化。

矿山全尾砂充填过去多用水泥作为胶结剂，近几年也有用高细粉磨矿渣代替水泥，取得了较好的成效。与矿渣相比，粉煤灰价格低廉，来源广泛，可以改善混凝土的流动性、和易性、抗渗性等性能，但早期水化活性激发难度大。为了激发粉煤灰的活性，提高粉煤灰的利用率，杨春保等以粉煤灰为主要原料，外加脱硫石膏、石灰石渣、矿渣等工业废弃物和少量水泥熟料、专用激发剂生产出适宜于矿山井下全尾砂胶结充填的粉煤灰基复合胶结剂，并在安徽金安矿业有限公司草楼铁矿进行了推广应用[83]。表5.24为全尾砂强度检测结果。

表 5.24　全尾砂强度检测结果

胶结剂	灰砂比	浓度	抗压强度/MPa			
			3d	7d	28d	60d
粉煤灰基胶结剂	1∶4	80%	3.02	4.79	8.95	11.61
	1∶6		0.83	1.56	3.82	4.16
	1∶8		0.50	1.35	2.34	2.60
	1∶12		0.31	0.46	1.40	1.14
	1∶20		0.12	0.18	0.57	0.63
普通水泥	1∶4	80%	1.61	2.86	4.94	5.81
	1∶6		0.75	1.36	2.76	2.95
	1∶8		0.56	0.75	1.56	1.78
	1∶12		0.25	0.39	0.98	1.05
	1∶20		0.09	0.14	0.21	0.25

粉煤灰基胶结剂对细粒级的尾砂有较强的胶凝能力，在相同的灰砂比、充填浓度时，粉煤灰基胶结剂充填强度比同标号的水泥高 2～3 倍。普通水泥用于全尾砂充填时，经常出现严重的泌水和离析现象：表层浓度较下层低得多，较细的水泥混合材料如粉煤灰等集中浮于表面，表层难以硬化，影响施工作业、降低充填体质量。使用粉煤灰基胶结全尾砂充填时，没有发生这种现象，这是由于粉煤灰基胶结剂、平均粒径、45μm 筛余都比普通水泥低，其比表面积也在 460m^2/kg 以上，提高了其抗离析性能和充填性能，保证了充填体的各龄期强度，稳定了充填质量。

提升粉煤灰的资源化利用率，具有显著的社会、环境、经济效益。该矿在使用粉煤灰基胶结剂后，已经取得显著的经济效益和环境效益。粉煤灰基胶结剂的生产成本主要由原材料成本、燃料及动力、备品配件及油料、生产工人工资及附加、设备折旧、管理费用等项目组成，目前其生产成本(含税)为 275.7 元/t。由于添加超过 30%的粉煤灰，所以还可申请享受国家相关税收优惠政策。①目前公司所生产粉煤灰基胶结剂一部分自用，一部分对外销售。自用则节省了购买水泥的费用，降低了充填成本，外卖则获得了可观的利润，年利润达 3729 万元。②粉煤灰基胶结剂生产电耗为 42kW · h/t，按 2009 年我国单位水泥电耗 89kW · h/t 计算，扣除粉煤灰基胶结剂掺加少量熟料因素，较水泥省电 39kW · h/t，按现有规模 30 万 t/a 计算，可节电 1170 万 kW · h/a。③现有规模 30 万 t/a 的粉煤灰基胶结剂已全部替代水泥，每年可减少充填水泥用量 39 万 t，按 2009 年我国每吨水泥 CO_2 排放量 0.668t 计算，扣除其中掺加少量熟料因素，可减少 CO_2 排放约 22 万 t/a。粉煤灰基胶结剂生产过程没有煅烧工艺，CO_2、NO_x、SO_2 等有害气体的排放量几乎为零，所以可使对环境的影响和破坏减小到最低限度。特别是其主要生产原料为工业“废渣”，

“吃”渣量达到 80% 以上，“吃”粉煤灰量也超过 40%，并使其成为高附加值的产品。

4. 粉煤灰胶凝机理

粉煤灰的活性是其替代部分水泥作为充填料并能够保证充填体质量甚至提高充填体质量的重要原因。粉煤灰是由磨细的煤粉燃烧后所剩灰分经空气冷却形成的以玻璃质为主的具有火山灰特性的固体微细颗粒。粉煤灰的活性成分主要是 SiO_2、Al_2O_3、Fe_2O_3 和 CaO，这些物质占粉煤灰化学成分的 90%以上，CaO 在煤粉燃烧时，可与 SiO_2、Al_2O_3 形成可水化硬化的硅酸钙和铝酸钙，增强粉煤灰活性，所以 CaO 含量的高低在一定程度上决定了粉煤灰潜在活性的大小。在无外加剂的激发作用下，粉煤灰自身在较短的时期内很难水化硬化。粉煤灰玻璃体比较稳定，表面又相对致密，不易水化，7d 时的粉煤灰颗粒表面几乎没有变化；28d 表面开始初步水化，略有凝胶状的水化物出现；90d 后，粉煤灰颗粒表面才开始生成大量的水化硅酸钙凝胶体，它们相互交叉连接，形成很好的黏结强度。所以，粉煤灰一般和其他胶结材料复合使用来激发粉煤灰潜在的活性。

粉煤灰、水泥、硫酸盐加水混合后，水泥首先发生化学反应产生 OH^- 和 Ca^{2+}，OH^- 破解粉煤灰活性氧化硅、氧化铝中的 Si—O、Al—O 键，在硫酸盐作用下，Ca^{2+} 与破解的 Si—O、Al—O 键反应生成具有水硬性的胶凝材料而产生强度。其反应式为

$$\text{活性 } SiO_2 + m_1Ca(OH)_2 + xH_2O \longrightarrow m_1CaO \cdot SiO_2 \cdot xH_2O \tag{5-9}$$

$$\text{活性 } Al_2O_3 + m_2Ca(OH)_2 + yH_2O \longrightarrow m_2Ca \cdot Al_2O_3 \cdot yH_2O \tag{5-10}$$

$$Ca(OH)_2 + Al_2O_3 + 2SiO_2 + 3H_2O \longrightarrow CaO \cdot Al_2O_3 \cdot 2SiO_2 \cdot 4H_2O \tag{5-11}$$

$$C_3A + 3CaSO_4 \cdot 2H_2O + 26\ H_2O \longrightarrow CaO \cdot Al_2O_3 \cdot 3CaSO_4 \cdot 32H_2O \tag{5-12}$$

$$C_4AF + 6CaSO_4 \cdot 2H_2O + 2Ca(OH)_2 + 50H_2O \longrightarrow 2C_3(A、F) \cdot 3CaSO_4 \cdot 32H_2O \tag{5-13}$$

硫酸盐激发粉煤灰、水泥、尾砂系统的过程可分为三个阶段。

第一阶段是表面接触反应。在 $Ca(OH)_2$ 和硫酸盐的共同作用下，粉煤灰颗粒表面的活性 SiO_2 产生水化反应生成Ⅰ型 C-S-H 凝胶，活性 Al_2O_3 产生水化生成钙钒石，水化到一定程度，生成的 C-S-H 和钙钒石沉积在粉煤灰颗粒表面形成包裹层，该包裹层会阻碍粉煤灰进一步吸收钙离子，使水化速度减慢。

第二阶段是 Ca^{2+} 吸收能量进行扩散渗透，内层分子吸收能量“蓄能”，表层的和钙钒石晶体成长过程。由于包裹层的阻碍作用，在反应速度上存在一个相对的平缓期，平缓期是影响粉煤灰活性激发速度和程度的关键步骤，其存在主要受三方

面因素的影响:第一,反应环境温度。虽然 $Ca(OH)_2$ 的溶解度随温度的升高而降低,但常温下温度的变化对 $Ca(OH)_2$ 的溶解度影响不大,而温度的升高提供了大量的能量使包裹层的离子“蓄能”,温度高,Ca^{2+} 获得的能量高,扩散速度快,导致平缓期极早结束。第二,粉煤灰颗粒表面包裹层的结构。表面包裹层的纤维状和网状结构越完善,平缓期结束越早。第三,粉煤灰自身的性质。在相同外界条件下,粉煤灰的活性成分越多平缓期越短。

第三阶段是在渗透压和离子“蓄能”等因素作用下,包裹层破裂,粉煤灰活性成分继续水化生成钙钒石晶体,且不断成长、完善,系统浆体的强度不断增加。

在硫酸盐激发粉煤灰、水泥系统活性的过程中,水泥等碱性物质是粉煤灰活性激发的必要条件,其主要作用表现为系统提供破解粉煤灰活性玻璃体中的 Si—O、Al—O 键的 OH^- 和产生水硬胶凝材料所需的 Ca^{2+},以及促进水化生成物转化成更稳定、更高强度的水化产物;而硫酸盐主要是加快粉煤灰活性激发速度和促进粉煤灰活性激发程度,是粉煤灰活性激发的充分条件,其作用为:

(1) 硫酸盐激发粉煤灰、水泥系统主要是对粉煤灰活性进行碱性激发和硫酸盐激发。由于硫酸盐和 $Ca(OH)_2$ 共同存在,粉煤灰同时受碱和硫酸盐双重界面激发反应,除生成 C-S-H 凝胶外,还生成水化硫铝酸钙类物质,粉煤灰中活性 Al_2O_3 得到有效激发。

(2) 硫酸盐激发粉煤灰、水泥系统中,SO_4^{2-} 在 Ca^{2+} 的作用下与夹杂在粉煤灰颗粒表面的凝胶及溶解于液相中的 $A1O_2^-$ 直接生成钙矾石。钙矾石最终在粉煤灰颗粒表面形成纤维状或网状结构的包裹层,其紧密度小,有利于离子的扩散渗透,使粉煤灰活性激发得以继续进行。

(3) SO_4^{2-} 能置换凝胶中的部分 SO_4^{4-},被置换出的 SO_4^{4-} 游离出来,与包裹层外的 SO_4^{4-} 反应又生成凝胶,使粉煤灰活性激发得以继续进行;同时活性 Al_2O_3 在 SO_4^{4-} 存在下溶解度将明显增大,从而促进氧化铝的水化。

酸碱性激发剂对粉煤灰有很强的侵蚀作用,强酸或强碱性激发剂对玻璃体表面的侵蚀能力要比氧化钙强得多,能促使 SiO_2 和 Al_2O_3 的析出。另外,酸碱性激发剂能与玻璃体中的主要成分 SiO_2 和 Al_2O_3 很快反应形成粉煤灰胶体或胶状物,分子间的远程凝聚时间缩短,有利于固化反应的进行。

粉煤灰有活性凝胶作用。实践中粉煤灰用于膏体胶结充填,一方面可以大大降低矿山充填成本,提高充填体的强度,改善充填效果;另一方面可以提升粉煤灰的利用率,减少由于其排放造成的环境污染。硬化前期,硬化主体是在数量上和能量上都占优势的水泥的水化;硬化后期,粉煤灰才开始表现出优良的火山灰性质,添加粉煤灰对早期强度的贡献不是很大,但可以大幅度提高后期强度,28d 强度提高幅度可达到理论设计值的 72%～148%。

5.4 粉煤灰在工业废水处理中的应用

粉煤灰呈多孔蜂窝状组织,比表面积较大(2500～5000cm^2/g),具有一定的吸附能力,因此它是一种廉价的吸附材料,有时甚至可代替活性炭、硅胶、活性 Al_2O_3 等用作专用吸附剂,经研究表明,粉煤灰的等温吸附规律一般符合 Freundlich 吸附等温式。由于粉煤灰的成分和结构、污水性质及处理工艺等因素的影响,粉煤灰处理污水的过程机理较为复杂,一般认为粉煤灰具有吸附、凝聚、助凝和沉淀作用。

粉煤灰的吸附作用主要包括物理吸附和化学吸附两种。物理吸附是粉煤灰与吸附质污染物分子间通过分子间引力产生的吸附,这一作用受粉煤灰的多孔性及比表面积决定。物理吸附的特征主要是:吸附时粉煤灰颗粒表面能降低与放热,在低温下可自发进行;物理吸附无选择性,对各种污染物都有一定的吸附去除能力。化学吸附是指粉煤灰中存在的大量 Al、Si 等活性点,能与吸附质通过化学键结合,如粉煤灰表面的大量 Si—O—Si 键、Al—O—Al 键与具有一定极性的有害分子产生偶极-偶极键的吸附,或者是阴离子与粉煤灰中次生的带正电荷的硅酸铝、硅酸钙和硅酸铁之间形成离子交换或离子对的吸附。化学吸附的特点是:选择性强,通常为不可逆。一般情况下,上述两种吸附作用同时存在,但在不同条件下体现出不同的优势,导致粉煤灰的吸附性能发生变化。物理吸附与化学吸附的区别如表 5.25 所示。

表 5.25 物理吸附与化学吸附的区别

吸附类型	物理吸附	化学吸附
吸附力	范德华力	化学键力
吸附热	近于液化热(0～20kJ/mol)	近于液化热(0～20kJ/mol)
选择性	无	有
吸附速度	快,不平衡,不需要活化能	较慢,难平衡,需要活化能
吸附层	可逆	不可逆

粉煤灰的凝聚作用主要是指粉煤灰中含有约 30%的 Al_2O_3 和 10%的 Fe_2O_3,在酸性条件下,其中的铝和铁离解成为无机混凝剂。与污水混合时,铝离子和铁离子将污水中的悬浮粒子絮凝,相互捕获共同沉降下来,完成污染物、悬浮物与水的分离。过滤作用主要是针对粉煤灰处理废水的动态吸附过滤工艺而言的。该工艺的主要装置是粉煤灰吸附床,它除具有吸附作用外,还具有良好的过滤作用,出水悬浮物较低。沉淀作用是指废水和粉煤灰混合后,粉煤灰及其吸附的污染物在重力的作用下迅速沉降,使绝大部分污染物和悬浮物被除掉,但此时的水中含有较细的粉煤灰颗粒,需要进一步澄清和自净。粉煤灰是多种颗粒的机械混合物,孔隙率

较大。废水通过粉煤灰时，粉煤灰也能过滤截留一部分悬浮物。应该说明的是，粉煤灰的絮凝、沉淀及过滤等只能对吸附起到补充作用，不能代替吸附的主导地位。

利用粉煤灰对工业废水进行处理是以废治废，但将粉煤灰直接用于废水处理的效果并不是很理想，因此，对粉煤灰进行合理的改性处理，使其更适于废水处理就显得非常有必要。粉煤灰可通过加热改性、酸改性、碱改性、含 Al^{3+} 或 Fe^{2+} 的溶液改性等方法提高其利用附加值，通过酸碱的作用使之生成大量新的微细小孔，增加粉煤灰颗粒的比表面积和孔隙率，处理废水的效果也将大幅提高。

5.4.1　粉煤灰的改性

1. 热改性粉煤灰

热改性是一个脱水过程[84]。粉煤灰在加热条件下结构会发生变化，也就是粉煤灰脱水、结构调整和相变的过程。在粉煤灰的结构中存在三种形式的水，即吸附水、结晶水和羟基水。吸附水容纳于结构通道内，无固定配位位置，与周围离子之间靠分子键结合；结晶水位于结构空洞壁上，参加八面体配位；羟基水位于硅氧四面体带和阳离子八面体带之间。适当地控制温度会使粉煤灰内部的水分被蒸干，分子的吸附性能更强，吸附性能有小幅的提升。

韩非等通过热改性粉煤灰开展了粉煤灰对水中 Cr(Ⅵ)的吸附性能试验研究[85]，将粉煤灰与助熔剂混合进行高温焙烧制得热改性粉煤灰(TFA)，考察热改性粉煤灰对水中 Cr(Ⅵ)的吸附性能。与未改性粉煤灰相比，TFA 疏松多孔，比表面积提高了 23 倍。20℃下的吸附试验结果表明，当初始废水 pH 为 6.7、Cr(Ⅵ)质量浓度为 10.00mg/L、TFA 加入量为 4.0g/L、吸附时间为 90min 时，Cr(Ⅵ)去除率可达 98.98%，吸附量为 2.39mg/g。

2. 酸改性粉煤灰

酸改性粉煤灰[86,87]是采用酸浸(溶)法进行制备，主要采用的酸有硫酸、盐酸、硝酸和氢氟酸或采用一定比例的混合酸(盐酸和硫酸)。原状粉煤灰颗粒表面比较光滑致密，经酸处理后的粉煤灰颗粒表面变得粗糙，形成许多凹槽和孔洞，增大了颗粒的比表面积。吸附剂比表面积越大，吸附效果越好，因此经酸改性的粉煤灰的吸附能力较原始粉煤灰增强。经酸改性处理后的粉煤灰释放出大量的 Al^{3+}、Fe^{3+} 和 H_2SiO_3 等成分，Al^{3+}、Fe^{3+} 可起到絮凝沉降的作用，H_2SiO_3 可捕收悬浮颗粒，起到混凝吸附架桥的作用，几种作用综合使酸改性后的粉煤灰去除污染物性能增强。表 5.26 为粉煤灰经酸改性之后比表面积的变化情况。由表可以得知，经酸改性后粉煤灰的比表面积普遍增大。

表 5.26　酸改性粉煤灰前后比表面积对比

粉煤灰编号	改性方式	比表面积/(m^2/g)	
		改性前	改性后
1	盐酸	—	28.3
	盐酸+超声	15.6	30.5
	盐酸+微波	—	35.7
2	硫酸	1.786	6.236
3	硝酸	15.6	27.6

杨林锋等以粉煤灰作为吸附剂，探讨了改性粉煤灰处理含磷废水的影响因素[88]，研究结果表明，三种酸改性粉煤灰中以 H_2SO_4＋HCl 混酸改性的粉煤灰脱磷效果最佳，最佳改性剂与粉煤灰的用量比为 2mL∶1g，当污水中磷的浓度为 10mg/L 时，改性粉煤灰用量每 100mL 为 0.3g，吸附时间为 2h，pH 为 4～11 的实验条件下，磷的去除率最高可达 99％以上。

赵芝清等以盐酸和硫酸作为改性剂，对粉煤灰进行改性[89]。盐酸∶硫酸＝1∶5，浸泡时间 6h，活化时间 6h，活化温度 250℃。在初始苯胺质量浓度为 200mg/L、氯化钠质量分数为 15％、吸附时间为 60min 的条件下，采用在最佳条件下制备得到的改性粉煤灰对苯胺进行吸附，吸附量可达 4.16mg/g。

3. 碱改性粉煤灰

碱改性粉煤灰的制备是采用氧化钙、氢氧化钙、氧氧化钠等强碱对粉煤灰颗粒表面进行活化改性，制得碱改性粉煤灰[90,91]。粉煤灰处理前，表面比较细致光滑，经碱处理后，粉煤灰表面形成了类似棉质絮状物质，并产生空洞，粉煤灰的比表面积增大，吸附性能增强。用碱对粉煤灰改性时，粉煤灰颗粒表面的 SiO_2 会发生化学解离而产生可变电荷，可以破坏粉煤灰颗粒表面的坚硬外壳，增大其比表面积，使玻璃体表面可溶性物质与碱性氧化物反应生成胶凝物质，并使粉煤灰中的莫来石及非晶状玻璃相熔融，从而提高活性。在碱性条件下粉煤灰颗粒表面上的羟基中的 H^+ 还可以发生解离，使颗粒表面部分带负电荷，因此废水中带正电荷的金属离子和阳离子型染料很容易被吸附在改性后的粉煤灰颗粒表面。碱改性可用三种方法：一是将原粉煤灰与碱溶液在一定温度下混合改性；二是将粉煤灰预处理后与碱溶液混合；三是将粉煤灰与碱焙烧熔融，使粉煤灰颗粒转化为硅酸盐和铝酸盐。

刘红等取 1kg 粉煤灰，用 1mol/L $Ca(OH)_2$ 溶液浸泡，加热至沸腾并保持 0.5h，待冷却后移至烘箱中，在 260℃烘干，然后将改性粉煤灰研磨，过筛（180 目）后发现，碱改性粉煤灰硬度小、易碎，而且颗粒粒径都比较小，筛分研磨容易[92]。碱活化后的粉煤灰脱色效果非常好。当废水质量浓度为 40mg/L 时，粉煤灰投加量为 80g/L，脱色率可达 99.3%，当活性艳红质量浓度为 80mg/L 和 120mg/L 时，分别加粉煤灰 60mg/L、100mg/L，废水的脱色率仍能达到 95%以上。

于晓彩等利用改性粉煤灰的吸附混凝作用，研究从含阴离子表面活性剂 LAB 的模拟废水中去除 LAS 的一般规律[93]。结果表明，以 CaO 为改性剂的粉煤灰对 LAS 废水具有良好的吸附性能，其吸附性能在试验浓度范围内符合 Langmuir 吸附规律。在含 LAS 为 20～120mg/L 的模拟废水中，改性粉煤灰的最佳用量为 20～25g/200mL 废水、吸附时间为 40min、粉煤灰粒径为 74～83μm、pH 为 9～13 的试验条件下，LAS 的去除率最高可达 98%以上。以氧化钙为改性剂改性的粉煤灰对含锌废水也具有良好的吸附性能，在含锌离子浓度为 50～250mg/L，改性粉煤灰用量为 20g/100mL、pH 为 4～11 的试验条件下，锌离子的去除率最高可达 99.7%。

4. 有机物的改性

利用有机药剂对粉煤灰进行改性[94]，这类药剂能破坏粉煤灰稳定的网络体系结构或改变粉煤灰的表面性质以增加粉煤灰的活性。所使用的改性剂主要有溴化十六烷基三甲胺（CTMAB）、聚二甲基二烯丙基氯化铵（PDMDAAC）。

贾小宁等以 PDMDAAC 为改性剂，制备改性粉煤灰[95]。最佳条件：反应温度 70℃、反应时间 3h、PDMDAAC 质量浓度 50g/L、溶液 pH=10，粉煤灰上的 PDMDAAC 负载量为 0.98mg/g；在分散蓝初始质量浓度为 50mg/L，PDMDAAC 改性粉煤灰加入量为 4g/L，吸附温度为 30℃的条件下，P 分散蓝的去除率可达 98%。PDMDAAC 改性粉煤灰对分散蓝的吸附符合 Langmuir 吸附等温式。

王喜全等用混酸（硫酸+盐酸）和 CTMAB 对粉煤灰进行改性，并用改性后的粉煤灰吸附处理酸性橙模拟废水[96]，结果表明，在酸性条件下，CTMAB 改性粉煤灰对模拟废水的处理效果优于酸改性的粉煤灰。对于 50mL 酸性橙模拟废水，在 CTMAB 改性粉煤灰的投加量为 1.2g、pH 为 2、温度为 20～30℃、吸附时间为 30min 时，脱色率和 COD_{Cr}去除率分别达到 90.3%和 78.5%。

5.4.2　改性粉煤灰在工业废水处理中的应用

粉煤灰是具有一定活性的多孔球状细小颗粒，有一定的吸附性能。近年来，对其在废水处理中的应用与研究也越来越多，取得了一定的成就，形成了以废治废的良性循环。但是由于粉煤灰的吸附容量有限，将其直接用来处理废水耗量巨大，对后期处理带来困难。实践证明，采用改性粉煤灰处理某些特定废水，不仅处理效果好，还可以达标排放；当作为其他处理技术的预处理工艺时，可以大大改善废水水质，B/C 值明显提高，而且与其他水处理工艺结合使用可大幅减少粉煤灰的投加量，减少处理污泥的产生[97-101]。

1. 去除重金属离子

水污染问题已遍及世界各地，尤其是电镀、农药以及铬、锌、铅工业废水中含有铬、铅、铜、镉等重金属离子，严重污染环境，危害人体健康。粉煤灰对一些重金属有较好的吸附效果，吸附去除率为 40%～90%。pH 对粉煤灰吸附重金属离子的效果有一定影响，适宜的 pH 为 4～7。以粉煤灰为主要成分处理含 Cr^{3+} 废水，该种水处理剂处理 1t 含 Cr^{3+} 30.8mg/L，pH=4.00 的废水，仅需 1.5kg 就使 Cr^{3+} 浓度降到 1mg/L 以下，去除率达 97%以上。

薛建军等[102]以粉煤灰为原料，经活化制得的水处理剂粒度小于 120 目，比表面积为 $10m^2/g$，用它处理含 Cu^{2+} 污水，当污水的 pH 为 4.0，污水中 Cu^{2+} 浓度为 20.0mg/L、29.0mg/L、40.5mg/L 时，处理剂用量(以液固比表示)分别为 $1.4m^3/kg$、$0.88m^3/kg$、$0.78m^3/kg$，均可达到排放标准以下，由此表明，活化粉煤灰的除铜量是未活化粉煤灰除铜量的 6 倍以上。

刘艳军等[103]对含铬废水进行了处理，用 2mol/L 的硫酸进行粉煤灰的改性，改性后粉煤灰表面由球状变为凹凸不平的孔洞，Si^{2+}、Al^{3+}、Fe^{3+} 大量浸出，比表面积增大，在 pH 为 2～3 的条件下，Cr^{6+} 去除率为 90%。

2. 去除 F^-、PO_4^{3-} 等阴离子

氟是人体必需的微量元素之一，饮用适宜的氟含量浓度为 0.5～1.01mg/L，但长期饮用氟含量高于 11mg/L 的水，会引起氟斑牙，甚至氟骨病。在工业上，含氟矿石开采、金属冶炼、玻璃、电子、电镀、化肥、农药等行业排放的废水中常常含有高浓度的氟化物，若不降低氟的含量就排放出来，就会造成环境污染，地下水的含氟量增大，会影响当地饮水质量。

马艳然等探讨了利用粉煤灰、粉煤灰-生石灰体系处理含氟水的能力和影响因素[104]。应用粉煤灰可使含氟为 20mg/L 的原水降至 10mg/L 以下，使含氟 50～100mg/L 的原水除氟率达 50%以上；应用粉煤灰-生石灰体系处理含氟 20～100mg/L 的原水，均可使含氟量降至 10mg/L 以下。

王代芝等通过实验探讨改性粉煤灰处理含氟废水的影响因素，改性粉煤灰的除氟性能与改性试剂溶液的浓度、吸附时间、废水氟离子初始浓度、废水值、反应温度等因素有关[105]。将 F^- 浓度为 267.0mg/L 的含氟废水 pH 调至 3.5 后，按每升废水中加入经过 5%的 $Ca(OH)_2$ 溶液改性烘干的粉煤灰，在室温下振荡，氟离子去除率可达 98.0%。

3. 有机污水的处理

含油废水是重要的化工类废水，采用普通工艺处理效果较差，而直接排放不仅

会阻碍水体富氧过程，导致水体中的溶解氧不能得到及时有效的补充而形成厌氧甚至是缺氧环境，使得水体中的动物窒息死亡，水质急剧恶化，还会形成污染迁移和扩散现象，因此对含油废水的处理必须十分谨慎。

赵明奎等[106]进行了利用粉煤灰处理采油废水的研究，粉煤灰对废水中的石油类、COD_{Cr}、氨氮、挥发酚等污染物具有较强的吸附作用，可有效去除废水中的污染物；利用粉煤灰处理后的采油废水有利于进一步生化处理，并具有投资少、运行管理简便、维护费用少等特点。用粉煤灰处理废乳化液、电厂含油污水，除油率可达 99%以上。

有机实验废水成分复杂，色度大，化学需氧量 COD_{Cr}高，对水质污染严重；特别是生物降解的有机化合物直接排放将会污染水域，破坏生态，且对人体健康伤害极大。曹书勤等[107]利用改性粉煤灰对芬顿试剂处理后的有机实验废水进行再处理，探讨了最佳试验条件，首先用硫酸亚铁的含量为 4.5g/L、过氧化氢的含量为 25g/L 的芬顿试剂处理模拟有机试验废水，然后用 30g/L 的氧化钙改性的粉煤灰对其进行吸附处理，当改性粉煤灰用量为 35g/L、吸附温度为 35℃、废水的 pH 为 5、振荡时间为 35min 时模拟废水中的有机物的去除率可达 90%。

4. 造纸、染料废水的处理

造纸、染料废水是典型的高浓度、高色度化工废水，该废水排放量大，且处理难度大、费用高。用改性粉煤灰处理或预处理这两类废水，可以在减少污泥产量、降低处理费用的情况下达到废水处理指标。阎存仙等通过对 9 种染料进行脱色试验[108]，发现色度去除率随粉煤灰用量的增加而增加，当粉煤灰用量达到 0.06g/mL 时，脱色率达到 95%以上，COD_{Cr}去除率达 60%以上，而且在低温下比在高温下脱色效果好，如表 5.27 所示。

表 5.27　加灰量与色度去除率关系试验数据

染料种类	浓度/(mg/L)	加灰量/g							
		0.5	1.0	1.5	2.0	2.5	3.0	4.0	5.0
活性艳红 X-3B	100	32.4	78.2	96.1	99.3	100	100	100	100
活性艳红 K-2G	100	38.2	73.8	92.4	100	100	100	100	100
酸性红 B	10	48.1	71.8	92.4	96.3	97.8	100	100	100
酸性藏青 GGR	10	70.2	93.3	98.1	99.4	100	100	100	100
直接蓝 2B	200	40.1	80.0	100	100	100	100	100	100
阳离子红紫 R	200	83.2	100	100	100	100	100	100	100
硫化艳绿 GB	200	93.1	99.1	100	100	100	100	100	100
还原深蓝 VBR	200	42.5	80.0	100	100	100	100	100	100

利用粉煤灰吸附特性处理造纸污水，COD_{Cr}去除率可达85%，色度去除率可达95%，悬浮物去除率可达97%。于衍真等[109]用酸表面处理后的粉煤灰进行处理造纸废水的研究，发现颗粒较小的粉煤灰对废水中杂质吸附能力较强，325目粉煤灰的吸附能力比80目粉煤灰的吸附能力高出81.3%。随粉煤灰用量增加，处理效果提高，但当粉煤灰用量达到一定值后，杂质去除速度会变缓，为保证造纸废水的处理效果，又不使沉淀物太多，用灰量宜选20g/L。在保证处理效果又提高处理效率的前提下，接触时间以15min比较适宜。

5. 其他废水的处理

刘雪莲等[110]用经酸处理的改性粉煤灰去除抗生素废水中色度的实验研究取得了良好的效果，提出改性粉煤灰的脱色机理是粉煤灰颗粒的吸附作用和混凝沉淀作用以及改性后比表面积增加等因素综合作用的结果，脱色处理后出水的悬浮物浓度和COD_{Cr}显著降低，废水的可生化性显著增强，为后续的生物处理奠定了良好的水质基础。

5.5 粉煤灰在烟气脱硫中的应用

SO_2是当今人类面临的主要大气污染物之一。SO_2污染属于低浓度、长期的污染，它的存在对自然生态环境、人类健康、农业生产、建筑物及材料等方面都造成了一定程度的危害。SO_2是一种无色的中等强度刺激性气体，主要危害是造成呼吸困难，严重时可引起肺气肿，甚至死亡。当大气中SO_2浓度达5×10^{-7}g/L时，就对人体有潜在危害；浓度为1×10^{-7}g/L时，即可损害农作物。人为源排放占大气中SO_2总量的2/3，且SO_2集中在占地球表面不到1%的城市和工业区上空，是造成大气污染和产生酸雨的主要原因。

5.5.1 二氧化硫的来源及危害

我国是世界上最大的煤炭生产国和消费国，也是世界上以煤炭为主要能源的国家之一[111,112]。随着工业化和城市化的加快及人民生活水平的提高，我国煤炭消费量还将持续增长，以煤为主的能源结构在今后相当长的时间内不会改变。煤炭大量燃烧会带来严重的环境问题，其中以SO_2的排放尤为引人关注。根据能否在空气中燃烧，煤中硫分为可燃硫和不可燃硫。可燃硫及其化合物在高温下与氧气发生反应，生成SO_2。在空气过量系数$\alpha=1.15$时，燃用含硫量为1%～4%的煤，标态下烟气中SO_2含量为1100～3500ppm。

当前我国SO_2排放量居世界第一，已连续几年超过2000万t，比排名第二的美国至少多1000万t。表5.28为近几年我国废弃污染中的SO_2排放量，从表中可以获悉，SO_2 的排放是连年增加的，在 2006 年达到最大值 2588.8 万 t，比 2000 年增加了 593.7 万 t。随着国家对环保的重视，从 2007 年开始，SO_2 的排放总量基本是以逐年递减的趋势发展。

表 5.28　近几年我国废弃污染中的 SO_2 排放量

年份	SO_2 排放量/万 t		
	合计	工业	生活
2000	1995.1	1612.5	382.6
2001	1947.8	1566.6	381.2
2002	1926.6	1562.0	364.6
2003	2158.7	1791.4	367.3
2004	2254.9	1891.4	363.5
2005	2549.3	2168.4	380.9
2006	2588.8	2234.8	354.0
2007	2468.1	2140.0	328.1
2008	2321.2	1991.3	329.9
2009	2214.4	1866.1	348.3
2010	2185.1	1864.4	320.7
2011	2217.9	2016.5	201.1
2012	2117.6	1911.7	205.6
2013	2043.9	1835.2	208.5
2014	1974.4	1740.3	233.9

SO_2 是一种无色、有臭味的窒息性气体，对人体健康、农作物的生长有严重的危害性。大气中的 SO_2 通过湿沉降产生危害，湿沉降就是通常所说的酸雨。天然降水的本底 pH 为 5.65，由于 SO_2 排放，一般将 pH 小于 5.6 的降水成为酸雨。酸雨对水生生物的危害主要有两个方面：一是水质的酸化使水域的物理、化学性质发生变化，使一些不适应酸性水质的浮游植物和动物显著减少，造成物种的灭绝或减少；二是随着水质酸化，Al、Ca、Mg 等重金属离子大量溶出，在水中的浓度增高，造成水生生物的毒性增加。酸雨给地球生态环境和人类社会经济都带来严重的影响和破坏。酸雨对土壤、水体、森林、建筑、名胜古迹等人文景观均带来严重危害，不仅造成重大经济损失，更危及人类生存和发展。酸雨使土壤酸化，肥力降低，有毒物质更毒害作物根系，杀死根毛，导致作物发育不良或死亡。酸雨还会杀死水中的

浮游生物，减少鱼类食物来源，破坏水生生态系统；酸雨污染河流、湖泊和地下水，直接或间接危害人体健康；酸雨对森林的危害更不容忽视，酸雨淋洗植物表面，直接伤害或通过土壤间接伤害植物，促使森林衰亡。酸雨对金属、石料、水泥、木材等建筑材料均有很强的腐蚀作用，因此对电线、铁轨、桥梁、房屋等均会造成严重损害。

5.5.2　烟气脱硫的意义

SO_2 污染排放问题已成为制约我国国民经济发展的一个重要因素，对 SO_2 排放的控制与治理已刻不容缓。若不加以治理，酸雨污染的区域范围将进一步扩大，SO_2 污染的城市数量将进一步增加，污染程度将进一步加重。对人民群众健康和生态环境的危害更加严重，造成的经济损失更大。

我国煤炭资源的特点是难选煤多，高灰、高硫煤占煤炭资源的比例大，煤炭消费结构呈多元化，入选比例小，大量直接燃烧，利用率低，煤炭消耗分布在工业、农业、生活、交通、商业等各个行业，呈分散、多终端消费格局，涉及社会经济生活中的每一个部门，煤炭消费居前五位的行业分别是电力、化工、冶金、非金属矿物加工的采矿，其中电力约占 1/3。火力发电厂在 2003 年排放的 SO_2 约 1100 万 t，占全国 SO_2 总排放量的 50%以上。按照目前火力发电厂 SO_2 的排放控制水平，到 2020 年，我国仅火力发电厂排放的 SO_2 就将达 2100 万 t 以上，将直接影响我国大气环境质量的改善和电力行业的可持续发展，所以我国对火力发电厂的锅炉烟气脱硫非常重视，制定了严格的火力发电厂 SO_2 的排放标准，同时还花费巨资引进国外成熟的脱硫技术建立示范工程，通过消化吸收的方式提高我国脱硫技术的水平。

烟气脱硫技术主要是利用各种碱性的吸收剂或吸附剂捕集烟气中的 SO_2，将之转化为较为稳定且易机械分离的硫化合物或单质硫，从而达到脱硫的目的[113,114]。烟气脱硫是目前控制 SO_2 污染最有效和最主要的技术手段，其脱硫原理由 SO_2 的性质决定。SO_2 为酸性氧化物，可以与碱性物质起反应生成盐类。按照脱硫剂和脱硫产物的形态特点，烟气脱硫又分为湿法、干法和半干法三类。

1. *湿法脱硫*

湿法脱硫是采用液体吸收剂洗涤烟气，使烟气中的气体与洗涤浆液中的吸收剂发生反应以除去 SO_2，脱硫产物也是液态。湿法脱硫工艺技术成熟程度高，脱硫效率稳定，可达 90%以上，目前是国外工业化烟气脱硫的主要方法。但存在设备腐蚀严重、运行维护费用高、易造成二次污染而需要对液态脱硫产物进行二次处理等问题。在湿法烟气脱硫技术中比较成熟的技术主要有：钙基烟气脱硫技术、镁基烟气脱硫技术、双碱法烟气脱硫技术、氨法烟气脱硫技术和海水脱硫技术等。

1) 钙基烟气脱硫技术

最常用的钙基脱硫技术以石灰石浆液吸收烟气中的 SO_2，先生成亚硫酸钙，然后再氧化为硫酸钙，即石灰石-石膏法。钙基烟气脱硫技术是目前世界上技术最成熟的脱硫工艺之一，脱硫率在90%以上。该法效率高，运行可靠性好；但存在初期投资大、占地面积大、设备易结垢、有废水排放等缺点。

2) 镁基烟气脱硫技术

镁基烟气脱硫技术是采用具有良好化学活性和来源丰富的 MgO 为原料，将其制成浆液，然后利用 $Mg(OH)_2$ 浆液吸收烟气中的 SO_2。镁基烟气脱硫技术比较复杂，费用也比较高，但不存在如钙基脱硫系统常见的结垢问题，终产物采用再生手段，既节约了吸收剂，又省去了废物处理的麻烦。

3) 双碱法烟气脱硫技术

双碱法烟气脱硫技术的特点是先用碱金属盐类（如钠盐）的水溶液吸收烟气中的气体，然后再用石灰乳和石灰石粉末再生吸收液。双碱法烟气脱硫技术由于采用液相吸收，而亚硫酸氢盐通常比亚硫酸盐更易溶解，从而可避免钙基脱硫法经常遇到的结垢问题，且可以得到纯度较高的副产品石膏。

4) 氨法烟气脱硫技术

氨法烟气脱硫过程主要分为两步：SO_2 的脱除和 NH_4HSO_3 的氧化。前一步骤的主要目的是洗涤烟气中的 SO_2，净化烟并生成 $(NH_4)_2SO_3$ 溶液。氧化过程则将 $(NH_4)_2SO_3$ 溶液氧化成 $(NH_4)_2SO_4$ 溶液，然后干燥结晶。氨法烟气脱硫技术工艺简单，脱硫效率高，且副产物 $(NH_4)_2SO_4$ 可用作化肥。但在脱硫过程中 $(NH_4)_2SO_3$ 溶液的氧化需要额外补充能量，增加了系统的能耗和运行费用；氨的挥发损失及由此引起尾气中存在气溶胶，使氨的利用率不高，同时产生了二次污染。

5) 海水脱硫技术

烟气中 SO_2 被海水吸收转化成 HSO_3^- 和 SO_3^{2-}，此过程产生的 H^+ 与海水中的 CO_3^{2-}、HCO_3^- 反应生成 CO_2 和 H_2O，这就使得海水具有较大的 SO_2 吸收容量。该法以海水作为吸收剂，节约淡水资源，不存在废弃物处理及结垢堵塞等问题，且脱硫效率高，建设和运行费用低，但仅适用于沿海城市的废气处理，应用局限性较大。

2. 干法脱硫

干法脱硫是采用固态的粉状或粒状吸收剂、吸附剂或催化剂直接喷入烟气中，使其与烟气中的 SO_2 发生硫化反应，从而将硫固定在脱硫剂中，然后再对干态的脱硫产物进行处理。干法烟气脱硫技术的特征是气固反应，因此有以下特点：没有污水和废酸的排放，设备腐蚀程度较轻，被净化的烟气无明显的温降而保持较高的烟温有利于排烟的扩散，反应速度较慢，相应的脱硫效率与脱硫剂利用率较低，脱硫设备比较庞大等。干法烟气脱硫技术能够较好地回避湿法烟气脱硫技术存在的设备腐蚀与二次污染等问题，因此得到迅速的发展与推广。

3. 半干法脱硫

半干法脱硫是脱硫剂在湿态下脱硫、在干态下处理脱硫产物或者在干态下脱硫、在湿态下活化再利用的一种烟气脱硫技术。兼有湿法和干法烟气脱硫技术的一些特点，脱硫反应速度、脱硫效率以及脱硫剂的利用率都高于干法烟气脱硫技术，无污水和废酸的排放、脱硫产物易于处理，但存在占地面积大、系统复杂、投资与维护费用较高、造成烟温下降以及脱硫设备腐蚀等问题。

5.5.3 粉煤灰在烟气脱硫中的应用

近年来，为了提高脱硫剂的运行成本以及合理利用废弃物资源，各个国家都在寻找可以替代或者优化脱硫效率的脱硫剂，突出表现在电厂粉煤灰等碱性废弃物的循环利用。为了提高烟气脱硫剂的钙基利用率及降低烟气脱硫成本，我国也在寻找其他新的脱硫剂来代替传统的脱硫剂上做了大量的研究工作。这些工作主要集中在三个方面：灰渣的再重复循环利用、添加剂的利用、高效吸收剂的水合。

粉煤灰[115]颗粒的表面有很多孔隙，孔隙率一般可达到60%～80%，发达的孔隙为大孔容载体的制备提供了条件。经过改性的粉煤灰比表面和孔容均有了明显的增加。因此，粉煤灰独特的物理结构为大表面、大孔容和高孔隙率载体的制备提供了物理先决条件。正是由于粉煤灰的火山灰性质，其常被用于湿法脱硫中以提高钙基脱硫剂的利用率。主要的化学方程式如下：

$$CaO + H_2O \longrightarrow Ca(OH)_2 \tag{5-14}$$

$$Ca(OH)_2 + SiO_2 + H_2O \longrightarrow (CaO)_x(SiO_2)_z(H_2O)_z \tag{5-15}$$

$$Ca(OH)_2 + Al_2O_3 + H_2O \longrightarrow (CaO)_x(Al_2O_3)_y(H_2O)_z \tag{5-16}$$

$$Ca(OH)_2 + Al_2O_3 + SiO_2 + H_2O \longrightarrow (CaO)_x(Al_2O_3)_y(SiO_2)_z(H_2O)_w \tag{5-17}$$

$$Ca(OH)_2 + Al_2O_3 + SO_3 + H_2O \longrightarrow (CaO)_x(Al_2O_3)_y(CaSO_3)_z(H_2O)_w \tag{5-18}$$

反应生成的水合硅酸盐产物一般是多空晶体，呈纤维状，具有很高的比表面积和持水性。由粉煤灰和石灰制备的高活性脱硫剂，一方面提高了钙基的利用率，另一方面其粉煤灰中所含的硅、铁、镁、铝及部分微量元素对 SO_2 的吸收也有催化促进作用。

1. 粉煤灰直接作为脱硫剂的应用

粉煤灰比表面积较大，具有一定的活性基团。其溶出液呈碱性，能吸收溶于水中的 SO_2，同时水和 SO_2 电离出的 H^+ 又能中和浸取液中的 OH^-，使吸收剂 pH 降低，利于灰中金属离子溶出。伴随着金属离子溶出，OH^- 又在溶液中形成。溶液中的 Fe^{3+}、Mn^{2+} 等金属离子能在酸性条件下对溶液中硫的氧化起催化作用，溶液中的 Ca^{2+}、Mg^{2+} 能与 $SO_4{}^{2+}$ 形成沉淀物与失效的粉煤灰液一起排出[116]。

程水源等采用干法除尘的冲灰和输送粉煤灰水(pH＝10.0～10.5)处理烟气中的 SO_2 的效果开展了试验研究[117]，并与相同 pH 的 NaOH、$Ca(OH)_2$ 吸收液的脱硫效果进行对比试验。结果三者在 pH 相同的条件下，粉煤灰脱硫效果最好。脱硫后粉煤灰水 pH 为 6.2～7.5，既解决了粉煤灰水 pH 超标污染环境的问题，又节约了大量吸收剂。

2. 改性粉煤灰作为脱硫剂的应用

虽然原状粉煤灰具有一定的吸附能力，但研究发现，原状粉煤灰的吸附效果并不理想，不足以在工业中实现应用，为了提高粉煤灰的吸附效果，需要对粉煤灰进行活化改性[116,118]。目前粉煤灰改性的主要方法有两种，即火法和湿法。

魏先勋等利用火法对原状粉煤灰进行改性处理，并用改性后的粉煤灰脱除 SO_2 开展实验研究[119]，探讨改性粉煤灰含湿量、用量、烟气量和 SO_2 浓度等因素对粉煤灰脱硫效率的影响。改性粉煤灰物理参数如表 5.29 所示。

表 5.29　改性粉煤灰、原状粉煤灰、活性炭物理参数

样品种类	比表面积/(m^2/g)	真密度/(g/mL)	假密度/(g/mL)	孔隙率/%
改性粉煤灰	47.20	1.67	0.36	78.22
原状粉煤灰	2.80	1.00	0.50	50.00
市售活性炭	640.0	2.20	1.25	43.18

脱除 SO_2 实验结果表明，粉煤灰的化学组成和结构特点是粉煤灰改性的物质基础，通过改性的方法加工，可大幅度提高其比表面积和吸附容量，从而提高其吸附性能。在湿度为 30%、烟气流量为 200L/h、SO_2 浓度为 0.2%的条件下，这种改性粉煤灰 30g 用量时对 SO_2 的去除率很高且持续的时间很长，脱除效果优于市售一级活性炭。

陈宏国对粉煤灰提高钙基脱硫剂效率进行了研究，分别用生石灰、生石灰与粉煤灰的混合物作为脱硫剂[120]。用生石灰作为脱硫剂时，反应温度直接影响气体脱硫效率以及脱硫剂的钙利用率。在反应温度为450℃、反应时间很短的情况下，脱硫效果很低；只有在高于550℃时才有10%～15%的脱硫效率。而且随着温度的升高，生石灰的脱硫效率也逐步升高。掺加粉煤灰可以提高钙基脱硫剂的脱硫效率，原因之一应该是粉煤灰中所含的Fe_2O_3对钙基脱硫剂的脱硫过程有催化作用。消石灰按1∶1的混合比例掺加粉煤灰时，这种催化作用最强。在1∶1的混合比例下，生石灰掺加粉煤灰反应温度与脱硫效果的影响从实验结果可以得到：在550～700℃温度范围内脱硫效率较高，相应的钙利用率也较高，对比只用生石灰作为脱硫剂，在这个温度范围内钙的利用率可提高3倍以上；而当温度低于550℃或高于750℃时，脱硫剂钙利用率提高的幅度均下降。这说明粉煤灰可以提高生石灰的脱硫效率和钙利用率，而其作用与反应温度有密切关系。

5.6 粉煤灰在农业中的应用

粉煤灰含有大量的砂及粉砂级颗粒，孔隙度高，容重低，持水量大(50%以上)。如果把粉煤灰加入黏质土壤中，可以有效地改善土壤质地，并可以松动土壤，增加透气性，强化土壤的保水供水功能，以及土壤中水、气、热、肥的平衡，以及微生物的生长繁殖，加速有机质的分解和养分的释放[121]。另外，粉煤灰疏松多孔，比表面积大，能保水，透气好，可以明显改善土壤结构，降低容重、增加孔隙度、提高地温、缩小膨胀率，从而显著改善黏质土壤的物理性质，促进土壤中微生物活性，有利于养分转化和种子的萌芽，合理施用符合农用标准的粉煤灰对不同土壤都有增产作用。在适宜的粉煤灰掺量下，一般小麦、玉米、大豆都能增产10%～20%。

我国针对粉煤灰在农业中的研究已有40多年的历史，对粉煤灰的性质、成分和改土作用、增产机理等的研究较为充分。目前粉煤灰应用于农业的途径主要有改良土壤、制作肥料、覆土种植作物、纯灰种植作物、覆盖越冬作物、与其他废渣混合作复垦基质等[122,123]。

5.6.1 粉煤灰改良土壤

废弃物堆积引起的环境恶化和水土流失导致土地沙漠化及生态退化，因此利用废弃物改良土壤、修复生态环境的研究工作具有重要意义。申俊峰用包头地区粉煤灰、水库淤泥和污水沉淀物，对包头北梁地区贫瘠砂质土壤进行了改良试验研究[124]。采用室外盆栽和箱栽的方法对改良后的土壤进行试验验证，土壤配方及生长情况如表5.30和表5.31所示。

表 5.30　种植试验土壤配方　(单位:%)

配方序号	组分含量			
	原土壤	水库淤积物	污水沉淀物	粉煤灰
1	100	0	0	0
2	75	0	10	15
3	50	0	20	30
4	75	15	10	0
5	50	15	20	15
6	55	15	0	30
7	60	30	20	0
8	55	30	0	15
9	30	30	10	30

表 5.31　玉米生长情况及产量统计

配方序号	第 41 天		第 55 天		第 76 天		97 天后	
	株高/mm	珠径/mm	株高/mm	珠径/mm	株高/mm	珠径/mm	总粒数	产量/1000 粒
1	477.78	5.88	915	7.00	1110	9.25	143	95.26
2	757.78	8.31	1174	10.66	1380	11.60	325	180.01
3	901.11	10.48	1412	12.30	1598	122.40	546	236.73
4	725.56	7.22	1170	9.00	1483	11.80	320	249.71
5	752.22	8.08	1198	10.10	1550	13.25	322	195.33
6	632.20	6.79	1174	10.70	1404	13.20	409	194.08
7	734.44	8.32	1048	8.50	1344	12.00	423	180.00
8	674.44	6.64	1110	9.90	1374	12.20	470	220.32
9	636.67	6.58	850	7.00	1240	9.90	56	85.31

从玉米在第 41 天、第 55 天和第 76 天的观测记录对比可以看出,第 41 天时原纯土壤中玉米的株高仅为 477.78mm,其他玉米的株高多为 630～750mm,最高者达 901.11mm;原纯土壤中玉米的株径为 5.88mm,其他玉米的株径多为 6.44～8.3mm,最粗者达 10.48mm。第 76 天原纯土壤中玉米的株高尽管长到 1110mm,株径达到 9.25mm,但其他玉米的株高已达 1240～1580mm,最高者达 1598mm,株径多在 11～13mm。对比玉米的产量可知,原纯土壤条件下的玉米产量最低,加入粉煤灰、淤积物、污水沉淀物改造后的土壤条件下,其玉米的产量为原纯土壤的 2 倍左右,其中产量最高者为原纯土壤的 2.65 倍。说明粉煤灰等废弃物能够很好地用于贫瘠土壤的改良,进而提高农作物的产量。

盐碱土的本质是土体中含有过量的可溶性盐分或者土壤胶体中钠离子饱和度

过大。盐碱土分布地区,土壤不能为植物提供正常的水、肥、气、热条件,加上盐碱成分的毒害作用,从而造成有限的生态能力,生态环境十分脆弱。土壤盐碱化一个最明显的标志是造成森林和草原的退化,进而加剧温室效应。崔楠开展了利用粉煤灰改良盐碱土壤理化性状及对植物生理性状影响的试验研究[125]。试验用地是滨海黏土,土壤盐碱化程度很高、透水性差,难以改良,为光板盐碱地。每间隔 12m 挖一条深 1m、宽 1m 的排盐沟,共制作 10 个带状种植地,栽植 107 杨、国槐、刺槐,紫丁香、紫穗槐等园林植物。对改良后的土壤性能和植物生长状况进行检测,部分检测数据如表 5.32~表 5.34 所示。

表 5.32 不同处理方案对土壤质地的影响

处理方案	有机质/%	可溶盐/%	全 N /(g/kg)	速效 N /(mg/kg)	速效 P /(mg/kg)	黏粒/%	粉粒/%	砂粒/%	土壤质地	土、灰比例
A1	0.41	0.51	0.46	32.14	12.64	21.81	37.54	40.65	中壤土	4∶1
A2	0.47	0.52	0.48	33.78	12.58	21.94	38.42	39.644	中壤土	4∶1
B1	0.46	0.51	0.46	33.45	14.55	20.53	39.29	40.18	中壤土	3∶1
B2	0.39	0.48	0.43	30.71	14.48	20.65	40.22	39.13	中壤土	3∶1
C1	0.38	0.48	0.41	30.11	13.91	19.61	40.54	39.85	中壤土	5∶2
C2	0.43	0.47	0.42	31.68	13.83	19.72	41.54	38.77	中壤土	5∶2
D1	0.35	0.42	0.37	27.36	11.28	16.69	44.52	38.79	中壤土	3∶2
D2	0.38	0.41	0.37	28.91	11.16	16.74	45.64	37.62	中壤土	3∶2
E1	0.48	0.58	0.53	37.13	5.07	26.92	30.57	42.51	重壤土	对照
E2	0.55	0.61	0.53	39.05	5.14	27.13	31.21	41.66	重壤土	对照
粉煤灰	0.12	0.21	0.13	12.71	43.29	1.34	65.45	33.21	砂壤土	全灰
粉煤灰	0.14	0.17	0.11	12.88	42.83	1.19	67.28	31.53	砂壤土	全灰

表 5.33 不同处理方案对 107 杨生长的影响

处理方案	成活率/%	胸径/mm	冠幅/mm	枝数	高度/mm
A1	100	44±4	1095±30	3	1975±40
A2	100	45±5	1100±25	3	1980±40
B1	100	47±2	1142±20	3	2008±40
B2	100	48±3	1138±15	3	2014±35
C1	100	46±5	1070±30	3	1975±45
C2	100	46±4	1075±25	3	1960±55
D1	100	43±5	1005±35	3	1805±70
D2	100	42±5	1010±30	3	1750±80
E1(对照)	100	42±4	1035±25	3	1900±60
E2(对照)	100	43±2	1045±20	3	1870±65

表 5.34　不同处理方案对国槐生长的影响

处理方案	成活率/%	胸径/mm	冠幅/mm	枝数	高度/mm
A1	100	55±5	1225±40	3	2265±45
A2	100	51±4	1240±35	3	2250±55
B1	100	54±3	1275±30	3	2355±45
B2	100	52±4	1285±35	3	2370±40
C1	100	51±5	1260±40	3	2215±55
C2	100	52±5	1255±45	3	2205±45
D1	100	47±7	1180±65	3	1995±85
D2	100	46±6	1170±70	3	2000±75
E1(对照)	100	50±3	1195±45	3	2105±40
E2(对照)	100	48±4	1190±50	3	2110±50

随着粉煤灰用量的增加，两组平行的试验土壤中大于 2μm 的粉粒含量由对照原土的 30.57%和 31.21%分别增加至 44.52%和 45.64%，是原来 1.46 倍，粉粒含量随粉煤灰加入量明显增加，黏粒和砂粒的含量则明显降低，分别由对照原土的 27%和 42%左右降至 16%和 38%左右，土壤类别从重壤土变为中壤土，土壤质地明显得到一定的改善。土壤中必须含有植物所必需的各种元素和这些元素的适当比例，才能使植物生长发育良好，因此对植物生长的土壤化学环境特性的分析，为改良土壤、提高肥力、补充作物所需的营养元素提供依据。

施加粉煤灰后，可以降低黏土中黏粒含量，改良土质；降低土壤容重，增加土壤的孔隙度，减少堆积密度，提高土壤含水量和田间持水量；经过挑沟做台地形整理后，增加盐碱土壤排盐速度，减少土壤中的碱性物质的含量，调节土壤的 pH，改善土壤环境；在施灰量小于 30%时，受试植物的气体交换和水分利用率、细胞间隙 CO_2 浓度、叶绿素含量均略有上升，促进植物有机物合成；电导率、脯氨酸、丙二醛和可溶性糖含量均有不同程度的下降，植物所受盐胁迫和干旱胁迫降低；土壤有效磷、有效钾的含量增加，植物抗旱、抗寒、抗病等抗逆性增强。施加粉煤灰后的试验土壤中有机质含量过低。土壤中的氮元素主要来源于有机质分解，导致试验土壤中氮含量较原土更低。植物在生长过程中氮元素含量不足会导致叶绿素合成困难，受试植物的中固氮能力较弱的 107 杨出现叶片发黄等现象均由于过度缺乏氮元素所致。

综合考虑各处理方案中土壤理化性状、植物生长及生理指标变化规律，认为粉煤灰施加量在 30%左右时是较佳选择，可以形成与一般农田理化性质类似的人工土壤结构。该处理方法可防止客土绿化对土地资源的破坏，避免客土绿化成本过高，促进废弃物资源化，确保绿化植物的正常生长，具有良好的生态效益和经济效益。

5.6.2 生产粉煤灰肥料

粉煤灰具有质轻、粒度细、疏松多孔的物理特性，它的这种多孔结构和轻质结构能改变酸性土壤的表层板结力，增加蓄水与透光性能；粉煤灰中适量的钙、镁、磷、钾和微量的硼、铜、锰、锌、钼等元素可以促进植物生长；而且工业粉煤灰的 pH 呈中性，一般不含对植物生长有害的物质，若再加入其他所需成分，即可制成各种农用肥料[126,127]。

目前，国内外主要利用粉煤灰制造硅酸质肥料、粉煤灰磁化肥、粉煤灰复合肥等。例如，日本利用粉煤灰制造硅酸质肥料，粉煤灰与苛性钾混合造粒制的粉煤灰硅酸钾肥料，易溶于水，无吸湿性，不因雨水而流失，肥效期长。

1. 利用粉煤灰制成硅肥

粉煤灰中的可溶性硅可作为硅肥。因粉煤灰中的部分 SiO_2 在高温下，与混合物料中的 Al_2O_3、CaO、K_2O、Fe_2O_3、MgO 反应生成 $KAlSiO_4$、K_2CaSiO_4 等活性硅。在酸性土壤中有硅肥的作用，能提高农作物对麦锈病、稻瘟病、大白菜烂心和果树黄叶病等的抵抗能力，同时可提高农作物对钾的吸收率。

硅肥是一种优质、高效、无毒、广谱的新型矿物肥料，其增产作用机理表现在以下方面：硅是植物体所需的重要营养元素；作物吸收硅后形成硅化细胞，使作物表层细胞壁加厚，角质层增加，从而使茎叶挺直，提高叶面光合作用，增强作物的抗病虫害和抗倒伏能力；硅化细胞能有效调节作物气孔开闭及水分蒸腾作用，提高作物抗旱、抗干热风、抗低温能力；硅能增强根系的氧化能力，防止根系早衰与腐烂，硅能活化土壤和磷肥中的磷，并促进磷在植物体内的运转，提高磷肥利用率[128,129]。

针对当前硅肥存在有效硅含量低、价格偏高等问题，武艳菊利用粉煤灰和造纸黑液制备硅肥[130]，在降低化肥生产的成本的同时，能够有效利用粉煤灰和造纸黑液，减少对环境的污染。将制备的硅肥施加在试验田中，种植小麦、玉米、大豆等植物测试硅肥的效果，结果如表 5.35～表 5.37 所示。

表 5.35 施加硅肥后对土壤及小麦的影响

硅肥用量/kg	亩施硅肥/kg	产量/斤	亩产量/斤	增产/%	千粒重/g	土壤 pH	有效硅/mg
对照组	—	66.4	1006	—	37.83	8.45	0.346
1.00	15.2	68.9	1044	3.78	38.71	8.71	0.303
2.00	30.3	75.2	1139	13.2	40.97	8.56	0.303
3.00	45.3	83.3	1262	25.4	42.76	8.86	0.315

施加硅肥后，相比对照组，小麦增产明显，产量、千粒重明显提高；土壤 pH 也

有所提高，但与加入的硅肥料量并不成比例；土壤有效硅含量也有些反常。因为影响土壤 pH 和有效硅含量测定结果的因素非常多，所以单凭简单的实验数据还不能下结论。但可以肯定的是，土壤中活性硅的含量并不很低，明显的增产效果显然还有其他原因，如微量元素。

表 5.36　施加硅肥后对土壤及玉米的影响

硅肥用量/kg	亩施硅肥/kg	产量/斤	亩产量/斤	增产/%	千粒重/g	土壤 pH	有效硅/mg
对照组 1	—	35.6	503.3	—	24.82	8.81	0.284
对照组 2		39.9			22.34	8.82	0.260
0.75	10.0	43.3	577.3	14.7	25.78	8.70	0.310
1.50	20.0	46.7	622.7	23.7	26.67	8.45	0.335
2.25	40.0	47.8	637.3	26.6	27.71	8.30	0.303

由表 5.36 可知施用硅肥后，果实颗粒饱满，增产明显；土壤 pH 变化不大；千粒重有所增加，经观察，在收获时用肥的试验组比对照组叶更绿，说明收获期变长；玉米棒子比对照组稍细但长，且籽粒密实饱满，色彩好。

表 5.37　施加硅肥后对土壤及大豆的影响

硅肥用量/kg	亩施硅肥/kg	产量/斤	亩产量/斤	增产/%	千粒重/g	土壤 pH	有效硅/mg
对照组	—	9.26	102.9	—	23.54	8.63	0.338
0.90	20.0	10.80	120.0	16.62	26.24	8.64	0.319
1.80	40.0	11.14	123.8	20.31	25.23	8.60	0.351
2.70	60.0	13.54	150.5	46.24	27.15	9.66	0.787

由表 5.37 可知，施用硅肥后，果实颗粒饱满，千粒重增加，增产明显，土壤 pH 几乎没有变化；当硅肥施用量达到 60kg/亩时，土壤中的有效硅明显增加，表示不再缺硅。经观察，施硅大豆病虫害少，大豆外观好。

对粉煤灰中的有益微量元素和有害重金属元素的最大排放量和淋溶规律的研究表明，粉煤灰样品中有害重金属元素含量差别较大，且含量低，最大溶出量更低，不会给环境带来负面影响，更不会通过食物链危及人类的健康，因此粉煤灰制硅肥具有可行性；粉煤灰中的有益微量元素分布不均匀，差别较大，在酸性条件下更容易溶出，制硅肥时可根据土壤的不同对有益元素进行调配，使其稳定在一个合理的保有值。

2. 利用粉煤灰制成磁化肥

在粉煤灰中添入适量的氮、磷、钾等养分，经磁化混合后得到的一种新型农用复合肥料即粉煤灰磁化肥，这种化肥既有磁化粉煤灰对作物的作用，又含有作物所需的营养元素，对于多种农作物均有明显的增产作用，在肥效、促进农作物生长方面都优于普通复合肥。它的主要特点是养分全，肥效高，后劲大，释放养分均衡，肥效不易挥发；能促进作物根繁叶茂，果实饱满；增加土壤的透气性和持水性，调节土壤酸碱度；植物使用后具有抗病虫害、抗倒伏、增加产量等优点。

针对粉煤灰磁化肥对砂姜黑土的改土作用及其对芝麻的增产作用效果，孙联合等开展了粉煤灰磁化肥施用试验研究[131]。试验共设置 5 组处理，分别是：硝酸磷肥 300kg/hm^2(A)；施与磁化肥等量的氮、磷、钾肥(B)；等量的粉煤灰与等量的氮、磷、钾肥混合施用(C)；施磁化肥 1200kg/hm^2(D)；以不施肥作对照(CK)，如表 5.38所示。

表 5.38　磁化肥对土壤及芝麻产量的影响

处理	土壤		玉米				
	容重/(g/cm^3)	孔隙度/%	株高/cm	单株蒴数	蒴粒数	千粒重/g	产量/(kg/hm^2)
A	1.361	49.50	134.3	57.5	57.0	2.53	1165.65
B	1.362	50.43	143.2	64.2	61.5	2.55	1235.55
C	1.317	51.31	140.3	63.7	65.2	2.54	1245.60
D	1.280	51.76	145.6	65.7	67.1	2.56	1315.60
CK	1.365	49.63	131.5	57.1	56.8	2.51	1100.55

处理 D、C 与 CK 相比，土壤容重明显下降，降幅分别为 6.2%和 3.5%；土壤孔隙度显著增大。其他处理与 CK 相比差异性很小，说明化肥对改善砂姜黑土物理性状作用不大，粉煤灰起到了一定的作用，磁化肥对砂浆黑土物理性状影响最大；施加磁化肥后，芝麻产量相比 CK 增加了 19.5%。上述说明磁化肥能改良砂浆黑土，具有明显降低土壤容重、增加土壤孔隙度、提高土壤温度的作用，可有效改善土壤物理性状，砂姜黑土区芝麻施用磁化肥增产效果显著，其主要表现是增蒴、增粒数、增粒重。由此可见，开发利用粉煤灰是电力工业变废为宝、改善环境、增加效益的有效途径。

3. 利用粉煤灰制成复合肥

随着科学技术的进步，肥料向高效、复合方向发展。寻求一种新型的有机、无机肥料配合的复合肥，充分利用土壤潜力，提高农作物产量，保持生态平衡，成为当今国内外肥料发展的趋势[132,133]。

粉煤灰中含有丰富的微量元素，如硅、硼、硫、锌、铜、钙、镁、铁等，并具有松散、空隙大等特点，可以改良土壤、调节土壤温度和 pH，增加和补充土壤的营养成分，尤其适用于黏性土壤的改良。利用粉煤灰可以生产无害全营养复合肥料和微量元素肥，既能解决我国因无机化肥和微肥品种少、营养不全而造成土壤板结、碱化、营养失调及农作物变异的矛盾，又能解决有机肥肥效低和造成环境污染的突出难题，并且其价格也比较低廉[123,134,135]。

利用粉煤灰和秸秆制备复合肥，原料来源丰富，是解决粉煤灰和秸秆二次污染的一个有效途径，且生产成本低、效果明显，做到废弃物的再次利用，变废为宝。在保护环境的同时，又解决了农业上造成的施用无机肥料引起土壤养分比例失调、土壤退化等问题，有利于农业生态环境良性循环和农业经济的可持续发展。

5.6.3　粉煤灰充填复垦塌陷区

随着火电项目的不断投资建设，粉煤灰的排放量和堆积量逐年增多。利用粉煤灰充填复垦塌陷区具有利用量大、能综合解决采煤塌陷区问题和增加耕地面积等优点，具有良好的发展前景。粉煤灰作为充填复垦材料主要有两种，一种是用于塌陷区或排土场，另外一种是直接用于贮灰场，二者均是将粉煤灰作为充填材料，在其表层覆盖一定厚度的土壤。

目前我国广泛采用的粉煤灰农业利用模式是与塌陷区结合，进行充填覆土复垦，覆土厚度一般在 50cm 以上，由于覆土较厚，基本上隔离了粉煤灰与地面作物的接触，很大程度上消除了覆土层下层的粉煤灰对作物可能的不良影响；但所需覆土量巨大，买土费用很高，覆土来源难以保证。

陈要平通过设计三种不同覆土厚度的粉煤灰充填复垦模型，进行长期的对比试验，寻求较佳的粉煤灰覆土充填复垦模式[136]。进而与煤矿区采煤塌陷地结合，综合解决电厂煤灰处置和采煤塌陷区治理双重问题，形成采煤-发电-充填复垦塌陷区的良性系统，达到以废治废、综合利用的目的。该试验设置四组地块，其中前三组为试验用地，覆土层分别为 20cm、30cm 和 50cm，覆土层下充填 50cm 的粉煤灰，第四组为自然未扰动地块，作为对照用地。土壤性质测试结果如表 5.39 所示。

表 5.39　各层粒度分析表

样本位置	黏粒/%	粉粒/%	砂粒/%	土壤类型	pH	含水量/%	有机质/(g/kg)	全氮/%
覆土	13.47	28.16	58.37	砂质壤土	7.43	23.3	11.12	0.062
充填灰	1.07	67.31	331.62	粉砂质壤土	7.71	40.95	24.98	0.126
底土	27.62	31.39	40.99	壤质黏土	7.61	31.14	14.66	0.078

充填灰颜色为黑色，容重均值为 0.70g/cm^3；覆土颜色为棕黄色，容重均值为 1.32g/cm^3；底土颜色为黄色，容重均值 1.39g/cm^3。土壤容重综合反映土壤固体颗粒和土壤孔隙的状况。粉煤灰颗粒较细，覆土较浅地块经过农业耕作后，通过灰层与土层的混合，可增强耕作层持水能力和土壤对太阳辐射能的吸收，提高土壤表层的地温。

粉煤灰的物理性质(颜色、容重、孔隙度、质地)有利于增加土壤的通气性、透水性和温度，蓄水能力有利于改善土壤水分状况，pH 对土壤酸碱性影响有限，有机质和全氮含量相对较高，有利于提高土壤保肥能力，补充土壤氮肥。粉煤灰的有效磷和速效钾含量处于较低水平，满足不了作物的生长需要，需要另外施加较多的磷钾肥，增加农业投资。土壤的自然形成需要一个漫长的过程，在复垦后通过施加农家有机肥和化肥，进行科学管理，逐步培育土壤肥力，是切实可行而且比较容易操作的。

用粉煤灰充填采煤沉陷地，不仅可以解决粉煤灰在堆存过程中占用土地、污染环境等问题，还可以营造出大量的可耕土地，缓解人地矛盾。利用粉煤灰充填复垦的土壤，由于其填充机制并不是严格意义的土壤，与自然农田相比，复垦土壤的生产力低，肥力恢复较慢，而且逐渐积累的污染元素可能造成土壤、水体和生物的污染，降低粮食的产量和质量。

为研究粉煤灰充填复垦地种植农作物的经济产量达到最优时的最佳覆土厚度，徐良骥等选择淮南上窑粉煤灰场复垦地为研究对象，选取不同厚度覆土的地块采样监测冬小麦的经济产量，根长密度，土壤含水量，土壤 pH，土壤 N、P、K 营养元素含量等指标[137]。数据见表 5.40，其中粉煤灰充填覆土层厚度为小于 40cm、40～55cm、55～70cm、大于 70cm，分别用 A、B、C、D 表示；H_1、H_2、H_3 分别表示取样位置为表层土、中层土、粉煤灰层。

表 5.40　不同厚度覆土地块的冬小麦经济产量　　(单位：kg)

种类	秸秆	谷粒	麦子
A(不施肥)	0.403	0.412	0.817
B(不施肥)	0.388	0.378	0.766
C(不施肥)	0.373	0.469	0.842
D(不施肥)	0.237	0.214	0.452
A(施 1 倍肥)	0.326	0.339	0.664
B(施 1 倍肥)	0.364	0.384	0.747
C(施 1 倍肥)	0.395	0.555	0.950
D(施 1 倍肥)	0.228	0.249	0.477
A(施 2 倍肥)	0.362	0.369	0.731
B(施 2 倍肥)	0.401	0.503	0.905
C(施 2 倍肥)	0.481	0.725	1.207
D(施 2 倍肥)	0.259	0.235	0.495

不施肥处理的冬小麦中除了 D 类厚度覆土地块的冬小麦产量略低，A、B、C 三类厚度覆土地块的冬小麦的经济产量均相当，其中，秸秆产量在 0.373～0.403kg，谷粒产量在 0.378～0.469kg，小麦产量在 0.766～0.842kg，谷粒最大产量为 C 类 0.469kg；施 1 倍肥处理的冬小麦谷粒产量最大的为 C 类，可达到 0.555kg；施 2 倍

肥处理的冬小麦中C类地块的各项产量指标均明显大于其他三类，其谷粒产量最大为0.725kg(表5.41)。

表5.41　不同厚度覆土地块的冬小麦根长密度、土壤含水量、pH及营养元素

种类		根长密度/mm		土壤含水量/%				pH	营养元素/(mg/kg)		
		孕穗期	成熟期	1	2	3	4		N	P	K
A	H_1	10.227	3.233	14.59	13.1	22.45	13.23	7.97	6.832	19.852	179.985
	H_2	15.161	16.18	22.81	21.3	26.73	23.23	8.01	4.916	19.987	169.565
	H_3	0.047	0.023	46.16	42.28	47.6	45.82	8.34	5.211	28.585	88.954
B	H_1	3.81	1.145	11.33	18.64	29.31	12.98	7.98	7.305	20.018	179.996
	H_2	9.283	13.543	22.2	23.44	26.08	22.24	8.04	5.886	21.956	148.753
	H_3	0.13	0.027	42.5	44.82	49.73	42.55	8.41	5.324	27.693	82.572
C	H_1	10.107	4.59	11.82	13.56	22.38	13.24	7.97	8.105	20.024	171.654
	H_2	13.96	18.52	21.41	22.65	29.02	24.81	8.05	6.755	19.989	170.068
	H_3	0.013	0	43.49	45.19	51.39	49.3	8.44	3.957	38.746	89.561
D	H_1	3.935	3.93	13.41	14.84	20.41	14.35	8.03	6.788	19.735	179.368
	H_2	3.45	5.42	22.81	23.21	22.66	21.65	8.15	5.025	22.156	154.628
	H_3	0	0	47.68	41.84	45.15	51.45	8.23	5.65	24.517	83.988

从取样深度来看，四种不同覆土厚度地块中土壤含水量均随着深度的增加而增加。在同一个层面，土壤的含水率变化不大，粉煤灰层H_3含水率远大于土壤层，反映出粉煤灰良好的持水能力；随着取样深度的增加，土壤的pH增大，粉煤灰层pH最大，粉煤灰充填复垦地块中土壤环境偏碱性(pH＝7.50～8.50)，需采取专门措施改良土壤；粉煤灰层H_3的速效磷含量明显高于土壤层(H_1、H_2)，粉煤灰是复垦地的土壤有效磷富含的原因，粉煤灰对土壤中的磷有催化作用，可作为改良剂提高土壤中有效磷的含量。

不同覆土厚度土壤环境对作物生长有很大的关系，以粉煤灰为充填基质的复垦地覆土中，A、B、C、D四种地块中覆土的含水率在作物正常生长范围内；有利于冬小麦生长并得到最佳产量的适宜覆土厚度为55～70cm，其土壤pH为8.15，N、P、K含量分别为6.272mg/kg、26.253mg/kg、143.76mg/kg。综合评价结果表明该地块的表土具有较好的营养能力，土壤质量较好。

5.7　粉煤灰中高价值组分的提取

粉煤灰中的玻璃微珠是硅铝质玻璃体，碳以多孔状炭粒和碎屑状炭出现在富铁玻璃珠中。颗粒的形态、密度和成分均有差异，利用途径和经济价值也不尽相同。因此,需通过一定的化学方法或物理方法将它们从粉煤灰中分选或提取出来。

5.7.1 粉煤灰中碳的提取

用于混凝土中的粉煤灰要求烧失量不超过 5.0%,未燃碳过多会影响粉煤灰制品的强度,降低制品的抗冻融性、抗渗性,大大降低粉煤灰活性。因此,粉煤灰中的未燃碳含量过高,直接影响其作为建筑材料使用时的质量指标。目前我国大多数火力发电厂排出的粉煤灰含碳量在 5.0%以上,个别高达 30.0%。因此,从粉煤灰中提取碳,降低粉煤灰中碳的含量,既可以更充分地利用能源,又能达到粉煤灰在水泥生产、混凝土等工程中利用的要求[138]。

在粉煤灰脱碳[139-141]技术方面,目前主要以电选法分选、流态化分选和浮选法分选为主,前两者属于干法分选。未燃碳和灰质颗粒之间表面性质存在差异,浮选手段仍然是目前粉煤灰中脱碳的主要方法。

1. 电选法脱碳

电选法脱碳的基本原理是根据粉煤灰中的未燃炭粒与灰质颗粒之间带电性质的差异实现分选[142]。首先是粉煤灰颗粒群的分散,通常用强力空气流的方式进行;其次是颗粒的带电过程,主要通过颗粒与摩擦带电板或者颗粒与颗粒之间的碰撞实现,从而使未燃碳颗粒和灰质颗粒带上不同的电荷;最后将带上电荷的粉煤灰粒群通过一定的方式输送至具有两块异极板的静电分离室内,不同电荷符号的颗粒在静电场中被吸附到不同的极板上,实现分离。

粉煤灰中未燃尽的炭粒和灰颗粒在气流夹带作用下通过摩擦器时,颗粒与摩擦器壁及颗粒与颗粒之间相互碰撞摩擦,碳粒和灰颗粒上的极性和电量不同的电荷,荷电颗粒群经喷嘴进入高压静电场后,在电场力和重力的作用下,具有不同的运动轨迹,从而实现碳粒与矿物质的分离。于凤芹等采用摩擦电选的方法对粉煤灰开展脱碳试验研究,进行电压、风量、进料速度等因素的正交试验,试验证明,用摩擦电选的方法对粉煤灰进行脱碳是可行的[143]。正交试验数据如表 5.42 所示。

表 5.42 正交试验表及测试结果

试验编号	正交试验因素			正极板产物		负极板产物		中间产物	
	风量/(m^3/h)	电压/kV	入料速度/s	产率/%	烧失量/%	产率/%	烧失量/%	产率/%	烧失量/%
1	65	30	130	33.77	8.00	51.57	5.28	14.66	2.15
2	65	40	110	34.00	8.04	50.70	4.69	15.20	2.48
3	65	50	70	33.48	8.35	51.13	4.51	15.38	2.24
4	70	30	110	33.58	8.47	50.64	4.35	15.78	2.14
5	70	40	70	33.17	8.60	50.80	4.25	16.04	2.11

续表

试验编号	正交试验因素			正极板产物		负极板产物		中间产物	
	风量/(m^3/h)	电压/kV	入料速度/s	产率/%	烧失量/%	产率/%	烧失量/%	产率/%	烧失量/%
6	70	50	130	34.21	8.73	51.71	4.23	14.08	2.17
7	75	30	70	32.81	8.77	50.74	4.13	16.45	2.14
8	75	40	130	32.64	8.82	52.99	4.13	14.37	2.21
9	75	50	110	32.76	9.09	52.12	4.59	15.12	2.28

风量 75m^3/h、电压 40kV、入料速度 130s 组合和风量 75m^3/h、电压 50kV、入料速度 110s 组合的试验效果最好；其中风量 75m^3/h、电压 40kV、入料速度 130s 组合的正负极板产物的产率分别达到最低值和最高值，正极板的烧失量接近最高，负极板的烧失量为最低值，说明在该组合下的粉煤灰脱碳效果最好。

2. 浮选法脱碳

干法脱碳对粉煤灰中水的含量都有着严格的要求，因此不适合大宗烧失量不合格的湿排粉煤灰的脱碳分选，限制了干法脱碳在工业上的应用。鉴于干法脱碳技术的局限性以及未燃炭和灰质颗粒之间表面性质的差异，浮选手段[144-146]是粉煤灰中未燃碳脱除的应用最为广泛的技术途径。浮选过程中，受浮选药剂的作用，粉煤灰中碳的表面性质发生变化，碳粒依附于气泡表面后悬浮在矿浆液面，粉煤灰则留在灰浆中，实现碳粒与其他颗粒的有效分离。

王建丽等采用浮选法开展粉煤灰分选回收碳的试验研究[147]，考虑到产生粉煤灰的原煤是无烟煤，接触角仅为 73°，可浮性较差，以及粉煤灰在水中浸泡和自然界风化过程产生氧化作用，增强了其表面的亲水性，削弱了煤和矸石之间可浮性的差别。因此，选择柴油作为捕收剂、FR 作为起泡剂来改善和强化浮选过程；浮选试验的工艺流程为“一粗两精”。试验数据如表 5.43 和表 5.44 所示。

表 5.43　粉煤灰粗选提取碳的正交试验结果

试验编号	浮选产品质量/g	产率/%	送测质量/g	稍后质量/g	碳的质量分数/%	碳回收率/%
1＃精矿	416.2	41.62	0.94	0.51	45.83	82.50
1＃尾矿	578.4	57.84	1.32	1.23	6.99	17.50
2＃精矿	399.6	39.96	1.04	0.60	42.03	72.64
2＃尾矿	596.2	59.62	1.32	1.18	10.61	27.36
3＃精矿	541.3	54.13	1.16	0.70	39.68	92.90
3＃尾矿	458.7	45.87	1.38	1.33	3.58	7.10
4＃精矿	412.4	41.24	1.22	0.66	45.75	81.60
4＃尾矿	581.2	58.12	1.21	1.12	7.32	18.40

表 5.44 粉煤灰浮选提碳试验结果

试样	质量/g	碳的质量分数/%	产率/%	碳的回收率/%
原矿	1000.00	23.12	—	—
粗精矿	541.30	39.68	54.13	92.90
精矿 1	392.50	53.00	39.25	89.98
精矿 2	321.00	63.50	32.10	88.16
粗尾矿	458.70	3.61	45.87	7.16
尾矿 1	148.80	4.48	14.88	2.88
尾矿 2	71.50	5.83	7.15	1.80

粗浮选的优化条件为:捕收剂轻柴油用量为 1100g/t,起泡剂 FR 用量为 800g/t,浮选时间为 5min。精选时轻柴油用量为 600g/t,FR 用量为 300g/t,浮选时间为 5min。在浮选工艺得到精矿中碳的质量分数为 50%左右。在“一粗一精”浮选工艺条件下,精矿 2 中碳的质量分数达 63.50%,碳的回收率为 88.16%,发热量为 23566.41J/g;精矿 1 中碳的质量分数为 53.00%,碳的回收率为 89.98%;粗选以及两次精选的尾矿中碳的质量分数低于 5%或 8%,分别达到了国家Ⅰ、Ⅱ级粉煤灰的标准。

5.7.2 粉煤灰中铁的提取

煤粉中含有一定量的铁矿物,如赤铁矿、褐铁矿、菱铁矿和黄铁矿等。只有很少一部分具有磁性,大部分是非磁性的,采用磁选和酸浸进行除铁。磁选除铁有干法和湿法两种方式:干法操作简单、效率高且成本低,但容易造成空气污染;湿法一次性投资较高,操作相对复杂,需要较多的人力,电力、水力消耗较大,但有利于环保,除铁效果较好;酸浸法将磁选之后不能去除的铁进行深度去除,使某些产品达到更高的标准,对其他杂质氧化物如 CaO、K_2O、Na_2O 等也有较好的去除效果[148,149]。

1. 磁选法选铁

铁矿物经高温焙烧后,部分将会被还原成尖晶石结构的具有强磁性的磁铁矿和极少量铁粒,可通过磁选直接回收这部分磁性铁矿物[150,151]。

唐云等采用 XCGS 型-Φ50 磁选管对 TFe 含量分别为 14.64%和 9.42%的粉煤灰进行磁选回收,经过“一粗一精一扫”流程,可获得铁品位分别为 52.77%和 50.95%的铁精矿,回收率分别为 69.71%和 46.41%[152](表 5.45)。

表 5.45　粉煤灰磁选试验结果

产品名称		产率/%	TFe		Al_2O_3		SO_2		烧失量/%
			含量/%	回收率/%	含量/%	回收率/%	含量/%	回收率/%	
粉煤灰 1	原矿	100.00	14.64	100.00	20.25	100.00	51.02	100.00	3.88
	精矿	19.34	52.77	69.71	11.82	11.29	29.81	11.30	1.67
	尾矿	80.66	5.50	30.29	22.27	88.71	56.11	88.70	4.41
粉煤灰 2	原矿	100.00	9.42	100.00	29.16	100.00	43.96	100.00	10.80
	精矿	8.58	50.95	46.41	19.22	5.66	19.17	3.74	10.37
	尾矿	91.42	5.52	53.59	30.09	94.34	46.29	96.26	10.84

周秋玲等利用湿式磁选方法对从粉煤灰中提取铁进行试验研究，经过一级磁选，选出的铁精矿粉品位可达到 46%～50%，经过两级磁选可达到 55%～56%[153]。对于冶炼，铁精矿的品位越高越好，一般要求在 50%以上。提高铁精矿粉品位和降低含硅量，可以采取以下措施：一是水稀释原浆，铁粉的品位从 44%提高到 48%；二是低一级磁选机的磁场强度选得大一些，提高回收率，第二级磁选机磁场强度选得小一些，提高含铁品位。

采用磁选法提取粉煤灰中铁精矿粉具有工艺简单易操作、生产成本低等优点。全国年排粉煤灰数亿吨，从中回收铁精矿可用于炼铁、水泥铁质校正原料，用作耐火砖原料、氧化铁红颜料等[154]。

2. 酸浸法选铁

酸浸法是用酸进行选择性溶解以达到除铁的目的。常用酸溶剂为硫酸和盐酸，浓酸破坏玻璃相矿物和莫来石的表面，形成大量孔洞，使铁进入溶液，大大提高了铁的去除率。

吴艳等在低温常压条件下，开展粉煤灰提取铝渣的酸浸除铁试验研究[155]。在相同条件下，与硫酸和硝酸相比，盐酸除铁效果较好。在 80℃、HCl 浓度为 6mol/L、液固比为 6：1、反应 2h 时除铁效果最佳，除铁后渣中 SiO_2 含量高达 90%以上，氧化铁的含量在 0.5%以下。由于渣的粒度较细，可以直接作为硅微粉产品。

针对粉煤灰高值化利用中对杂质铁的去除，孙少博等以两种粉煤灰为试验原料，分别用干法磁选、湿法磁选和酸浸的方法进行了除铁试验[156]。干法磁选在磁选机转动频率较低时会获得更好的除铁效果，去除率为 30%和 45%；湿法磁选在粉煤灰溶液质量分数 $\omega=30\%$、磁通量密度 $B=1300\text{Gs}$ 时，除铁效果最好，去除率可达 65%和 73%；湿法除铁效果明显优于干法。结合湿法磁选除铁和酸浸除铁，可使两种粉煤灰的全铁含量由 2.13%和 3.58%降至 0.3%和 0.4%，铁的去除率分别达 85.8%和 88.8%。

5.7.3 粉煤灰中氧化铝的提取

金属铝是重要的生活、工业原料，被广泛应用于各行各业，小到人们生活使用的铝制器具，大到航空航天某些零部件的制造。随着我国经济的快速发展，对铝的需求量越来越大，很明显现在已经发现的铝土矿资源储量已很难满足社会发展对铝的需要[157,158]。高铝粉煤灰是近年来随着我国西部煤炭资源的开发以及大型火力发电厂的建设，出现在中西部地区的一种新的粉煤灰类型，其含量通常可达50%，相当于我国中低品位铝土矿中的含量。

从粉煤灰中提取氧化铝是将粉煤灰作为一种二次资源的高附加值利用，相比于将粉煤灰应用于建筑、建设及农业领域的研究，从粉煤灰中提取氧化铝等有用资源的研究目前仍然处于试验研究阶段，可用于工业化生产的技术路线非常有限。粉煤灰提取氧化铝主要采用处理中低品位铝土矿的方法，包括碱法烧结法、酸浸法和水热法等[159-161]。

1. 碱法烧结法

1）石灰石烧结法

将粉煤灰与石灰石或石灰混合后进行高温烧结，使粉煤灰中的莫来石和石英变为 $2CaO \cdot SiO_2$ 和 $12CaO \cdot 7Al_2O_3$，也就是使粉煤灰中的活性低的铝硅酸盐生成易溶于碳酸钠溶液的铝酸钙和不溶的硅酸二钙，从而实现铝硅分离[162-164]。反应如下：

$$7(3Al_2O_3 \cdot SiO_2)+64CaO = 3(12CaO \cdot 7Al_2O_3)+14(2CaO \cdot SiO_2) \quad (5\text{-}19)$$

$$12CaO \cdot 7Al_2O_3+12Na_2CO_3+33H_2O = 14NaAl(OH)_4+10NaOH+12CaCO_3 \quad (5\text{-}20)$$

$$2CaO \cdot SiO_2+2Na_2CO_3+H_2O = 2CaCO_3+Na_2SiO_3+2NaOH \quad (5\text{-}21)$$

该法一般在 1320～1400℃下进行，故能耗较高，成本也高，同时产渣量也大，但其熟料冷却后，将熟料粉末与 Na_2CO_3 溶液混合，在一定时间内使其转变为偏铝酸钠，经过滤可得到 $NaAlO_2$ 粗液，同时滤出的不溶性硅酸二钙用于水泥的生产。由于 $NaAlO_2$ 粗液中含少量 SiO_2，故需首先加入石灰乳进行脱硅处理，过滤即可得到 $NaAlO_2$ 精液。然后通入 CO_2 进行中和 $NaAlO_2$，降低溶液碱度，使 $Al(OH)_3$ 析出。最后将 $Al(OH)_3$ 放入窑内经 1200℃煅烧，从而获得 Al_2O_3。

2）碱石灰烧结法

将粉煤灰、碳酸钠和石灰在高温下烧结，粉煤灰中的 Al_2O_3 与碳酸钠在1220℃弱还原气氛烧结成可溶性的偏铝酸钠 $NaAlO_2$。反应式如下：

$$Al_2O_3 + Na_2CO_3 = 2NaAlO_2 + CO_2 \quad (5\text{-}22)$$

$$SiO_2 + 2CaO = 2CaO \cdot SiO_2 \quad (5\text{-}23)$$

经熟料破碎、湿磨溶出、分离、一段脱硅、二段脱硅等工艺得到 $Al(OH)_3$，最后煅烧工艺得 Al_2O_3 产品，与石灰石烧结法相比，碱石灰法所需要的烧结温度为1200℃左右，比石灰石烧结法烧结温度低。

粉煤灰中提取氧化铝煅烧过程的主要作用是活化粉煤灰，使粉煤灰中的惰性氧化铝变为具有活性的可以溶出的铝盐，陈杰等采用纯碱法研究粉煤灰的煅烧温度、煅烧时间、反应料配比等参数对物料煅烧工艺的影响规律及活化机理[165]。在碱溶前，粉煤灰主要为莫来石和玻璃相；碱溶后，粉煤灰熟料的物相主要为可溶性强的霞石。粉煤灰与碳酸钠的混合比例为 1∶0.85，煅烧时间为 90min，煅烧温度为 880℃，氧化铝浸出率为 69.3%。赵喆等[166]采用石灰石烧结法开展粉煤灰中提取氧化铝的实验研究，并系统探讨熟料烧成条件对氧化铝溶出率的影响。熟料烧成中，生料配方 C/A 值为 1.8，烧结温度为 1380℃，保温时间为 60min，出炉温度为 800℃时，熟料在规定的溶出条件下，熟料中 Al_2O_3 浸出率可达 79%以上。

烧结法提铝工艺的优点是工艺简单，反应介质可循环利用，且易于操作，适合大规模生产。缺点是反应温度过高，以致能耗高，成本高，排渣量大，石灰石烧结法产生的硅钙渣是氧化铝产品的 7～10 倍。若不经过预脱硅处理，其渣量也是氧化铝产品的 2 倍以上，大量的硅钙渣副产品容易形成二次污染。受反应原理的限制，烧结产物 $2CaO \cdot SiO_2$ 会部分溶解于铝酸钠溶液并与其中的氧化铝反应，造成溶液中的铝损失，从而影响氧化铝的回收率[167]。

2. 酸浸法

酸浸法生产氧化铝，首先用硫酸、盐酸或者硝酸等无机酸处理含铝原料而得到相应的铝盐酸性水溶液，再经过过滤、浓缩结晶等过程，得到 $Al_2(SO_4)_3$ 或者 $AlCl_3$ 晶体，进一步通过煅烧，可得到冶金级 Al_2O_3。

1）硫酸直接浸取法

以粉煤灰和硫酸为原料，即将粉煤灰磨细后焙烧活化，然后用硫酸浸出，将浸取液浓缩可得到硫酸铝结晶。结晶硫酸铝经过煅烧、碱溶即可得到铝酸钠溶液，同时也会产生含铁的物质，再经过一些除铁技术得到氢氧化铝后再焙烧，就可以得到氧化铝。直接酸浸的反应式如下：

$$3H_2SO_4 + Al_2O_3 = Al_2(SO_4)_3 + 3H_2O \quad (5\text{-}24)$$

李来时等研究用浓 H_2SO_4 提取粉煤灰中的氧化铝[168]。控制条件在 85℃浸出，浸出时间为 40～90min，得到 $Al_2(SO_4)_3$ 溶液，过滤后在 110℃下浓缩结晶制得硫酸铝晶体，通过约 1100℃煅烧 1h 后得到了冶金级 Al_2O_3，粉煤灰中的 Al_2O_3 回收率可达 93%。

2）硫酸铝铵法

硫酸铝铵在水中的溶解度小、易于结晶，经过适当的处理可以转化为氧化铝，被作为含铝非铝土矿制备氧化铝的中间产物。该法主要工艺为：将磨细活化的粉煤灰与硫酸铵混合后高温煅烧，以硫酸来浸出，过滤所得滤液用氨水调节至 pH 为 2.0 左右，会有硫酸铝铵结晶出，再用硫酸在 60℃下重新溶解，冷却至室温时会有晶体析出，如此重复 3 次，得到相对比较纯净的中间产物硫酸铝铵，按照一定的流程加热将硫酸铝铵分解，最终得到纯度较高的氧化铝[167,169]。

李禹研究采用$(NH_4)_2SO_4$固体与粉煤灰在 360～460℃下煅烧，使粉煤灰中Al_2O_3形成$Al_2(SO_4)_3$，用热水煮沸浸出得到$Al_2(SO_4)_3$溶液，通过滴加氨水得到$Al(OH)_3$沉淀，干燥后再采用 NaOH 溶液进行碱溶除去其中的 Fe 杂质，粉煤灰Al_2O_3的回收率可达到 85%以上[170]。

3）氟铵助溶法

将粉煤灰溶于氟化铵水溶液中，加热破坏硅铝键使硅铝网络结构活化后溶于水中。粉煤灰中的二氧化硅与氟化铵反应生成氟硅酸铵，在过量氨的作用下，氟硅酸铵全部分解为二氧化硅和氟化铵，使氧化铝从粉煤灰中的内部溶出；然后氧化铝与烧碱反应，溶液经过除杂去除铁钙等杂质，再经碳酸化和热解等步骤可制得较纯净的氧化铝，回收率可达 97%。

采用此方法提取氧化铝的反应只需要在常温常压下操作，避免了高温烧结，可以节约能源、降低成本；其缺点是：助熔剂氟化物对环境造成污染，对设备要求高，推广效果较差。

4）加压酸浸法

加压浸出是在高压釜内将反应温度提高到溶液沸点以上进行，其特点是：提高浸出温度、加快浸出速度、缩短浸出时间；能使常温常压下不能进行的反应成为可能、加压可使气体或易挥发试剂有较高分压；提高提取率。粉煤灰加压浸出是将粉煤灰磨细活化后经湿法磁选除铁，将磁选后粉煤灰与酸按照一定固液比加入高压釜中进行浸出反应，然后进行液固分离，将浸出液通过阳离子树脂进行深度除铁，再对溶液进行浓缩结晶，将所得铝盐结晶进行高温煅烧即得到Al_2O_3。

酸溶法提取氧化铝的优点是粉煤灰中的SiO_2不会被浸出到溶液中，因此无需脱硅工艺。但酸溶法处理粉煤灰时浸出所得含氧化铝溶液中会混有其他金属离子，需要复杂的提纯工艺才能保证氧化铝产品的质量；而且酸难以循环利用，酸法处理粉煤灰后，一部分酸留在液相中，而大部分酸变成了相应的盐，这部分酸难以回到浸出系统循环利；通常情况下酸浸提取氧化铝时需要添加氟化物作为助溶剂，在助溶过程中会产生 HF 等有害气体，不但污染环境，而且对操作人员存在安全隐患[167,171]。

3. 水热法

水热法以一定浓度的 NaOH 为介质，在添加 CaO 条件下，通过形成硅酸钠钙和铝酸钠溶液来溶出氧化铝。根据面向原料的不同，可以分为高压水热活化法和亚熔盐法等。

董宏等采用高压水热法对预先烧制的粉煤灰进行碱溶实验，探讨钙硅摩尔比、碱液浓度、液固比、苛性比、反应温度、反应时间等影响因素对氧化铝溶出率的影响[172]。碱溶条件下，钙硅摩尔比为 1.0，溶液碱浓度为 350g/L，液固比为 10：1，苛性比为 14，反应温度为 280℃，活化时间为 2h，可使氧化铝提取率达到 95%以上。

水热法从粉煤灰提取氧化铝的溶出条件温和，工艺简单，具有较好的应用前景。水热法得到的铝溶液苛性比较高，一般需要先经晶种分解得到铝酸钠，才能采用拜耳法处理，使得物料循环量较大，NaOH 循环效率低。

5.7.4 粉煤灰中氧化硅的提取

粉煤灰中一般含有 35%～65%的 SiO_2，高铝粉煤灰生产氧化铝时，由于硅含量过高会产生大量硅钙渣，从而导致硅资源的大量浪费。若能选择性回收粉煤灰中活性较高的非晶态 SiO_2，则可以减少硅钙渣的产量，实现硅资源的有效利用[173-175]。目前从粉煤灰中提取 SiO_2 的方法主要包括：低温煅烧法、碱溶-碳酸化分解-酸溶法、碱溶-微波消解法和酸法[173,176,177]。

1. 低温煅烧法

徐子芳等[178]采用低温煅烧法开展了从粉煤灰中提取纳米 Al_2O_3 和 SiO_2 试验研究，采用粉煤灰和碳酸钠为主要原料，按照一定的配比在 800℃保温 2h，得到烧结物经自粉化冷却（所得产物是一种可以与酸反应的霞石），然后加入适量的盐酸溶液，形成大量的硅胶，用抽滤机进行多次洗涤，所得胶体在 650℃下煅烧 2h，得到高比表面积的白炭黑；粉煤灰和碳酸钠采用 1：1 的配比，800℃低温保温 2h，硅、铝分离盐酸浓度 3.5mol/L，样品的产率较高，可获得纯度达 99.9%、比表面积为 $374m^2/g$ 的 SiO_2（白炭黑）。

2. 碱溶-碳酸化分解-酸溶法

陈颖敏等采用碱溶-碳酸化分解-酸溶法处理含 SiO_2 45.90% 和 Al_2O_3 33.08%的粉煤灰，从中制备硅胶、三氯化铝或者氧化铝[179]。试验过程的工艺参数为：NaOH 浓度为 17mol/L，固液比为 1：4，250℃，反应 1h，平均溶出率为 88.70%。碳分后加酸可以分离沉淀中的铝和硅，酸可以使 $Al(OH)_3$ 溶解而

H_2SiO_3 不溶解，将硅酸凝胶静置几个小时后在 60～70℃烘干，在 300℃下老化 1h，可得到硅胶，SiO_2 的回收率为 75.10%，得到的 Al_2O_3 的纯度为 97.10%。

3. 碱溶-微波消解法

郜国栋等[180]采用碱溶-微博消解法提取粉煤灰中硅铝的试验研究，将粉煤灰经过不同温度的热处理，然后采用压力反应釜溶解和微波碱溶对经不同热处理后的粉煤灰在不同碱浓度、溶出温度、溶出时间下进行浸取试验。经过 950℃热处理的粉煤灰样品，在液固比(L/S)为 50，溶出温度为 160℃，溶出相当数量的二氧化硅压力反应釜需要的时间是 4～6h，而微波只需要 30～40min，得到的氧化硅的含量达到 90%以上，制取高纯度的白炭黑产品。

4. 酸法

王平等以含 SiO_2 51.1%的粉煤灰为原料，采用酸法制备水合二氧化硅[181]。试验过程为：称量 15g 粉煤灰与 15g 氢氧化钠，混合均匀后放在马弗炉中，在 550℃下灼烧 1h，冷却到室温后，加入体积比为 1∶1 的盐酸溶解，并用玻璃棒不断搅拌，以便反应生成的气体逸出，控制反应温度为 50℃，反应完全后滤去酸不溶物，取上清液陈化 2h，此时滤液中的硅酸经缩聚出现固、液分相，并生成水合二氧化硅，再经过滤分离，将滤饼中杂质离子洗净后置于 80℃的干燥箱中干燥，可制备出含 SiO_2 为 97.1%的白炭黑。

5.7.5 粉煤灰中空心微珠的提取

微珠是一种轻质、中空、玻璃状的珠状微粒，具有耐磨、耐高温、导热系数小、强度高、电绝缘性能好的特点，可用作保温耐火产品、刹车片、建筑涂料等[182,183]。

从粉煤灰中分选微珠是实现粉煤灰及其微珠综合利用、变废为宝的前提和基础，各电厂燃用的煤种、煤质和锅炉的炉型、运行状态、排灰方式等差异，形成的粉煤灰的形态结构、物理化学性质及形成各种珠体的数量和粒度等也有所差异，所采用的分选工艺也有所区别，分干法分选和湿法分选[184-186]。

1. 利用空气为介质的干法分选

利用空气为介质的分选又称气流分选，是基于颗粒在空气气流作用下，密度不同的沉降末速度不同、运动距离不同的原理，用此法可以将微珠分开[187]。

按照不同粒径、不同形状、不同密度的颗粒在旋流场中具有不同的离心加速度、重力加速度及平衡沉降末速度，杨久俊等研制出一套 FZ-4 型干状粉煤灰微珠、超细微珠粉分离提取设备，全部材料及主辅机均为国产[188]。它利用调频高速转子和多级涡旋气流产生的冲击、碰撞、颤振、摩擦等综合作用使球形颗粒与附着的不定型物体相互分离。集多级分离、分级装置于一体，形成闭路循环，有效地避免粉尘泄漏现象，并在线实现磁性除杂，可满足 28μm 粒径以上微珠的分离(多级可至 1μm 以上的颗粒分离)。微珠的颗粒完整性好、表面清洁光滑、流动性好、粒度分布合理。

2. 利用水位介质的湿法分选

浮选是利用欲选物质对气泡黏附的选择性(疏水性和亲水性)从而使组分分开[189-191]。于治伟[192]基于粉煤灰提取漂珠项目的实际需要，采用浓缩池方式湿选法进行粉煤灰提取漂珠，漂珠捞取系统投入生产以来，在两台浓缩机正常运行、捞取漂珠的同时，灰浆中经充分浓缩、沉淀后的清水已直接回收至供水泵房前池作为补水，实现了大量除灰系统用水在厂内的循环利用。漂珠捞取系统的投入生产，年创造经济效益总额可达到 4.12×10^6 元，经济效益极为可观，是一种节约水资源、降低发电成本、减少环境污染的有效途径。

参考文献

[1] 邓琨. 固体废弃物综合利用技术的现状分析——对粉煤灰、煤矸石、尾矿、脱硫石膏和秸秆综合利用技术专业化的探析[J]. 中国资源综合利用，2011，(1)：33-42.

[2] 荣爱琴. 工业固体废弃物的资源化利用对企业发展战略的影响[J]. 金融经济，2011，(20)：23-25.

[3] 严瑞山. 论粉煤灰的资源化利用[J]. 再生资源与循环经济，2014，(2)：37-39.

[4] 朱万信. 粉煤灰物性与资源化利用[J]. 有色设备，2016，(4)：44-47.

[5] 高赛生态，张永锋，王敏建. 粉煤灰综合利用现状分析及对策[J]. 内蒙古科技与经济，2016，(18)：87-88，91.

[6] 姚志通. 固体废弃物粉煤灰的资源化利用[D]. 杭州：浙江大学，2010.

[7] 刘关宇. 粉煤灰综合利用现状及前景[J]. 科技情报开发与经济，2010，(19)：167-170.

[8] 孙淑静，刘学敏. 我国粉煤灰资源化利用现状、问题及对策分析[J]. 粉煤灰综合利用，2015，(3)：45-48.

[9] 张崑. 探究固体废弃物粉煤灰的资源化利用[J]. 科技展望，2015，(21)：154.

[10] 任倩. 粉煤灰特性分析及资源化利用评价[D]. 成都：西南交通大学，2012.

[11] 陈祥荣，王明智，席北斗，等. 粉煤灰的资源化利用与循环经济[J]. 再生资源与循环经济，2009，(11)：34-38.

[12] 王伟，周华强. 粉煤灰对环境的危害及其综合利用[J]. 建材技术与应用，2007，(5)：4-6.

[13] 王亮. 粉煤灰综合利用研究[D]. 天津：天津大学，2007.

[14] 吴元锋，仪桂云，刘全润，等. 粉煤灰综合利用现状[J]. 洁净煤技术，2013，(6)：100-104.

[15] 吴正直. 粉煤灰综合利用[M]. 北京：中国建材工业出版社，2013.

[16] 王康乐. 粉煤灰资源化再生利用技术研究[D]. 西安：长安大学，2014.

[17] 张超．粉煤灰和炉渣作水泥混合材及粉煤灰掺量对不同水胶比混凝土的强度影响研究[D]. 西安：西安建筑科技大学，2012.
[18] 李坦平，周学忠．湿排粉煤灰用作水泥混合材的试验研究[J]. 粉煤灰综合利用，2006，(1)：34-36.
[19] 汪潇，王宇斌，杨留栓，等．高性能大掺量粉煤灰混凝土研究[J]. 硅酸盐通报，2013，(3)：523-527，532.
[20] 王萧萧，申向东．不同掺量粉煤灰轻骨料混凝土的强度试验研究[J]. 硅酸盐通报，2011，(1)：69-73，78.
[21] 赵庆新，孙伟，缪昌文．粉煤灰掺量和水胶比对高性能混凝土徐变性能的影响及其机理[J]. 土木工程学报，2009，(12)：76-82.
[22] 高风岭．微正压气力输灰的经济效益[J]. 节能，1991，(10)：29-31.
[23] 王爱勤，杨南如，钟白茜，等．粉煤灰水泥的水化动力学[J]. 硅酸盐学报，1997，(2)：4-10.
[24] 钱觉时，范英儒，明德华，等．粉煤灰活性的激发[J]. 重庆建筑大学学报，1995，(3)：111-117.
[25] 孟志良，王淑红，宫圣，等．大掺量粉煤灰混凝土早期及 28 天强度的初步研究[J]. 河北农业大学学报，2000，(1)：82-84.
[26] 王培铭，陈志源，Scholz H. 粉煤灰与水泥浆体间界面的形貌特征[J]. 硅酸盐学报，1997，(4)：106-110.
[27] 蒋林华．粉煤灰-水泥浆体中$[SiO_4]^{4-}$四面体聚合结构和分形结构研究[J]. 粉煤灰综合利用，1998，(1)：37-39.
[28] 余学芳，董邑宁．粉煤灰混凝土的抗裂性分析[J]. 混凝土，2003，(2)：48-49，63.
[29] 田倩，孙伟．高性能水泥基复合材料抗冻性能的研究[J]. 混凝土与水泥制品，1997，(1)：12-15.
[30] 贺鸿珠，刘军，杨胜杰，等．掺粉煤灰混凝土耐海水侵蚀性能的试验研究[J]. 混凝土与水泥制品，2000，(3)：2，7-11.
[31] 迟培云，梁永峰，卢世宽．大掺量粉煤灰高性能绿色混凝土的试验研究[J]. 粉煤灰，2002，(3)：16-18.
[32] 张源源．以脱硫粉煤灰和废碎玻璃为原料制备泡沫玻璃的研究[D]. 大连：大连工业大学，2013.
[33] 游世海，郑化安，付东升，等．粉煤灰制备微晶玻璃研究进展[J]. 硅酸盐通报，2014，(11)：2902-2907，2912.
[34] 孙莉莉，祁元春．泡沫玻璃的研究进展[J]. 化学工程与装备，2012，(1)：111-113.
[35] 张剑波，吴勇生，张喜，等．泡沫玻璃生产技术的研究进展[J]. 材料导报，2010，(S1)：186-188，192.
[36] 冯小平．粉煤灰在玻璃工业中的应用[J]. 粉煤灰，2004，(3)：24-26.
[37] 于乔，姜妍彦，王承遇．泡沫玻璃与固体废弃物的循环利用[J]. 材料导报，2009，(1)：93-96.
[38] 宋强．粉煤灰泡沫玻璃的制备及性能优化[D]. 石河子：石河子大学，2014.

[39] 熊林．粉煤灰基多孔陶瓷材料的研制[D]．长沙：中南大学，2008.
[40] 周毅．泡沫玻璃在房屋建筑中的应用及其施工质量控制[J]．广西城镇建设，2010，(5)：108-110.
[41] 李志勇．影响粉煤灰泡沫玻璃质量的因素及其发展趋势[J]．山西建筑，2011，(19)：106-107.
[42] 刘阳，许峰，朱旭．粉煤灰泡沫玻璃的试验研究[J]．中国陶瓷，2012，(9)：53-55.
[43] 李海涛．蒸压钢纤维粉煤灰砖及砌块长龄期力学性能试验研究[D]．合肥：安徽理工大学，2014.
[44] 周晓英．承重粉煤灰砖配合比及力学性能的研究[D]．郑州：郑州大学，2002.
[45] 吴韩．粉煤灰在建筑材料中的应用[J]．中国建材科技，2010，(4)：63-67.
[46] 李从典．我国利用粉煤灰制砖的发展历程与展望[J]．新型建筑材料，2003，(4)：28-31.
[47] 徐春一．蒸压粉煤灰砖砌体受力性能试验与理论研究[D]．大连：大连理工大学，2011.
[48] 韦展艺．蒸压粉煤灰砖材料性能及砌体干缩性试验研究[D]．石河子：石河子大学，2014.
[49] 赵玉良，王宇航，李勇鹏，等．粉煤灰烧结砖原料的处理设备及工艺[J]．砖瓦，2013，(10)：34-36.
[50] 杨传猛．铁尾矿制备烧结砖和陶粒的研究[D]．南京：南京理工大学，2015.
[51] 海龙，梁冰，卢钢，等．煤矸石-粉煤灰烧结砖的研制[J]．硅酸盐通报，2013，(7)：1291-1296.
[52] 汤峰．蒸压粉煤灰砖砌体基本力学性能试验研究[D]．长沙：湖南农业大学，2007.
[53] 毛伟，李凯，徐敏人，等．我国粉煤灰砌块技术研究现状[J]．重庆建筑，2013，(10)：46-49.
[54] 刘鸽，巩天真，张泽平．炉渣粉煤灰混凝土砌块的基本性能试验研究[J]．新型建筑材料，2013，(9)：50-52.
[55] 桑迪，王爱国，孙道胜，等．利用工业固体废弃物制备烧胀陶粒的研究进展[J]．材料导报，2016，(9)：110-114.
[56] 刘子述，黄旭，马放，等．适用于BAF的粉煤灰免烧陶粒的制备[J]．环境工程，2012，(S2)：262-266.
[57] 孙娜，杨圣云．高性能粉煤灰陶粒的研制及其特性研究[J]．江西化工，2009，(4)：100-103.
[58] 范锦忠．粉煤灰陶粒的生产方法和主要性能[J]．砖瓦，2007，(9)：114-117.
[59] 邱川．浅析粉煤灰陶粒的品种及应用[J]．新疆有色金属，2007，(3)：60，63.
[60] 张雪华．非金属矿复合陶粒的制备及性能研究[D]．信阳：信阳师范学院，2014.
[61] 查建明，张苗苗，王立久．生物陶粒在污水处理中作滤料的研究与应用[J]．广东建材，2005，(1)：8-10.
[62] 刘雪梅，蒋金龙，杜卫刚．碱活化粉煤灰制备高强膨胀陶粒及膨胀机理[J]．非金属矿，2012，(1)：40-42，46.
[63] 黄旭．新型粉煤灰免烧陶粒的制备及其在BAF中的应用研究[D]．哈尔滨：哈尔滨工业大学，2012.
[64] 李风琴．免烧粉煤灰陶粒的制备及其在厌氧滤池中的应用研究[D]．南昌：南昌大

学,2006.
[65] 邹志祥,张瑜,董众兵．粉煤灰制免烧陶粒的实验研究[J]．煤炭转化,2007,(2)：73-76.
[66] 朱国振．粉煤灰/偏高岭土地质聚合物材料的制备及其性能研究[D]．景德镇:景德镇陶瓷大学,2014.
[67] 贾屹海．Na-粉煤灰地质聚合物制备与性能研究[D]．北京:中国矿业大学,2009.
[68] 王鸿灵,李海红,阎逢元．一种铝硅酸盐矿物聚合物材料的制备方法[P]：中国,CN 1634795A. 2005.
[69] Feng D,Tan H,Deventer J S J V. Ultrasound enhanced geopolymerisation[J]. Journal of Materials Science,2004,(39)：571-580.
[70] 路世豹,李晓,廖秋林,等．充填采矿法的应用前景与环境保护[J]．有色金属(矿山部分),2004,(1)：2-4.
[71] 吕辉,陈广平．矿山胶结充填技术述评与展望[J]．矿业快报,2004,(10)：1-2,6.
[72] 郭爱国,张华兴．我国充填采矿现状及发展[J]．矿山测量,2005,(1)：52,60-61.
[73] 杨泽,侯克鹏,乔登攀．我国充填技术的应用现状与发展趋势[J]．矿业快报,2008,(4)：1-5.
[74] 王凤波．全尾砂胶结充填工艺在马庄铁矿的应用[J]．中国矿山工程,2008,(5)：23-24,45.
[75] 张海波,宋卫东,许英霞．充填采矿技术应用发展及存在问题研究[J]．黄金,2010,(1)：23-25.
[76] 周瑞林．分级尾砂胶结充填在武山铜矿的应用[J]．有色金属(矿山部分),2010,(3)：1-2,5.
[77] 张木毅．凡口铅锌矿采矿技术的创新与发展[J]．采矿技术,2010,(3)：6-9.
[78] 李强,彭岩．矿山充填技术的研究与展望[J]．现代矿业,2010,(7)：8-13.
[79] 庞博,程坤,王玉凯．矿山胶结充填发展现状及展望[J]．现代矿业,2015,(11)：28-30,33.
[80] 夏长念,孙学森．充填采矿法及充填技术的应用现状及发展趋势[J]．中国矿山工程,2014,(1)：61-64.
[81] 刘瑞成,杨志强,高谦,等．金川下向分层充填法采矿大掺量粉煤灰应用研究[J]．矿业研究与开发,2015,(5)：19-21.
[82] 何廷树,卫国强．激发剂种类对不同粉煤灰掺量的水泥胶砂强度的影响[J]．混凝土,2009,(5)：62-64.
[83] 杨春保,朱春启,陈贤树．粉煤灰基多元复合胶结剂在全尾砂充填中的应用[J]．金属矿山,2011,(10)：166-168.
[84] 黄琴,吉伟英,陈端伟．改性粉煤灰在废水处理中的应用进展[J]．上海应用技术学院学报(自然科学版),2008,(1)：71-75.
[85] 韩非,张彦平,李敏,等．热改性粉煤灰对水中Cr(Ⅵ)的吸附性能[J]．工业水处理,2016,(4)：46-49.
[86] 石建稳,陈少华,王淑梅,等．粉煤灰改性及其在水处理中的应用进展[J]．化工进展,2008,(3)：326-334,347.
[87] 姚婕．粉煤灰在污水处理中的应用[J]．北方环境,2012,(6)：75-77.

[88] 杨林锋,易芳．粉煤灰去除废水中磷的研究进展[J]．科技视界,2012,(30)：356-357.
[89] 赵芝清,沈晓莉,佘孝云,等．粉煤灰的改性及其对高盐苯胺废水的处理[J]．化工环保,2013,(4)：354-357.
[90] 郭方峥,刘培,王雪,等．粉煤灰在废水处理中的应用与研究进展[J]．中国资源综合利用,2007,(4)：19-20.
[91] 相会强．改性粉煤灰在废水处理中的应用进展[C]．中国颗粒学会年会暨海峡两岸颗粒技术研讨会,2006.
[92] 刘红,闫怡新．低强度超声波对低温下污水生物处理的强化效果及工艺设计[J]．环境科学,2008,(3)：721-725.
[93] 于晓彩,王恩德,王武名．改性粉煤灰处理造纸废水的研究[J]．东北大学学报,2003,(8)：814-816.
[94] 张寒雪,赵艳锋．改性粉煤灰在水处理中的应用[J]．当代化工,2014,(10)：2196-2198,2202.
[95] 贾小宁,张庆芳．PDMDAAC改性粉煤灰的制备及其对分散蓝的吸附性能研究[J]．染整技术,2011,(12)：32-34,46.
[96] 王喜全,张秋霞,王玲玲,等．CTMAB改性粉煤灰处理印染废水的实验研究[J]．环保科技,2012,(1)：9-12,16.
[97] 张广月．粉煤灰在印染及造纸废水处理中的应用研究进展[J]．广州化工,2014,(14)：43-45.
[98] 王红利,张哲,杨敏．粉煤灰在造纸废水处理中的应用研究进展[J]．湖南造纸,2014,(2)：34-36.
[99] 万树兴,郝桂珍．粉煤灰在造纸废水处理中的应用[M]．武汉:美国科研出版社,2010.
[100] 代亚辉．粉煤灰陶粒滤料的制备及其在废水生物处理中的应用研究[D]．哈尔滨:哈尔滨工业大学,2010.
[101] 刘咏菊,肖先举．改性粉煤灰在废水处理中的应用[J]．中国资源综合利用,2011,(10)：61-63.
[102] 薛建军,赵秀芳,尤彩真．粉煤灰在废水处理中的应用[J]．电镀与环保,1993,(2)：2,25-26.
[103] 刘艳军,李亚峰,张佩泽．改性粉煤灰处理含铬废水的研究[J]．工业安全与环保,2008,(6)：7-9.
[104] 马艳然,樊宝生,张秋花,等．粉煤灰处理含氟废水[J]．水处理技术,1993,(6)：53-57.
[105] 王代芝,周珊,赵桂芳．用改性粉煤灰处理含氟废水的试验[J]．粉煤灰综合利用,2005,(4)：26-28.
[106] 赵明奎,闫毓霞,王志强．利用粉煤灰处理采油废水的研究[J]．油气田环境保护,2002,(1)：17-19.
[107] 曹书勤,刘德汞,张平,等．芬顿-粉煤灰协同处理有机实验废水的实验研究[J]．非金属矿,2011,(4)：59-61,65.
[108] 阎存仙,周红,李世雄．粉煤灰对染料废水的脱色研究[J]．环境污染与防治,2000,(5)：

3-5,9.

[109] 于衍真,尚书贤,伊爱焦．用粉煤灰处理造纸废水的研究[J]．粉煤灰综合利用,2000,(1):24-25.

[110] 刘雪莲,相会强,巩有奎．改性粉煤灰去除抗生素废水中色度的研究[J]．粉煤灰,2005,(3):3-4.

[111] 赵建海,赵毅,马双忱,等．粉煤灰在烟气脱硫方面的应用前景[J]．粉煤灰综合利用,2000,(2):50-52.

[112] 樊兆燕．工业废弃物用于湿法脱硫的试验研究[D]．济南:山东大学,2008.

[113] 王苗．活化粉煤灰制备脱硫剂载体的研究[D]．太原:山西大学,2012.

[114] 赵建立．碱性工业废渣湿法脱硫消溶机理分析及脱硫性能研究[D]．济南:山东大学,2011.

[115] 生丽温,刘新江．粉煤灰在烟气脱硫中的应用研究[J]．资源节约与环保,2015,(12):29,30.

[116] 钱玲,侯浩波．简述粉煤灰在烟气脱硫方面的应用[J]．粉煤灰综合利用,2005,(2):46-47.

[117] 程水源,郑自保,郝瑞霞,等．用电厂粉煤灰水脱除烟道气 SO_2 的研究[J]．河北科技大学学报,1999,(1):63-65,75.

[118] 崔同明,李水娥,周绪忠．粉煤灰及其改性在烟气脱硫方面的研究进展[J]．广州化工,2016,(7):15-16,20.

[119] 魏先勋,楚凯锋,翟云波,等．改性粉煤灰脱除二氧化硫的实验研究[J]．湖南大学学报(自然科学版),2004,(4):77-80.

[120] 陈宏国．粉煤灰提高钙基脱硫剂效率的研究[D]．北京:华北电力大学,2005.

[121] 王红红．粉煤灰综合利用的新途径[J]．科技致富向导,2015,(2):148.

[122] 李志强．灰漠土施用含硅矿渣对谷类作物产量和品质的影响及其作用机制[D]．石河子:石河子大学,2011.

[123] 鲁晓勇,朱小燕．粉煤灰综合利用的现状与前景展望[J]．辽宁工程技术大学学报,2005,(2):295-298.

[124] 申俊峰．粉煤灰、水库淤积物和污水沉淀物改良砂质贫瘠土壤植树种草的研究——以内蒙古包头试验区为例[D]．北京:中国地质大学,2003.

[125] 崔楠．粉煤灰改良盐碱土壤理化性状及对植物生理性状影响研究[D]．北京:北京工业大学,2012.

[126] 何志明．膨润土、粉煤灰改性聚丙烯酸钠农用保水剂的研究[D]．沈阳:辽宁工程技术大学,2011.

[127] 张金明．粉煤灰磁化肥生产中几个问题的探讨[J]．粉煤灰综合利用,1996,(2):9-12.

[128] 武艳菊,宋祥伟,刘振学．硅肥的研究现状及展望[J]．磷肥与复肥,2006,(3):55-56,74.

[129] 娄春荣,刘慧颖,华利民,等．大豆施用硅钙复混肥及硅钙肥效果研究[J]．杂粮作物,2002,(2):102-104.

[130] 武艳菊．粉煤灰硅肥料的制备与效用研究[D]．青岛:山东科技大学,2005.

[131] 孙联合,郭中义,孔子明．砂姜黑土区夏芝麻施用粉煤灰磁化肥增产效应研究[J]．现代农业科技,2010,(6)：289,294.

[132] 孙洪宾,刘振学,董雯雯．利用粉煤灰和作物秸秆研制含硅有机复合肥[J]．山东化工,2008,(3)：28-30.

[133] 徐慧．新型有机复合肥的生产与应用研究进展[J]．广州化工,2012,(13)：32-34.

[134] 王兆锋,冯永军,张蕾娜．粉煤灰农业利用对作物影响的研究进展[J]．山东农业大学学报(自然科学版),2003,(1)：152-156.

[135] 汪兴隆．利用粉煤灰和作物秸秆研制含硅复合有机肥[D]．青岛:山东科技大学,2006.

[136] 陈要平．粉煤灰充填复垦土壤理化性状及耕作适宜性研究[D]．合肥:安徽理工大学,2009.

[137] 徐良骥,许善文,严家平,等．基于粉煤灰基质充填覆土复垦的最佳覆土厚度[J]．煤炭学报,2012,S2:485-488.

[138] 余泉茂．利用浮选法从粉煤灰中提碳提高粉煤灰质量的研究[J]．南昌大学学报(工学版),2001,(3)：82-85,104.

[139] 张长森,陈晓伟,徐风广．粉煤灰分选、脱炭及生产工艺研究[J]．粉煤灰综合利用,2008,(S1)：56-60.

[140] 徐品晶．粉煤灰电选脱碳技术的开发[D]．西安:西安建筑科技大学,2007.

[141] 邓明瑞,陶有俊,陶东平,等．旋转摩擦电选及其创新因素对粉煤灰脱碳的效果[J]．煤炭学报,2015,(1)：190-195.

[142] 龚文勇,张华．电选粉煤灰脱碳技术的研究[J]．粉煤灰,2005,(3)：33-36.

[143] 于凤芹,章新喜,段代勇,等．粉煤灰摩擦电选脱碳的试验研究[J]．选煤技术,2008,(1)：8-11,75.

[144] 宋云霞,魏昌杰．浮选法脱除粉煤灰中未燃碳的研究[J]．选煤技术,2013,(3)：13-16.

[145] 薛芳斌,纪莹璐,宋慧平,等．粉煤灰浮选脱碳试验研究[J]．粉煤灰综合利用,2013,(4)：14-16,20.

[146] 张作佳,鲍建国,陈磊．天津某电厂干排粉煤灰特性及脱碳试验研究[J]．安全与环境工程,2016,(3)：62-68.

[147] 王建丽,黄雄源,刘竹林．从粉煤灰中浮选富集碳的试验研究[J]．湖南工业大学学报,2012,(3)：16-19.

[148] 陈萱．水钢动力厂粉煤灰综合利用研究[D]．武汉:武汉科技大学,2012.

[149] 何鹏．火电厂粉煤灰选铁技术[J]．价值工程,2012,(26)：19-20.

[150] 雷瑞,付东升,李国法,等．粉煤灰综合利用研究进展[J]．洁净煤技术,2013,(3)：106-109.

[151] 袁春华．粉煤灰的特性及多种元素提取方法研究[J]．广东化工,2009,(11)：101-103.

[152] 唐云,陈福林,刘安荣．电厂粉煤灰选铁试验研究[J]．矿业研究与开发,2008,(6)：47-48.

[153] 周秋玲,林文采．粉煤灰选铁工艺的应用与探索[J]．水利电力劳动保护,1998,(1)：18-19.

[154] 闫武昌．电厂粉煤灰中铁粉的提取和应用[J]．粉煤灰综合利用，2004，(6)：53-54.
[155] 吴艳，翟玉春，牟文宁．粉煤灰提铝渣的除铁工艺研究[J]．矿产综合利用，2007，(6)：37-39.
[156] 孙少博，张永锋，崔景东，等．粉煤灰高值化利用中的除铁工艺[J]．化工新型材料，2015，(1)：223-225.
[157] 张战军．从高铝粉煤灰中提取氧化铝等有用资源的研究[D]．西安：西北大学，2007.
[158] 杨静，蒋周青，马鸿文，等．中国铝资源与高铝粉煤灰提取氧化铝研究进展[J]．地学前缘，2014，(5)：313-324.
[159] 回俊博．高铝粉煤灰水热法提取氧化铝工艺的基础研究[D]．北京：中国科学院研究生院，2015.
[160] 赵慧玲．粉煤灰中镓和氧化铝综合回收工艺研究[D]．西安：长安大学，2010.
[161] 刘瑛瑛，李来时，吴艳，等．粉煤灰精细利用——提取氧化铝研究进展[J]．轻金属，2006，(5)：20-23.
[162] 彭艳荣．粉煤灰提铝试验研究[D]．包头：内蒙古科技大学，2012.
[163] 陈登福，杨剑，林杰，等．粉煤灰提取氧化铝的技术进展[J]．中国稀土学报，2004：4(Z1)：546-549.
[164] 郎吉清．粉煤灰提取氧化铝的研究进展[J]．辽宁化工，2010，(5)：509-510，513.
[165] 陈杰，高尚勇，李思琼，等．高铝粉煤灰的活化[J]．硅酸盐通报，2016，(2)：593-597.
[166] 赵喆，孙培梅，薛冰，等．石灰石烧结法从粉煤灰提取氧化铝的研究[J]．金属材料与冶金工程，2008，(2)：16-18.
[167] 杨权成，马淑花，谢华，等．高铝粉煤灰提取氧化铝的研究进展[J]．矿产综合利用，2012，(3)：3-7.
[168] 李来时，翟玉春，吴艳，等．硫酸浸取法提取粉煤灰中氧化铝[J]．轻金属，2006，(12)：9-12.
[169] 刘康．粉煤灰硫酸焙烧法提取氧化铝过程的研究[D]．北京：北京科技大学，2015.
[170] 冯圣生，陈德，刘希泉．粉煤灰提取氧化铝的研究现状[J]．广州化工，2010，(4)：23-24.
[171] 饶拴民．对高铝粉煤灰生产氧化铝技术及工业化生产技术路线的思考[J]．轻金属，2010，(1)：15-19.
[172] 董宏，张文广．水热活化法提取粉煤灰中的氧化铝[J]．世界地质，2014，(3)：723-729.
[173] 王若超．粉煤灰高附加值绿色化综合利用的研究[D]．沈阳：东北大学，2013.
[174] 宋说讲，孔德顺．高铝粉煤灰脱硅反应的研究[J]．化工技术与开发，2013，(6)：3-5.
[175] 杜淄川，李会泉，包炜军，等．高铝粉煤灰碱溶脱硅过程反应机理[J]．过程工程学报，2011，(3)：442-447.
[176] 班卫静．白炭黑的提质改性及材料应用研究[D]．上海：华东理工大学，2012.
[177] 王雨．利用硅微粉制备无定型二氧化硅及其应用研究[D]．北京：中国地质大学，2015.
[178] 徐子芳，张明旭，李新运．用低温煅烧法从粉煤灰中提取纳米 Al_2O_3 和 SiO_2[J]．非金属矿，2009，(1)：27-30.
[179] 陈颖敏，赵毅，张建民，等．中温法从粉煤灰中回收铝和硅的研究[J]．电力情报，1995，

(3)：35-38.

[180] 邬国栋，彭凯．碱溶——微波消解在提取粉煤灰中硅铝的应用[J]. 现代科学仪器，2005，(2)：73-75.

[181] 王平，李辽沙．粉煤灰制备白炭黑的探索性研究[J]. 中国资源综合利用，2004，(7)：25-27.

[182] 王莺歌．谈大型电站粉煤灰的综合利用[J]. 电力技术，2010，8：5-9，24.

[183] 尹家枝．利用粉煤灰漂珠制备轻质多孔状隔热材料的研究[D]. 天津：天津大学，2012.

[184] 王莺歌，陈懿辉，梁川．大型燃煤电站粉煤灰的特性及综合利用[J]. 东北电力技术，2011，(11)：41-45.

[185] 聂铁苗，刘淑贤，牛福生，等．粉煤灰研究进展及展望[J]. 混凝土，2010，(4)：62-65.

[186] 陈学航，李燚，高文龙，等．粉煤灰漂珠提取及其在石油固井中的应用[J]. 硅酸盐通报，2015，(5)：1320-1324.

[187] 李雅倩．干法分离提取粉煤灰微珠的工艺研究[D]. 保定：华北电力大学，2009.

[188] 杨久俊，黄明，海然．粉煤灰设备[J]. 佛山陶瓷，2003，(4)：39-40.

[189] 边炳鑫，康文泽，艾淑艳．粉煤灰空心微珠湿法分选工艺流程的研究[J]. 国外金属矿选矿，1996，(12)：32-35.

[190] 高凤岭，周宏．自动提取粉煤灰中漂珠的工程设计[J]. 电力环境保护，1996，(4)：14-19.

[191] 薛茹君，朱克义，吴杰，等．平圩电厂粉煤灰微珠的分选及其性质测定[J]. 安徽理工大学学报(自然科学版)，2005，(1)：57-61.

[192] 于治伟．粉煤灰提取漂珠项目的开发应用[J]. 吉林电力，2006，(1)：51-53.

第6章　钢渣的综合利用

6.1　概　　述

钢渣是炼钢时产生的废弃物，包括氧化铁和一些不溶物杂质，它是炼钢时为脱氧、脱硫、脱磷而加入造渣剂（萤石、石灰、脱氧剂等）的产物，也是转炉或电炉炼钢过程中为了去除钢液中杂质所产生的废渣，一般漂浮在钢水上层。熔渣的组成大部分来源于铁水和废钢中所含的 Al、Si、Mn、S、Fe 等元素被氧化后形成的氧化物、被卷入的泥沙、加入的造渣剂、作为氧化剂及冷却剂使用的铁矿石、氧化铁皮、被侵蚀下来的炉衬材料、脱氧产物和脱硫产物等。在炼钢的过程中，不断添加石灰来达到脱硫除磷的效果，这时碱度会随添加的石灰不断增加，从而引起矿物组成的变化。在炼钢初期，钙镁橄榄石是钢渣的主要成分，其中 Mg 可被 Fe 和 Mn 取代；随碱度的升高，钙镁蔷薇辉石出现，它是钙镁橄榄石与 CaO 反应的产物，同时生成 FeO、MgO 和 MnO 的固溶体（RO 相）；碱度进一步升高，则生成硅酸二钙（C_2S）和硅酸三钙（C_3S）[1]，发生的取代反应如下：

$$CaO+RO+SiO_2 \longrightarrow \underset{\text{(钙镁橄榄石)}}{CaO\cdot RO\cdot SiO_2} \tag{6-1}$$

$$\underset{\text{(钙镁橄榄石)}}{2(CaO\cdot RO\cdot SiO_2)}+CaO \longrightarrow \underset{\text{(钙镁蔷薇辉石)}}{3CaO\cdot RO\cdot 2SiO_2}+RO \tag{6-2}$$

$$\underset{\text{(钙镁蔷薇辉石)}}{3CaO\cdot RO\cdot 2SiO_2}+CaO \longrightarrow \underset{\text{(硅酸二钙)}}{2(2CaO\cdot SiO_2)}+RO \tag{6-3}$$

$$\underset{\text{(硅酸二钙)}}{2CaO\cdot SiO_2}+CaO \longrightarrow \underset{\text{(硅酸三钙)}}{3CaO\cdot SiO_2} \tag{6-4}$$

按炼钢工艺钢渣一般可分为转炉渣和电炉渣，电炉渣又分为氧化渣和还原渣。

6.1.1　钢渣的产生和利用情况

钢渣排出量占粗钢产量的17%左右，自1996年钢产量突破1亿t以来，我国钢产量一直稳居世界首位。随着钢铁工业的快速发展，钢渣的产出量也逐年增加。根据我国钢铁协会的统计，2014年我国的钢渣产出量达到峰值，为11518万t，2015年开始随产业的调整有所下降，但产出量还保持在1亿t/年。与之相对应的是利用率一直徘徊在21%左右，没有明显的增长。因此，大量未利用的钢渣露天堆放，堆积量逐年增加[2]。表 6.1 为 2010～2015 年我国钢渣产生量、利用量和堆积量统计表(数据来源：中国废钢铁应用协会冶金渣开发利用工作委员会)，2012 年我国主要省、直辖市钢铁及钢渣产生量的分布情况见表 6.2。

表 6.1　中国钢渣统计表

年份	2010	2011	2012	2013	2014	2015
产生量/万 t	8147	9042	9300	10127	11518	10449
利用量/万 t	1011	1989	2046	2532	2522	2205
利用率/%	12.4	22	22	25	21.9	21.1
当年堆积量/万 t	7136	7053	7254	7595	8996	8244

据不完全统计，目前我国钢渣的堆存量已经超过 4 亿 t，如此巨大的堆存量造成资源浪费，与农争地，污染环境，破坏生态。钢渣中金属铁没有全部回收，造成金属资源的巨大浪费，钢渣中未被回收的金属如以 3%计算，堆存的钢渣中约有 1674 万 t 金属。以每吨废钢 1000 元人民币计算，总价值约为 169 亿元。

表 6.2　2012 年主要省、直辖市钢铁及钢渣产生量

序号	省、直辖市	钢产量/万 t	钢渣产生量/万 t	占全国钢渣产量比例/%
1	河北	15815	3163	22.97
2	山东	7320	1464	10.63
3	辽宁	5670	1134	8.23
4	江苏	4850	970	7.04
5	上海	3800	760	5.52
6	江西	3050	610	4.43
7	天津	2900	598	4.34
8	四川	2870	574	4.17
9	安徽	2850	570	4.14
10	湖南	2800	560	4.04
11	湖北	2500	500	3.63
12	北京	2140	428	3.11
13	广西	2000	400	2.9
14	甘肃	2000	400	2.9
15	河南	1400	280	2.03

我国钢产量前五位的省市为河北、山东、辽宁、江苏和上海。这五省市的钢渣产生量占全国的近一半。尤其是河北省，占比达到 20%以上。作为一个地域面积只有 18.88 万 km^2 的省份，按 2012 年的数据计算，钢渣的堆积量约为 2500 万 t，其环境压力可想而知。

国家“十一五”发展规划中指出，钢渣的综合利用率应达 86%以上，基本实现“零排放”。然而，我国目前综合利用的现状与规划相差甚远。

西方经济发达国家从 20 世纪 70 年代开始就开始对钢渣等冶金固体废物的综合利用开展研究和应用。尤其是当时的冶金大国日本，工业冶金生产带来的环境与生态问题凸显。世界第二次石油危机以后，日本进行了产业结构重组和调整，冶金工业由此开始向“资源节约型”与“生态友好型”方向发展。解决包括转炉渣资源化在内的各类冶金二次资源利用问题，开始被逐步纳入政府管理的政策与法规范畴内，冶金企业纷纷成立冶金渣利用研究所或相应的机构，日本目前的钢渣有效利用率已达到 95%以上，德国、美国均达到 98%以上[3]。表 6.3 为国内外钢渣利用情况。

表 6.3 国内外钢渣利用情况

序号	利用方式	利用率/%		
		日本	德国	中国
1	道路工程	23	41	3
2	冶金循环利用	26	32	10
3	肥料	1	18	1
4	水利工程	44	6	3
5	土木工程	6	3	4
6	堆存	2	0	78

6.1.2 钢渣的主要成分及物相

1. 钢渣的化学组成

转炉炼钢是目前我国主要的冶炼方式，转炉钢渣也占钢渣的绝大部分。转炉炼钢的原材料为铁矿石、废钢和铁水，转炉钢渣主要由造渣材料(石灰或萤石等)、侵蚀的炉衬(MgO)以及铁水中硅、铁等氧化物在 1650℃下形成。对我国部分钢厂进行统计，转炉钢渣的主要化学成分为 CaO、SiO_2、MgO、Fe_2O_3、FeO、Fe、MnO、$A1_2O_3$、P_2O_5 以及游离氧化钙(f-CaO)等，详见表 6.4，其中，CaO 和 SiO_2 含量较高，SiO_2 的含量决定了钢渣中钙硅相的数量。不同钢渣的主要化学组成大体相同，但成分含量有差异。

表 6.4 我国部分钢厂转炉钢渣的主要化学成分 (单位:%)

钢厂	CaO	SiO_2	MgO	Fe_2O_3	MnO	Al_2O_3	P_2O_5
唐钢	46.87	12.41	7.84	24.8	1.41	1.52	0.88
太钢	46.88	16.16	4.82	28.2	0.759	4.20	0.36
广钢	40.20	14.22	3.19	23.9	5.67	6.16	0.85
济钢	39.5	18.1	8.8	18.7	2.2	4.8	0.5
柳钢	36.8	17.2	9.55	20.91		2.6	
宝钢	39.3	10.9	10.1	31.2		2.2	
宁钢	40.8	24.5	5.75	23.3		0.72	0.26

电炉钢渣的化学成分如表 6.5 所示。

表 6.5 电炉钢渣的化学成分 (单位:%)

名称	CaO	SiO_2	MgO	FeO	MnO	Al_2O_3	P_2O_5
氧化渣	29～33	12～14	15～17	19～22	4～5	3～4	1
还原渣	44～55	11～20	8～13	0.5～1.5	<5	10～18	1

2. 钢渣的矿物组成

钢渣的矿物组成根据钢渣的取代反应主要为钙镁橄榄石、硅酸二钙(C_2S)和硅酸三钙(C_3S)。由于钢渣形成过程中的成分复杂,所以其物相组成也有所不同。

Belhadj 等通过 X 射线衍射分析钢渣综合样的物相,钢渣中主要物相为硅酸二钙、硅酸三钙、铁酸钙、$Ca(OH)_2$ 和金属铁氧化物,另有少量 $CaCO_3$ 和 f-CaO,其中金属铁氧化物以固溶体形式存在,而硅酸二钙以 β-硅酸二钙多型体的形式存在[4]。张朝晖等认为转炉钢渣中主要物相是硅酸二钙、硅酸三钙和熟石灰,而含铁物相主要有单质铁、简单化合态(Fe_2O_3、Fe_3O_4、$Fe_2O_3 \cdot nH_2O$ 和 $FeCO_3$ 等)、铁酸盐($2CaO \cdot Fe_2O_3$ 等)和固溶体[5];张玉柱等认为转炉缓冷渣的主要物相是以硅酸二钙、RO 相($MgO \cdot xFeO$)和铁酸钙为主要物相,以及含有少量硅酸三钙、f-CaO 和 f-MgO。Al_2O_3 主要以氟铝酸钙、$C_{12}A_7$ 和尖晶石矿相存在,而 P_2O_5 主要以钠钙斯密特石及其与硅酸钙的固溶体和氟磷灰石的矿相存在[6]。

钢渣中的铁、锰、镁含量较高,这些元素的氧化态易固熔而形成固溶体。欧阳东等对广钢的钢渣随机取样,进行 X 射线衍射分析和扫描电镜分析,认为转炉钢渣的铁氧化物主要以 C_2F 固溶体(铁酸二钙)形式存在[7]。侯贵华等利用扫描电子显微镜的背散射电子像观察分析转炉钢渣的主要矿物相。从形貌上看,硅酸盐相呈黑色六方板状、圆粒状和树叶条状晶相,铁钙相为灰色无定形状,并常镶于黑色硅酸盐相和白色中间相之间；铁镁相为白色无固定形状。另外，游离 MgO 呈黑色圆粒状，游离 CaO 呈灰色圆粒状，游离铁为明亮圆形粒子。通过 EDX 对微区元素成分的频度分布和结合 XRD 分析，确定铁镁相为镁铁相固溶体（RO 相），并可能伴生有少量 CaO、FeO 与 MgO 摩尔分数主要分布在 1～3，在 2 附近有明显频率分布。因此，该固溶体可计为 MgO · 2FeO，其存在会严重影响钢渣的胶凝性[8]。侯新凯等通过扫描电镜鉴定钢渣矿物相，以化学萃取方法分离出钢渣中 RO 相的单一矿物，并测定矿物相含量，发现 RO 相一般被硅酸盐矿物相隔离，有时在晶粒边缘伴生铁铝酸盐矿物，RO 相嵌布粒度细、分布宽，铁铝酸盐相单偏光镜下呈灰白色无定形状，往往与 RO 相伴生填充于硅酸盐矿物之间[9]。钢渣中 RO 相含量为 20%～30%，平均粒径为 31～45μm。有研究认为，钢渣的冶炼过程中，在碱度较低时，钢渣中 MgO、FeO 和 MnO 主要以橄榄石、镁蔷薇辉石和 RO 相存在。钢渣中的铁物相分布统计见表 6.6[10]。

表 6.6　钢渣中铁物相分布　　（单位：%）

矿物名称	含量	占比
金属铁和磁铁矿中铁	12.75	53.82
固溶相中铁	7.72	32.59
钙铁相中铁	2.37	10.00
硅酸铁中铁	0.75	3.17
硫酸铁中铁	0.10	0.42
合计	23.69	100.00

3. 钢渣的特性

钢渣是多种矿物组成的冶金固熔体，其物理化学性质随化学组成而变化，钢渣的一般性质如下[11]。

1）碱度

在磷含量较低的情况下，CaO/SiO_2 的比值称为碱度，决定着钢渣的矿物组成和化学性质。而磷含量较高的钢渣中，钢渣的碱度应为 CaO 与 SiO_2 和 P_2O_5 的比值，即 $R=CaO/(SiO_2+P_2O_5)$。在转炉炼钢过程中，随着石灰的加入量的增大，渣的碱度不断升高。B. Mason 按碱度的高低将钢渣分类：碱度为 0.9～1.4 时，为初期低碱度钢渣，此时渣中主要矿物为橄榄石（CRS）、镁蔷薇辉石（C_3MS_2）和 RO 相；碱度为 1.4～1.6 时，镁蔷薇辉石（C_3MS_2）、硅酸二钙和 RO 相为渣中主要矿物；碱度为 1.6～2.4 时，钢渣以硅酸二钙、硅酸三钙、RO 相为主矿相；碱度大于 2.4 时，高碱度渣中主要物相为硅酸三钙、硅酸二钙、RO 相和铁酸盐。

2）密度

钢渣中总铁品位较高，由于冷却方式不同，不同钢渣的孔隙率不同，一般钢渣的密度为 3.1～3.6g/cm^3，但其密度不均匀。

3）氧化性

钢渣的氧化性是指一定温度下，向钢渣或钢液单位时间内供氧的数量。一般以钢渣中氧化亚铁活度代表氧化能力，当氧化亚铁的活度在 0.35 左右时，钢渣具有较强的氧化性。

4）还原性

在平衡条件下，钢渣的还原能力主要取决于氧化亚铁的含量。在还原性精炼时，常把减少熔渣中氧化亚铁含量作为控制钢液中氧含量的重要指标。

5）容重

钢渣的化学成分和粒度直接影响其容重。一般以过 80 目标准筛的钢渣粉为标准，其中转炉渣的容重在 1.74g/cm^3 左右。

6）易磨性

由于钢渣是在 1650℃高温下生成的，其矿物几乎全部都是结晶体，且钢渣中的 C_3S、C_2S 晶粒粗大、完整，缺陷少，结晶坚硬，致使钢渣较难磨碎。以易磨指数表示，标准砂为 1.0，钢渣仅为 0.7，即钢渣比较难磨。

7）稳定性

钢渣中的 f-CaO、f-MgO、C_3S、C_2S 等组分在一定条件下具有不稳定性。一般钢渣的生成温度为 1600～1700℃，钢渣缓冷至 1200℃左右时，C_3S 分解成 C_2S 和 f-CaO，当渣温度降到 800℃左右时，C_2S 将分解成 $CaSiO_3$ 和 f-CaO[12]。在 C_3S 和 C_2S 的分解过程中伴随着渣的体积膨胀[13]。当钢渣遇水后，f-CaO、f-MgO 产生如下反应：

$$\text{f-CaO} + H_2O \longrightarrow Ca(OH)_2, \quad \text{体积膨胀 } 98\% \tag{6-5}$$

$$\text{f-MgO} + H_2O \longrightarrow Mg(OH)_2, \quad \text{体积膨胀 } 148\% \tag{6-6}$$

含有游离氧化钙、氧化镁的常温钢渣是不稳定的，只有游离氧化钙、氧化镁消解基本完成后，才会稳定。但常温下这一过程相当漫长，如游离氧化镁的完全消解时间长达 20 年之久。由于钢渣中游离氧化钙、游离氧化镁的膨胀作用，直接作为道路材料或建筑材料使用时会造成道路、建筑制品或建筑材料物开裂而破坏，导致严重后果[14]。例如，墨西哥英克洛瓦城采用钢渣回填 5.5m 深的地基建成的工业厂房，使用 6 年后地板鼓起 20～250mm，柱子升高 20～200mm，整体建筑物开裂破坏；武汉钢铁公司第三炼钢厂、能源总厂、硅钢厂采用钢渣作为地基回填料，11 年后隔墙、地面出现大面积开裂。

6.2 钢渣的预处理

钢渣组成与物性的不合理使其几乎无法直接利用，需要在渣出炉后先进行预处理。经过预处理的钢渣一方面有利于其中含铁组分的回收，另一方面可保证其组成与结构的基本稳定。具体包括：首先将出炉渣进行预处理，或“稳定化”处理，其主旨是预先消除或消解以自由及游离氧化钙为主的亚稳相，使转炉渣在被利用前组成与结构基本稳定，并有利于渣、铁分离；其次，将预处理好的渣依据需要进行资源化利用[15,16]。

1. 冷弃法

冷弃法是将钢渣倒入渣罐或渣盘中，等在空气中缓冷后，再运到渣场，喷冷水或自然冷却成渣山。这是我国过去采用的方法，此方法投资少，但占用大量土地，且污染环境。

2. 热泼法

渣线热泼法：先用渣罐将渣运到热泼场，倾翻钢渣，喷水冷却 3～4 天后使钢渣大部分自解破碎，运至磁选线处理。此工艺的优点在于对渣的物理状态无特殊要求、操作简单、处理量大。其缺点为占地面积大、浇水时间长、耗水量大，处理后渣铁分离不好、回收的渣钢含铁品位低、污染环境、钢渣稳定性不好、不利于尾渣的综合利用。

内箱式热泼法：钢渣罐直接从炼钢车间吊运至三面砌筑并镶有钢坯的储渣槽内，翻入槽式箱中，然后浇水冷却。此工艺的优点在于占地面积比渣线热泼小、处理量大、操作简单、建设费用比热闷装置少。其缺点为浇水时间 24h 以上、耗水量大、污染作业区、厂房内蒸汽大、影响作业安全；钢渣稳定性不好、不利于尾渣综合利用。

3. 风淬法

渣罐接渣后，运至风淬装置，倾翻钢渣，使熔渣经中间罐流出，被喷嘴中喷出的气流吹散，破碎成为颗粒，在罩式锅炉内回收高温空气和微粒中散发的热量。该工艺的优点在于完全不用水处理，并且粒化渣全部进入罩式锅炉内，改善了操作环境并能以蒸汽形式回收部分热能。目前新的钢渣风淬粒化装置由气体调控系统、粒化器、中间包、支承及液压倾翻机构、主体除尘水幕、水池等设备组成。装满液渣的渣盆由行车吊放到倾翻支架上，将渣液逐渐倾倒入中间包后，依靠重力作用，经出渣口从中间包、渣槽流到粒化器前方，被粒化器内喷出的高速气流击碎；再加上表面张力的作用，使击碎的液渣滴收缩凝固成直径为 2mm 左右的球形颗粒，撒落在水池中。为防止粉尘污染，水池上方设有除尘水幕。无论是渣液还是钢水，都能被粒化，并设置了挡墙，即使出现停电、断气等偶然情况，液渣也不会流进水池，彻底消除了爆炸隐患[17]。该工艺具有安全可靠、工艺简单、投资少、处理能力大、一次粒化彻底、用水量少等特点，可节约能源，风淬率达 95%，渣粒直径 0～6mm，平均为 2mm。风淬钢渣是水泥熟料的理想代用品，也可做烧结原料、高炉熔剂等。冶炼前期的炉渣风淬后，还可以作为农业生产用的磷肥。

日本福山制铁所最早开发并采用风淬法，同时将蒸汽进行回收。我国马钢 1988 年开发出同类技术，而后在成都钢铁厂(1991 年)开始初步应用。目前石家庄钢厂也采用这种处理方式。用该法处理转炉熔渣，如采用不同的气体用作风淬介质，得到的凝渣微粒在性能上存在较大差异。如果以空气或纯氧为介质，则熔渣氧化剧烈，凝渣中铁以三价为主，后续铁组分基本无法磁选回收，因此铁损较大。如果以氮气为介质，则凝渣中铁以二价铁为主，并有少量金属铁与之共存，经时效相变后可磁选部分回收金属铁，但成本较高。马钢于 2007 年投入运行的风淬工艺采用压缩空气作为载体[18]。采用风淬工艺处理时，同样要求钢渣有良好的流动性与低黏度。随冶炼工艺的进步，熔渣黏度加大，处理难度提高，处理率降低。

4. 热闷法

热闷法是将热熔钢渣冷却至 800～300℃，用吊车将渣倒入热闷装置中，压盖密封并配以适当的喷水工艺，喷雾遇热渣产生饱和蒸汽，与钢渣中的 f-CaO、f-MgO 反应，产生体积膨胀，使钢渣龟裂、自解粉化。粉化后的渣与铁分离效果好，提高了金属回收利用率。此工艺可获得 60%～80%小于 20mm 粒状的钢渣，用于建筑工业不需要破碎，即可省去磨碎耗电。并且此方法可利用钢渣余热，节约能源[19-24]。热闷法适用范围广，对任何种类和各种流动性的钢渣均可适用。针对炼钢过程采用溅渣护炉技术造成的钢渣黏度大，流动性差，用热闷工艺可实现 100%处理率。采用钢渣热闷处理方法能消解钢渣中 f-CaO 和 f-MgO，压蒸实验粉化率小于 1.5%，稳定性良好。

钢渣形成过程中由于钢水的沸腾喷溅，钢渣中往往含有钢粒，加之放渣时随渣流出的钢液，一般转炉钢渣中含有 5%～10%的钢，电炉钢渣中含有 1%～5%的钢。钢渣慢冷或急冷时，渣与残钢黏结或包裹在一起，给废钢磁选回收和尾渣的利用带来困难。采用热闷处理钢渣大部分粉化，渣和金属自然分离，经筛分、破碎、磁选和提纯后，金属回收率在 90%以上，回收的渣钢总铁的品位在 90%以上，铁精粉的总铁品位大于 65%。该项技术已在宝钢集团上钢五厂、北台、涟钢等企业推广应用。20 多年的生产实践证明，该项技术是一项简单易行的技术。济南钢铁公司为减少倒渣时闷渣坑内粉状烟尘从坑中飘出造成环境污染，在闷渣坑侧面设置了喷雾降尘装置，该设计符合绿色冶金的要求，值得在我国冶金企业中广泛推广。

热闷法的工艺缺点为：需要建设固定的封闭式内嵌钢坯的热闷箱或闷渣池及天车厂房。高温钢渣入池喷水急冷，此时闷渣池内压力最高达到 0.01MPa 以上。压力越大，闷渣效果越好。但闷渣池长期处在高温、高压、高湿环境中，使用寿命一般在一年左右，建设投入大。由于液态钢渣喷水冷却过程中，液态渣表面极易结壳，如操作不当或者翻渣不及时，就会在翻下一罐渣时形成“渣包水”现象，易发生爆炸。热闷过程中，在热闷池内、总排水管道、排水井、回水池会有氢等可燃气体富集的现象，在上述区间内当氢气达到一定浓度时，只要氧气浓度和点火能量足够就都有可能发生爆炸，爆炸威力巨大，对生产和职工人身安全造成严重威胁，所以对操作程序要求较严格。某钢厂 50 万 t 年处理量钢渣热闷处理生产线于 2007 年 9 月竣工投产后，系统仅运行 1 个月，热闷装置本体就出现钢轨变形、衬板断裂、永久层混凝土爆裂等问题，严重影响热闷钢渣处理能力和闷渣质量，导致工艺操作难度大、检修费用高，且在热闷过程中发生过多次轻微爆炸，安全问题突出。随后，该钢厂开展对热闷装置实施改造，改变热闷装置各部件材质、加强隔热保温层、改变闷盖上的卸压孔结构等措施，使生产线达到了设计产量。本溪钢铁(集团)有限公司在分析热闷工艺中出现的问题后采取了调节钢渣的松散度、保持气体在一定压力下的排出等一系列工艺改进措施，收到了良好的效果。

5. 水淬法

水淬法主要有炉前水淬和室外水淬两种。炉前水淬是将高温液态熔渣直接从钢炉中倒入中间渣罐，从渣罐底部流入水淬渣槽，熔渣遇水急冷收缩产生应力集中而破碎，同时进行热交换，钢渣在水中进行粒化。室外水淬是熔渣被运到室外，在水淬渣池边用高速水流喷射熔渣进行的水淬方法。与炉前水淬相比，室外水淬安全，但是炉前水淬省去了运输过程，且水淬率高。水淬法的优势是占地面积少，设备少。

6. 滚筒法

将高温液态钢渣以适宜流速进入滚筒，当熔渣从溜槽流淌下降时，被高压空气击碎，喷至周围的钢挡板后落入下面水池中。在离心力和喷淋水作用下，熔渣被水激散并凝成小块而被收集。在滚筒内同时完成冷凝、破碎及渣、钢分离。宝钢经过多年探索，将从俄罗斯拉乌尔钢铁公司引进的滚筒技术进行了多项改进，成功应用于宝钢、马钢等企业[25]。滚筒法的优点在于流程短、设备体积小、占地少、可省却粒铁回收车间及其他辅助设施；钢渣稳定性好、渣呈颗粒状、渣铁分离好、渣中游离氧化钙含量小于 4%、其中小于 2%的占 45%，处理后的钢渣粒度小于 15mm 的钢渣约占总量的 97%，便于尾渣在建材行业的应用。其缺点为对渣的流动性要求较高，必须是液态稀渣，渣处理率较低，有大量干渣排放，处理时操作不当易产生爆炸现象。

6.3　钢渣循环应用于冶金工业

6.3.1　钢渣中铁的回收利用

钢渣中含有相当数量的铁，对钢渣进行综合利用不但能降低炼钢成本，带来直接经济效益，而且也有相当的生态效益。利用钢铁企业产生的钢渣，通过破碎分选，提取渣钢，实现钢渣高效利用。2011 年，我国从废钢渣中提取渣钢约 450 万 t，价值在 110 亿元以上。

1. 钢渣的直接磁选

在炼钢时，飞溅的钢液与钢渣粘连在一起，致使钢渣中含有约 5%的单质铁，美国每年从钢渣中回收近 350 万 t 废钢。过去钢铁企业对钢渣的处理大多数是通过热泼处理，再经过简单的磁选，将大块渣钢选出，剩余的钢渣丢弃或低价外卖，使企业大量资源流失。近年来，我国已有不少厂家建立了钢渣磁选生产线，通过破碎、磁选、筛分回收其中的金属铁。

曾晶等认为，钢渣矿物相组成中，纯铁相、RO 相、铁方镁石相磁性较高，而铁酸钙相、方镁石相和硅酸二钙相为弱磁性[26]。王淑秋等对钢渣磁选后的渣精矿的成分研究表明，磁选出的渣精矿的铁主要以金属铁的形式产出，其他还有少量磁铁矿、赤铁矿、方铁矿及褐铁矿等，金属铁和磁性铁的占有率高达 80%，其他铁相组成主要为铁酸二钙、铁方镁石等[27]。冯海东等对转炉钢渣磁选过程含铁矿物的分离研究表明，弱磁选含铁矿相主要为金属铁和纯的铁氧化物，鉴于弱磁选出的铁酸钙相含量较少，故可判断铁酸钙相为弱磁性矿物[28]。强磁尾矿的组成主要为铁酸钙相和硅酸钙相，基体成分主要为硅酸钙相。通过强磁选，铁氧化物和 RO 相都被磁选出来，但与基体结合紧密，造成强磁选出的铁品位较低。因此，单纯通过磁选可选出的主要铁物相为磁性较高的金属铁和磁性氧化铁。

对于转炉钢渣，由于经过熔渣过程，矿物质地致密。魏莹等的研究结果表明，未经细磨的钢渣，由于单体解离度不高，很难达到渣铁分离的效果[29]。钢渣中含铁相嵌布粒度非常细小，因此所以钢渣破碎粒度越细，回收的铁越多。但由于钢渣中的铁颗粒具有很强的硬度、延展性，所以铁粒子含量多的钢渣中可磨性比较差，钢渣的可磨性主要取决于钢渣中铁颗粒的含量。在大颗粒中单质铁含量较高，在小颗粒中以磁性氧化铁和铁酸盐为主[30]。因此，可以通过破碎、细磨、磁选、二次磨碎，二次磁选逐步将钢渣中铁的含量降低，同时为钢渣细磨创造有利条件。而钢渣细磨有助于将钢渣中的铁粒子“裸露”出来，这些“裸露”出来的铁粒子被磁铁选出，达到降低钢渣中铁含量的目的。

钢渣破碎时所用的机械包括颚式破碎机、反击式破碎机、圆锥破碎机、双辊式破碎机等。钢渣分选时，按要求把破碎机、磁选机、分筛机连接起来，组成一破两级复合磁选、两破三选一筛（两筛）等工艺流程。典型的两破三选两筛工艺流程见图 6.1。

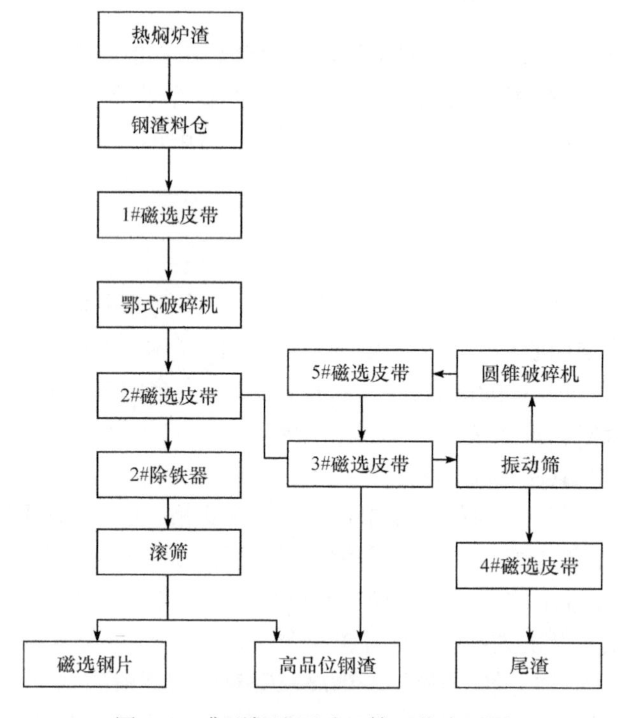

图 6.1　典型钢渣两破三筛工艺流程图

将钢渣中金属铁和氧化铁磁选选出的品位在 40％以上的钢渣铁精矿进行二次球磨[31]。球磨机筒内的研磨介质钢球在离心力和摩擦力的作用下将钢渣充分研磨，经磁选筛分分级后，获得粒径为 0～1mm、1～70mm 和≥70mm 的铁精矿钢渣。粒径大于 70mm 的颗粒渣钢，铁品位大于 80％，可以直接返回炼钢，而经过水洗后磁选出的粒径为 1～50mm 的粒铁，由于铁品位在 80％左右，也可以直接返回炼钢。经过磁选，渣和钢分离，钢渣中的金属铁得到充分回收，渣钢的品位达 67.5％以上，金属铁含量为 11.36％，降低钢铁料消耗约 14.60kg/t。

利用转炉渣中各种物料密度、表面物理性质、磁性的不同，借助机械力分选出不同性质的物料，包括重力分选、浮力分选和磁力分选。Futatsu-ka 等把转炉渣分为 A、B、C、D 四相，其中 A、B 两相可近似用 $CaO-SiO_2-P_2O_5$ 三元系来表示，称为富磷相，C、D 两相可以用 $CaO-SiO_2-Fe_xO$ 三元系来表示，称为富铁相。富铁相和富磷相表现出来的磁化行为差异较大，可以利用此特征实现富磷相和富铁相的磁选分离[32]。

目前国内钢铁企业在保证尾渣金属铁品位尽可能低的情况下，最大限度地提高渣钢及磁选粉的品位，达到降低炼钢或炼铁成本[33]。典型的钢渣产品方案见表 6.7。

表 6.7　钢渣生产线典型产品方案

名称	产品粒径/mm	含铁品位/%	用途
渣钢	>200	总铁>85	返回炼钢
渣钢	80～200	总铁>85	返回炼钢
粒钢	10～80	总铁 90 左右	返回炼钢
磁选粉	0～10	总铁>42	返回烧结
尾渣	<10	金属铁<2	钢渣粉、水泥生料配料

2. 钢渣重构后回收铁

钢渣中含铁物相主要有单质铁、铁的简单化合物（Fe_2O_3、Fe_3O_4、$Fe_2O_3 \cdot nH_2O$ 和 $FeCO_3$ 等）、铁酸盐（$2CaO \cdot Fe_2O_3$ 等）和固溶体（$MgO \cdot 2FeO$）。张丽丽等对钢渣中铁的赋存方式进行了分析，发现其中大部分为弱磁性的铁酸盐和非磁性的 FeO 和 Fe_2O_3，不能通过磁选提取出来，造成铁资源的浪费[34]。钢渣中过高的铁含量还会降低钢渣作为水泥掺合料的强度。因此，目前有大量实验研究集中在如何通过改质的方法将这一部分铁进行重构，还原或氧化成为磁性较强的单质铁或磁性氧化铁，提高钢渣中铁的回收效果。

1）直接还原

考虑到转炉钢渣出炉时温度高达 1650～1680℃，如能利用这种高温资源，则能使钢渣在排渣过程中与加入的调节组分发生反应，将钢渣中非磁性氧化铁还原成金属铁。同时，钢渣的组成结构得到调整，胶凝活性显著提高，这种在线重构的方法理论上能将钢渣转变为继高炉矿渣后钢铁工业生产的第二种建筑材料资源，探寻一条钢渣实现 100%高经济附加值资源化利用的新路径。

杨志杰等对钢渣中铁的还原过程进行了研究，钢渣中的铁以氧化铁、铁酸钙、钙铁橄榄石、金属铁形式相互包裹存在于渣块中，因此在渣被熔化之前，渣中的铁无法与碳发生还原反应[35]。而根据铁的平衡相图可知，在高温下 FeO 比 Fe_2O_3、Fe_3O_4 稳定，因此在渣的重熔过程中，渣中 Fe_2O_3、Fe_3O_4 通过反应式(6-7)～式(6-9)首先被熔融铁还原为 FeO，然后通过反应式(6-10)和式(6-11)反应，FeO 被碳还原为熔融铁。

$$4Fe_2O_3 + Fe \longrightarrow 3Fe_3O_4 \quad (6\text{-}7)$$

$$Fe_3O_4 + Fe \longrightarrow 4FeO \quad (6\text{-}8)$$

$$Fe_3O_4 + Fe \longrightarrow 4FeO \quad (6\text{-}9)$$

$$(FeO) + C \longrightarrow [Fe] + CO \quad (6\text{-}10)$$

$$(FeO)_1 + [C]_1 \longrightarrow [Fe] + CO \quad (6\text{-}11)$$

在还原过程中，除铁被还原外，渣中的其他元素 P、Mn 等也一并被还原，反应过程如式(6-12)和式(6-13) 所示：

$$(MnO)_1 + C \longrightarrow (Mn) + CO \quad (6\text{-}12)$$

$$(P_2O_5)_1 + 5C \longrightarrow 2(P) + 5CO \quad (6\text{-}13)$$

从热力学分析可以得知，还原过程应该在液态进行。因此，通常在钢渣中加入一定量的改质剂降低钢渣的熔融温度，有利于还原过程的进行。瑞典通过向熔融钢渣中加入碳、硅和铝质材料对钢渣进行成分重构，在回收渣中的渣钢后将钢渣用于水泥生产。Zawada 等采用还原法成功提取出钢渣中的铁元素，试验所得的非金属相与硅酸盐水泥熟料矿物组成相似[36]。

殷素红等用黏土、石灰、碳粉作为调节剂，采用直接还原法和熔融还原法对柳钢和宝钢的钢渣进行了铁还原重构实验[37]，结果表明，在 1450℃下直接还原法可将钙铁相全部还原，而将 RO 相部分还原，还原产物为 1～50μm 的铁珠，其颗粒均匀分布在各种矿物之间，难以回收利用；在重构过程中，钙铁相和镁蔷薇辉石被分解，且原钢渣中 Ca/Si 摩尔比决定重构后硅酸钙相的组成；重构后 RO 相被还原成单质铁和 MgO；原钢渣中总铁量越高，还原越彻底。在 1500℃下的熔融还原法可将钢渣中 FeO_x 还原成单质铁，在重力作用下从渣中分离出去，富集成为铁块，将渣与铁分离，其还原率约 100%。杨曜等对钢渣中 FeO_x 还原反应热力学进行了计算，并研究了 Fe 的还原回收效果[38]。结果表明，在线处理过程，熔态钢渣中碳与 FeO_x 还原反应较容易进行，且 FeO、Fe_2O_3 和 Fe_3O_4 可同时被还原，当还原组分充足时，钢渣中的 FeO_x 可全部被还原成单质铁，且能消除 RO 相对胶凝相的影响。在碳足量时，对马钢、韶钢、宝钢三种钢渣进行还原，其单质铁回收率均高达 90%以上，品位为 75%～87%。

王德永等提出可以利用转炉渣携带的物理潜热，在高温下直接进行转炉渣熔融还原，节省炉渣二次加热需要的能源[32]。并可采用碳饱和铁水和外加固体碳还原转炉渣，其关键技术在于：先对转炉渣进行改质处理，将炉渣碱度 $w(CaO)/w(SiO_2)$调整为 1.2 左右，降低钢渣的熔点，更多的 P_2O_5 从 Ca_2SiO_4-$Ca_3(PO_4)_2$ 相中分离，提高磷的活性，促进磷的熔融还原动力学条件，使 FeO 被大量还原后的炉渣仍具有良好的流动性，防止炉渣“返干”现象。首先，磷在渣/金间的分配比显著降低，有利于磷向铁水中迁移。其次，采用碳饱和铁水，通过控制合理的渣/金比，不仅可以充分利用溶解碳还原渣中的 P_2O_5，同时还原出的磷可有效迁移到铁水相，减少磷的挥发。但由于铁、渣、还原碳粉之间的密度关系为 $\rho_{铁} > \rho_{渣} > \rho_{碳}$，所以还原出的铁水将向下运动并沉积于底部而煤粉则向上运动漂浮于熔渣表面，熔渣将铁水和碳粉隔离开使铁和煤粉无法进行充分接触，进而碳无法溶解于铁水中最终导致铁水中碳含量偏低。合理的外加固体碳含量可以提高熔融还原速率，同时还原结束后尽可能控制炉渣中残余碳量，不影响其循环利用效果。多次富集磷的铁水（$[P]=5\%\sim8\%$）可作为低品位磷铁合金应用于炼钢生产，提高转炉渣利用价值，可最大限度地同时回收钢渣中的 Fe 和 P，有效解决钢渣循环利用过程中的磷富集问题，处理之后的钢渣可返回流程循环使用，减少了钢渣排放量，充分利用了热态钢渣潜热，节约了资源和能源。

2）微波还原

传统的高温碳还原一般需要的温度为 1400～1800℃，其还原温度较高，且还原焙烧质量较差。而近些年微波加热技术应用开始普及，微波通过对含碳物料内部的能量耗散加热矿物，具有快速高效、省电节能等优点。钢渣是一种很好的微波吸波介质，贾俊荣等研究了钢渣在微波场中的升温行为，发现不同钢渣的升温速率为 16.6～24℃/min，钢渣本身具有良好的升温特性且不同钢渣的升温特性差别不大[39]。周朝钢等对普碳钢转炉钢渣和脱磷炉钢渣的微波升温特性进行了研究，发现升温曲线可以分为三个阶段，分别为 0～5min、5～ 19min 和 19～26min，其升温速率分别为 7.2℃/min、69.3℃/min 和 13.8℃/min[40]。第一阶段升温曲线最平稳，这是由于钢渣中通常含有大量的氧化物和化合水，所以在加热过程中，化合物分解和吸附水汽会消耗大量热量，在第一阶段升温曲线上基本没有表现出升温速率的变化。而在第二阶段发生各种化学还原反应，放出的总热量大于吸收的热量，所以升温最快，但也最不平稳。到第三阶段时反应逐渐变弱，放出的热量变小，温度升温较慢。微波加热不同粒径的钢渣（－10 目、－50 目、－200 目），保持其他参数不变，通过比较可以看出，粒径越小，升温速率越快，混合物混合越均匀，反应物接触的反应面积越大，放出的热量越多，提供的热量比放出的热量更多，升温速率就快；另外，粒径越大，反应物接触表面积越小，反应外损失的热量越多，升温过程需要微波提供更多的热量，反应也不完全，反应速率比较低，升温速率慢。张雪峰等采用微波加热替代传统的加热方式，对钢渣中的赤铁矿（Fe_2O_3）进行还原，将磁性弱的 Fe_2O_3 还原为磁性强的 Fe_3O_4，在通过对其进行磁选并加以利用，且其还原温度仅为 550～650℃，与传统碳还原法相比，大大降低了还原温度，节约了大量能源[41]。卫智毅等[42]用高碳粉煤灰作为还原剂，通过微波将钢渣中的铁还原，当微波加热到 650℃，该系统中 Fe_2O_3 特征峰消失，而出现较弱的单质铁峰。热力学计算表明，FeO 和钙铁相在该温度条件下不能发生还原反应，由于钢渣中铁的存在形式以二价铁氧化物和钙铁相为主，可知还有大量的铁没有被还原。热力学计算发现，当温度高于 730℃时，FeO 已经可以发生反应，同时钙铁相在温度超过 780℃

时也参与反应。随着温度的升高，还原率逐渐提高，当温度达到 850℃时，从 XRD 图谱中可以看出铁峰非常明显，且成为主峰，只有微弱的钙铁相峰存在，金属化率达到 86%。但过高温度和过长还原时间会使单质铁与还原剂碳发生反应，生成 Fe_3C，降低金属化率，均不利于还原的进行，还原后的产物为 5～50μm 的铁珠，与其他矿物相分离，可以通过磁选的方式进行回收[42]。

3）氧化重构

近些年来，由于温室气体排放的限制，碳还原钢渣产生大量的温室气体二氧化碳，这使得碳还原重构的方法具有一定的局限性。国内外学者探索利用氧化性气体(即 O_2 和空气)，对钢渣中的非磁性 FeO 进行氧化改质，在控制条件下生成磁性的 Fe_3O_4，达到磁选分离的目的。Semykina 等进行了一系列实验研究，对 FeO-CaO-SiO_2 三元相熔融的钢渣中 Fe^{2+} 转化为 Fe^{3+} 的氧化动力学进行研究，通过 FactSage 软件计算了在此三元系统中的氧化温度与氧分压的关系[43,44]。通过计算可知，对于 30%FeO-35%CaO-35%SiO_2 的模拟钢渣系统，当氧分压为 $\lg(P_{O_2})=-3.0\sim2.0$ 时，FeO 可以被氧化为磁性 Fe_3O_4。利用热差分析法，在 1350～1500℃的温度范围内，通入合成气进行氧化，对氧化后的产物用 XRD 和 SEM 进行分析，结果发现，在前 10～15min 内，70%～90%的 Fe^{2+} 被氧化，在控制氧分压条件下，FeO 可控制氧化为 Fe_3O_4。通过热差分析法对其动力学研究表明，氧化过程主要分为三个步骤，即初级潜伏阶段、化学反应控制阶段、控制扩散阶段，其中前两个阶段起主要作用。在氧化过程中，晶体在液相中生成，在降温过程中聚集、长大。北方民族大学的实验也证实，在氧化过程中，FeO 会与 O_2 发生反应生成尖晶石相(Fe_3O_4)，由于在实际钢渣中 FeO 以固溶体形式(MgO · 2FeO)存在，氧化过程中 Mg^{2+} 可进入尖晶石晶格中取代 Fe^{2+} 和填充于八面体空位中形成铁酸镁，从而降低晶格缺陷的程度，稳定磁铁矿，妨碍和减少氧化再生赤铁矿的生成，使尖晶石型磁性铁存在的区域扩大，在比较宽的氧分压范围实现原钢渣的非磁性铁氧化物，氧化生成具有磁性的尖晶石和磁铁矿，增强氧化样的磁选率。但是若冷却速度过快，则结晶发育不完整，未出现整体结晶，尖晶石的晶体尺寸一般在 10～20μm，且与脉石结合紧密，不易分离。较慢的冷却方式能够使尖晶石相结晶长大进行得更完全，从而更利于后续的磁选工作，但是过慢的冷却速度可能会导致 Fe_3O_4 的过氧化而生成 Fe_2O_3，这使得氧化过程很难控制，因此还处在实验探索阶段。

6.3.2 钢渣作为烧结矿原料

钢渣中含有很高的 CaO、MgO、MnO 及铁相成分，能有效降低熔剂、矿石消耗及能耗，是目前最为成熟的钢渣二次利用方式，已在我国和世界各钢厂广泛使用。其中，美国作为熔剂用于冶炼和烧结的钢渣占总量的 56%以上。我国许多企业都利用钢渣作烧结矿熔剂，如首钢股份有限公司烧结厂每吨烧结矿石中配加 4%钢渣，太原钢铁集团有限公司烧结厂配加 6%钢渣，均取得了较好的效果。经长期实践，其主要优点如下[45-47]：

(1) 提高烧结矿强度。钢渣中含有一定数量的 MgO，在烧结矿中容易熔化，因而改善了烧结矿的黏结性能和液晶状态，有利于烧结矿强度的提高，粉化率降低在 2%以内。

(2) 显著提高烧结矿还原性能。配加钢渣的烧结矿随配料碱度的提高，其还原性较未配钢渣的烧结矿显著提高。当碱度为 1.4 时，配加钢渣还原率高达 75%，同比不配加时还原率仅为 65%。

(3) 提高烧结矿中铁的含量。钢渣中因含有大量的金属铁和低价氧化铁，配加钢渣提高了烧结矿中铁的含量。配入 6%的钢渣后，烧结矿的 FeO 可升高 2%。在烧结过程中，不仅可使其 FeO 含量升高，而且还因其发生氧化放热反应，烧结矿的配碳量降低 0.5%～1%。

(4) 使烧结矿更早生成液相。由于钢渣软化温度低、物相均匀，可使烧结矿更早生成液相，促进其与周围物质反应，能迅速向周围扩散，使黏结相增多又分布均匀，利于烧结造球和提高烧结速度。

(5) 改善烧结矿气孔。烧结矿气孔大小分布均匀，应力容易分解，气孔周围的黏结相不易碎裂。

烧结矿中配加钢渣代替熔剂，不仅回收利用了钢渣中残钢、FeO、CaO、MgO、MnO 等有益成分，而且高温熔炼后炼钢渣的软化温度低、物相均匀特点，对提高烧结矿质量、降低烧结燃料消耗也起着有益作用。烧结矿中适量配人钢渣后，能显著改善烧结矿的质量，使转鼓指数和结块率提高，风化率降低，成品率增加。此外，由于钢渣中 Fe 和 FeO 的氧化放热，节省了烧结矿中钙、镁碳酸盐分解所需要的热量，使烧结矿燃料消耗降低。高炉使用配入钢渣的烧结矿，由于烧结矿强度高，粒度组成改善，尽管铁品位略有降低，炼铁渣量略有增加，但高炉操作顺行，对其产量提高、焦比降低是有利的。

重庆钢铁集团公司采用钢渣作烧结矿熔剂时，在烧结矿中适当配加 5%～15%、粒径小于 8mm 的钢渣以替代部分熔剂，可以改善烧结矿的宏观和微观结构。粒径≤8mm 的含铁渣钢(总铁含量≥45%)，可用于混匀矿配料，供烧结厂使用。在烧结矿中配入 2%、含铁量在 30%左右的钢渣，年用量在 7000～8000t，使用效果较好[48]。梅山钢铁集团有限公司采用在烧结原料中配加转炉钢渣 1.0%～2.0%后，取得烧结原料成本下降 3.1 元/t 的效果[46]。邯郸钢铁集团采用高铁低 SiO_2 含量的钢渣粉配入烧结矿后，转鼓指数明显提高约 0.5%，熔剂及燃料消耗也得到有效降低，与同月未加钢渣烧结矿相比，生石灰消耗降低 5kg/t，燃料消耗降低 2kg/t 烧结矿，扣除钢渣回收成本后，年可创效 2000 万元，对企业降本增效效果明显[49]。

钢渣用作烧结熔剂的缺点是会使烧结矿含磷量增加，而高炉不具备脱磷能力，从而加重炼钢脱磷负担。按照宝山钢铁集团有限公司的统计数据，烧结矿中钢渣配入量增加 10kg/t，烧结矿的磷含量将增加约 0.0038%，而相应铁水中磷含量将增加 0.0076%。涟钢的实践也表明[50]，随着钢渣配比的提高和循环次数的增多，烧结矿、铁水的磷含量都有所上升，钢渣加入量每增加 1%，烧结矿的铁品位降低 0.1116%，磷含量提高 0.1005%[50]。另外，较大的钢渣会在烧结混合料中产生偏析，造成碱度波动，给高炉生产带来不利影响。

6.3.3 钢渣作冶炼熔剂

宝山钢铁集团有限公司采用转炉脱磷脱碳双联炼钢工艺，将磷含量较低的脱碳炉钢渣返回转炉利用，有效地促进转炉冶炼过程的前期化渣，降低副原料的消耗，达到降本增效的目的。崔九霄[51]等利用精炼废渣成分与炼钢过程中所需的助熔剂——铝矾土的成分类似的这一特点，将精炼废渣配加一定的添加剂和含铁矿粉，经成型干燥后，代替铁矾土等加入转炉作为炼钢助熔剂，并进行现场试验，取得了化渣速度快、节约炼钢助熔剂和石灰等效果[51]。在炼钢和精炼过程中，钢液中的磷、硫经冶炼过程大量富集在钢渣和精炼渣中，但将钢渣和钢包炉精炼废渣用作炼钢造渣剂和助熔剂的方法存在磷、硫富集的问题，因此限制了炼钢渣二次利用的利用率和适用钢种。意大利 Ferriere Nord 钢厂、北方钢铁公司和斯蒂发纳钢铁公司将钢包炉炉渣冷却、破碎并运送到喷吹系统喷吹入电炉作为炼钢造渣剂，用这种技术可以显著节省石灰添加剂的用量(节省量可达 15%)。美国钢铁公司大湖分厂普莱克斯气体有限公司开发了一种技术[52]，钢水从转炉出钢后，其残留的炉渣被调节到合适的黏度，氮气在高压状态从氧枪吹入，使炉渣溅到耐火炉衬上固化，在随后的冶炼过程中充当可消耗耐火层[52]，在提高转炉炉龄方面取得很好的效果。该技术开发的目的是提高转炉炉龄，在炼钢炉渣于冶金工业中的二次利用上起到一定的作用，但由于溅渣只在炉衬上形成 10～20 mm 厚的渣层，从渣的再利用量上看，起到的作用不大。

6.4 钢渣作为胶凝材料

钢渣的成分与水泥的成分较为相似，其主要物相为 β-C_2S、C_3S、RO，还有少量的铁铝酸钙(C_4AF)、铁酸钙(C_2F)、f-CaO、$Ca(OH)_2$、$CaCO_3$ 及单质铁等，其中 C_3S、C_2S、C_4AF 和 C_2F 的存在可提高钢渣的胶凝性能。

钢渣在水泥中的利用主要有三种方式[53]：作为水泥生料配烧熟料，生产少熟料钢渣水泥，用作活性混合材[53]。

钢渣水泥生产工艺简单、投资少、成本低，同时钢渣水泥具有后期强度高、水化热低、耐磨等多种优良性能，适用于一般道路、农田水利等方面。按照JC/T 1082—2008标准规定，低热钢渣硅酸盐水泥中钢渣的掺量不应少于30%，主要适应于大坝或大体积混凝土工程。水泥强度分别为32.5和42.5。采用道路硅酸盐水泥熟料，粒化高炉矿渣和适量石膏可配置成钢渣道路水泥(GB 25029—2010)。

我国曾有50多家钢渣水泥厂，每年生产约300万t钢渣水泥。但钢渣中钙、铝元素的含量相对于水泥含量较少，使钢渣中C_3S、C_4AF的含量较少，从而降低了钢渣的早期活性。

根据Mason等提出的钢渣碱度的概念，钢渣运用于制备钢渣水泥时，对钢渣的碱度有一定的要求，要求其碱度大于1.8，因此钢渣的碱度还可以作为评价钢渣活性的主要影响因素。许谦等认为钢渣碱度值控制在3.0～4.5有利于用作胶凝材料使用[54]。

钢渣作为炼钢行业的副产品，其成分变化较大，均质性差，钢渣的粉磨性较矿渣等其他材料差，钢渣水泥的粒度难以保证。因此，为提高钢渣在水泥中的应用，近年来对钢渣的粉磨进行了较多的研究和探索。

6.4.1　钢渣的粉磨

1. 粉磨设备

1996年，由中国金属学会、德国钢铁学会和德国冶金渣研究会联合发起、在北京召开的“冶金渣处理与利用国际研讨会”上，有学者指出当前应尽快开发或引进钢铁渣高效粉磨设备，以促进钢铁渣粉的大量生产和应用。国内外现有的主要钢渣粉磨设备有球磨机、辊压磨、立式磨、带内选粉的管磨、卧辊磨、气流磨、振动磨、盘式磨、雷蒙磨、冲击式粉碎机。

1）球磨机

球磨机作为一种常见的粉磨设备，由于其操作简单、故障率低等优点，在建材、矿山等领域被广泛应用。从国内运行的钢渣粉磨生产线来看，大多数终粉磨设备为球磨机[55]。球磨机的粉磨原理为：在重力和旋转产生的离心综合力作用下，通过球体翻滚作用达到粉碎效果。钢球与物料为点接触，产生单体颗粒粉碎，存在较大的随机性，容易产生“大球打小粒”，发生“过粉碎”，造成团聚现象。2005年，山东某集团投产了60万t钢渣热闷以及钢渣处理、钢渣粉生产线[47]，但是当球磨机粉磨系统粉磨450m^2/kg以上高细度产品时，单位电耗达75kWh/t以上，电耗显著增加，研磨体消耗量在200g/t以上，经营成本增高，钢渣粉的细度也很难达到国家标准。2014年，JTC公司投产建成一条处理80万t/a钢渣微粉生产线，利用原有的两台球磨机组成了分段粉磨、过程分选和精粉回路除铁的双闭路粉磨工艺[56]。首先利用风选磨用作预粉磨，利用大的通风量，通过扬起物料，带走筒体周边细粉，使较大颗粒或较重的铁粒子沉降下来，通过粗粉通道收集。第二道两仓结构的球磨机进行复磨，增设置除铁装置，清除更细的铁粉颗粒。经多道除铁工艺，粉磨和研磨的效率高，研磨体的消耗低。生产的钢渣微粉细度比表面积达到 450～550m^2/kg，能满足商品混凝土的多种需要。

2）立式磨

立式磨磨辊沿水平放置的圆形磨盘边缘做圆周运动，通过外界施加在磨辊上的垂直压力，使圆形磨盘上的物料承受挤压力和剪切力的共同作用而被粉碎。圆形磨盘在驱动装置的驱动下以一定的转速转动，与此同时，热风以一定的风速从进风口进入立式磨，物料在自身重力作用下从进料口进入后落在磨盘中央，在离心力的作用下向磨盘边缘移动，在碾磨区受磨辊的碾压而粉碎，并继续向磨盘边缘移动，直到风环处。在风力作用下，一部分粒径较大的物料颗粒以及硬度较大的杂质颗粒，则经风环落到立式磨的下部分壳体中，最后被刮料板刮入排渣口从而被排出立式磨外；另一部分粒径较小的物料颗粒随风经过立式磨上部分壳体，进入分离器的分离区，在分离器转子叶片的作用下，不合格的粗粉落回到磨盘上重新粉磨，合格的细粉(也就是产品)随气流一起经出风口出立式磨，并在粉尘捕集器中收集。

立式磨集破碎、粉磨、烘干、选粉为一体，具有电耗低、密封性能好、入磨物料粒径大、磨效率高、能耗低等特点。通过调节选粉机转速、磨机气流量和碾磨压力，并与合适的挡料圈高度结合，可获得要求的细度和粒径分布。立式磨维修费用高，对材质及生产管理的要求都比较高。前期研究认为立式磨不适宜作为钢渣粉磨设备，但近年来的研究表明，在立式磨系统中除铁措施的设计，可有效进行钢渣粉磨。合肥水泥设计研究院在铜陵某公司以未经热闷处理的钢渣、经热闷处理后的钢渣为原料，采用 HRM2800 立磨进行了钢渣粉磨实验，严格除铁要求，磨前设计三道除铁措施，磨机排渣与外循环提升机之间设计二道除铁，以便有效地去除钢渣中的铁，保证系统设备稳定运行，从而降低设备的磨耗和系统的能耗[57]。未热闷的钢渣入磨水分为 5.1%，邦德功指数为 31.5kW·h/t。热闷的钢渣平均颗粒直径在5mm 以下，铁含量较未热闷的钢渣低，钢渣入磨水分为 6.9%，钢渣邦德功指数为28.6kW·h/t。粉磨 100%未经热闷钢渣磨机产量比粉磨 100%热闷钢渣降低19.98%，由此可见钢渣中的铁含量对立式磨粉磨钢渣的效率至关重要。

3）辊压机

辊压机的工作部件主要是两个速度相同、相向转动的挤压辊，一个为固定辊，一个为活动辊。当辊压机工作时，电动机带动活动辊转动，同时，活动辊在液压驱动系统的驱动下向固定辊缓慢靠近。物料从两辊上方进料斗进入，在自身重力及磨辊摩擦力的双重作用下，被挤压辊连续带入辊间，受磨辊的高压挤压作用后，变成密实且充满裂缝的料饼从辊压机下方排出。排出的料饼，除含有一定比例的细粒成品，在非成品颗粒的内部，由于受高压的作用会产生大量裂纹，非成品颗粒易磨性大为改善,有利于后续球磨机的粉磨作业,从而大幅度降低整个粉磨系统的单位电耗。某企业用辊压机联合粉磨系统生产钢渣粉的研究表明,用辊压机处理钢渣时,能大幅度改善其易磨性,从而降低球磨机电耗[58]。辊压机处理钢渣的增效系数可达 4.0 以上,与用辊压机处理粉磨水泥增效系数 2.0 相比,节能效果更加显著,可大大改善后续球磨机的粉磨状况,使整个粉磨系统的单位电耗明显下降;且可实现钢渣中的铁和渣能充分剥离,便于进入超细粉磨系统之前能进行高效除铁。因此,采用带辊压机半终粉磨的粉磨工艺,可以充分发挥利用辊压机的高效挤压优势和球磨机的粉磨功能,达到显著改善产品性能、增产节能和高效除铁的效果,是当前钢渣生产工艺行之有效的方案之一。

4）筒辊磨

筒辊磨基于料床粉碎工作原理,巧妙地结合球磨机和辊压机的主要优点,利用中等压力、中等辊面线速度下,使物料一次喂入设备内而实现多次挤压粉磨[59]。在粉磨过程中,物料靠自身重力从进料口进入筒辊磨回转筒体内,由于回转筒体高速转动,物料在离心力作用下分布在回转筒体内壁表面和其上方磨辊构成的挤压通道内,并在此挤压通道内形成料床,再进一步形成“密集颗粒集群”。山东日照钢铁控股集团有限公司的某核心设备为 ϕ3800mm 的卧式辊磨机,系统功率为 2300kW,2010 年 9 月投料试生产,台时产量达到 50t/h,成品细度达 400～430m^2/kg,主机电耗达 33～35kW·h/t。江西九江、河北唐山等地也有同类项目使用或在建[60]。但是从目前运行的筒辊磨情况来看,筒辊磨故障率高、维修困难、操作难度较大、产品细度大,不利于成品活性的发挥。表 6.8 为钢渣粉磨系统主要参数对比。

表 6.8　不同钢渣粉磨系统的对比

系统方案	球磨机	辊压机+球磨机	筒辊磨	辊压机	立式磨
主机电耗/(kW·h/t)	75	45	34	28	—
系统电耗/(kW·h/t)	90	60	45	36	36
烘干能力	差	好	好	好	很好
对粒度适应性	差	好	好	好	很好
运转率	高	高	低	低	高
规模化	困难	容易	困难	容易	容易

2. 钢渣原料对粉磨的影响

钢渣随原料不同,易磨性迥异,其中既有炼钢工艺(转炉渣和电炉渣)和渣处理方式(水淬渣、风淬渣、热泼渣、热闷渣、滚筒渣和脱硫渣等)的区别,也与粉磨工艺以及成品的细度要求不同有关。罗帆研究认为钢渣的易磨性由炼钢及其处理方式决定[61]。球磨机单独粉磨熟料和分别配入 32%钢渣和矿渣混合粉磨的对比,后者单产电耗要增大 44.3%。不同成分的钢铁渣在粉磨过程中的结构变化是不同的，它与物料粉磨的难易程度及晶型本身的稳定性有关。侯贵华等对某企业转炉钢渣进行球磨后发现，粉末后的颗粒显示出粗粒与细粉体呈两极分化现象，表明钢渣所含物相间存在明显的易磨性差异[62]。RO 相具有金属质材料的特性，即良好的韧性和延展性，因此其易磨性差。而铁酸盐矿物也是耐磨性矿物，因此钢渣中的铁的物相是难磨组分的主要矿物。钢渣中铁的物相主要以氧化亚铁固溶体为主，还有少量磁铁矿、磁赤铁矿以及氧化镁等多矿物共生体，矿物界面结合强度大，铁元素又属于复合矿物相，相邻矿物物理性质差异不大，通过机械破碎实现分离较困难，分选也难以彻底；粉磨的过程就是铁粒在磨内不断富集的过程，被磨细并成为成品的量很少，更多的是随系统反复循环或堵塞篦板、加剧设备磨损以致降低磨机产量。

对不同冷却速率的钢渣的粉磨动力学研究表明：慢冷钢渣粉体比水淬钢渣粉体具有更大的比表面积，易磨性优于水淬钢渣[63]。但在研磨初期，慢冷钢渣粉碎速率大于水淬钢渣，而在后期，水淬钢渣的粉磨速率大于慢冷钢渣。其原因是慢冷钢渣块内外层的冷却速度并不一致。外层的冷却较快，其晶粒尺寸相对较小，气孔较多，结构强度较小，这部分钢渣较易完成体积粉碎而进入表面粉碎阶段且较易进一步磨细，内层的冷却速度较慢，气孔少且质地致密，但晶体结粒大，微裂纹容易沿晶界得到扩展，也能较为迅速地从体积粉碎进入表面粉碎。然而，对于水淬钢渣，因急冷作用使其玻璃化程度较大，晶粒尺寸较慢冷钢渣的更为细小，这种因晶粒细化所致的结构致密与强韧化，提高了颗粒的断裂能，在研磨体的冲击作用下，微裂纹不易扩展，体积粉碎效率较低。在后期表面粉碎为主的粉磨阶段，慢冷钢渣的进一步细化需要对尺寸较大的 C_3S 和 C_2S 等的晶格进行破坏，难度较大，故此阶段的粉磨效率，慢冷钢渣反而有可能低于水淬钢渣。

3. 钢渣粉磨助剂

随着粉磨时间的延长，物料比表面积增大，比表面积能量也显著增大。由于晶格内能的作用，发生晶格应变的恢复和重结晶过程。物料颗粒间作用力的增大又会发生物料颗粒团聚的趋势，物料处于磨细团聚的动态平衡状态，从而增大表观粒度、降低比表面积、降低粉磨效率。随着粉磨过程的进行，由于受各种力的影响，颗粒有团聚变成较大颗粒的倾向，团聚的根源是粉碎所截断颗粒内部的电价键。物料粉碎过程中，颗粒断裂，在断裂的新生表面上产生游离电价键，从而驱使邻近颗粒相互黏附和聚集。

助磨剂的作用就是可以迅速提高外来离子或分子去满足断开面上未饱和的电价键，消除或减弱聚集的趋势，阻止断裂面的复合。没有了团聚，用于粉碎团聚起来的粒子的能量可以用于粉碎单个颗粒，使颗粒达到更细的状态。引力减少，使得颗粒具有更好的分散性，从而使流动性增加，减少或防止了粘球、糊磨现象，提高了粉磨效率。助磨剂一方面使物料颗粒的表面自由能和晶格畸变程度减小，促使颗粒软化；另一方面中和平衡粉碎颗粒上的不饱和键，防止颗粒再度凝聚，从而抑制粉碎逆过程的进行。

助磨剂的助磨作用取决于其对物料的分散作用，而助磨剂的分散作用是由以下原因引起的：助磨剂的吸附使颗粒表面带电而产生静电斥力，使物料颗粒分散；助磨剂的吸附使颗粒表该膜阻止颗粒相互靠近而产生分散作用。因此，有必要从助磨剂的亲水性、吸附能力以及对矿物表面 ε 电位的影响三个方面讨论助磨剂的结构与性能的关系。通常，助磨剂在物料表面的吸附能力越强、亲水性越好、带电荷越多，分散和助磨作用越好。助磨剂的作用效果不仅取决于自身的结构，还与其对物料的吸附形式密切相关。在粉碎时，当物料颗粒与助磨剂的活性基团之间发生某种程度的表面化学吸附时，无疑会增强该助磨剂对物料表面的吸附能力，促进物料表面强度的下降和分散。而吸附能力又依赖于助磨剂的化学本性——官能团的类型、分子量的大小和黏度等。

需要注意的是，研磨粉体粒度降低过程存在极限，该极限主要由研磨设备的机械性能决定，助磨剂的加入只能缩短达到粉磨极限的时间，却不能改变粉磨的极限。在粉磨的后期，加入助磨剂的粉磨样品接近极限，必然导致粉磨效率降低，这使助磨剂在粉磨中后期的优化效果不再明显。

一般采用的助磨剂有无机助磨剂三聚磷酸钠、多聚磷酸钠、膨润土等，有机助磨剂三乙醇胺、乙二醇、甘油、三异丙醇胺等。冯春花等的研究认为，三乙醇胺对物料中的细颗粒贡献较大，乙二醇更有利于提高粉磨物料的均匀性[64]。李伟峰等通过对几种有机助磨剂的助磨效果对比发现这些有机助磨剂在粗磨阶段的效果较好，而在细磨阶段对细度的贡献并不明显[65]。刘思等对几种常用的助磨剂的粉磨效果进行了对比，结果发现，助磨效果为：红土＋三乙醇胺＞有机＋无机复合助磨剂＞六偏磷酸钠＞三聚磷酸钠＞三乙醇胺＞无水乙醇＞ Na_2SiO_3 ＞ MnO_2 ＞多聚磷酸钠[66]。总体来说，复合助磨剂好于单体类的有机和无机盐类助磨剂。其原因是采用无机＋有机的复合性助磨剂在粉磨过程中除了发生物理吸附外，还发生了强烈的化学吸附，对钢渣有很好的助磨效果[67]。

6.4.2 钢渣水泥的胶凝性

钢渣的水硬活性来源于其包含的硅酸二钙（C_2S）和硅酸三钙（C_3S）。这两种矿物相总含量一般在钢渣中占 50％以上，因此钢渣又称过烧硅酸盐水泥熟料。但钢渣的生成温度为 1560℃以上，而硅酸盐水泥熟料的煅烧温度在 1450℃左右。较高的生成温度使钢渣的矿物结晶致密、晶粒较大，水化速度缓慢。另外，钢渣中还含有硅酸盐水泥熟料中所不具有的橄榄石，蔷薇辉石等矿物，因此钢渣水泥的耐腐蚀性、耐磨性、抗渗透性、抗冻性等比硅酸盐水泥和矿渣硅酸盐水泥好。硅酸三钙是水泥强度的主要贡献相，调节适当的碱度可以提高钢渣的胶凝性能。

钢渣的早期强度低，为提高钢渣的掺入量、提高水泥的强度等级，需要采取相应的措施来提高钢渣水泥的胶凝活性。

1. 钢渣的活性激发

1）钢渣的物理激化

采用机械的方法降低钢渣的粒度，粉磨过程不仅仅是颗粒减小的过程，同时伴随着物料晶体结构及表面物理化学性质的变化。由于物料比表面积增大，粉磨能量中的一部分转化为新生颗粒的内能和表面能。晶体的键能也将发生变化，晶格能迅速减小，在损失晶格能的位置上产生晶格位错、缺陷、重结晶，在表面形成易溶于水的非晶态结构。晶体结构的变化主要反映为晶格尺寸减小，晶格应变增大及结构发生畸变。晶格尺寸减小，保证钢铁渣中矿物与水接触面积增大。晶格应变增大提高了矿物与水的作用力。矿物结构发生畸变，结晶度下降使矿物晶体的结合键减小，水分子容易进入矿物内部，加速水化反应。将磨细钢渣作为高活性水泥掺合料进行研究，结果表明，磨细钢渣粉的活性指数随其比表面积增加而提高，用磨细钢渣粉可以制成普通硅酸盐水泥、复合硅酸盐水泥、钢渣矿渣水泥，水泥的各项性能均符合国家标准。李永鑫研究结果表明，将钢渣作为掺合料掺入水泥中，钢渣比表面积从 $400m^2/kg$ 提高到 $500m^2/kg$ 时，水泥各龄期的强度有明显增长；继续提高比表面积，水泥的早期强度有小幅度增长，后期强度几乎没有增长[68]。运用分形理论分析钢渣试样的颗粒特征的结果发现，钢渣微粉粒度分布的分维值随着粉磨时间的延长先逐渐增大而后趋于平缓，其值不但能够反映钢渣颗粒特性，而且与钢渣微粉的比表面积具有良好的线性关系，也与钢渣基水泥材料的胶凝性能有良好的正相关性。易龙生等通过灰色关联分析得知，钢渣粉中小于 $20\mu m$ 的颗粒、特别是 $10\sim20\mu m$ 粒级对钢渣水泥胶砂的强度起促进作用，而大于 $20\mu m$ 的颗粒对钢渣水泥胶砂的强度起阻碍作用[69]。因此，要使钢渣水泥具有更好的胶凝性能，需尽量优化钢渣粉的颗粒级配，尤其是要提高 $10\sim20\mu m$ 粒级的含量，同时减少大于 $20\mu m$ 颗粒的含量。但在实际应用中，这种情况是较难通过各粒级的调配来实现的，但可以通过采用适宜的研磨设备和研磨方法来达到较优的颗粒级配。

2）钢渣的化学激化

钢渣中玻璃体的主要化学键是 Si—O 键和 Al—O 键，它们分别以[SiO_4]四面体和[AlO_4]四面体或[AlO_6]配位多面体的形式存在。钢渣经过破碎和粉磨后，其表面存在着断裂键，在激发剂形成的碱性环境中，[SiO_4]四面体会发生解聚生成 $H_3SiO_4^-$，[AlO_4]四面体会发生解聚生成 $H_3AlO_4^{2-}$，而 H_3SiO_4-$H_3AlO_4^{2-}$ 与 Ca^{2+}、Na^+ 反应生成沸石类水化产物。当[AlO_4]四面体解聚时，[AlO_6]以 $Al(OH)^{2+}$ 的形式从其原始位置脱离进入溶液形成水溶性离子，并与溶液中已经存在的 $H_3SiO_4^-$、OH^-、Ca^{2+} 和 Na^+ 一起反应生成沸石类水化产物[70]。沸石类水化产物的生成消耗了解聚生成的 $H_3SiO_4^-$ 和 $H_3AlO_4^{2-}$，玻璃体的网络形成键 Si—O 键和 Al—O 键不断得到破坏，最终使玻璃体彻底解聚。因此，化学激发的机理是通过引入化学组分创造一个能使钢渣中玻璃体充分解聚并水化的碱性环境，加快钢渣活性组分的水化硬化。

苏联在 20 世纪 50 年代就研究开发了碱钢渣水泥体系，将转炉钢渣用水玻璃＋氯化钾激发，10min 水泥强度达 9MPa，1d、38d 和 360d 的强度分别为 32MPa、67MPa 和 96MPa。中国建筑材料科学研究总院在 20 世纪 70 年代就开始研究钢渣活化剂。武汉工业大学的姜玉英在 20 世纪 80 年代率先研究了碱钢渣水泥体系的水化机理。在上述这些研究中，水玻璃是首选激发剂。水玻璃在钢渣水泥中充当骨架网络，水玻璃中的 Na^+ 主要维持溶液的 pH 和对玻璃体的离解起催化作用。水玻璃的模数决定着钢渣水泥初始网络体的结构，实验表明，水玻璃模数在 0.25～1.50时，能发挥最好的骨架网络结构和激发效果[71]。当模数一定、网络结构有一定的断裂时，水玻璃的激发效果最好。复合激发即复合使用两种或多种化学激发剂，其效果好于单独激发。

20 世纪 90 年代，南京化工学院的吴学权、李东旭等引用碱激发矿渣的思想，对钢渣活化技术进行了较深入的研究，提出了钠钙硫复合活化的理论及方法，这是目前钢渣活化技术最常采用的方法。该方法的激发机理是，在钢渣水泥水化的早期，激发剂可生成 NaOH，提高水化环境的碱度，既促进钢渣本身的水化，又利于钢渣水泥中矿渣的解体；矿渣在 $Ca(OH)_2$ 和 NaOH 形成的强碱性环境中解体，生成水化硅酸钙和水化铝酸钙，后者在 SO_4^{2-} 存在的条件下进一步反应生成钙矾石，称为钠、钙、硫混合激发过程。韩方晖等对钢渣在强碱性环境的早期水化反应进行了研究，发现强碱性环境和高温能够促进钢渣的活性组分（C_2S、C_3S 和 C_4AF）的水化，生成更多的水化产物，且碱度越大，促进水化作用越明显[72]。经过强碱和高温激发，钢渣中的主要铁酸盐的衍射峰依然很强。由于铁的氧化物是碱性氧化物，强碱性环境对其影响极小。RO 相是非活性物质，在高温高压下也不能加速其反应，强碱激发对其活性没有影响，强碱性和高温环境使钢渣在早期水化时生成大量的绒状凝胶，强碱性激发钢渣早期活性时体系内生成大量的片状晶体，即铝酸盐矿物的水化产物，且随着龄期的延长，钢渣浆体结构变得相对密实。

丁铸等对石膏、碳酸钠和氢氧化钠对钢渣在普通硅酸盐水泥的水化活性进行了激发研究[73]。加入石膏后，石膏提供 Ca^{2+}、SO_4^{2-}，钢渣中的氧化钙先与水反应生成氢氧化钙，然后水化生成的氢氧化钙再与钢渣中的 SiO_2、Fe_2O_3、Al_2O_3 等反应生成相应的水化产物，即水化硅酸钙、水化铁酸钙、水化铝酸钙凝胶等，石膏和水化铝酸钙反应生成水硬性的水化硫铝酸钙，从而加快了氢氧化钙的消耗以及钢渣

中 Al_2O_3 的消耗，使得试件早期强度的形成，随着石膏掺量的增加，钢渣混合水泥的早期抗折强度、抗压强度有所提高。碳酸钠溶于水之后，形成的是一种碱性溶液，钢渣中的硅酸盐、铝酸盐等矿物溶于水，形成水化硅酸钙和水化铝酸钙等凝胶，并释放出大量的 OH^-、Ca^{2+}、Al^{3+} 等离子；在 Na^+、OH^- 等离子的激发作用下，玻璃态硅氧结构迅速解离，硅氧及铝氧离子团溶出并和钢渣释放出的离子反应生成 C-S-H-Al 凝胶，随着钢渣水化的不断进行，水化产物填充或衔接于网络结构中，使钢渣水泥的结构逐渐密实，其宏观表现是强度相应增强。除上述几种激发技术外，也有学者研究发现 Na_2CO_3、Na_2SiO_3 可有效激发磨细矿渣钢渣复合体系[74]；林宗寿则发现 $Na_2CO_3+Na_2SiO_3$ 能显著激发钢渣粉煤灰复合体系。

3）钢渣的热力激化

高温条件下，钢渣中玻璃体的网络结构受热应力的作用，使其网络形成的 Si—O 键和 Al—O 键更容易发生断裂，有利于玻璃体解聚，从而促进水化反应速率，增大水化反应程度，从而激发钢渣的活性。根据钢渣的用途不同，高温激发钢渣的方式主要有两种：一种是制备硅酸盐制品时，采用压蒸或蒸养的方式提高水化温度；另一种是将钢渣作为矿物掺合料应用于混凝土时，利用胶凝材料水化放出的热量提高水化温度[75]。

2. 钢渣中铁对钢渣胶凝效果的影响

钢渣中单质铁在钢渣破碎磁选过程中可以基本除去，对钢渣的胶凝性能影响较小。FeO 在室温是不稳定化合物，但在钢渣中由于相平衡而与 Fe 和 Fe_2O_3 共存，并被 CaO 和 MgO 等二价氧化物稳定。关少波将两种鞍钢钢渣（含较多 FeO，Fe_2O_3 含量较少）在 950℃下氧化 20min 后，与现场渣（分别掺加 4%石膏）做强度对比实验，发现两种不同的钢渣经过氧化以后其水泥强度都有提高，氧化渣的胶凝性能比现场渣好[76]。从氧化渣水泥强度看，Fe^{3+} 的存在有助于提高钢渣的胶凝性能。郭辉等对钢渣进行重构实验，研究其组成和胶凝性能，主要采取方法为：掺加调节组石灰将钢渣中 RO 相转变为 C_4AF，同时将铁氧化物还原成金属铁分离出来[77]。其调节组分掺量增加时，C_2S、C_2F 和 C_4AF 含量也随着增加，且 RO 相分解彻底，提高了钢渣的胶凝活性。

3. 钢渣重构提高钢渣的胶凝性能

通过添加还原性的固体废渣将钢渣中铁氧化物进行还原，以及改变钢渣矿物组成，增加其胶凝成分含量。其中李建新等利用石灰、电炉还原渣（白渣）、矿渣、煤渣、粉煤灰等作为组分调节材料，以韶钢转炉钢渣为研究对象，研究了高温重构过程中钢渣矿相演变规律及胶凝性能的变化，并对组分调节材料进行了优选[78]。实验结果表明，钙质调节材料可以促进重构钢渣中 A 矿和 B 矿的形成，当钙硅比（C/

S)大于 3.0 且处理温度低于 1300℃时，将导致重构钢渣中 f-CaO 含量增多；钙铝硅质调节材料可以较好地促进重构钢渣中硅酸钙和铁铝酸钙的形成，显著提高重构钢渣的胶凝活性；硅铝质调节材料可促进 f-CaO 的吸收，增加重构钢渣中铝酸盐矿物的含量。也有研究表明，以焦炭配以 CaO 为主的钙改质剂，对钢渣进行重构，可明显提高钢渣的胶凝能力，促进钢渣的水化，加快水化放热速率[79]。赵海晋等将 15%的粉煤灰掺加到 1300℃高温的钢渣中，然后进行热闷处理，结果表明粉煤灰可以稳定钢渣品质，f-CaO 吸附完全，没有方镁石析出[80]，提高了钢渣的胶凝活性。张作顺等利用铁尾矿作为改性剂对钢渣进行高温改质，考虑到出炉钢渣的温度≥1450℃，将钢渣的处理温度设置在 1200℃以上，铁尾矿作为改性剂可显著降低钢渣中游离氧化钙的含量，而且铁尾矿掺加量和煅烧温度对改性钢渣中游离氧化钙含量变化的影响较大[81]。当改质温度高于 1250℃、铁尾矿掺量为 10%～30%时，改性钢渣中游离氧化钙的含量能满足国标中用于水泥和混凝土钢渣的要求。随着铁尾矿的掺入，改性钢渣的钙硅比逐渐降低，矿物组成中胶凝性物相与原始钢渣相比显著提高，28d 活性指数与原始钢渣相比可提高 7.0%。

6.5　钢渣作为道路材料和水利工程材料

高密度转炉钢渣和电渣，包括铁合金钢渣在水利工程的使用上，即在堤岸和海岸的加固、河床的稳定、防波堤的建设和堰塘的填埋方面显示出优异的性能。由冶金废渣组成的水利工程用石在抗洪流和抗波浪冲击方面远远优于普通材料。德国每年有约 40 万 t 钢渣用于河床河岸的抗冲蚀稳定集料。日本渣料协会从 1993 年开始推广使用钢渣作为港口建设的建筑材料，在 2008 年颁布了钢渣在港口建设中使用的指导意见。

在道路工程中钢渣适用于从基层到沥青面层的各层材料。钢渣也可与其他建筑材料以矿物混合料的形式应用于道路工程中，并尽可能尝试将转炉钢渣、高炉块渣及矿渣进行混合。该混合料的优点是矿渣的潜在水化活性可以通过转炉钢渣激活从而使混合料硬化，高炉块渣则作为骨架颗粒。用该矿物混合料可制备具有高承载力的承重层。欧盟各国钢渣约有 60%用于道路工程。

中国较早开始使用钢渣作为道路建设材料，1990 年建设部颁布用钢渣和石灰混合材作为建设的技术标准(CJJ35)。钢渣碎石作为公路路基，使得道路渗水、排水良好，对保证道路质量具有重要意义。

钢渣经过粉碎后，与沥青结合用作沥青路面材料，具有强度高、稳定性好、磨损率低等优点。1994 年，美国俄勒冈州铺设了一条含钢渣集料的沥青路面试验段，并对其进行了 5 年的跟踪检测。研究结果表明，仅 30%的钢渣粗骨料替代量并不能明显提升沥青混凝土的路用性能，更大的钢渣取代量更有利于路用性能的提高。

Huang 利用转炉渣作为骨料的沥青混凝土路面在不同的压实号码下进行静态/动态以及半静态的振动滚动试验，评价现场压实号码、滚动方法、冷却时间对转炉渣沥青混凝土的影响效果，结果表明，如果路面是通车的，且同时考虑转炉渣沥青混凝土的强度增长和稳定性，路面应首先振动滚动 3～4 个来回，其次静态滚动完成路面施工压实，钢渣沥青面层的厚度可以有效降低，从而节约建造成本[82]。1997 年，涟源钢铁集团通过试验，利用转炉渣修筑了一条长 270m、宽 12m、包括停车场在内总铺筑面积超过 5000m^2 的钢渣沥青公路[83]。经测定，该路的抗压强度、回弹模量等主要指标符合道路基层材料的要求。试验道路经过几年的实际应用，无裂缝、鼓包现象，道路整体强度符合设计要求。与水泥路面造价比较，该试验路成本降低了 30～40 元/m。武汉钢铁集团金属资源有限责任公司与武汉理工大学合作，在公司内部修筑了一条钢渣沥青混凝土试验路段。李灿华等对该试验段服役八年后的路用性能做了跟踪检测[84]，检测结果表明，路面服役性能良好，抗滑能力衰减度比同类型的石灰石路面小得多，路面结构并未出现大的损坏，显示出较好的耐久性能。

在钢渣沥青混凝土实际应用和政策保障方面，法国的公路面层的沥青路面防滑材料，有的全部用钢渣，有的将钢渣和石灰石混合使用，都取得了成功，并且得到了大量应用。日本钢铁协会也专门制订了《使用钢铁渣的沥青路面设计施工手册》和《钢渣路面基层设计施工手册》，根据钢渣的特点，成功将钢渣用于路基上的隔离层和路面层。应用表明，转炉渣和沥青拌制的混合料用于寒冷区域或交通荷载大的路面，有明显的耐磨性和耐流动性，其性能优于天然石料。我国相继颁布了《耐磨沥青路面用钢渣》(GB/T 24765—2009)、《透水沥青路面用钢渣》(GB/T 24766—2009)等国家标准，为钢渣在沥青路面面层的推广应用提供了技术规范。2009 年北京长安街大修工程中，用钢渣替代玄武岩用于沥青路面表层。但钢渣的化学性质和物理性质存在不确定性，钢渣集料含有大量的微孔结构，对沥青的吸附并非瞬时完成，而是随时间发生变化，这也导致相对密度及相应的体积参数发生改变，进而影响沥青混合料的耐久性能。潜在的体积膨胀危险也是制约钢渣作为沥青路面材料的主要因素。合理的钢渣掺配方案能够较好地抑制钢渣遇水膨胀带来的后期工程的安全性、耐久性问题，并显著提高其路用性能。武建民等将钢渣以 0%、20%、40%、60%、80%和 100%的比例等体积替代玄武岩粗骨料用于 SMA-13 沥青混合料，测定沥青混合料在掺加钢渣后的体积膨胀率[85]。试验表明，钢渣掺量越大，体积膨胀量越大，因而应加以控制钢渣在沥青混合料中的掺量，以避免沥青混合料体积膨胀率过大。通过对不同钢渣体积掺量下沥青混合料的高温稳定性、低温抗裂性、水稳定性、体积稳定性等路用性能进行试验研究，得出：钢渣沥青混合料的高温稳定性在钢渣体积掺量为 20%时最佳，低温抗裂性随着钢渣体积掺量的增加而逐渐降低，水稳定性在钢渣体积掺量为 20%或 40%时最好。

钢渣筑路是钢渣综合利用的一个主要途径，钢渣的硬度和颗粒形状都符合道路材料的要求，其强度高，自然级配好，是良好的筑路回填材料。钢渣出色的棱角性及力学性能又可以替代天然石料。阻碍钢渣应用的最大问题是其潜在的体积膨胀性。在德国，相应的评价及减少对于转炉渣和电炉渣体积膨胀性问题而在生产处理中的质控手段以及环境危害性评价措施已纳入标准。炼钢程序也进行了改进以消除钢渣中游离氧化钙：向液体钢渣中加入一定量的干砂，并进行吹氧处理。由于液态钢渣的温度很高，干砂被熔化的同时也消解了游离氧化钙。经此方法得到的钢渣的游离氧化钙含量小于1%。

中冶宝钢技术服务有限公司针对钢渣比重大、耐磨和抗折等特性，选用特定级配钢渣作为混凝土特种集料，按“无砂”混凝土技术配制，成功研制出适用于公园道路、人行道、各种新型体育场地、河道、高速公路、山体护坡、海工护堤等具有较强竞争力的生态环保型钢渣透水混凝土产品，已应用于世博园区中心广场、A13广场、世博公园等重大地面工程。经检验，工程技术质量达到绿色建筑最新最高版本的美国标准要求。

6.6 钢渣作为农肥使用

施用微量元素肥料的重要性已逐渐被人们所重视，随着化肥施用技术的发展，制约农作物生长的因素已经转为氮磷钾以外的锌、锰、铁、硼、钼等微量元素。钢渣中含有较多的铁、锰等对作物有益的微量元素，同时可以在钢铁厂出渣过程中，在高温熔融态的炉渣中添加锌、钼、硼等矿物微粉，使其形成具有缓释性的复合微量元素肥料。复合肥料作为农业基肥施用到所耕种的土壤里，可以解决长期耕作土壤的综合缺素问题，并增加作物内的微量元素含量水平，提高其品质。

钢渣可以视为一种以钙、硅为主，含多种养分的、具有速效又有后劲的复合矿物质肥料，含有大量植物生长所需要的营养元素，如Ca(29%～36%)、Si(4%～12%)、Fe(6%～27%)、Mg(1.8%～10.2%)及少量的P、Mn、Cu、Zn等，同时钢渣具有较大的比表面积和孔隙度，是优良的硅钙肥原料和酸性土壤改良剂，转炉钢渣中含有较高的钙、镁，因此可以作为酸性土壤改良剂，有些钢渣含磷较高，可生产钙镁磷肥和钢渣磷肥。大部分钢渣内的有害元素含量符合有关农用标准要求，因此适合用于生产农业肥料。由于钢铁渣中含有一定量可溶性的镁和磷，采用其作为改良剂，可以取得比施用石灰来改良酸性土壤更好的效果。在发达国家如德国、美国、日本，转炉钢渣已被作为硅肥、磷肥和微肥使用。

钢渣硅钙肥为强碱性肥料，pH为10～12。众多研究认为，由于钢渣CaO和MgO的溶解，释放出OH^-，可以提高酸性土壤的pH[86]。研究认为，施用钢渣硅钙肥，增加酸性土壤pH，降低碱性土壤pH，都趋向于中性[87]。施用钢渣肥可以促进土壤中有机物质的矿化作用，长期连续施用钢渣可以降低土壤中腐殖质和有机氮含量。施用钢渣硅肥还可以提高酸性土壤阳离子交换量，改善土壤结构，增加土壤孔隙度。钢渣具有巨大的表面积，通过化学或物理吸附土壤中 Al 和一些重金属元素，可以降低毒害离子的活性[88]。在美国佛罗里达土壤缺硅严重的稻作地区，钢渣硅钙肥的施用增产 30%，该地区钢渣硅钙肥的施用量一般为 500kg/km^2。我国自 1979 年至 1999 年，16 个省份水稻种植区因钢渣硅钙肥的施用，水稻增产 0%到 400%不等。2011 年，太原钢铁集团有限公司与美国哈斯科公司共同投资建设的 150 万 t 钢渣综合利用项目立足将钢渣制备钢渣硅钙肥。滑小赞等的研究表明，在高碱性的石灰性褐土中，单独施用钢，渣洋葱产量有所下降，而施用钢渣复合活化渣在一定使用量上会提高洋葱的产量[89]。钢渣作为微量元素肥料可明显提高洋葱中维生素 C、可溶性固形物、硅、硫等的含量，明显降低洋葱长芽与腐烂的比例，便于贮藏。

当采用中高磷铁水炼钢时，在不加萤石造渣条件下所得到的转炉钢渣可以用于制备钢渣磷肥。钢渣中的磷具有良好的酸溶性，可在植物根际的弱酸性环境下溶解而被植物吸收。钢渣中可溶性 SiO_2 和碱分都超过了国家标准的要求，可以满足钙镁磷肥中添加要求。2006 年，我国颁布实施的钙镁磷肥新国家标准(GB 20412—2006)规定："适用于以磷矿石与含镁、硅的矿石，在高炉或电炉中经高温熔融、水淬、干燥和磨细所制得的钙镁磷肥，包括含有其他添加物的钙镁磷肥产品，其用途为农业上作肥料和土壤调节剂"。云南光明化工有限公司的试验证明选取钢渣作为钙镁磷肥的添加物，能与钙镁磷肥混合均匀，在色泽、外观都能够达到国家标准，在添加量为 20%时，钙镁磷肥中的有效磷指标不低于国家一级品标准[90]。由于钢渣中的硅分和碱分都达到国家标准要求，不会对钙镁磷肥国家标准中所要求的可溶性 SiO_2 和碱分指标有影响。但需要注意的是，钢渣中 MgO 的有效质量分数约为 5%，小于钙镁磷肥国家标准中≥12.0%的要求。有效 MgO 少许下降，但比起其他无任何有效 MgO 的添加物来说，钢渣是较好的。

6.7　钢渣制备微晶玻璃、陶瓷产品

钢渣的基本化学组成为硅酸盐，微晶玻璃是晶体相和玻璃相均匀分布的新型复合材料，其基础成分为硅酸盐、铝硅酸盐、硼硅酸盐、硼酸盐等。钢渣的组成虽然差异较大，但一般都在 $CaO\text{-}Al_2O_3\text{-}SiO_2\text{-}MgO$ 系微晶玻璃的组成范围内。微晶玻璃具有良好的力学性能及较强的耐磨、耐腐蚀性能，可作为机械上的结构材料，电子、电工上的绝缘材料，大规模集成电路的底板材料，微波炉耐热器皿，化工与防腐材料和矿山耐磨材料等。用微晶玻璃制作的板材强度大，硬度高，耐候性好，热膨胀系数小，具有美丽的花纹，可用于建筑幕墙及室内高档装饰，是建筑装饰的理想

材料。利用钢渣制备微晶玻璃可有效提高钢渣的附加值。

钢渣微晶玻璃的研究在国外开展较早，1979 年美国 Harada 等利用熔融钢渣与铝业红泥高温下发生热化学反应产生不膨胀、不破碎的成分，西欧的 Goktas 等用废钢渣生产出彩色微晶玻璃，用作墙面装饰块及地面瓷砖。2010 年，Furlani 等以钢渣为原料，掺入 40%碎玻璃，采用烧结的方法制备出了性能良好的微晶玻璃。由于钢渣中含有大量的铁，所以不少研究利用钢渣制备铁系微晶玻璃如 CaO-SiO_2-FeO-Fe_2O_3 系微晶玻璃、SiO_2-Na_2O-CaO-P_2O_5-FeO-Fe_2O_3 系微晶玻璃，并研究了产品的铁磁性能。

我国开展钢渣制备微晶玻璃的研究相对较晚，但也取得了较大的进展。从 1982 年开始，不断有学者对以钢渣为原料，采用烧结法制备的不同成分微晶玻璃的烧结和晶化过程、结构和性质及表面成核机理进行了探讨；肖汉宁等研究了工艺条件对钢铁废渣玻璃陶瓷显微结构的影响，确定了核化温度和晶化温度，在核化后，试样已基本微晶化，所生成的主晶相为透辉石[$CaMg(SiO_3)_2$]和普通辉石[91]。诸多学者从成核与晶化机理、铁磁性能、显色规律等方面开展的研究，不仅证明了钢渣制备微晶玻璃的可行性，也阐明了工艺配方、晶化规律等理论问题。随着钢渣制备微晶玻璃研究的深入，所使用的钢渣也逐渐由冷态水淬渣变为熔融热态渣，为钢渣的热态利用提供了重要的参考依据。

赵贵州等采用富含 SiO_2 和 Al_2O_3 的粉煤灰及石英砂作为改质剂调节钢渣的化学成分，为促进原料熔化和玻璃液均化过程，加入 Na 盐，同时加入一定量的煤粉作为还原剂用于还原钢渣中残余的铁氧化物，回收铁元素[92]。通过高温熔融，使液渣成分均匀化并伴随铁氧化物的还原。由于还原出的铁与液渣互不相溶且铁的密度比渣大，所以铁沉降在坩埚底部并与液渣分层。对得到的基础玻璃坯体采用一步法热处理工艺，制备成微晶玻璃，对制备的薇晶玻璃的物相分析显示，随着基础玻璃碱度的增大，微晶玻璃中辉石晶体的含量逐渐减少，钙铝黄长石晶相逐渐增多，并在碱度>0.7 的微晶玻璃中发展成为主晶相。碱度较高，玻璃析晶较早。晶体中主要以柱状晶结合，微观结构致密，晶体间相互交织咬合存在。其力学性能达到国家标准，且制备出的微晶玻璃在抗折强度、抗压强度和显微硬度方面，均优于天然石材等材料。

熊辉辉等研究了晶化温度和成型压力对钢渣基微晶玻璃的性能影响，当晶化温度为 1110K 时，样品中晶体数量较少且发育不完全，玻璃体基质相对较多，晶体零星分布在玻璃体之上；晶化温度为 1140K 时微晶体已经长大且发育较好，分布均匀致密；当晶化温度升至 1170K 时，晶体进一步生长，晶粒尺寸变大但颗粒均匀性较 1140K 差；进一步升高晶化温度，部分已生成的晶体开始重熔，晶体数量较少、颗粒均匀性进一步恶化[93]。主晶相含量随着晶化温度的升高先增加后减少，样品的抗弯强度先增加后减小，在 1140K 时达到最大值，此时抗压强度和显微硬度也达到最大。成型压力的变化，不改变样品的晶相，但随着压力提高，样品主晶相含量逐渐提高。随着压力的增大，颗粒间的空隙缩小，致密度提高，烧结过程中迁移的通道增多，有利于玻璃相的形核和析晶，随着压力的增加，晶体的尺寸逐渐变小，晶体之间咬合得非常紧密。

传统的建筑瓷砖原料多为黏土、长石和石英等天然矿物。钢渣中的主要成分是 CaO、SiO_2、Al_2O_3 和 MgO 等，这些也是陶瓷的主要化学组成，因此钢渣可以作为陶瓷制造的原料之一。另外，钢渣是一种烧熔融体，同时具有瘠性料和熟料的特性，软化温度低，并含有造渣反应中剩余的助熔剂，加入陶瓷配方中能够降低陶瓷的烧成温度，从而提高陶瓷的生成效率，节约能源，降低成本，因此将钢渣低温烧成高品质的陶瓷产品具有很强的可行性。利用钢渣制备陶瓷可以成为提高钢渣的利用率和附加值、减少环境污染的有效途径之一。

传统陶瓷主要以 SiO_2 和 Al_2O_3 为主要原料，形成石英-黏土-长石三元系陶瓷，而钢渣中主要形成 $CaO-FeO-SiO_2$、$CaO-MgO-SiO_2$、$CaO-Al_2O_3-SiO_2$ 系统。通过添加不同的添加剂改变钢渣中的反应系统，使钢渣陶瓷达到建筑瓷砖所要求的力学性能。王维等以转炉钢渣为主要原料添加滑石和高岭土制备了陶瓷地砖，钢渣中加入滑石和高岭土，温度超过 1100℃后，各组分及各组分之间发生了熔融、化合和分解等物理化学反应并产生了液相，该液相能够吸附原料颗粒，填充微小气孔，并且在液相表面张力的作用下黏滞流动，使样品致密化[94,95]。温度越高，产生的液相越多，因此密度呈增加趋势。原料粉末粒径越小，越易烧结；为达到烧结致密化目的，原料粉末粒径应小于 58μm。转炉钢渣质陶瓷的主晶相为透辉石，其中少量透辉石中有 Fe、Al 元素代替 Ca 形成铁透辉石和铝透辉石。原料中的 CaO 与 MgO 质量比在 1.4 附近，并且有足够的 SiO_2，转炉钢渣陶瓷能够析出较多柱状透辉石相，从而提高陶瓷的抗弯强度，抗弯强度可达 100MPa。钢渣中 Fe_2O_3 可起到促进转炉钢渣陶瓷晶化成核时形成透辉石相和降低烧成温度的作用，提高转炉钢渣陶瓷抗弯强度。赵立华等利用滑石或工业纯 MgO 提供 Mg 元素，与钢渣配伍以更多地生成透辉石相[96]。结果表明，加入 40％的钢渣时，$CaO-MgO-SiO_2$ 体系钢渣陶瓷的主晶相为透辉石相和透辉石-铁透辉石固溶体；当加入 65％以上的钢渣时，主晶相为镁黄长石相和透辉石相。当钢渣添加量在 40％时，制备出的陶瓷抗弯强度达到 99.84MPa。

艾仙斌等在钢渣中添加黏土、长石、石英等传统陶瓷原料制备 $CaO-Al_2O_3-SiO_2$ 系陶瓷材料[97]。通过添加黏土保证坯体的可塑性，长石类原料是坯体中碱金属的来源，也是坯体的主要助熔剂，石英原料则补充坯体的二氧化硅含量。钢渣陶瓷坯体经烧结后，主要的矿物相为石英和钙长石相，并且有象征玻璃相的非晶峰出现。在坯体烧结初期，坯体中以扩散传质为主，系统反应主要是各组分自身的加热变化，如钢渣中氢氧化钙分解与黏土矿物结晶水的脱除等。当烧结温度达到

1100℃温度以上，坯体中长石组分开始熔融，产生少量高温液相，颗粒间黏结加剧，固相反应得到增强，可观察到针状晶体包裹在玻璃相中。此时，分解产生的氧化钙开始与黏土矿物相硅铝酸盐反应生成钙长石相，并且产生无定形的二氧化硅。液相的产生促进了颗粒接触，有利于扩散进行。在烧结温度达到1120℃时，坯体内部形成大量液相，这些液相在毛细管力的作用下迁移，促进坯体中扩散作用，增大固相反应强度，促使晶体长大，而部分液相迁移至坯体表面，降低坯体的显气孔率和吸水率，完成坯体的致密化。大量液相的形成主要是钢渣中钙、铁氧化物等与反应产生的无定形二氧化硅形成低共熔物导致，过多的液相容易导致坯体变形。

6.8 钢渣的其他利用方式

6.8.1 钢渣作为污水处理剂

经粉碎筛分后的钢渣颗粒具有较大的比表面积和较高的孔隙率，用钢渣处理污水既有钢渣表面的吸附过滤作用，又由于钢渣中的碱性物质溶于水使污水呈碱性而发生重金属离子的沉淀作用。早在20世纪90年代中期，国外就有学者开始研究钢渣作为吸附剂对Ni^{2+}、Cu^{2+}、Pb^{2+}、Cr^{3+}等重金属离子的吸附，并对影响因素和吸附机理进行了深入的讨论。一般认为钢渣对重金属离子的去除是两个过程综合作用的结果，一是钢渣经粉碎后粒径和孔径都小，比表面积较大，对金属离子有一定吸附作用，包括静电吸附、表面配合、阳离子交换，非常有利于废水中金属离子的去除；二是钢渣溶液呈强碱性，金属离子可部分形成氢氧化物沉淀[98]。国内目前对这方面做了大量工作，将钢渣应用于含铬废水中发现，钢渣对Cr^{3+}具有较强的去除作用，在废水pH为2～13、Cr^{3+}含量为0～300mg/L范围内，按铬/钢渣质量比为1/30投加钢渣进行处理，铬去除率大于99%，处理后的废水可达排放标准[99]。此外，钢渣对含铜、含镍废水也有较好的去除作用。氨氮是引发水体富营养化的重要污染物，未改性钢渣对氨氮的平均去除率只有12%左右，但钢渣高温活化改性(700℃高温处理)后对氨氮的去除率较大提高，可提高到30%，氨氮去除率随钢渣粒度的减小而增大，随pH升高而增大，钢渣对氨氮的吸附速率较快[100]。因此，钢渣适用于低浓度中偏碱性氨氮废水。磷是水体富营养化的关键元素之一，排入湖泊和河流的含磷废水会诱发水体的富营养化。钢渣除磷主要有两种方式：吸附作用和化学沉淀。当pH<7时，钢渣的除磷作用主要表现为铁系氧化物或铝系氧化物对磷的吸附作用；当pH≥7时，钢渣的除磷作用主要表现为氧化钙或氧化镁与废水中磷酸二氢根离子或磷酸氢根离子的沉淀作用。钢渣颗粒经过碱改性后，表面粗糙程度变大，产生大量的裂缝和孔洞，孔径变小，但孔容和比表面积显著增大，有利于提高钢渣颗粒对磷酸盐的吸附作用[101]。钢渣作为吸附剂去除水体

污染物时需要考虑污染物的物化性能，从而保证污染物的去除率。钢渣自身的物化性能同样对其水处理性能起到重要影响，而钢渣的处理方式对其物化性能影响同样显著[102]。粒径小而均匀、内部疏松多孔钢渣更适宜作为制备钢渣吸附剂使用。

6.8.2 钢渣作为烟气脱除剂

随着人们对温室效应问题的重视，作为温室气体的 CO_2 排放、捕获、固定、利用及再生资源化问题引起世界各国普遍关注。尤其是在目前大力倡导低碳经济的背景下，从烟气中捕获 CO_2 研究已经成为目前的热点问题之一。钢渣粉渣中含有较高的钙基物质，这些钙基物质可与 CO_2 直接反应生成碳酸盐或复盐，具有一定的碳捕获潜力。Renato 等研究利用钢渣对 CO_2 进行捕获，在反应压力为 300kPa、反应时间 2h、液固比为 0.4 的实验条件下，钢渣碳捕获达到 130g/kg(以 CO_2 计)。钢渣碳捕获分为两个过程，即硅铝酸盐的溶解和生成碳酸钙沉淀[103]，过程受温度、压力和颗粒大小的影响较大[103]。2010 年，法国学者 Frédéric 对南非提供的钢渣进行了固定 CO_2 实验，结果表明，钢渣具有很好捕获 CO_2 的能力，捕获量为 250g/kg(以 CO_2 计)。宋坚民通过理论计算钢渣碳转化率和实验结合探讨了钢渣干法和湿法吸附 CO_2，得出渣气反应的碳化率与渣粒度成反比，与渣的 CaO 含量成正比，可以通过改善吸附装置和加入催化剂的方法有效提高吸附效率和适应实际工作[104]。伊元荣等对钢渣湿法捕获 CO_2 反应机制进行了研究，通过钢渣粉配成浆体进行湿法碳捕获[105]。钢渣固体废物湿法捕获 CO_2 工艺属于气、液、固三相反应，其反应动力学过程较复杂。钢渣浆体中的钙基物质均与 CO_2 发生了化学反应生成了结晶体 $CaCO_3$，起到利用钢渣碳捕获的目的。碳捕获前钢渣与水结合生成了活性较强的 C-S-H 凝胶性物质，碳捕获后其表面和内部都有大量的颗粒状晶体生成。高温不利于钢渣碳捕获反应的进行；钢渣碳捕获反应过程与 pH 变化紧密相关，在适宜的 pH 条件下，可使钢渣湿法碳捕获效率达 60%以上。钢渣固定分为直接固定方式和间接固定方式，直接固定是利用钢渣与水蒸气混合固定，而间接固定需要以酸碱盐溶液作为中间反应介质。

1）钢渣直接碳酸法固定 CO_2

Chang 等利用流动水将气体带入放有钢渣的旋转容器中，利用转子搅动钢渣与水溶液在水中实现钢渣的捕集固定[106]，实验结果表明该方法可实现碳酸化转化。$Ca(OH)_2$ 是影响钢渣固定 CO_2 能力的重要因素，初期控制环节是 CaO 溶解成为 $Ca(OH)_2$，后期是 $Ca(OH)_2$ 碳酸化转化，反应进度随着温度的升高而增加，但 24h 后的浸出率变化不大。这表明 $Ca(OH)_2$ 是碳酸化反应的中间相，是促进钢渣碳酸化的重要因素。

日本钢管公司利用钢渣制成 1m×1m×1m 的大块砖，将其装入密闭模具后通

入饱和蒸汽和 CO_2，实现渣碳酸化和制备海相硅酸盐材料，5 年后测定结果表明稳定性仍较好。

2）钢渣间接碳酸法固定 CO_2

采用酸碱溶液作为钢渣固定 CO_2 的介质，同时制取高附加值轻质碳酸钙产品利用钢渣和乙酸固定其工艺基本原理和流程为：通过乙酸与硅酸盐反应置换分离出 SiO_2，然后利用 CO_2 和 Ca^{2+} 反应实现固定，同时生成轻质 $CaCO_3$。包炜军等提出在钢渣和乙酸固定 CO_2 反应过程中加入有机溶剂磷酸三丁酯可制备钢渣固定 CO_2 联产碳酸盐制品，在优化工艺条件后，钙的浸出率达到 75%，而镁的浸出率达到了 35%[107]。铵盐溶液也是一种常见的萃取液，利用氯化铵溶液与钢渣中氧化钙反应生成钙离子，然后与废气中的 CO_2 反应生成 $CaCO_3$。

钢渣产量大且含有较多的游离氧化物，利用钢渣碳酸化可就近固定钢厂的零排放，实现近距离（持续性的）以废治废，在节约碳减排成本、提高碳减排效率方面具有明显优势。未来应在钢渣碳酸化固定的基础上降低碳酸化成本，进一步协同改善钢渣组成和应用性能，从而提高钢渣处置后的产品附加值，促进钢渣处置和协同碳减排技术的应用。

湿法脱硫技术是目前我国广泛应用的烟气脱硫技术，约占已建成烟气脱硫装置的 80%以上，其中吸收剂是多采用石灰石或石灰等矿物质。钢渣属于碱性富硅物质的工业废料，可以作为潜在的脱硫吸收剂使用。陈伟等利用转炉热泼渣、铸余渣转炉、滚筒渣、铁水脱硫渣、电炉热泼渣和电炉滚筒渣作为吸收剂，进行湿法脱硫工艺的实验研究[108]。其中铁水脱硫渣微粉的脱硫效率最高。钢渣微粉的脱硫效率与初始浆液的 pH 有密切的关系，钢渣对烟气的脱硫技术有待进一步深入研究。

参考文献

[1] 赵沛．钢铁节能技术分析[M]. 北京：冶金工业出版社，1999.

[2] 中国废钢铁应用协会冶金渣开发利用工作委员会．2015 年钢铁渣综合利用基本情况[J]. 中国废钢铁．2016，(1)：21.

[3] 赵青林，周明凯，魏茂．德国冶金渣及其综合利用情况[J]. 硅酸盐通报，2006，25(6)：165-171.

[4] Belhadj E，Diliberto C，Lecomte A. Characterization and activation of basic oxygen furnace slag cement and concrete composites[J]. Cement and Concrete Composites，2012，34(1)：34-40.

[5] 张朝晖，焦志远，巨建涛，等．转炉钢渣的物理化学和矿物特性分析[J]. 钢铁，2011，46(21)：76-80.

[6] 张玉柱，雷云波，李俊国，等．钢渣矿相组成及其显微形貌分析[J]. 冶金分析，2011，31(9)：11-17.

[7] 欧阳东,谢宇平,何俊元. 转炉钢渣的组成、矿物形貌及胶凝特性[J]. 硅酸盐学报,1991,19(6): 488-494.
[8] 侯贵华,李伟峰,郭伟,等. 转炉钢渣的显微形貌及矿物相[J]. 硅酸盐学报,2008,36(4): 436-443.
[9] 侯新凯,贺宁,袁静舒,等. 钢渣中二价金属氧化物固溶体的选别性研究[J]. 硅酸盐学报 2013,41(8):1142-1150.
[10] 黄毅,徐国平,程慧高,等. 典型钢渣的化学成分显微形貌及物相分析[J]. 硅酸盐通报 2014,33(8):1902-1907.
[11] 张朝晖,李林波,韦武强,等. 冶金资源综合利用[M]. 北京:冶金工业出版社,2011: 106-107..
[12] 徐国平,黄毅. 典型钢渣的 f-CaO 含量和稳定性分析[J]. 工业安全与环保,2015,41(4): 94-96.
[13] 李彬,江景辉,隋智通. 钢渣组成与胶凝性能的研究[J]. 房材与应用,1997,4:4-5,35.
[14] 孙树彬,朱桂林. 中国钢铁处理利用现状及"零排放"的途径[J]. 中国废钢铁,2007,2: 21-28.
[15] 李欣,胡加学,李东. 钢渣处理工艺的技术特点与选择应用[J]. 甘肃冶金,2011,33(6): 44-48.
[16] 曾建民,崔红岩,向华. 钢渣处理技术进展[J]. 江苏冶金,2008,36(6):12-14.
[17] 张雷,王飞,陈霞. 钢铁渣资源开发利用现状和发展途径初探[J]. 中国废钢铁,2006, 1:42-44.
[18] 李辽沙. 转炉渣资源化利用的历史沿革及趋势展望[J]. 世界钢铁,2011,4:62-67.
[19] 张达. 钢渣热闷、破碎、磁选技术及再利用[J]. 中国钢铁业,2012,2:28-30.
[20] 谢传贤,林培芳. 钢渣热闷装置改造实践[J]. 南方金属,2011,178(1):56-60.
[21] 章瑞平. 本钢钢渣热闷处理工艺的生产实践[J]. 本钢技术,2013,2:5-8.
[22] 夏俊双,孙红亮,刘建新,等. 转炉钢渣热闷技术在济钢的开发应用[J]. 工业安全与环保, 2009,35,3:45-46.
[23] 朱桂林,孙树彬. 发展循环经济,科学选择钢渣处理工艺及综合利用途径实现钢铁渣"零"排放[J]. 中国废钢铁,2005,(6):10-15.
[24] 柴轶凡,彭军,安胜利. 钢渣综合利用及钢渣热闷技术概述[J]. 内蒙古科技大学学报, 2012,30(3):250-253.
[25] 金强,徐锦引,高卫波. 宝钢新型钢渣处理工艺及其资源化利用技术[J]. 宝钢技术,2005, 3:12-15.
[26] 曾晶,李辽沙,苏世怀,等. 转炉钢渣的弱磁选研究[J]. 中国资源综合利用,2006,9:33-35.
[27] 王淑秋,罗琳,李成必,等. 用选矿方法回收钢渣中的铁[J]. 有色金属(选矿部分),2000, (4):26-30.
[28] 冯海东,李星,徐磊,崔玉元,等. 转炉钢渣磁选过程含铁矿物分离特征[J]. 工业加热, 2011,40(5):62-64.
[29] 魏莹,陆栋,李兆锋,等. 转炉钢渣磁选综合利用试验研究[J]. 硅酸盐通报,2009,28(1):

152-155.
[30] 范永平,王申,王延彬．钢渣中磁性矿物赋存性质对选效果的影响研究[J]. 环境工程,2012,30(2):82-84.
[31] 陆永军,业超．昆钢钢渣磁选工艺设计及生产实践[J]. 云南冶金,2012,41(2):41-44.
[32] 王德永,李勇,刘建,等．钢渣中同时回收铁和磷的资源化利用新思路[J]. 中国冶金,2011,21(8):50-53.
[33] 樊杰,张宇,李娜,等．转炉钢渣磁选工艺及设备研究[J]. 中国钢铁业,2012,12:26-29.
[34] 张丽丽,陈宇红,卫智毅,等．转炉钢渣的矿物相分析及铁的赋存分布[J]. 中国建材科技期刊,2014,23(5):97-99.
[35] 杨志杰,苍大强,郭文波,等．碱度对转炉钢渣熔融还原提铁的影响[J]. 冶金能源,2011,30(4):51-56.
[36] Zawada B,Dziarmagowski M. Research on the dynamics ofthe BOF slag reduction process [J]. Archives of Metallurgy Materials,2010,55,2:601-607.
[37] 殷素红,郭辉,余其俊,等．还原铁法重构钢渣及其矿物组成[J]. 硅酸盐学报,2013,41(7): 966-971.
[38] 杨曜．钢渣中 FeO_x 还原反应热力学、Fe 还原回收效果及余渣性能的研究[D]. 广州:华南理工大学,2010.
[39] 贾俊荣,艾立群．微波加热场中钢渣的还原脱磷行为钢铁[J]. 钢铁,2012,47(8):70-73.
[40] 周朝刚,艾立群,吕岩,等．微波加热对钢渣升温特性的影响[J]. 河北理工大学学报,2011,33(3):25-30.
[41] 张雪峰,李保卫,贾晓林,等．利用微波还原含赤铁矿物料的磁选装置及磁选方法[P]:中国,103447148A. 2013.
[42] 卫智毅,陈宇红,蒋亮,等．高碳粉煤灰微波还原钢渣实验研究[J]. 硅酸盐通报,2016,35(4):1062-1066.
[43] Semykina A,Shatokha V,Iwase M,et al. Kinetics of oxidation of divalent iron to trivalent state in liquid FeO-CaO-SiO_2 slags[J]. Metallurgical and Materials Transcations,2010,41B:1230-1239.
[44] Semykina A,Nakano J,Sridhar S,et al. Confocal scanning laser microscopy studies of crystal growth during oxidation of a liquid FeO-CaO-SiO_2 slag[J]. The Minerals,Metals and Materials Society and ASM International,2011,42B:471-476.
[45] 王纯,杨景玲．钢铁渣高价值利用技术发展和现状[J]. 中国废钢铁,2012,1:42-53.
[46] 韩凤光,邱海雨,聂慧远,等．梅山烧结配加转炉钢渣的试验研究[J]. 烧结球团,2006,31(5):15-18.
[47] 靳志刚．利用钢铁渣生产绿色水泥的设计实践[R]. 中国 11 省市硅酸盐发展报告,2011.
[48] 文敏,周远华,李斌．重钢新区钢渣综合利用研究[C]. 2012 年全国炼钢——连铸生产技术会,2012:955-957.
[49] 章耿．宝钢钢渣综合利用现状[J]. 宝钢技术,2006,6:18-22.
[50] 李决明,周选伍．涟钢冶金渣的综合利用实践[J]. 中国废钢铁,2006,6:16-18.

[51] 苏兴文,宋武,李晓阳,等. LF炉精炼炉渣用作转炉助熔剂——冶金渣的循环利用[J]. 中国废钢铁,2009,3:61-63.
[52] 靳志刚,施灵峰,杨淑敏. 邯钢烧结配加钢渣生产实践[C]. 2011年河北省炼铁技术暨学术年会,2011:111-113.
[53] 吴伟伟,杨钱荣. 钢渣水硬活性及在水泥混凝土应用研究进展[J]. 粉煤灰,2009,6:51-54.
[54] 许谦,徐银芳,高琼英. 利用钢渣生产425#钢渣道路水泥的研究[J]. 水泥,1993,2: 1-4.
[55] 李泽理,李葆生,吕进锋. 钢渣处理工艺与装备的现状与创新[J]. 矿山机械,2016,44(2):1-6.
[56] 李邦宪,王玉峰,钟鸣. 球磨双闭路工艺生产超细钢渣微粉的实践[J]. 水泥工程,2016,4:33-36.
[57] 袁凤宇,熊会军,张志宇,等. HRM钢渣立磨的粉磨实践及分析[J]. 中国水泥,2013,9:82-85.
[58] 石国平,柴星腾,许芬. 用辊压机联合粉磨系统生产钢渣粉的研究[J]. 水泥技术,2006,(5):29-32.
[59] 赵祥,陈开明,王加东. KHM型卧辊磨在钢渣粉磨系统中的应用[C]. 2011年中国水泥技术年会暨第十三届全国水泥技术交流大会,2011:96-101.
[60] 陈新勇. 钢渣粉磨工艺技术研究[J]. 一重技术,2011,1:1-5.
[61] 罗帆. 钢渣的粉磨试验及其影响因素分析[J]. 水泥,2015,5:19-23.
[62] 侯贵华,李伟峰,王京刚. 转炉钢渣中物相易磨性及胶凝性的差异[J]. 硅酸盐学报,2009,37(10):1613-1617.
[63] 赵三银,李伟升,林永权,等. 转炉钢渣粉磨动力学的实验研究[J]. 水泥工程,2006,2:5-8.
[64] 冯春花,李东旭,苗琛,等. 助磨剂对钢渣细度和活性的影响[J]. 硅酸盐学报 2010,38(7):1160-1166.
[65] 李伟峰,马素花,郑娇玲,等. 助磨剂对转炉钢渣的粉磨及性能的影响[J]. 混凝土,2012,4:34-35.
[66] 刘思,李灿华. 钢渣助磨剂选择性试验研究[J]. 武钢技术,2011,49(1):18-20.
[67] 程洲,李琴,陶德晶,等. 钢渣助磨剂的助磨效果研究[J]. 粉煤灰综合利用,2011,2:3-6.
[68] 李永鑫. 含钢渣粉掺合料的水泥混凝土组成、结构与性能的研究[D]. 北京:中国建筑材料科学研究院,2003.
[69] 易龙生,温建,汪洲,等. 钢渣粒度分布对钢渣水泥胶凝性能的影响[J]. 金属矿山,2013,6:165-167.
[70] 尚建丽,许晓东. 钢渣吸附活化动力学机理分析[J]. 硅酸盐通报,2015,34(1):79-83.
[71] 胡曙光,韦江雄,丁庆军. 水玻璃对钢渣水泥激发机理的研究[J]. 水泥工程,2001,5:1-6.
[72] 韩方晖,张增起,阎培渝. 钢渣在强碱性条件下的早期水化性能[J]. 电子显微镜学报,2014,33(4):343-348.
[73] 丁铸,王淑平,张鸣,等. 钢渣水硬活性的激发研究[J]. 山东建材,2008,4:48-51.
[74] 冯春花,窦妍,李东旭. 钢渣作为混合材在复合水泥中的应用[J]. 南京工业大学学报,

2011,33(1):7-79.
[75] 阎培渝,王强. 高温养护对钢渣复合胶凝材料早期水化性能的影响[J]. 清华大学学报(自然科学版),2009,49(6):774-777.
[76] 关少波. 钢渣粉活性与胶凝活性及其混凝土性能研究[D]. 武汉:武汉理工大学,2008.
[77] 郭辉,殷素红,余其俊,等. 仿水泥熟料化学组成重构钢渣研究[J]. 硅酸盐学报,2016,33(3):819-823.
[78] 李建新. 高温重构对钢渣组成、结构与性能影响的研究[D]. 广州:华南理工大学,2010.
[79] 胡天麒,杨景玲,朱桂林,等. 重熔改性后钢渣成分与胶凝性能研究[J]. 中国废钢铁,2013,4:19-21.
[80] 赵海晋,余其俊,韦江雄,等. 利用粉煤灰高温重构及稳定钢渣品质的研究[J]. 硅酸盐通报,2010,29(3):572-576.
[81] 张作顺,连芳,廖洪强,等. 利用铁尾矿高温改性钢渣的性能[J]. 北京科技大学学报,2012,34(12):1079-1084.
[82] 谢君. 钢渣沥青混凝土的制备、性能与应用研究[D]. 武汉:武汉理工大学,2013.
[83] 李灿华,刘思,陈琳. 武钢钢渣用作AC-10I型细粒沥青砼集料的研究[J]. 武钢技术,2011,(3):34-36.
[84] 刘国威,朱李俊,金强,等. 钢渣沥青混凝土研究进展[J]. 矿产综合利用,2016,(2):11-16.
[85] 杨永利,武建民,张建强. 钢渣SM A-13型沥青混合料配合比设计及路用性能研究筑路[J]. 机械与施工机械化,2016,7:36-40.
[86] 张玉龙,杨丹,刘鸣达,等. 施用废渣后土壤硅素释放特性及其影响因子的研究[J]. 土壤通报,2008,6:32-36.
[87] 吴志宏,邹宗树,王承智. 转炉钢渣在农业生产中的再利用[J]. 矿产综合利用,2005,6:25-28.
[88] 宁东峰,梁永超. 钢渣硅肥硅素释放规律及其影响因素研究[J]. 植物营养与肥料学报,2015,21(2):500-508.
[89] 滑小赞,程滨,赵瑞芬,等. 农田施用钢渣对洋葱生产的影响[J]. 山西农业科学,2015,43(3):293-296.
[90] 刘河云. 钢渣是钙镁磷肥最适宜的添加物[J]. 磷肥与复肥,2010,4:75-77.
[91] 肖汉宁,邓春明,彭文琴. 工艺条件对钢铁废渣玻璃陶瓷显微结构的影响[J]. 湖南大学学报,2001,28(1):32-35.
[92] 赵贵州,李宇,代文彬,等. 采用一步烧结法的钢渣基微晶玻璃制备机理[J]. 硅酸盐通报,2014,33(12):3288-3294.
[93] 熊辉辉,郭文波. 晶化温度和成型压力对钢渣基微晶玻璃性能的影响[J]. 硅酸盐通报,2015,34(1):222-226.
[94] 王维,董翰琼,赵云超,等. 转炉钢渣制备陶瓷材料的烧结机理[J]. 化工学报,2014,65(9):3732-3737.
[95] 王维,王可祯,董翰琼,等. 钢渣掺量对陶瓷地砖性能的影响[J]. 环境工程学报,2014,8(10):4463-4467.

[96] 赵立华,苍大强,刘璞,等. $CaO-MgO-SiO_2$ 体系钢渣陶瓷材料制备与微观结构分析[J]. 北京科技大学学报,2011,33(8):995-1000.

[97] 艾仙斌,李宇,郭大龙,等. 以钢渣为原料的 $CaO-Al_2O_3-SiO_2$ 系陶瓷烧结机理[J]. 中南大学学报(自然科学版),2015,46(5):1583-1587.

[98] 张宇丰,姜东域,张致远. 钢渣应用于处理工业废水的进展[J]. 宁波化工,2016,1:1-6.

[99] 郑礼胜,王士龙,刘辉. 用钢渣处理含铬废水[J]. 材料保护,1999,5:40-43.

[100] 程芳琴,高瑞,宋慧萍. 改质钢渣处理低浓度氨氮废水[J]. 环境工程学报,2011,6(11):4028-4033.

[101] 魏玲红,李俊国,张玉柱. 新型钢渣水处理剂去除水体污染物的研究现状[J]. 环境科学与技术,2012,35(2):73-78.

[102] 于建,高康乐,汪丽,等. 钢渣粉末吸附去除废水中磷的研究[J]. 环境工程,2012,30:40.

[103] 宋坚民. 探讨钢渣吸附二氧化碳的可行性[J]. 环境工程,2008,28(S):241-247.

[104] 伊元荣,韩敏芳. 钢渣湿法捕获 CO_2 反应机制研究[J]. 环境科学与技术,2013,36(6):159-163.

[105] 王晟,岳昌盛,陈瑶,等. 钢渣碳酸化用于 CO_2 减排的研究进展与展望[J]. 材料导报,2016,30(1):111-114.

[106] Chang E E, Pan S Y, Chen Y H, et al. Accelerated carbonation of steelmaking slags in a high gravity ratating packed bed[J]. Journal of Harzrad Materials, 2012, 97:227-228.

[107] 王晨晔,包炜军,许德华,等. 低浓度碱介质中钢渣碳酸化反应特征[J]. 钢铁,2016,51(6):87-93.

[108] 陈伟,董朔,顾恒星,等. 基于湿法脱硫技术的钢渣微粉脱硫效率的研究[J]. 环境工程,2016,34:557-559.

第7章 电石渣的综合利用

7.1 电石渣的产生过程、化学组成及对环境的影响

7.1.1 电石渣的来源

电石渣是在水解电石制取乙炔时大量排放的工业废渣，其主要化学成分为$Ca(OH)_2$。1998年全国用电石法生产聚氯乙烯约88.4万t，共产生电石渣160万～170万t，且聚氯乙烯(PVC)的产量每年都在增加。2015年，国内聚氯乙烯总产能为2348万t/a，电石法聚氯乙烯产能1919万t/a，占聚氯乙烯总产能的82%，正常生产企业81家[1]。截至2015年年底，电石产量2650万t。电石渣是工业生产中较难处理的废弃物，排放量为电石产量的75%～85%，这类固体废物目前的利用率不足50%。目前电石渣的综合利用主要有以下几种途径：生产水泥、石灰，处理废水、废气，作为建筑材料或路基材料，作为化工原料等[2]，这些方法虽然能对电石渣有一定量的回收，但相比于废弃电石渣总量还远远不够。大量的电石渣通过填埋或堆存的方式加以处理，而大量的废渣填埋与堆存不仅会占用土地资源，而且会侵蚀土壤、污染地下水，对生态造成恶劣的影响[3,4]。面对数量如此庞大的电石废渣，必须积极探索将其综合利用的新方法。

7.1.2 电石渣的产生过程

聚氯乙烯是一种用途非常广泛的化工产品，如用于生产聚氯乙烯板材、管材、型材、薄膜等。我国现有聚氯乙烯生产企业70余家，2000年聚氯乙烯产量达到240万t，居世界第三位。化工厂采用电石法生产聚氯乙烯单体时，需要用碳化钙作为原材料生产乙炔。碳化钙(CaC_2)，俗名电石，是石灰石经化学加工而制得的一种重要化工原料。1892年，法国人迈桑和美国人威尔森同时开发了电炉还原制碳化钙法。目前，该方法是工业上生产碳化钙的唯一方法，其原理是将氧化钙与焦炭在2000～2200℃下进行还原反应：

$$CaO+3C \longrightarrow CaC_2+CO+480644.64J \tag{7-1}$$

碳化钙与水或水蒸气发生反应，生成乙炔并放出大量的热：

$$CaC_2+2H_2O \longrightarrow C_2H_2+Ca(OH)_2-125185.32J \tag{7-2}$$

之后乙炔与氯化氢在转化器内通过触媒$HgCl_2$转化生成氯乙烯单体，进而生成聚

氯乙烯。

碳化钙与水反应产生乙炔的同时，也产生了电石渣废水，其主要化学成分为氢氧化钙 ($Ca(OH)_2$)，其中含有少量杂质。经过对其化学成分分析，电石渣的化学成分与消解的石灰膏非常相似。其中，氢氧化钙即俗称的电石灰，外观呈灰白色。经由乙炔发生器排放到沉淀池的电石灰含水量相当多，经加速沉淀后，含水量降至100%～150%，但仍具流动性。堆放一段时间后，电石灰含水量基本保持在 90%左右，长时间堆放的电石灰含水量也可达 50%以上。从现场抽样测试情况看，放置较长时间的电石灰堆的表层 30cm 已经炭化，在不同程度上形成一层硬壳。

7.1.3 湿法乙炔电石渣的基本性能

从样品表观分析，电石渣呈灰白色，有一种刺鼻气味，含水量较大，为 60%～80%，呈膏状；含水量降低时，呈块状、粉状。干燥后其细度较高，成匀质粉末状。

电石渣颗粒均匀，活性物质主要为氢氧化钙，在堆放状态下，随着水分的减少，电石渣中氢氧化钙失去了外围水膜的保护，空气中的二氧化碳容易与之反应形成碳酸钙，使其活性降低。放置三年后，表层电石渣基本不具备活性，但内部的氧化钙和氧化镁含量只是略有下降。在自然风干散放状态下，随含水量的降低，电石渣中钙镁含量下降很快，因此，在夏季道路施工时，散铺电石渣后应注意及时施工。这也是电石渣不同于消解适度的高钙消石灰的一点，因此，在施工时必须本着电石渣的这一特点来安排施工操作程序。

选取宁夏嘉峰化工有限公司电石渣样品(含水质量分数为 40%)进行性能参数测试。将取来的电石渣烘干、研磨后用激光粒度仪测粒度，测得电石渣的 $D_{50}=10.14\mu m$。电石渣的主要化学组成见表 7.1，X 射线衍射(XRD)谱图与显微结构(SEM)如图 7.1 所示，热失重分析如图 7.2 所示。电石渣在 732.6℃时开始分解，801.3℃时分解结束，分解温度峰值为 792.3℃，其烧失量为 33.25%，计算可知该电石渣中 $CaCO_3$ 含量为 75.5%。由 XRD 和 SEM 图可知，该单位提供的电石渣除了含有方解石型的 $CaCO_3$ 外，还有 C 杂质，未检测到明显的 $Ca(OH)_2$ 的特征衍射峰，可能是电石渣放置时间过长，$Ca(OH)_2$ 已经被 CO_2 碳化所致。

表 7.1 电石渣干基的主要成分 (单位:%)

成分	CaO	Al_2O_3	Fe_2O_3	SiO_2	MgO	Na_2O	其他	碱不熔物
含量	63.51	0.45	0.10	3.17	0.11	0.20	0.07	32.39

7.1.4 干法乙炔电石渣的基本性能

干法乙炔制备工艺是相较于传统的“湿法”乙炔制备工艺而言的，是使用略多于理论量的水以雾态喷在电石粉上使之水解，产生的电石渣为含水量很低的干粉

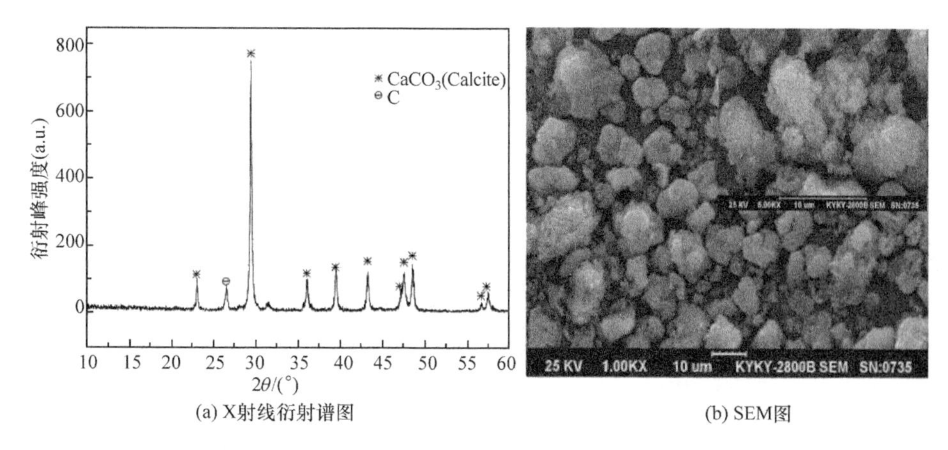

(a) X射线衍射谱图　　(b) SEM图

图 7.1　电石渣的相组分与显微结构

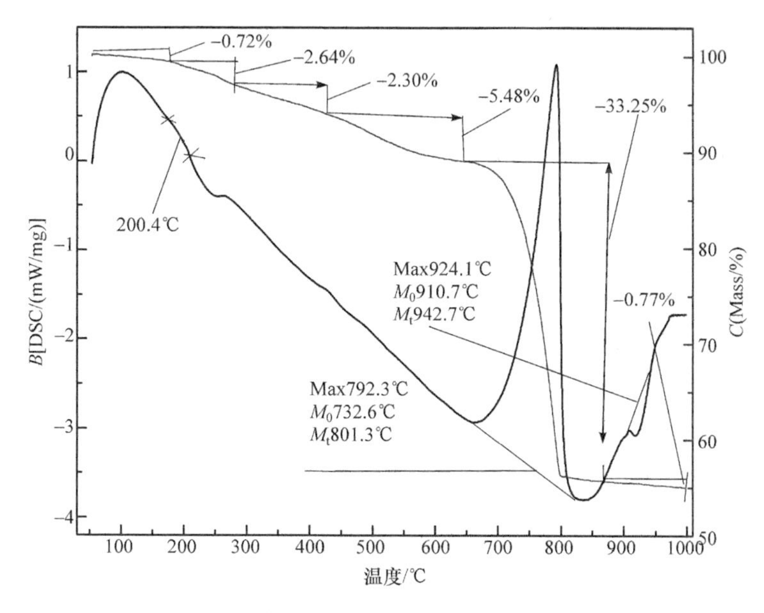

图 7.2　电石渣热失重分析

末，因此称之为“干法”乙炔工艺。我国自 2007 年开始使用“干法”乙炔工艺，经过多年的研究和改进，“干法”乙炔工艺日趋成熟。

随着环保要求的逐步提高，湿法乙炔工艺产生的环境污染日益受到关注。而干法乙炔制聚氯乙烯的耗水量仅为湿法的 1/10，提高了电石渣的利用率，在环保和节水方面显现出突出优势，因此，干法乙炔技术得到了快速发展。由于生产技术的差异，干法乙炔产生的电石渣和湿法乙炔产生的电石渣具有不同的理化特性，该理化特性对干法乙炔电石渣的贮存、输送、收尘等过程有较大的影响。

1. 干法乙炔电石渣的特性

干法乙炔电石渣样品选用的是新疆某企业正常生产排出的同一批次电石渣[5]，干法乙炔电石渣的化学成分见表 7.2。

表 7.2 干法乙炔电石渣的化学成分 (单位:%)

序号＼成分	烧失量	SiO_2	Al_2O_3	Fe_2O_3	CaO	MgO	总和
1	20.00	5.91	2.60	2.18	68.01	0.83	99.53
2	21.21	5.86	2.12	1.64	68.32	0.55	99.70
3	21.40	5.73	2.88	3.50	65.86	0	99.37
4	23.26	6.40	2.70	2.64	64.52	0.15	99.67
5	21.28	7.20	2.92	1.84	66.38	0	99.62
6	21.49	6.11	3.09	2.16	66.07	0.32	99.24
7	20.55	7.63	3.05	2.52	66.10	0	99.85
8	20.93	6.75	2.51	2.77	66.39	0	99.35
9	25.10	4.96	2.21	1.04	66.44	0	99.75
10	23.19	4.81	2.20	0.95	68.58	0	99.73
11	22.65	5.15	2.18	1.34	68.39	0	99.71
12	22.29	4.67	2.09	1.21	69.45	0	99.71

注:(1) 样品采用了新疆某企业正常生产排出的同一批次电石渣;
(2) 样品放置时间为 2 年,每月取样进行化学成分测定。

干法乙炔电石渣的有害成分见表 7.3。

表 7.3 干法乙炔电石渣有害成分 (单位:%)

序号＼成分	MgO	SO_3	Cl^-	P	R_2O
1	0.00	0.05	0.006	0.001	0.050
2	0.00	0.40	0.003	0.000	0.040
3	0.00	0.23	0.001	0.023	0.040
4	0.00	0.15	0.034	0.016	0.070
5	0.32	0.25	0.012	0.002	0.110
6	0.00	0.09	0.037	0.001	0.030
7	0.25	0.23	0.002	0.012	0.080
8	0.00	0.05	0.009	0.006	0.100

续表

序号 \ 成分	MgO	SO_3	Cl^-	P	R_2O
9	0.00	0.22	0.001	0.011	0.050
10	0.19	0.19	0.002	0.001	0.040
11	0.25	0.13	0.003	0.002	0.070
12	0.07	0.16	0.009	0.007	0.059

注:(1) 样品采用了新疆某企业正常生产时排出的电石渣;
(2) 样品放置时间为 1 年,每月做 2～4 个瞬时样,表中给出的是平均值。

干法乙炔电石渣的细度及水分见表 7.4。

表 7.4　细度与水分　(单位:%)

样品序号	水分	细度(0.08mm 方孔筛筛余)
1	4.59	21.90
2	2.50	22.80
3	4.02	22.30
4	3.58	23.80
5	3.70	27.80
6	3.75	28.70
7	3.84	33.80
8	8.34	22.00
9	6.91	21.40
10	6.72	23.60
11	4.83	26.50
12	6.40	24.77

干法乙炔电石渣筛余见表 7.5。

表 7.5　干法乙炔电石渣筛余　(单位:%)

序号 \ 筛孔直径/mm	0.900	0.450	0.300	0.200	0.150	0.125	0.098	0.080	0.045
1	7.71	13.53	21.23	23.95	28.93	29.65	30.16	33.86	44.69
2	2.68	6.48	12.52	14.84	20.20	26.06	30.55	39.36	57.08
3	2.42	5.57	10.39	12.24	16.47	20.01	23.18	28.94	69.66
4	3.34	6.75	12.49	14.36	20.61	24.41	27.65	34.74	72.47

续表

序号 \ 筛孔直径/mm	0.900	0.450	0.300	0.200	0.150	0.125	0.098	0.080	0.045
5	2.61	6.15	12.09	14.46	20.09	25.83	27.94	40.60	48.56
6	5.70	10.99	17.84	20.90	28.77	33.75	36.04	41.74	76.57
平均	4.08	8.25	14.43	16.79	22.51	26.62	29.25	36.54	61.51

2. 贮存与输送

电石渣的最佳利用途径是生产水泥。考虑到水泥厂检修周期长的特点，一般要考虑电石渣的贮存时间为8～10天。

电石渣的最佳贮存设施是圆库。圆库具有储量大、密封性好、占地面积小、布置灵活、进出料方便等特点。作为电石水解后的产物，干法乙炔电石渣温度一般为60～80℃，经输送后的温度仍可保持在40～60℃，因此，贮存圆库不需要保温。

干法乙炔电石渣具有强烈的黏附性，下料极为困难。下料口角度应确保在60°以上，衬有防黏衬板时，角度应确保在45°以上。因为电石渣作为强碱性物质，对开式充气箱的充气层有强烈的腐蚀性，圆库内不宜采用开式充气箱，否则，充气层的使用寿命会大大缩短。

干法乙炔电石渣下料应采用下料口两两相连，每个下料口直径以超过2m为宜，下料口必须采用偏锥，以最大限度地克服电石渣的结拱现象，确保下料连续流畅。

干法乙炔电石渣输送宜采用斗式提升机和链式输送机。需要特别说明的是，因为干法乙炔电石渣含有一定水分，水平输送不应选用斜槽，以防止黏堵后下料不畅。

干法乙炔电石渣在转运和贮存过程中会产生扬尘，普遍的做法是在扬尘点设置袋式收尘器。但是在北方高寒地区，冬季时废气温度低于露点温度，袋式收尘器糊袋现象严重，基本上处于不能正常使用的状态，严重污染了环境。

与湿法乙炔电石渣相比，干法乙炔电石渣化学成分的均匀性略差，表现为标准偏差略高。但有害成分中，Cl^-含量远低于湿法乙炔电石渣，更符合水泥原料品质的要求。

由于干法乙炔电石渣含有一定的水分和热量，加之具有强烈的黏附性，因此，在贮存、下料、运输、收尘等生产环节具有特殊性。

7.1.5 电石渣对环境的影响

电石渣中含有90.1%的氢氧化钙、3.5%的氧化硅、2.5%的氧化铝及少量的碳酸钙、三氧化二铁、氧化镁、二氧化钛、碳渣、硫化钙等杂质。电石渣外观呈灰色，具有刺鼻的气味，电石渣浆80%左右的颗粒粒径为10～15μm，一般呈稀糊状，流动性差；电石渣的保水性很强，即使长期堆放的陈渣，其含水量也高达40%以上；电石渣呈强碱性，运输成本高，且会造成二次污染。综上，如果电石渣就地堆放，会污染堆放场地附近的水资源，且容易风干起灰，形成粉尘，污染大气，是我国清洁生产和资源循环利用的重点和难点。目前，电石渣的大量消耗途径还是用于生产水泥。

7.1.6 电石渣国外研究概况

由于国际上PVC的制造以乙烯法为主，依赖于石油化工行业而非电石，所以电石渣产生于其他乙炔需求领域，数量较少。国外对电石渣综合利用的研究报道比较少，而主要集中在泰国、越南、埃及和印度等。Mater[6]研究了电石渣与谷壳灰混合作为制取水泥的原料，检验了该种水泥的相关性质，如凝固时间、流动性、砂浆的抗压强度等，并与美国的波特兰水泥进行了比较，效果较好。其中电石渣与谷壳灰的质量比为1∶1，砂浆的抗压强度高达15.6MPa（固化时间28天）和19.1MPa（固化时间180天）。在Mater发表的另一篇文章中，考察了电石渣与粉煤灰不同配料比下对混凝土的各项性能，包括凝固时间、抗压强度、弹性系数、抗拉强度的影响，同样与美国的波特兰水泥作对比，取得了不错的效果。Horpibulsuk等[7]用电石渣与粉煤灰结合制作一种黏性材料，用于对泰国东北部某一粉质土地的加固，考察了其加固质量的影响因素，主要为含水量、黏合剂含量、电石渣与粉煤灰的质量比、固化时间等，通过电子显微镜和热重分析表明，电石渣质量的增加会降低该黏性材料的比重和土壤塑性。另外，几位泰国学者对电石渣的研究主要集中在电石渣与粉煤灰（包括地面粉煤灰和原始粉煤灰）微观结构、制作混凝土水泥等建材方面[8,9]。Abo-El-Enein等[10]研究了具有胶凝性的废料作为可替代性材料的可能性。这种胶凝性废料主要包括电石行业产生的电石渣、经过研磨的高炉矿渣和高岭土矿的副产物高岭土砂。研究表明，电石渣在高炉矿渣中可作为碱激发剂使用，两者的最佳配比是75%的高炉矿渣和25%的电石渣。而高岭土砂的作用是在水化阶段显著提高材料的水化性质。

7.2 电石渣在水泥中的应用

电石渣主要用于替代钙质材料生产水泥，国内氯碱企业90%以上的电石渣还是用于生产水泥[11]。

7.2.1　电石渣作水泥熟料替代材料

电石渣中 $Ca(OH)_2$ 的质量分数高达 80%以上，作为水泥熟料替代材料能生产性能良好的碳酸盐水泥。新疆米东天山水泥有限责任公司用 100%的电石渣作为熟料替代材料生产水泥，通过对水泥产品的抗压强度及抗折强度的测定，得出 28d 抗折强度为 9.7MPa，28d 抗压强度为 63.3MPa，说明水泥产品具有很好的抗压、抗折性能[12]。云南云维股份有限公司水泥分厂也用电石渣作熟料替代材料生产水泥，发现当电石渣替代率为 48%时能生产出性能很好的水泥产品，28d 抗折强度为 9.8MPa，28d 抗压强度为 65MPa[13]。叶东忠等研究了以电石渣作水泥混合材时不同掺量对水泥结构与性能的影响，结果表明掺入电石渣可使溶液的浓度增加，缩短水泥的凝结时间，提高水泥早中期的抗折强度和抗压强度，但电石渣掺入量不宜超过 15%[14]。邱树恒等用改性电石渣取代石膏磨制硅酸盐水泥，最佳掺量为 6.5%左右，可明显提高水泥的抗压强度[15]。此外，也有用电石渣与粉煤灰配料生产水泥的研究以及用电石渣与稻壳灰作为水泥原料和用电石渣与城市废水活性污泥掺入水泥的研究。

电石渣水泥不仅有良好的使用性能，还可以减少能耗。李良等将电石渣水泥与普通水泥的能耗进行了对比，发现电石渣掺量为 30%时，水泥熟料的烧失量要比普通水泥减少 7%，大量减少了熟料的使用量，并且 $Ca(OH)_2$ 的分解吸热量比 $CaCO_3$ 要低，可以减少燃料的使用量[16]。

生产电石渣水泥比普通水泥具有更好的环保性及经济性，并且还能得到性能良好的水泥，但电石渣中的氯含量高，使用过多会对水泥的生产设备产生损害。陈财来等研究指出，电石渣中的氯离子会使分解炉缩口结皮，影响水泥的正常生产[15]。

目前，国内外生产水泥的原料为石灰石，水泥的化学成分基本为 SiO_2、Al_2O_3、Fe_2O_3、CaO、MgO、K_2O、Na_2O、SO_3、Cl^- 等。随着国内电石法聚氯乙烯产业的不断发展，电石渣逐渐替代石灰石成为水泥生产的主要原料，特别是新型干法水泥工艺技术与装备的开发，更是为水泥发展提供了技术支撑。其反应耗水量仅为湿法乙炔的 20%左右，产生的电石渣含水 6%左右，杜绝了电石渣浆的产生。同时，由于产生的电石渣含水率低，为发展电石渣新型干法水泥技术提供了条件，相继诸多研发机构和企业对其关键技术进行了集中研发和攻克，文献中也公开了诸多方法[17-19]。侯向群等提出了以电石渣为主要原料，采用窑外分解生产水泥熟料的方法，其中电石渣为 71.8%～77.8%、砂岩为 8%～12%、硫酸渣为 1.5%～2.5%、粉煤灰为 11.2%～15.2%，该方法将电石渣 100%替代天然石灰质原料生产水泥熟料，解决了电石渣用量少的问题，使大量的污染废渣变废为宝[20]。但是，在所公开的诸多方法中，首先，电石渣是生产水泥熟料的精品钙质原料，在电石渣生成过程中会产生石灰石渣、石灰渣、电石收尘灰等一系列钙质废渣，如果不能搭配处理掉，还会造成一定环境污染；其次，砂岩 8%～12%时为高硅配料，由于砂岩结晶 SiO_2 难磨难烧，电耗煤耗高，产量、质量就会降低，给煅烧工艺造成化学匹配问题；再次，诸多方法在生产过程中会导致预热器出口废气温度高，造成系统结皮，生产故障多。

7.2.2　石灰石与电石渣生产水泥的热耗区别

传统的石灰石生产水泥过程中，有干法与湿法两种工艺。干法比湿法节约 40%热耗，而用 CaO 生产水泥比 $CaCO_3$ 节约 1/3 热耗，用 $Ca(OH)_2$ 可比 $CaCO_3$ 节约 1/2 热耗，传统生产窑与分解炉的煤耗是 4∶6，而电石渣是 7∶3。例如，同规模 2000t 窑传统投煤是 4～6t/h、尾煤是 6～7t/h，而干法水泥电石渣投煤是 3～4t/h、尾煤是 1.5～2.5t/h。2010 年国家平均标准煤耗是 112kg 煤/t 熟料，新疆天业集团水泥标准煤耗 2010 年为 77kg 煤/t 熟料。

电石渣水泥分解炉不分解氢氧化钙，实际成为固相反应炉，一级旋风筒在 500～600℃，比传统的石灰石法高 300℃左右，将其充分利用余热锅炉发电，既不堵塞余热锅炉，又能进一步降低能耗，为水泥成本大幅降低指明研发方向。表 7.6 是石灰石生产线与电石渣干法和湿法生产线煤耗对照表[21]。

表 7.6　石灰石生产线与电石渣干法和湿法生产线煤耗对照表

项目		国际先进干法	国内先进干法	全国平均干法	天业干法水泥	湿法水泥
2000～4000t/d	可比熟料综合电耗/(kW·h/t)	104	108	118	77	107
4000t/d 以上		100	104	111	92(预计)	110

7.2.3　二氧化碳气排放比较

煅烧是石灰石生产水泥的必经工艺，由生料煅烧成熟料需要大量的热量，此外，水泥粉磨需要大量的电能。表 7.6 中数据显示 2010～2012 年我国干法水泥生产每吨水泥综合能耗平均约为 111kg 标准煤，如果按每吨水泥排放 0.7t CO_2 计，我国每年水泥生产向大气中排放 CO_2 近 10 亿 t，新疆天业集团采用低温煅烧水泥方法后生产 1t 熟料大约比石灰石少排放 CO_2 近 60 万 t/a。石灰石 82%×1.45t 生料/熟料×43.5%的烧失量＝0.517t CO_2/熟料×120 万 t 熟料/a＝62.06 万 t CO_2/a。图 7.3 为电石渣制水泥与石灰石制水泥排放 CO_2 的对比图。

近年来我国煤电及人工成本上升，水泥产品毛利率下降。2010 年水泥制造业销售利润为 7.6%，净资产收益 14.5%。财政补贴收入是水泥企业利润的重要来源，其中利用固体废物的增值税返还实质上是水泥企业的利费收益。此外，余热发

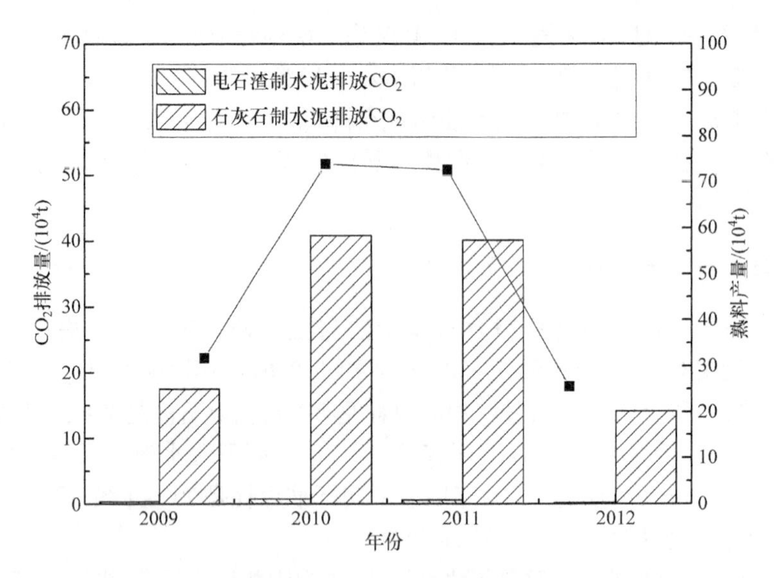

图 7.3　电石渣制水泥与石灰石制水泥排放 CO_2 的对比图

电占利润的 1/4(见图 7.4)。依托水泥行业向下游产业延伸是水泥企业的发展方向,利润来源多元化是水泥行业发展的趋势。

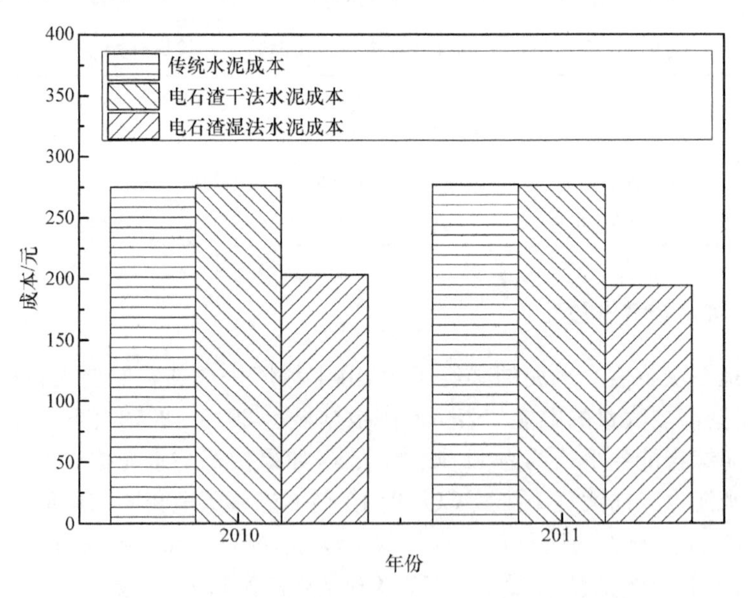

图 7.4　传统水泥与电石渣湿法、干法水泥成本的对比图

7.2.4　电石渣生成水泥的相关政策

为促进循环经济发展,鼓励电石渣综合利用,国家发展改革委办公厅印发了

《关于鼓励利用电石渣生产水泥有关问题的通知》(发改办环资[2008]981号,以下简称《通知》),对全部利用电石渣替代天然石灰石生产水泥项目的规模和工艺放宽限制。

利用电石渣生产水泥是电石渣资源化最成熟、最经济的方法,既可节约水泥生产所用的天然石灰石资源,降低水泥成本,又可减少二氧化碳排放和废物堆存造成的污染,具有良好的经济效益、社会效益和环境效益,符合发展循环经济的要求。但是,由于目前我国在利用电石渣生产水泥方面,存在着与现行水泥产业政策相矛盾的状况,使利用电石渣生产水泥在项目核准、用地审批、信贷融资等方面受到很大影响,许多项目无法建设,电石渣综合利用率难以提高,造成资源浪费和环境污染。针对上述情况,《通知》规定:

(1) 现有电石法聚氯乙烯生产装置配套建设的电石渣制水泥生产装置规模,不受产业政策所定规模的限制,但必须达到1000t/d及以上。同时鼓励规模较小的电石法聚氯乙烯企业通过与周边水泥企业或其他可消纳电石渣的企业合作,使电石渣得到充分利用。

(2) 新建、改扩建电石法聚氯乙烯项目,必须同时配套建设电石渣生产水泥等电石渣综合利用装置,其电石渣生产水泥装置单套生产规模必须达到2000t/d及以上。

(3) 现有电石渣水泥生产线可以采用湿磨干烧生产工艺进行改造,新建电石渣水泥生产线装置必须采用新型干法水泥生产工艺。

(4) 利用电石渣生产水泥的企业,经国家循环经济主管部门认定后,可享受国家资源综合利用税收优惠政策。

7.3　电石渣在烟气脱硫技术中的应用

根据国家环境保护部2013年对大气污染减排核算工作的统计,我国2012年SO_2排放量为2117.6万t,居世界前列,其中工业废气中SO_2排放量为1911.7万t,占总排放量的90.3%。而大量烟气排放的SO_2不达标,造成我国出现大面积的酸雨,对农业、工业和人类生态环境产生巨大影响。烟气脱硫技术是目前控制SO_2排放最有效和商业应用最广泛的一项脱硫技术。典型的方法有石灰石石膏法、液氨法、氧化镁法和双碱法等,这些方法各有利弊,但由于脱硫剂价格,总体运行成本偏高。因此,寻求来源广泛、性价比更高和性能更优越的脱硫剂成为目前有效降低脱硫运行成本、保证脱硫系统稳定运行的关键。

电石渣是乙炔生产过程中电石水解后的产物,其主要成分为$Ca(OH)_2$,可以作为脱硫剂使用。电石渣和SO_2作为主要的工业废弃物,给环境保护和生态安全提出了严峻的挑战。因此,将电石渣作为脱硫剂应用到湿法烟气脱硫系统中,可以达到以废治废的效果。

7.3.1 烟气脱硫技术在国内外应用情况

近年来,世界各发达国家在烟气脱硫方面均取得了很大进展,美国、德国、日本等发达工业国家在2000年前已基本完成烟气脱硫。

1. 脱硫技术在国外的应用情况

目前,国外常用的烟气脱硫技术有很多,按照脱硫方式和产物形态的不同,烟气脱硫技术可分为湿法、半干法、干法三大类。在诸多烟气脱硫工艺中,针对热电厂锅炉烟气的脱硫工艺主要有石灰石-石膏湿法、炉内喷钙法、半干法、氨法技术等。

湿法脱除 SO_x 的工艺有多种,大部分在20世纪70年代初期由美国和日本开发,多用于处理锅炉和炼油厂的加热炉烟气。湿法烟气脱硫技术的最大优点是脱硫率高达95%,装置运行可靠性高,操作简单,SO_2 吨处理成本低。在世界各国现有的烟气脱硫技术中,湿法脱硫约占85%,以湿法脱硫为主的国家有日本(占98%)、美国(占92%)和德国(占90%)。

锅炉烟气脱硫方面,目前技术较为成熟、在电厂烟气脱硫中有一定应用的脱硫工艺主要有石灰石-石膏湿法脱硫、氨法脱硫、喷雾干燥法脱硫和炉内喷钙加尾部增湿活化器脱硫等。几种常用的脱硫工艺对比见表7.7。

表7.7 电厂锅炉脱硫工艺对比

项目	石灰石-石膏湿法	炉内喷钙法	旋转喷雾干燥法、循环流化床法	氨法
技术成熟度	成熟	成熟	成熟	成熟
系统设置	系统较复杂	系统简单	系统简单	系统较复杂
适用煤种	不受含硫量限制	中、低硫煤	中、低硫煤	不受含硫量限制
适用单机规模	没有限制	多为中小机组	多为中小机组	中小机组
脱硫率	95%以上	60%~80%	85%	90%以上
吸收剂种类	石灰石	石灰石	石灰	氨水
吸收剂来源	易购买	易购买	需要高品质石灰	不易获得
副产品种类	石膏	脱硫废渣(亚硫酸钙等)	脱硫废渣(亚硫酸钙等)	硫酸铵溶液
副产品出路	可作水泥缓凝剂或建筑石膏出售	难以综合利用	难以综合利用	可作复合肥原料
烟气脱硫投资	较高	较低	较低	较高

石灰石-石膏湿法脱硫工艺是最为成熟的烟气脱硫技术，国内外已有数百套装置投入商业运行，在脱硫市场上占有份额超80%。任何煤种均可采用这种脱硫方式，脱硫率高(≥95%)，单塔处理量大，对高硫煤、大机组更具有使用价值。采用石灰或石灰石作为吸收剂，成本低廉并且易得，所得产物石膏可以作为建筑材料。该工艺的缺点是需要消耗大量的水，且容易造成结垢堵塞，加添加剂(氯化钙、镁离子、氨等)能防止结垢，但会增加成本。石膏若销路不好，仍旧造成固体排放物的堆积问题，产生二次污染。针对具体某一项目，还应根据现场条件、吸收剂资源、副产品处理和综合利用等情况，选择最佳脱硫方案[16]。

2. 脱硫技术在国内的应用情况

20世纪70年代，我国相关科研院所、高校及生产企业也开始对工业锅炉与电厂锅炉烟气脱硫技术进行实验研究，主要研究了石灰/石灰石-石膏湿法、双碱法、钠盐循环吸收法、氨吸收法、活性炭吸收法、旋转喷雾法、碱式硫酸铝法、柠檬酸法、磷铵法、炉膛吸收剂喷射法等。但与国外发达国家相比，研究开发速度缓慢，没有实质进展，工艺的技术不成熟。虽然国家投入了大量科研经费，消耗了大量的人力、物力，但是脱硫技术一直停留在实验室与小试阶段，没有进入中试和生产实际应用中，工业化进程缓慢，脱硫技术未得到推广。

近些年来，随着科研人员的深入研究及国外技术的引进，目前我国工业锅炉与电厂锅炉均建设了烟气脱硫装置。自1990年至今，我国先后开发的脱硫技术已有60多种，主要分三大类，包括燃烧前脱硫技术、燃烧中脱硫技术和燃烧后脱硫技术，实际生产中石灰/石灰石-石膏湿法脱硫技术应用最广。为了进一步降低运行成本，满足环保要求，近年来采用电石渣替代石灰石作为脱硫剂，开发出了电石渣-石膏湿法脱硫技术。

7.3.2　烟气脱硫工艺概述

燃烧前脱硫技术、燃烧中脱硫技术和燃烧后脱硫技术是目前我国烟气脱硫的三大类技术，其中燃烧后脱硫技术是目前作为燃煤锅炉 SO_2 污染控制技术应用最广、最成熟的方法。燃烧后脱硫技术按脱硫剂的种类，包括石灰石-石膏法、电石渣-石膏法、氢氧化镁法等；按脱硫方式，包括干法、半干法、湿法等；按处置方式，包括抛弃法和回收再利用法[22]。表7.8汇总了常用的烟气脱硫方法的种类、特点、经济性所使用的脱硫剂及该方法的副产品。

目前我国脱硫技术应用较广的主要是湿法(石灰石-石膏法和电石渣-石膏法)脱硫，此方法可以回收烟气中的硫，同时得到副产物石膏，具有较好的经济效益。

表 7.8　脱硫方法的种类

序号	方法	分类	简述	特点	经济性	脱硫剂	副产品
1	电石渣-石膏法	湿法	电石渣浆液与 SO_2 反应生成石膏	循环经济，脱硫效率高	一次性投资高，脱硫成本低	电石渣	石膏
2	石灰石-石膏法	湿法	石灰石浆液与 SO_2 反应生成石膏	应用最广，脱硫效率 90%以上，但用水量较大	一次性投资高，脱硫成本高	石灰石	石膏
3	氢氧化镁法	湿法	氢氧化镁与 SO_2 发生反应	技术比较成熟	脱硫成本高	氢氧化镁	没有实际生产企业
4	喷雾干燥法	半干法	熟石灰浆液与 SO_2 发生反应	欧美应用广，脱硫效率不高	一次性投资低，脱硫成本较高	氧化钙	
5	电子束法	干法	氨气喷入烟气中，用电子束照射脱硫	脱硫前烟气温度需降至 65℃，用水量相当大	设备成本高，脱硫成本高	氨气	
6	活性炭法	干法	活性炭吸收 SO_2	脱硫率高，需要加氨气	脱硫成本增加	活性炭	
7	钠碱法	湿法	NaOH 溶液吸收 SO_2	脱硫效率可达 95%以上	一次性投资高，脱硫成本较高	NaOH	
8	双碱法	湿法	NaOH 或 Na_2CO_3 溶液吸收 SO_2	工艺相对复杂，不易结垢、堵塞	一次性投资高	NaOH 或 Na_2CO_3	
9	碱式硫酸铝法	湿法	石灰石和硫酸铝作为脱硫剂	脱硫效率稳定，基本无堵塞、结垢现象	一次性投资高，能耗大	混合脱硫剂	反应产物中析出高浓度 SO_2
10	磷氨肥法	湿法	碘活性炭吸附 SO_2	脱硫效率高，操作较复杂	一次性投资高	碘活性炭	磷肥

湿法烟气脱硫是指脱硫剂为液体状态，除尘后的烟气经过脱硫塔与喷入脱硫剂接触反应，吸收了烟气中的 SO_2，达到脱硫效果。湿法比干法和半干法的脱硫效率都高，是目前脱硫技术中应用最广泛、最成熟的技术，但该脱硫技术一次性投资高。湿法脱硫主要有石灰石法、电石渣法、碱式硫酸铝法、双碱法、钠盐循环法、氧化镁法。

目前，石灰石-石膏法烟气脱硫是湿法烟气脱硫技术中应用最为广泛且最为成熟的一种，占烟气脱硫的 80%以上[23]。

1. 石灰石(石灰)-石膏湿法烟气脱硫技术

石灰石(石灰)-石膏法是以石灰石为脱硫剂，首先将石灰石粉末溶入水中不停地用搅拌器搅拌均匀调制成浆液，喷入脱硫塔中与烟气中的 SO_2 发生反应，最终生成石膏。该法具有脱硫剂来源广泛、脱硫效率较高(一般可达到 90%以上)、副产品石膏可以外卖等特点，是目前世界上应用最广泛、工艺最成熟的燃煤电厂烟气脱硫方法[24]。

石灰石(石灰)-石膏法脱硫装置主要包括烟气系统(烟道挡板、烟气再热器、增压风机等)、吸收系统(吸收塔、循环泵、氧化风机、除雾器等)、浆液制备系统(浆液泵、石灰石磨机、浆液池、搅拌器等)、石膏制备系统(石膏浆液泵、脱水机、水力旋流器等)、废水处理系统及公用系统(水、电、压缩空气等)。

脱硫装置主要设备是吸收塔，化学反应都在该塔中进行。石灰石浆液经浆液泵打入吸收塔，通过吸收塔喷淋器喷洒与除尘后冷却的烟气在吸收塔内相互混合接触，烟气中的二氧化硫与石灰石浆液中的碳酸钙发生化学反应，生成亚硫酸钙，再经过氧化塔，空气中的氧气强制将亚硫酸钙氧化成硫酸钙，最终生成石膏($CaSO_4 \cdot 2H_2O$)。石灰石(石灰)-石膏法的化学反应方程式如下：

$$CaO + H_2O \longrightarrow Ca(OH)_2 \tag{7-3}$$

$$Ca(OH)_2 + SO_2 \longrightarrow CaSO_3 + H_2O \tag{7-4}$$

$$CaSO_3 + H_2O + SO_2 \longrightarrow Ca(HSO_3)_2 \tag{7-5}$$

$$CaSO_3 + \frac{1}{2}O_2 \longrightarrow CaSO_4 \tag{7-6}$$

$$CaSO_4^2 + H_2O \longrightarrow CaSO_4 \cdot 2H_2O \tag{7-7}$$

烟气系统是将除尘后烟气通入烟气脱硫装置，经过与脱硫剂发生反应后脱除二氧化硫的洁净烟气送入烟囱排入大气中。用增压风机实现流量控制，克服烟气系统通过脱硫装置的压降；用换热器(GGH)换热。烟气系统的主要设备有烟道、挡板口、增压风机、烟气换热器等。烟道由烟风管道、膨胀节、分流板与导流板、烟道支座、运行维护的平台扶梯等必要的辅助设施组成。在烟气换热器中，吸收塔出口的洁净烟气被洗涤浆液冷却到 45～55℃，达到饱和含水量。我国烟气脱硫装置通常要求通过 GGH 后的烟气温度≥80℃。

烟气脱硫装置中吸收系统最为重要，主要设备有吸收塔、氧化风机、循环泵、除雾器等。烟气脱硫系统的核心设备是吸收塔，由塔体、进出口烟道、入孔门、检查门、钢制平台扶梯、法兰、液位控制、溢流管以及所有需要的连接件等构成。目前我国吸收塔有四种类型，包括喷淋塔、板式塔、双回路塔和喷射鼓泡塔。吸收塔设计时主要考虑尽量使气液接触面积增大，促使二氧化硫更多地转化成亚硫酸钙，降低压力损失，增大烟气处理量。

浆液制备系统是将石灰石溶于水中，通过搅拌器不停搅拌使其混合均匀，避免沉淀。设计时要考虑石灰石来源以及品质，如果石灰石杂质较多，质量不好，会造成管道、设备堵塞和损坏，影响脱硫效率，降低设备的运转率，造成设备频繁检修。

石膏脱水系统是脱硫系统的最后一道工序，采用的是水力旋流脱水加真空皮带脱水二级脱水方式。脱硫反应后的浓度为20%～30%的“石膏浆液”通过排浆泵送往水力旋流器进行一级脱水，产生浓度为50%左右的“石膏浆液”进入真空皮带过滤机进一步分离水分，得到满足设计要求的含水率为10%～15%的石膏。

石灰石(石灰)-石膏湿法烟气脱硫的主要影响因素有以下几个方面：

(1) 烟气流速。脱硫塔在其他参数确定条件下，增大烟气流速会使气液相互运动速度加快，这样使气相与浆液之间形成的薄膜相对较薄，增加了气液接触面；同时从喷淋器喷出的浆液向下流动的速度相对降低，导致单位体积内浆液量增加，二氧化硫与浆液反应相对充分，提高了脱硫装置的运行效率。但是，增大烟气流速同时会造成溢液，烟气带走大量的水分，从而增加除雾器的负荷，设备选型增大。烟气流速确定还要考虑脱硫塔的形式，根据实验及生产运行情况，如果脱硫塔采用喷淋塔，烟气流速一般控制在3～5m/s。

(2) 液气比(L/G)。液气比是脱硫塔入口烟气量与相应的浆液喷淋量之比。脱硫效率的高低受液气比大小影响最大。因为在脱硫塔的设计过程中，SO_2吸收表面积的大小由循环浆液量的大小决定的。脱硫塔在其他参数确定条件下，为了提高脱硫效率可以将液气比增大。许多科研人员建立了不同的脱硫数学模型，如胡满银等[25]建立的数学模型。

(3) 烟气湿度。进入脱硫塔的烟气首先要通过换热器降湿，因为烟气湿度越低，二氧化硫的吸收率越高，越容易形成HSO_3^-。但是，烟气温度过低时也会降低SO_2和脱硫剂的反应速率。

(4) 浆液的pH。浆液的pH是石灰石法的重要参数之一。提高浆液的pH，会使液相的传质阻力降低，使SO_2的吸收速度加快；而降低浆液的pH时，能够促进石灰石的溶解，$CaSO_3$很容易被氧化成$CaSO_4$。但浆液的pH过低会对设备、管道造成腐蚀，对设备材质的要求提高，增加设备成本。因此，烟气脱硫系统吸收塔选择合理的pH非常重要，一般控制在5.5～6.0。

(5) 入口SO_2浓度。脱硫塔在其他参数确定条件下，SO_2浓度增大，而浆液的碱性未增大，会使脱硫效率降低。

(6) 浆液停留时间。烟气脱硫系统的浆液停留时间一般控制在12～24h，此时，二氧化硫和浆液的反应充分，同时有足够的时间将$CaSO_3$氧化成$CaSO_4$；时间过长时会使浆液池容积增大，相应的设备选型增大，导致投资增加；而时间过短，二氧化硫和浆液的反应时间不足，脱硫效率不高。

(7) 吸收剂。吸收剂的有效成分越高，脱硫效率越大，但是石灰石品质越高，采购成本就越高。通常要求石灰石脱硫剂粒度在 200～300 目，纯度在 90%左右。

(8) 吸收液的过饱和度。烟气脱硫系统中吸收液的过饱和度一般控制在 110%～130%，使吸收液要维持在饱和程度范围内，不会造成设备表面结垢引起堵塞。

(9) 烟气中含灰量。当烟气中含灰量较高时，会影响 SO_2 与脱硫剂的接触表面，使 SO_2 的吸收表面积减小，导致化学反应速率降低。此外，由于飞灰中含有一些重金属离子，也会使 Ca^{2+} 和 HSO_3^- 的反应速率降低，从而降低脱硫效率。

我国石灰石法烟气脱硫系统的运行率达到 99%以上，运行可靠，通过各种指标的控制使脱硫效率提高到 95%。例如，重庆洛磺 2×360MW 的发电机组，采用了石灰石-石膏法脱硫技术，烟气处理能力达到 100%，脱硫指标都达到环保要求，实际生产运行中脱硫率超过 95%，副产物石膏产品纯度大于 90%，产量达到 33 万 t[26]。

由于石灰石价格较高，约占脱硫装置运行成本的 30%，为了提高电厂运行经济效益，降低运行成本，这几年聚氯乙烯生产企业配套的电厂全部将脱硫剂改用为电石渣，从而有效降低了生产成本。

2. 电石渣-石膏湿法烟气脱硫技术

1) 电石渣法的脱硫原理

烟气中的 SO_2 首先溶解于吸收液中从气态变成液态，然后离解成 H^+ 和 HSO_3^-，其原理如下[27]：

$$SO_2(g) \rightleftharpoons SO_2(aq) \tag{7-8}$$

$$SO_2(aq) + H_2O \rightleftharpoons H_2SO_3(aq) \tag{7-9}$$

$$H_2SO_3(aq) + H_2O \rightleftharpoons H^+ + HSO_3^- \tag{7-10}$$

反应方程式(7-8)是 SO_2 先从气态变成液态，反应速度缓慢，是影响吸收反应速率主要因素之一。反应方程式(7-10)主要在吸收塔浆液槽的上部或喷淋液落下时发生，通过通入空气强制氧化，使离解后的 HSO_3^- 被氧化成 SO_4^{2-} 和 H^+，其反应方程式如下：

$$HSO_3^- + \frac{1}{2}O_2(g) \rightleftharpoons SO_4^{2-} + H^+ \tag{7-11}$$

在浆液槽上部，实际上是由 SO_4^{2-} 和 HSO_3^- 组成的缓冲浆液系统。

电石渣的主要成分 $Ca(OH)_2$ 在水中电离的反应方程式如下：

$$Ca(OH)_2(s) \rightleftharpoons Ca^{2+} + 2OH^- \tag{7-12}$$

在水溶液中 $Ca(OH)_2$ 离解反应速率迅速，生成的 Ca^{2+} 和 SO_4^{2-} 发生化学反应，干燥后生成石膏。

$$Ca^{2+} + SO_4^{2-} + 2H_2O \rightleftharpoons CaSO_4 \cdot 2H_2O\downarrow \tag{7-13}$$

除尘后的烟气通过管道从脱硫塔下部进入向上移动，与从喷嘴喷出的吸收浆液向下流动，在吸收塔使气相与液相进行逆流充分接触，并相互传质，促使烟气中的二氧化硫和三氧化硫溶于浆液中，最终反应生成亚硫酸和硫酸，其反应原理如下：

$$SO_2 + H_2O \rightleftharpoons H_2SO_3 \tag{7-14}$$

$$SO_3 + H_2O \rightleftharpoons H_2SO_4 \tag{7-15}$$

由于烟气中含有少部分 HF 和 HCl 等酸性化合物，在喷淋过程中也溶于浆液中形成氢氟酸和盐酸等。

当 pH 较低时，亚硫酸离解成 H^+ 和 HSO_3^-；当 pH 逐渐升高时，HSO_3^- 离解成 H^+ 和 SO_3^{2-}，其原理如下：

$$H_2SO_3 \rightleftharpoons HSO_3^- + H^+ \quad (\text{较低 pH}) \tag{7-16}$$

$$HSO_3^- \rightleftharpoons SO_3^{2-} + H^+ \quad (\text{较高 pH}) \tag{7-17}$$

H_2SO_4 以及少量的 HCl、HF 在吸收液中发生了相应的离解，在离解过程中产生大量的 H^+，会造成浆液 pH 降低。为了提高浆液不断吸收 SO_2 能力，需要将离解反应中产生的 H^+ 移除。移除 H^+ 的方法主要为：在浆液中加入脱硫剂电石渣，H^+ 与电石渣浆液中 OH^- 发生中和反应，这样就去除了离解反应中产生的 H^+，提高了吸收 SO_2 的能力，然后进入吸收塔内，同上述提及的离子发生中和反应：

$$Ca^{2+} + 2OH^- + HSO_3^- \longrightarrow Ca^{2+} + SO_3^{2-} + 2H_2O \tag{7-18}$$

在酸性条件下，反应中生成的 SO_3^{2-} 还可以发生如下反应：

$$SO_3^{2-} + H^+ \rightleftharpoons HSO_3^- \tag{7-19}$$

吸收了 SO_2 的浆液，含有大量的 SO_3^{2-} 和 HSO_3^-，这些离子均是较强的还原剂，可被浆液中的氧气所氧化：

$$SO_3^{2-} + \frac{1}{2}O_2 \longrightarrow SO_4^{2-} \tag{7-20}$$

$$HSO_3^- + \frac{1}{2}O_2 \longrightarrow SO_4^{2-} + H^+ \tag{7-21}$$

通过氧化空气系统连续向反应池中鼓入氧气，SO_3^{2-} 和 HSO_3^- 也就不断地被氧化成 SO_4^{2-}。

在电石渣-石膏湿法烟气脱硫工艺运行的 pH 下，$Ca(OH)_2$ 离解出来的 OH^- 和亚硫酸离解出来的 H^+ 发生中和反应，浆液中留下大量的 Ca^{2+}、SO_3^{2-}、SO_4^{2-}，当达到一定浓度后，三种离子生成的难溶性化合物就将从溶液中沉淀析出：

$$Ca^{2+} + SO_3^{2-} + \frac{1}{2}H_2O \longrightarrow CaSO_3 \cdot \frac{1}{2}H_2O \tag{7-22}$$

$$Ca^{2+} + SO_4^{2-} + 2H_2O \longrightarrow CaSO_4 \cdot 2H_2O \tag{7-23}$$

总反应式为

$$Ca(OH)_2 + SO_2 \longrightarrow CaSO_3 \cdot \frac{1}{2}H_2O + \frac{1}{2}H_2O \tag{7-24}$$

$$Ca(OH)_2 + SO_2 + \frac{1}{2}O_2 + H_2O \longrightarrow CaSO_4 \cdot 2H_2O \tag{7-25}$$

通过强制氧化，即通过氧化空气系统连续向反应池中鼓入氧气，浆液所吸收的 SO_2 几乎100%地被氧化，生成二水硫酸钙（$CaSO_4 \cdot 2H_2O$），即石膏。通过控制脱硫装置液相二水硫酸钙（$CaSO_4 \cdot 2H_2O$）的过饱和度的指标，不仅可以防止其结垢，又可以生产高品质的石膏。烟气中二氧化硫经电石渣吸收剂洗涤后，清洁的烟气再通过除雾器去除雾滴然后通过烟囱排放到大气中。

2）电石渣和石灰石离解机理比较

电石渣作为脱硫剂对 SO_2 的离解机理与石灰石作脱硫剂完全相同，但 $Ca(OH)_2$ 的离解机理与石灰石有很大区别。一是 $Ca(OH)_2$ 在水中的溶解度和消融率都高于石灰石，在水中 $Ca(OH)_2$ 的溶解度为1.608kg/m^3，约为石灰石在水中溶解度的10000倍。许多研究者认为影响石灰石消融性的主要因素是pH、粒径[28]（图7.5）；二是由于电石渣脱硫过程没有 CO_2 生成，反应的平衡不存在 CO_2 逸出速度的影响，吸收反应速度快，反应时间短。同时，电石渣吸收剂 $Ca(OH)_2$ 离解出来的 OH^- 和亚硫酸离解出来的 H^+ 发生了中和反应，生成 H_2O，推动化学反应不断向右进行，因此提高了脱硫效率。

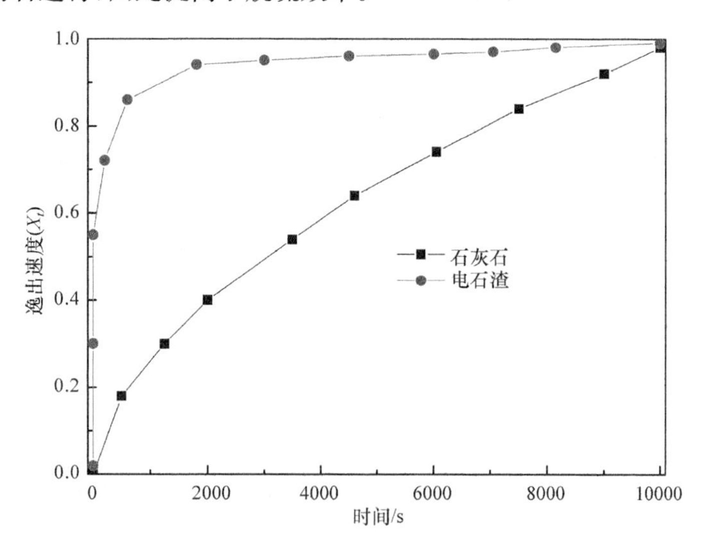

图7.5 电石渣和石灰石的消融规律

3）电石渣法和石灰石法的工艺比较

电石渣法工艺和石灰石法工艺脱硫剂采用的都是Ca元素，其工艺过程基本相同。其差别主要在于Ca元素的化合态不同，其中电石渣中Ca主要以 $Ca(OH)_2$ 的形态存在，而石灰石法的Ca主要以 $CaCO_3$ 的形态存在。$Ca(OH)_2$ 与 $CaCO_3$ 相比反应活性较高，同时 $Ca(OH)_2$ 在水中为微溶化合物，而 $CaCO_3$ 在水中为难溶化合物，这样就会导致 $Ca(OH)_2$ 溶液中 Ca^{2+} 浓度远远高于 $CaCO_3$ 溶液，存在着数量级的差异。

电石渣脱硫法中，在脱硫塔喷淋反应区段，二氧化硫和氢氧化钙反应速度远高于石灰石法，所以在脱硫塔入口的烟气量及含硫量同等条件下，电石渣法的液气比相对比较小，这意味着使用电石渣作为脱硫剂时，浆液循环量小，降低了运行成本。同时由于脱硫使用了大量固体废物电石渣，降低了电石渣排放量，减少了环境的污染，取得了很好的环境效益。此外，利用废渣，使脱硫剂成本降低，减少了有限资源石灰石矿的开采，有效地保护了石灰石矿产资源。再者，电石渣法还会减少常规石灰石-石膏法中产生的大量 CO_2，使经济效益、环境效益和社会效益三者兼得。电石渣法对燃用中低硫煤机组的脱硫效率可达 98%以上。

但是，因电石渣脱硫过程中没有 CO_2 生成，反应的平衡不存在 CO_2 逸出速度的影响，吸收反应速率很快，吸收反应会造成 pH 的波动。因此，电石渣法脱硫系统的运行稳定性低于石灰石法。实际生产中，脱硫塔浆池内 pH 一般控制在 6～8。

电石渣脱硫在生产中容易发生结垢，使得管道、设备、喷嘴堵塞。为了防治结垢现象，必须控制脱硫装置液相二水硫酸钙（$CaSO_4 \cdot 2H_2O$）的过饱和度和电石渣进塔浓度。实际生产中，进塔电石渣浆固含量一般控制在 15%左右。

4）电石渣法脱硫的研究进展

童艳等采用盐酸模拟烟气中的 SO_2，在釜式反应器中研究反应温度和 pH 对电石渣消融特性的影响[29]。虽然已有相关文献报道了电石渣脱硫的实例，但在运行过程中还是出现了较多问题，如电石渣成分较为复杂，品质难以保证；浆液的黏性大，容易造成系统堵塞、磨损和腐蚀等；电石渣浆液脱硫缓冲性较差，不利于系统稳定运行等[30-33]。徐宏建等采用鼓泡吸收装置，综合比较了电石渣与石灰石脱硫过程中的 pH 缓冲能力和脱硫效率，并对三种有机酸添加剂强化电石渣脱硫性能的影响进行研究[34]。

浙江巨化集团公司将电石渣制成干粉，采用 NID 工艺，对热电厂烟气的脱硫效率达到 90%以上。电石渣也可作为燃煤工业锅炉固硫剂，按一定比例与煤混匀，煤燃烧时放出的 SO_2 与电石渣反应生成 $CaSO_3$ 或 $CaSO_4$ 被固定下来。

7.4 电石渣在其他领域的应用

7.4.1 电石渣用作建材

电石渣的主要成分是 $Ca(OH)_2$，可以作为生产建材的原料。山东水泥制品厂成功地研制出利用电石渣生产轻质煤渣砖的技术，其产品质量与不加电石渣的同类产品相当。

此砖以浓缩的电石渣（含水 39.6%）为主要原料，掺入少量的水泥，与经过破碎的煤渣（粒径＜20mm）、碎石料按电石渣∶水泥∶碎石∶煤渣＝3.2∶1.1∶3.2∶2.5 的比例搅拌均匀，经砌块成型机加压成型，自然养护 28 天左右。

轻质电石-煤渣砖强度达到普通红砖强度，符合小型空心砌块国家标准，投资少、成本低、产品自重轻，可以在常温、常压下进行生产养护，节约能源，其成本是普通黏土砖的 60%，是混凝土砌块的 50%。使用电石废渣生产的轻质砖应用广，既做到了电石废渣的综合利用，提高了经济效益，变废为宝，也保护了环境，是一举两得的好产品。

但是在轻质煤渣砖的生产过程中，电石废渣作为钙质原料加入，其加入量有限，一般不超过 15%～35%，对于排渣量大的企业，是难以消化完全的，而且煤渣砖的市场销路不畅，也制约了该产品的发展。

利用电石渣-煤渣或电石渣-粉煤灰可制得建筑用砖。高文元等研制的蒸压砖以电石渣和粉煤灰为原料，抗折强度在 5MPa 以上[35]。

除了制成建筑材料外，电石渣也可作为道路路基材料。粉煤灰-电石渣作为路基材料完全合格，具有施工工期短、效率高的特点，且可以降低成本，减少废渣对环境的危害。

7.4.2 电石渣用于生产普通化工产品

1. 生产氧化钙、漂白粉、碳酸钙等产品

利用电石渣可代替石灰石生产多种消耗 $Ca(OH)_2$ 的化工产品，如氧化钙、漂白粉、碳酸钙等。将电石渣脱水、烘干、800～900℃下烧成，制得的高活性氧化钙可用于建筑材料等领域。电石渣经过预处理，按一定配比加入 NaOH，溶于水后通入氯气，可制得漂白粉。

2. 生产环氧丙烷

环氧丙烷是一种重要的化工原料，以丙烯、氧气和熟石灰为原料的氯醇化法生产环氧丙烷工艺过程中需要大量的熟石灰。

福建省东南电化股份有限公司是电石乙炔法生产聚氯乙烯（70000t/a）的大型企业，目前将电石渣在福建湄州湾氯碱工业有限公司代替熟石灰生产环氧丙烷，其化学反应过程如下：丙烯、氯气和水在管式反应器和塔式反应器中反应生成氯丙醇，氯丙醇与经过处理后的电石渣混合后送入环氧丙烷皂化塔，与 $Ca(OH)_2$（电石渣）发生皂化反应生成环氧丙烷。

由于电石渣中 $Ca(OH)_2$ 的含量高达 90%以上，而我国熟石灰中 $Ca(OH)_2$ 的

平均质量分数仅为 65%，所以，采用电石渣不仅使环氧丙烷的生产成本下降约 130 元/t，而且其中未反应的固体杂质处理量比用熟石灰要少得多。利用电石渣生产环氧丙烷，不仅充分利用电石渣资源，实现了变废为宝，化害为利，而且生产的环氧丙烷质量稳定，符合国家标准。

3. 生产氯酸钾

用电石渣代替石灰生产氯酸钾，其生产过程是：先将电石渣浆中的杂质除去后进入沉淀池，得到浓度为 12%的乳液，用泵将电石渣乳液送至氯化塔并通入氯气、氧气。在氯化塔内，$Ca(OH)_2$ 与 Cl_2、O_2 发生皂化反应生成 $Ca(ClO_3)_2$；去除游离氯后，再用板框压滤机除去固体物，将所得溶液与 KCl 进行复分解反应生成 $KClO_3$ 溶液，经蒸发、结晶、脱水、干燥、粉碎、包装等工序制得产品氯酸钾($KClO_3$)。其反应式是：

$$Ca(OH)_2+Cl_2+O_2 \longrightarrow Ca(ClO_3)_2+H_2O \tag{7-26}$$

$$Ca(ClO_3)_2+KCl \longrightarrow KClO_3+CaCl_2 \tag{7-27}$$

每生产 1t 氯酸钾，利用电石渣 10t，可节省石灰 4t，每吨产品可节省原料费 420 元。

用电石渣代替石灰生产氯酸钾($KClO_3$)，技术可行，实现了综合利用电石废渣的目的，不仅减少了电石废渣对环境造成的危害，同时也减少了石灰储运过程中造成的污染，而且改善了劳动条件。

以上是电石渣的常规利用途径。将电石渣作为建筑材料与路基材料是大量处理电石渣的有效途径，既可节约成本又处理了废渣，但对于产生电石渣的厂家，虽解决了废弃物处理问题，却无经济效益。电石渣用于环保领域，可达到以废治废的目的，但用量有限。利用电石渣制成一般化工产品，其预处理过程复杂，而产品价格不高，经济效益有限，厂家积极性不高。所以，大部分厂家仍将电石渣弃置，既浪费资源又污染环境。因而，寻找一种新的电石渣资源化途径，将其转化成高附加值的产品，提高厂家积极性，是一个较有意义的课题。

7.4.3 电石渣用于制备纳米碳酸钙

将电石渣制成纳米碳酸钙是一个较好的选择，纳米碳酸钙是一种新型固体材料，由于碳酸钙粒子的纳米化、白度高、填充量大和具有补强效果等特点，在橡胶、塑料、造纸等领域有着广泛的应用。国内纳米碳酸钙市场潜力极大，市场价格因其性能和应用领域不同而相差较大，为 2000～12000 元/t。目前，国内生产纳米碳酸钙的厂家均是通过开采石灰石获得原料，对环境保护不利，如能利用废弃的电石渣制备纳米碳酸钙，不仅能消除电石渣对环境的危害，还能获得可观的经济效益。

目前仅见吴琦文等开发了一种利用电石渣制备纳米碳酸钙的工艺[36]。其制备过程如下：先将电石渣净化，在 800～900℃下煅烧得到 CaO，再将 CaO 消化配制成质量分数为4%～10%的$Ca(OH)_2$溶液，加入添加剂，以体积浓度为15%～30%的CO_2碳化，控制碳化温度20～30℃，经一系列后处理可得纳米级活性炭酸钙，其粒径为30～50nm。但此工艺比较复杂，电石渣预处理时先经水洗又需高温煅烧，能耗高且易产生二次污染，碳化结束后需沙磨，耗时较长。

因此，寻找一种简单高效、低成本的电石渣制备纳米碳酸钙新工艺，显得十分迫切。电石渣制备纳米碳酸钙主要包括预处理、碳化、表面改性三个环节。因电石渣中含有较多杂质，如果不能在预处理时有效清除，将直接影响碳化、表面改性环节，甚至影响最终产物纳米碳酸钙的性能。预处理环节的问题解决之后，碳化、表面改性则尽可利用现有的方法，从而制备出符合需求的纳米碳酸钙，实现电石渣变废为宝的目的。

7.4.4 电石渣生产生石灰作为电石原料

美国肯塔基州路易斯维尔城炼气厂很早意识到电石渣浆处理的紧迫性，他们在1948年建成日产60t生石灰实验装置，在1959～1962年建成两套330t/a生石灰生产装置，运行安全可靠，年开工天数近350天。

电石生产石灰工艺过程如下：脱水后得到固含量60%的电石废渣，用螺旋运输机输送，在造粒机长度3/4处均匀分配至造粒机内，造粒制成5～20mm的圆球，再经气流干燥炉(350℃)干燥，回转炉(900～1000℃)煅烧。干燥炉内物料的干燥是利用回转炉内的热废气干燥的。煅烧成的回收石灰流入卸料斗，装车运送到电石厂作电石原料。石灰产品的规格如下：CaO不少于86%；CO_2不少于1.0%；水分0.5%；杂质(Fe_2O_3、H_2SiO_3)不大于13%；粒度5～20mm。原料及动力消耗(以生产1t石灰计)如下：电石渣1.33t，水8m^3，电37 kWh，蒸汽0.16t，煤粉0.111t，氮气3m^3，燃料气388m^3，燃料油0.001t。

此方法技术路线可行，作为探索生产石灰，应是最好的处理方法。这是因为：①生产石灰的投资不到生产水泥的1/10；②石灰是电石生产的原料，不存在另寻市场的问题，以钙为载体实现电石废渣—石灰—电石—电石废渣这样的闭路循环；③减少制约自身的因素，电石法生产聚氯乙烯可将规模进一步扩大，以提高竞争力，同时也保护了石灰石矿源，新的电石废渣制石灰所产生的经济效益和社会效益远非其他治理方法可比。

但此法能耗大，回收石灰重作电石原料也只能掺入电石原料的20%，不宜过多，因为回收石灰中含硫、磷杂质多，将影响电石质量。

7.4.5 电石渣的其他处理方法

电石渣用于工业废水处理，可以降低成本，实现以废治废。电石渣可用于中和酸性废水和电镀废水。

含一定水量的电石废渣及渗滤液也是强碱性，含有硫化物、磷化物等有毒有害物质。根据《危险废物鉴别标准》(GB 5085—2007)，电石废渣属Ⅱ类一般工业固体废物，不能直接排到海塘或山谷中。若将其填海、填沟时，根据《化工废渣填埋场设计规定》(HG 20504—1992)，必须采取防渗措施。

1）填海、填沟堆放

一些建设在滨海或山区的工厂，一直以来将电石渣直接排到海塘或山谷中，填海填沟堆放，几乎没有作防渗处理。此法占地面积大，污染严重。

2）自然沉降后出售

大多数工厂采用自然沉降法处理。将电石渣浆排入沉淀池或低凹的空地上，自然蒸发待渣浆沉淀后，再用人工或铲车、抓斗挖掘出来对外出售。堆放场地同样没有作防渗处理。

自然沉降法处理效果不稳定，受环境及气象条件影响。特别是南方雨水量大，蒸发量小，雨季沉淀物含水量高，一般在50%～60%，呈厚浆状，根本无法挖掘和利用。

参考文献

[1] 陶磊，张志和．我国PVC产业现状及发展趋势[J]．聚氯乙烯，2016，44(7)：1-4.

[2] Li Y, Liu H, Sun R, et al. Thermal analysis of cyclic carbonation behavior of CaO derived from carbide slag at high temperature[J]. Journal of Thermal Analysis and Calorimetry, 2012, 110: 685-694.

[3] Cao J X, Liu F, Lin Q, et al. Effect of calcination temperature on mineral composition of carbide slag, lime activity and synthesizedxonotlite[J]. Key Engineering Materials, 2008, 368: 1545-1547.

[4] 黄存捍，邓寅生，邢学玲，等．电石渣的综合利用途径探讨[J]．焦作工学院学报，2004，23(2)：143-146.

[5] 李洪洲．干法乙炔电石渣的特性及其影响[J]．中国氯碱，2010，(6)：15-17.

[6] Mater J. Cementing material from calcium carbide residue-rice husk ash[J]. American Society of Civil Engineers, 2002, 15(5): 470-476.

[7] Horpibulsuk S, Phetchuay C, Chinkulkijniwat A. Soil stabilization by calcium carbide residue and fly ash[J]. Journal of Materials in Civil Engineering, 2011, (7): 44-49.

[8] Jaturapitakkul C, Roongreung B. Cementing material from calcium carbide residue-rice husk ash[J]. Journal of Materials in Civil Engineering, 2004, 15(5): 470-475.

[9] Krammart P, Tangtermsirikul S. Properties of cement made by partially replacing cement raw materials with municipal solid waste ashes and calcium carbide waste[J]. Construction and Building Materials, 2004, 18(8): 579-583.

[10] Abo-El-Enein S A, Hashem F S, Amin M S, et al. Physicochemical characteristics of cemen-

titious building materials derived from industrial solid wastes[J]. Construction and Building Materials,2016,126:983-990.

[11] 幺恩琳,王晓强．氯碱行业电石渣综合利用的发展及前景展望[J]. 中国氯碱,2013,(2):40-42.

[12] 贺来宾．100%电石渣代替石灰石生产铁路专用低碱熟料的实践[J]. 新世纪水泥导报,2011,(2):47-49.

[13] 刘琼舞．用电石渣代替石灰石生产水泥的应用实践[J]. 建材发展导向,2008,(6):78-80.

[14] 叶东忠,张亮,黄太松．电石渣作混合材对水泥结构与性能影响的试验研究[J]. 福州大学学报(自然科学版),2004,32(1):43-46.

[15] 邱树恒,袁罡,林秀娟．用改性电石渣取代石膏磨制硅酸盐水泥的研究[J]. 水泥,2004,(3):3-5.

[16] 李良,毕金栋,白玉文,等．电石渣配料的生料与普通生料分解和烧成过程的差异研究[J]. 新世纪水泥导报,2013,(3):18-21.

[17] 李洪洲．干排电石渣100%替代石灰石生产水泥[J]. 水泥工程,2012,(5):77-78.

[18] 姜文刚．采用100%电石渣生产高抗硫酸盐硅酸盐水泥熟料[J]. 水泥,2016,(6):18-19.

[19] 贺来宾．电石渣100%替代石灰石生产低碱水泥熟料的配料方案及质量控制[J]. 四川水泥,2011,(3):42-43.

[20] 侯向群,李洪洲,俞捷,等．电石渣100%替代天然石灰质原料干法生产水泥熟料工艺方法[P]:中国,1887765A. 2007-1-3.

[21] 陈财来,李世英．电石废渣生产绿色低碳水泥[J]. 石河子科技,2013,(3):25-28.

[22] 朱青青．电石渣在电厂烟气脱硫中的应用[D]. 兰州:兰州理工大学,2006.

[23] 林晓芬,张军,尹艳山,等．烟气脱硫脱氮技术综述[J]. 能源环境保护,2014,2(2):30-34.

[24] 朱世勇．环境与工业气体净化技术[M]. 北京:化学工业出版社,2001.

[25] 胡满银,刘炳伟,汪黎东,等．锅炉运行对湿式脱硫系统性能影响的研究[J]. 华北电力大学学报,2003,7(4):97-99.

[26] 钟秦．燃煤烟气脱硫脱硝技术及工程实例[M]. 北京:化学工业出版社,2002.

[27] 严新荣．湿法烟气脱硫系统采用电石渣脱硫剂的技术分析[J]. 华电技术,2011,(9):80-84.

[28] Shih S M,Lin J P,Shiau G Y. Dissolution rates of linestones of different sources[J]. Journal of Hazardous Materials,2000,(B79):159-171.

[29] 童艳,周屈兰,惠世恩等．电石渣在湿法脱硫中的消融特性[J]. 动力工程,2006,26(6):884-887.

[30] 吕宏俊．电石渣-石膏湿法脱硫技术的应用分析[J]. 电站系统工程,2011,27(1):41-42.

[31] 孙成永,张鹏．电石渣在火电厂湿法烟气脱硫中的应用[J]. 重庆电力高等专科学校学报,2012,17(5):91-94.

[32] 尹传烈,杨有余,吕应兰,等．电石渣中杂质对亚硫酸钙氧化及石膏浆液脱水性能影响[J]. 环境工程,2013,31(2):109-114.

[33] 闯喜宏,许雪松．电石渣脱硫运行存在问题的探讨[J]. 电力科技与环保,2012,28(2):

42-44.
[34] 徐宏建,李浩然,孙肆鹏,等．有机酸添加剂强化电石渣脱硫的试验研究[J]. 动力工程学报,2015,35(8):659-665.
[35] 高文元,马铁成．利用粉煤灰水淬矿渣和电石渣生产蒸压砖的研究[J]. 新型墙体材料与施工,2003,(8):35-36.
[36] 吴琦文,施利毅,张仲燕．利用电石渣制备纳米碳酸钙的研究[J]. 上海大学学报(自然科学版),2002,8(3):247-250.